식용버섯 II

식용버섯 II

성분과 생리활성

한용봉

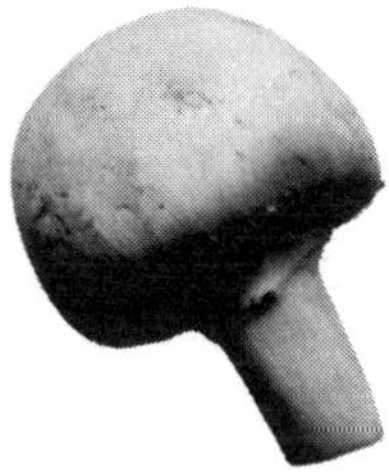

고려대학교출판부
KOREA UNIVERSITY PRESS

머리말

근래 국민의 경제수준이 향상됨에 따라 식생활도 다양화되고 있다. 더구나 육체적인 활동보다는 정신적인 활동이 요구되는 현대인들은 운동 부족과 쌓이는 스트레스로 인해 비만과 같은 성인병의 증가가 사회문제로 대두되면서 저칼로리 식품 및 기능성 건강식품에 대한 관심이 날로 증가하고 있다.

버섯은 곰팡이류의 일종으로 맛과 향기가 독특하고 단백질, 식이섬유가 많으며, 비타민, 무기질이 풍부한 저열량 별미식품으로, 항암작용, 성인병 예방, 체질개선 등의 생리활성도 뛰어나 현대인에 적합한 식품의 하나로 인식되고 있다. 따라서 버섯의 성분과 생리기능성이 일부 알려지면서 이에 대한 관심이 많아졌고, 연구도 광범하고 다양하게 이루어지고 있다.

우리나라의 버섯에 대한 최초의 기록은 김부식의 《삼국사기》(1145년)이며, 그 이후 허준(1613년)의 《동의보감》에 서렁, 목이, 말똥진흙버섯, 표고, 송이, 곰보버섯, 석이가, 홍만선(1915년)의 《산림경제》에 백복령, 적복령 저령, 표고가, 홍덕주의 《시용약방균보》(1799년)에 식용 52종, 약용 47종, 독버섯 12종이 소개되고 있어 옛부터 버섯이 질병치료에, 또 고급궁중 약선 요리의 중요한 재료로 이용되었음을 보여 주고 있다.

지금까지 알려진 버섯은 세계적으로 2만여 종이라 하며, 이 중 식용 가능한 버섯은 2천여 종으로 보고 있으나 실제 인공재배로 대량 생산하여 식용하는 버섯은 10여 종에 불과하다.

이 책에서는 국내에서 연구 보고된 버섯의 식물학적 특성, 영양성분, 특수성분 및 생리활성을 정리 수록하였고, 한방과 민간에서의 이용과 효능도 아울러 소개하였다. 더 자세한 내용이 필요한 이들을 위해 참고문헌을 제시하였다. 도움이 되었으면 한다.

늘 곁에서 묵묵히 격려와 사랑으로 용기를 준 남편과 세 아들에게도 마음속 깊이 고마움을 전한다. 끝으로 이 책의 출판을 선뜻 허락하여 주신 고려대학교 출판부에 감사한다.

2009년 7월

저자 한 용 봉

차례

비단그물버섯

Suillus luteus (L. ex Fr.) S. F. Gray
Boletus luteus L. ex Fr.

비단 그물버섯 1

그물버섯과 (Boletaceae)

- 영명 | Slippery Jack
- 중국명 | 褐環粘蓋牛肝菌
- 분포 | 한국, 중국, 일본 등 북반구, 온대 이북
- 용도 | 자실체(식용)

✻ 식물학적 특성

여름부터 가을까지 활엽수림, 낙엽송림 내 땅 위에 산생 또는 군생하는 외성 균근성 버섯. 갓 지름 3~15㎝, 초기에 평반구형 후에 편평형. 갓 표면은 갈적색~적갈색, 습하면 점성, 갓 하면은 초기에 백색 피막, 피막외층은 아교질로 회갈색~자색. 파열된 피막은 갓끝에 막편. 관공은 처음에 황색, 녹황색~갈황색 관공구는 소원형. 대의 턱받이 상부는 담황색 바탕에 짙은 자갈색 입자가 빽빽하며 하부는 자갈색. 포자는 장방추형이고 표면은 평활. 포자문은 황갈색이다.

동속 식용 버섯은 젖비단그물버섯(*S. granulatus*), 황소비단그물버섯(*S. bovinus*) 등이 있다.

✻ 성분

1) 특수 성분

비단그물버섯에서 Suillin(S-01529), Chitin(C-00924), Ergosterol(E-01484), 동속 황소비단그물버섯에서 Amitenone(A-01584) 등이 분리되었다.

✻ 생리 활성

항암 · 항균 활성 : 비단그물버섯은 sarcoma 180(mouse)에 억제율이 90%, Ehrlich 복수암(mouse)에 억제율이 80%의 antitumor activity가 있으며, gram 음성균 *Klebsiella pneumoniae, Salmonella typhimurium, Shigella sonnei* 에 대하여 antibacterial effect가 있었다.

Kashin-Beck disease에 응용 : 중국 북부, 시베리아 동부의 풍토성 골관절 질환은 10대, 20대의 흔한 질병으로, 손가락이 대칭적으로 뻣뻣하고 부풀며, 뼈마디에 통증이 있는 병이며, 원인은 무기질의 불균형. 푸자륨(mycotoxin)독성 및 Se 결핍으로 추측. Se과 vitamin E 투여로 호전되었다는 보고가 있고, 비단그물버섯 복용으로 치료 효과가 있다.

렉틴 성분의 림프구 응집 효과 : 젖버섯, 그물버섯, 영지, 비늘버섯, 쓴송이, 자주싸리버섯 등 20종에 대하여 적혈구(사람)와 비장(mouse)에서 얻은 림프구로 lectin 성분을 검색하고자 응집 현상을 시험한 결과, 그물버섯, 젖버섯, 자주싸리버섯, 비늘버섯, 영지 등 8종에서만 나타났다.

식용 야생 버섯 : 한국에 야생하는 버섯 중 식용 야생 버섯을 조사한 결과, 송이, 목이, 팽나무버섯, 노루궁뎅이버섯, 꽃잎버섯, 그물버섯, 비단그물버섯, 구름버섯, 애기무당버섯, 기와버섯, 국수버섯, 나팔버섯, 젖버섯, 굴털이, 향버섯(능이), 갓버섯, 들버섯, 주름버섯, 싸리버섯, 붉은싸리버섯, 말뚝버섯, 알버섯, 긴대안장버섯, 말불버섯, 곰보버섯, 망태버섯, 덕다리버섯, 흰가시버섯 등이었다.

일반 성분 : 유리 아미노산 26종 및 무기질 12종 등이 분리되었다.

✻ 효능과 이용

1) 효능 : 소종, 지통(消腫, 止痛).

2) 식용 : 식용하나 위장장애가 있을 수 있고, 송마정(松蘑酊)의 주요 버섯 원료로 쓰인다.

3) 약용 : Kashin-Beck disease에 응용.

※ 위장장애가 있을 수 있다.

참고문헌

1) 고민규, **서울대 대학원,** 1988 (인공산성우 처리후 모래발버섯균과 비단그물버섯균으로 접종된 리기다소나무 유균의 생장과 균근 발달)
2) 金三純, 金養燮, **韓國産 버섯 圖鑑,** 裕豊出版社, 서울, 1990
3) 農村振興廳 農業技術硏究所編, **韓國産 버섯類 原色圖鑑(I),** 1987
4) 卯曉嵐, 莊長坪, 歐株次旺, **西藏大型經濟眞菌,** 北京科學技術出版社, 1991
5) 박상신, 이갑득, 민태진, **균학회지,** 1995, 23(2), 176 (버섯 중 항균 물질의 검색 및 개발에 관한 연구, 그람음성균 및 곰팡이에 대한 항균 물질의 검색)
6) 朴婉熙, 李虎得, **한국의 버섯,** 교학사, 서울, 1991, 283 (비단그물버섯)
7) 應建浙, 卯曉嵐, 馬啓明, 宗毓臣, 文華安, **中國藥用眞菌圖鑑,** 科學出版社, 1987(생리 활성)
8) 이지열, **균학회지,** 1975, 3(1), 40 (야생 버섯을 식용하자－비단그물버섯, 싸리, 송이, 목이, 노루궁뎅이, 곰보, 말뚝버섯, 능이, 그물버섯, 알버섯)
9) 이지열, **균학회지,** 2005, 33(1), 54 〔한국 기록종 버섯 추가 목록(2001-2004)〕
10) 李址烈, **韓國 비섯 圖鑑,** 아카데미서적, 서울, 1988, 162 (비단그물비섯)
11) 이태수, 이지열, **한국기록종 버섯 재정리 목록,** 임업연구원, 2000
12) 전경희, 김무경, 정시련, **약학회지,** 1987, 31(4), 213 〔버섯류의 렉틴 성분 개발연구(II), 야생 버섯류의 생리 활성물질, 렉틴 성분 검색－영지, 그물버섯, 쓴송이, 자주싸리, 비늘버섯, 젖버섯, 당귀젖버섯, 갓버섯, 큰비단그물버섯〕
13) 中國本草圖錄編輯委員會編, **中國本草圖錄,** 鼎談出版社, 1992
14) 한국 균학회, **버섯 이름, 한국명 통일안,** 2000, 176
15) Austin, P. R. et al., **Science** (Washington. D.C.), 1981, 212, 749 (rev, Chitin)
16) Chang, S. T., Miles, P. G., **Edible Mushroom and their Cultivation,** CRC Press, New York, USA, 1989

17) Cheung, L. M., Cheung Peter, C. K., Ooi Vincent, E. C., **Food Chem.**, 2003, 81, 249 (Antioxidant activity and total phenolics of edible mushroom extracts)

18) David, G. S., Barry, H. R., **Mushroom Poisoning,** CRC Press, USA, 1994

19) Dickinson, H., Lucas, J., **The Encyclopedia of Mushrooms,** Crescent Books, New York, USA, 1983

20) Gerhardt, E., **Pilze,** BLV Handbook, 1995

21) Hui, Y. F., Den, E. S., Chi, T. H., **J. Food Lipids,** 2002, 9, 35 (Antioxidant and free radical scavenging activities of edible mushrooms)

22) Imazeki, R., Otani, Y., Hongo, T., **Color Illustration Mushrooms of Japan,** Yama-Kei Publisher Co. Ltd., Tokyo, Japan, 1988

23) Jägers, E. et al., **Z. Naturforsch., B,** 1986, 41, 645 (isol, Suillin)

24) Kabir, Y., Kimura, S., **J. Nutr. Sci. Vitaminol.**, 1989, 35, 91 (Dietary mushrooms reduce blood pressure in spontaneously hypertensive rats)

25) Kennedy, T. et al., **J. Chem. Soc.**, 1939, 250 (struct, Ergosterol)

26) Lee, G. D., Chang, H. G., Kim, H. K., **Kor. J. Food Sci. Technol.**, 1997, 29, 432 (Antioxidative and nitric-scavenging activities of edible mushrooms)

27) McDonnell, J. E. W., Esselen, W. B. Jr., **Food Res.**, 1947, 12, 118 (Carbohydrates in Cultivated mushrooms)

28) Pegler, D. N., **The Concise Illustrated Book of Mushrooms and Other Fungi,** Gallery Books, New York, USA, 1989

Armillariella mellea (Vahl. ex Fr.) Karst.
Armillaria mellea (Vahl. ex Fr.) Kummer

뽕나무버섯 2

송이과 (Tricholomataceae)

• 한명 | 密環菌
• 별명 | 꿀밀버섯
• 분포 | 한국, 일본, 중국 등 전 세계
• 용도 | 자실체(식용)

✲ 식물학적 특성

봄부터 가을까지 활엽수, 침엽수의 생나무 밑에, 그루터기, 죽은 가지 등에 속생. 산림에는 피해를 주는 기생균, 천마(天麻)와 공생. 난초와도 내생균근(內生菌根)을 형성, 갓의 지름 4~12㎝, 처음에 평반구형, 차차 편평형. 갓 표면은 담갈색~담황갈색, 중앙부에는 흑갈색의 섬유상 털, 갓 둘레는 방사상선. 주름살은 내린형. 약간 성기고, 처음 백색, 후에 담갈색. 대는 섬유질, 위쪽은 백색~담황색. 백황색의 턱받이, 아래쪽은 흑갈색. 기부는 흑색 균사속을 형성. 포자는 타원형. 표면은 평활, 포자문은 백색이다.
동속 식물에는 뽕나무버섯부치(*A. tabescens*) 등이 있고 식용한다.

✲ 성분

1) 영양 성분

① **뽕나무버섯(자연산, 말린 것, 갓 7012)** 가식부 100g 중 열량 300.0㎉, 단백질 27.7g, 지질 6.9g, 당질 48.8g, 조섬유 5.6g, Ca 7.0㎎, P 264.0㎎, Fe 1.6㎎, Zn 10.3㎎, vitamin B_1 0.4㎎, B_2 1.47㎎, B_6 1.42㎎, niacin 18.2㎎, C 0.0㎎, 엽산 299.0㎍, E 1.50㎎.

뽕나무버섯

② **뽕나무버섯(자연산, 말린 것, 줄기 7013)** 가식부 100g 중 열량 259.0kcal, 단백질 15.8g, 지질 0.9g, 당질 60.4g, 조섬유 11.8g, Ca 11.0mg, P 226.0mg, Fe 2.4mg, Zn 10.3mg, vitamin B_1 0.28mg, B_2 1.27mg, B_6 1.42mg, niacin 5.7mg, C 0.0mg, 엽산 299.0μg, E 1.50mg.

③ **뽕나무버섯(인공 재배, 말린 것, 갓 7014)** 가식부 100g 중 열량 287.0kcal, 단백질 24.4g, 지질 5.7g, 당질 50.3g, 조섬유 8.3g, Ca 7.0mg, P 258.0mg, Fe 1.3mg, Zn 10.4mg, vitamin B_1 0.34mg, B_2 1.35mg, B_6 1.43mg, niacin 13.4mg, C 0.0mg, 엽산 301.0μg, E 1.60mg.

④ **뽕나무버섯(인공 재배, 말린 것, 줄기 7015)** 가식부 100g 중 열량 269.0kcal, 단백질 4.2g, 지질 0.1g, 당질 2.5g, 조섬유 1.0g, Ca 3.0mg, P 84.0mg, Fe 1.0mg, Zn 0.64mg, vitamin B_1 0.09mg, B_2 0.29mg, B_6 0.12mg, niacin 1.3mg, C 3.0mg, 엽산 47.0μg.

2) 특수 성분

뽕나무버섯에서 Erythritol(E-01565), Chitin(C-00924), 5'AMP(A-00446), 5'-ATP(A-00439), 5'ADP(A-00436), 5'-GMP(G-00873), 5'ADP(A-00436), 5'-IMP, 5'-UMP(U-00125), Arabitol(A-02631), Armillane(P-01965), Armillaric acid(D-02753), Armillaricin(H-02953), Armillaridin(D-02753), Armillarin (D-02753), Armillaritin(D-02754), Armillarivin(H-02954), Armillasin(N-00789), Armillatin(N-00789), Armillyl everninate(P-01973), Armillylorsellinate(P-01973), Armamiol(P-01973), 1α-Hydroxyarmullarin(D-02753), 13-Hydroxy-dihydromelleolide(P-01969), 10-Hydroxymelleolide(P-01969), 13-Hydroxy-5'-*o*-methylmelledonal(P-00704), Mannitol(M-00209), Melledonal(P-01967), B(P-01967), C(P-01967), Melledonol(P-01967), Melleolide(D-02753), Melleodide B(P-01968), E(P-01968), H(P-01968), C(P-01967), D(P-01967), G (P-01970), F(P-01975), 6-*o*-Methylarmillaridin(D-02753), 5'-*o*-Methylmelledonal(P-01967), 4-*o*-Methylmelleolides(D-02753), Trehalose(T-01623) D-Threitol(2R, 3R, T-01414), 4-*o*-α-D-Xylopyranosyl-D-xylose(X-00129), *A.*

*tabescens*에서 *Armillarisin A(A-02769), B(H-02863) 등이 분리되었다.

✲ 생리 활성

항암 성분①: 뽕나무버섯(*Armillariela mellea*) 건조 carpophores 25g을 90~100℃의 수욕상에서 8시간 수증기 증류하여 얻은 extract를 3배량의 EtOH에 녹여, 4℃로 하룻밤 방치하여 얻은 침전을 분리하고, 다시 증류수에 녹여, polysaccharide fraction 4.2g을 얻었다. ICR-mouse에 sarcoma 180을 이식한 후, 시료 10, 20, 50mg/kg/day을 투여한 결과, 각각 75.7, 83.9, 92.3%의 저해 효과를 보였다. 시료 분획을 분석한 결과, polysaccharide가 41.3%와 단백질이었고, polysaccharide를 가수 분해한 결과, fucose(4.5%), xylose(1.1%), mannose(19.4%) galactose(17.4%), glucose(55.4%)와 미지 단당류로 구성되었다.

항암 성분②: 뽕나무버섯(*Armillariella mellea*)의 자실체에서 추출한 단백성 다당체는 mouse에 이식된 sarcoma 180에 대하여 높은 저지율을 보였다. 이 항암 성분은 다당체 41%, 단백질 30.5%로, 구성 단당류는 glucose, xylose, mannose, galactose, fucose 및 1종의 미지 당이 있었고, 단백질은 16종의 amino acid로 되었다. 이 항암 성분은 mouse의 복강 내의 marcophage 수를 현저히 증가시켰다.

항암 활성③: 뽕나무버섯은 sarcoma 180(mouse)에 대하여 억제율이 94.1%이며, 항균, 항진균, 항바이러스, 항산화 효과도 있다.

조다당류와 Sarcoma 180 억제 효과④: 뽕나무버섯은 담자균문 송이과에 속하는 식용 버섯으로 항암 효과가 예부터 알려졌다. 뽕나무버섯 자실체를 중성염 용액, 열수 및 MeOH 추출물을 생쥐 sarcoma 180 복수 암 세포에 주사, 뽕나무버섯 조 다당체 투여군에서 비처리군에 비해 생명 연장 효과가 67.5% 높았다. 세포 독성 실험 결과, NIH3T3와 sarcoma 180 세포주는 중성염 용액, 열수 및 MeOH 추출물 1,000μg/ml 농도에서 70% 내외의 생존율을 보였으며, 각 농도 구간에서도 세포 독성이 없었다. 중성염 용액 추출물을 투여한 생쥐의 B-lymphocyte alkaline phosphatase 활성은 대조군보다 3.0배 증가하였으며, 혈중 백혈구 수도 대조군보다 2.5배 증가하였다. 면역 장기 인간, 비장 및 흉선의 무게도 대조군보다 증가하였다. 따라서 뽕나무버섯 조 다당체 추출물 투여 생쥐는 sarcoma 180에 대한 항암 효과는 면역 활성의 증가로 사료되었다.

항산화 활성 : 63종의 버섯 자실체를 80% EtOH ex를 각각 만들어 지질과산화 반응, AO 및 SOD의 활성도에 미치는 영향을 관찰한 결과, 데미로버섯(*D. dickinsii*), 뽕나무버섯, 아카시재목버섯(*F. fraxinea*) 추출물이 간 조직 micorsome의 지질과산화 반응을 억제, 뽕나무버섯, 데미로버섯, 아카시재목버섯, 삼색도장버섯, 송편버섯, 옷솔버섯, 제주쓴맛그물버섯, 노란그물버섯 및 산그물버섯 추출물은 간 세포질 내의 초산화 ion 생성효소 AO 활성을 크게 억제시켰다. 삼색도장버섯, 뽕나무버섯, 데미로버섯, 아카시재목버섯 추출물은 간 세포질의 SOD 활성을 증가시켰다. 이로써 뽕나무버섯, 데미로버섯, 아카시재목버섯의 추출물이 항산화 활성이 인정되었다.

혈전 분해 활성① : 혈전 분해 활성을 높이고자 배양기질에 7종의 식물 추출물을 첨가, 증식시킨 결과, 가시오가피 뿌리, 유근피, 홍삼박 추출물 첨가가 균사체 증식에 양호하였으나, 인삼 추출물 첨가구는 증식이 억제되었다. 가시오가피 가지, 유근피, 홍삼박추출물 첨가에서 단백질 분해활성이 무첨가구보다 36.8~46.1% 증가되었으며, 옻피, 가시오가피 가지, 홍삼박 첨가구의 혈전 분해 활성은 각각 0.70, 0.71, 0.73 plasma unit/200㎍ protein으로 무첨가구의 0.44 plasmin unit/200㎍ protein에 비해 59~65% 증가시켰다. 뽕나무 버섯 균사체의 조 효소는 fibrinogen의 Aα-chain에 분해 특성이 있을 뿐 아니라, 무첨가구가 fibrinogen의 모든 단위체를 완전 분해 시까지 3시간이 소요되었고, 홍삼박 첨가구는 2시간 후 모든 단위체가 분해 되어 대조구보다 높은 활성을 보였다. 현미경 관찰에서도 홍삼박 첨가구가 무첨가구 보다 높은 분해 활성을 보였다.

Fibrin 분해 활성② : 치악산에 자생하는 야생 버섯 65종에서 fibrin 분해 활성을 검색한 결과, 9종의 버섯이 분해 활성을 보였다. 그중 먹물버섯(*Coprinus* *comatus*)은 plasmin 1.5 unit의 56~58%의 분해 활성을 점박이애기버섯(*Collybia maculata*)도 거의 유사한 활성을 보였으며, 뽕나무버섯 (*Armillariella mellea*), *Calocybe* sp.(밤버섯속), 민자주방망이버섯(*Lepista nuda*) 및 *Trichaptum abietinum*는 plasmin 1.5unit의 약 2배 fibrin 분해 활성을 나타내었다.

Fibrinolytic enzyme의 특성③ : 뽕나무버섯에서 추출한 fibrinolytic enzyme의 분자량은 약 19,800Da, pH 7.0, 최고 활성을 보이는 neutral protease로 55℃에서 최대 활성을 보였다. EDTA 활성 저해로 보아 metalloprotease로 추정, Hg^{2+}에 의해 실활 되며, N-terminal amino acid 분석 결과, 15번 아미노산까지 순서는 X-Y-T-N-G-X-T-X-S-R-Q-T-T-L-V 이었으며, 지금까지 알려진 효소와는 다른 것으로 나타났다.

혈전 분해 효소 활성④ : 인공 재배 버섯의 배양액과 균사체의 혈전 분해 효소 활성을 조사한 결과, 조효소 추출물의 혈전 분해 활성은 활성이 매우 낮거나 없었으며, 장수, 만가닥, 영지, 느타리, 토끼털송편, 뽕나무버섯 균사체의 혈전 분해 활성이 0.42u 이상으로 높았고, 자실체의 혈전 용해 활성은 0.17~0.94u로 느타리, 새송이, 아위버섯의 활성이 0.54, 0.57, 0.94u로 매우 높았고 (모두 느타리과), 팽이, 양송이, 노루궁뎅이버섯의 활성은 0.23u 이하로 매우 낮았다.

알코올 및 휘발성 유기산류와 뽕나무버섯 균사속 생산 : 천마와 뽕나무버섯의 공생관계를 검토코자, 천마에 있는 저분자 휘발 성분이 뽕나무버섯 균사속 생육에 미치는 영향을 검사하였다. 천마의 휘발성 유기산 존재를 GC로 확인한 결과, 각종 alcohol류와 휘발성 유기산류 중 acetic acid와 MeOH 제외 성분은 뽕나무버섯 균사속 생육을 촉진, 이 중 valeric acid와 EtOH가 가장 큰 효과를 주었고, 각각 1%(u/v)에서 효과적이었다. 이들을 3일 간격으로 보충할 경우, 이 농도보다 낮은 0.01%(v/v)에서 양호한 촉진 효과를 보였다. 또 천마중의 휘발성 유기산류를 GC로 분석한 결과, propionic, isobutyric, butyric, isovlaeric, valeric, isocaproic, caproic 및 heptanoic acid 등이 함유됨이 확인되었고, 이 중 valeric acid가 가장 많았다.

천마 생산과 우량종균 제조 : 천마 재배지를 조사, 우수 균주를 선발한 결과, 현재 천마 재배지에서 가장 우수한 균주는 KNU-A110, KNU-A234, KNU-A1022, KNU-A1030등 4종으로 조사, 재배지 토양의 깊이는 10~19㎝가 천마 생산이나 rhizomorph 형성에 가장 적당하였다. 일본에서 5종 16 균주, 미국 11종 22 균주, 프랑스에서 6종 26 균주, Africa에서 1종 4 균주를 분양받아, 1994년 우리나라에서 21 균주를 분리, 대부분의 균주가 레몬 첨가 배지에서 왕성히 mycelial fan을 형성, 뽕나무버섯인 KNU-A 997 균주에서 병원성이 나타났고, *A. gallica*인 KNU-A 110 균주에는 병원성은 없었다. 종균 제조 배지의 첨가물로는 EtOH 0.25~0.5%가 우수하였고, 농가 부산물로는 밀기울, 옥수수속 첨가가 효과적이었다. 액체 접종원은 배양 속도를 빠르게 할 뿐 아니라, 현격히 오염률을 저하시켰다. 또한 항aldehyde oxidase와 superoxide dismutase 활성 증가가 쥐의 간조직 실험에서 나타났다. melleolide는 항진균 및 항세균 성분이며, 5'-AMP, 5'-ADP, 5'-ATP, 5'-GMP, 5'-IMP, 5'-UMP는 정미(呈味) 성분이고, erythritol은 coronary vasodilator이다.

균사체 생산의 최적화 : 뽕나무버섯의 배지는 7종 배지 실험 결과, 맥아즙 배지가 가장 우수하였고, 맥아즙 농도 15Brix°, 온도 25.9℃, pH 5.72, 기간 15.22일에서 3.40g/50㎖의 최대 수율을 보였다.

울릉도의 균류분포 : 1989.10~1991.9까지 98점의 주름버섯류를 채집하여, 분류한 결과, 주름버섯목 10과, 22속, 30종으로 확인, 그중 3종은 미기록 종으로 귀신버섯과의 땅귀버섯(*Grepidotus geophilus*)과, 송이과의 긴대애주름버섯(*Mycena elegans*)및 큰 애주름버섯(*M. carolinensis*)이었다. 동정된 균주는 느타리(*P. ostreatus*), 졸각버섯(*Laccaria laccata*), 뽕나무버섯(*Armillariella mellea*), 긴대애주름버섯(*Mycena elegans*), 갈색먹물버섯(*Coprinus micaceus*)등 5종이었다. 많은 종류의 주름버섯이 땅에 자라고 있었으나, 너도밤나무와 마가목은 느타리속, 귀신버섯속, 부채버섯속, 먹물버섯속 및 개암버섯속, 혹은 뽕나무버섯속 같은 목재 서식 주름버섯이 가장 좋은 숙주이며, 우산 고로쇠나무와 소나무도 먹물버섯속, 무당버섯속, 비단그물버섯속 같은 토양 서식 주름버섯의 가장 좋은 숙주였다.

균사 배양과 균사속 생산 : 전북 산야에서 분리한 5 균주의 뽕나무버섯 균사배양과 균사속 생산의 배양 조건을 검토한 결과, 톱밥은 회화나무, 벽오동, 포플러, 사시나무, 참나무 톱밥, 균사생육 최적 조건은 pH 4.5~5.0, 온도 22~25℃, 수분 함량 65~70%(w/w)이었다. 균사 배양 부원료는 미강 10%, 무기염 $CaCO_3$ 3%(w/w), 균사속 생산 수종은 회화나무, 벽오동, 도토리나무, 굴참나무 등, 균사속 생산의 적당한 토양의 pH 4.5~4.9, 토양의 수분 함량은 45~55%(w/w), 생육온도는 20~24℃, 토양 심도에 따른 균사속의 수직 분포는 7.5~12.5㎝ 깊이에서 높은 빈도를 보였고, 지표면 25㎝ 이상의 깊이에서는 균사속이 잘 형성되지 않았다.

무기질 성분 : 뽕나무버섯의 무기 성분을 분석한 결과, K가 778.2 ppm으로 가장 많았고, 다음 Fe, Na, Zn, Mn, Cu 순이며 Ca는 검출되지 않았다. 뽕나무버섯부치는 K(972.9ppm), Zn, Mn, Fe, Na, Cu, Ca 순으로 K가 가장 많았다.

일반 성분 : 뽕나무버섯의 성분을 분석한 결과, 유리 아미노산 27종, trehalose, arabitol, glucose, mannitol, ergosterol 등이 분리되었다.

기타 연구 : armillaric acid와 armillyl orsellinate는 gram positive bacteria에 antibacterial effect가, armillyl everninate도 antibacterial effect가 있다. armillarien A는 analgesic, choleretic, antihepatitic, myorelaxant effect 물질.

✲ 효능과 이용

1) 효능 : 거풍(祛風), 진정, 시력감퇴, 감염(호흡기, 소화기), 불면증.
2) 식용 : 식용한다. 맛있는 버섯이나 과식이나 생식은 금물.
3) 약용 : 노인병, 중풍, 현기증, 두통, 소아마비, 간질, 야맹증, 피부건조증, 감염증(호흡기 및 소화기)에 쓰며, 발효시켜 불면증, 신경쇠약, 간질 등에도 응용한다.

※ 과식이나 날것은 식용을 금함.

참고문헌

1) 김명곤, 최한석, 박효숙, 김성준, **균학회지,** 2003, 31(3), 187 〔뽕나무버섯(*Armillaria mella*) 균사체 생산의 최적화〕

2) 김상범, 이건우, 김혜영, 심미자, 노현수, 이현숙, 이민웅, 이우윤, 이태수, **균학회지,** 2006, 34(2), 98 〔뽕나무버섯(*Armillaria mellea*)의 자실체에서 추출한 조다당류가 생쥐의 Sarcoma 180에 미치는 억제 효과〕

3) 김용규, **전북대학교 박사학위논문,** 1995 〔뽕나무버섯(*Armillaria mellea*)균사속의 특성 및 천마(*Gastrodia elata*)의 생육에 미치는 영향〕

4) 김용규, 김명곤, 윤숙, 홍재식, **균학회지,** 2000, 28(1), 40 (뽕나무버섯균 균사속과 천마의 공생관계에 대한 조직학적 관찰)

5) 김준호, 김양선, **균학회지,** 1998, 26(4), 583 (뽕나무버섯으로부터 Fibrinolytic enzyme의 정제 및 특성 연구)

6) 김준호, 이호용, 유관희, 김양선, 석순자, 김양섭, **균학회지,** 1998, 26(4), 589 (치악산 버섯 추출물로부터 Fibrin 분해활성 검색－먹물버섯, 밤버섯, 점박이뽕나무버섯, 민자주방망이버섯 등)

7) 김진숙, 최응칠, 김혜령, 이종길, 이정옥, 정경수, 심미자, 김병각, **균학회지,** 1983, 11(4), 151 〔한국산 고등 균류의 성분 연구(제 37보). 뽕나무 버섯의 항암 성분〕

8) 김현중, 고민규, 이창근, 성재모, **균학회지,** 1992, 20(3), 273 (뽕나무 버섯의 인공 균상 재배)

9) 박상신, 유국현, 민태진, **균학회지,** 1998, 26(1), 69 (버섯 추출물의 항산화 활성에 관한 연구－뽕나무버섯, 산그물버섯, 테미로버섯, 아카시재목버섯, 삼색도장버섯 등)

10) 박완희, **균학회지,** 1993, 21(4), 273 〔한국산 야생 식용 버섯의 무기 성분에 관한 연구－뽕나무버섯, 뽕나무버섯부치, 벚꽃버섯, 민자주방망이버섯, 자주방망이버섯아재비, 붉은산무명버섯〕

11) 성재모, 양근주, 김수호, **균학회지,** 1997, 25(1), 46 (생물학적 특성과 DNA 분석을 이용한 한국내 *Armillaria* 속균의 분류)

12) 성재모, 정범식, 문희우, 김수호, **균학회지,** 1996, 24(2), 127 (천마 생산을 위한 뽕나무버섯균의 수집과 우량종균 제조에 관한 연구)

13) 성재모, 정범식, 양근주, 이현경, **균학회지,** 1995, 23(1), 61 (*Armillaria* 속 균을 이용한 천마의 생산)

14) 정학성, **균학회지,** 1993, 21(1), 64 〔울릉도의 균류상(4), 수종 주름 버섯에 대하여〕

15) 中國本草圖錄編輯委員會編, **中國本草圖錄,** 鼎談出版社, 1992

16) 최미자, 이지렬, **균학회지,** 1983, 11(2), 79 (뽕나무버섯 균사체의 생리 · 생태학적 연구)

17) 최한석, 김명곤, 박효숙, 김재성, 김성준, **균학회지,** 2005, 33(1), 11 〔식물 유래 물질이 뽕나무 버섯(*Armillaria mellea*) 균사체 생장 및 혈전 분해 활성에 미치는 영향〕

18) 최한석, 김명곤, 박효숙, 김재성, 심명화, 김성준, **식품과학회지,** 2005, 37 (6), 1039 (인공 재배 버섯의 혈전분해 효소 활성검색－뽕나무버섯, 영지, 팽이, 양송이, 느타리, 만가닥버섯, 새송이, 장수, 노루궁뎅이버섯)

19) 홍재식, 김명곤, 소규호, 김영희, **균학회지,** 1990, 18(3), 149 〔*Armillaria mellea*(뽕나무버섯)의 균사 배양 및 균사속 생산에 관한 연구〕

20) 홍재식, 김명곤, 이재홍, 김형무, **균학회지,** 1990, 18(3), 158 (알코올 및 휘발성 유기산류가 뽕나무 버섯의 균사속 생산에 미치는 영향)

21) 홍재식, 윤세억, 김명곤, 김영희, 소재돈, **농촌진흥청 농사논문집,** 1987, 81 (뽕나무버섯의 균사속 생산에 관한 연구)

22) Anderson, J. B., Bailey, S. S., Pukkila, P. J., **Evolution,** 1989, 43(8), 1652 (Variation in ribosomal DNA among biological species of *Armillaria* a genus of root-infecting fungi)

23) Anderson, J. B., Stasovski, E., **Mycologia,** 1992, 84(4), 505 (Molecular phylogeny of nothern hemisphere species of *Armillaria*)

24) Anderson, J. B., Ullrich, R. C., **Mycologia,** 1979, 71, 402 (Biological species of *Armillaria mellea* in North America)

25) Anon, **CA,** 1975, 82, 1919m, 40463c (Armillarisin A)

26) Arnone, A. et al., **Phytochemisty,** 1968, 25, 471 (Mellolides)

27) Arnone, A. et al., **Gazz. Chim. Ital.,** 1988, 118, 517 (bibl, Armillaridin, oil, Melleodide G, F)

28) Arnone, A. et al., **Phytochemisty,** 1986, 25, 471 (Melleolides B, E, H)

29) Arnone, A. et al., **Phytochemistry,** 1992, 31, 2047 (Antibacterial, Gram+, Armillyl orsellinate)

30) Arnone, A. et al., **J. Chem. Soc., Perkins Trans. 1,** 1988, 301, 503 (derivs, 5'-*o*-Methylmelledonal, Melledonals)

31) Chang, S.T., Miles, P.G., **Edible Mushroom and their Cultivation,** CRC Press, New York, USA, 1989

32) Cheo, P. C., **Phytopathology,** 1982, 72, 676 (Effect of tannic acid on rhizomorph production by *Armillaria mellea*)

33) Cremin, P., Donnelly, D. M. X., Wolfender, J., Hostettmann, K., **J. Chromatogr.,** 1995, 710, 210 〔Liquid-chromatography-thermospray MS analysis of Sesquiterpenes of *Armillaria* (Enmycota: Basidiomycotina) Species〕

34) Donnelly, D. M. X. et al., **Phytochemistry,** 1987, 26, 3075 (isol, 13-Hydroxy-5'-*o*-methylmelledonal, derivs, Melledonol)

35) Donnelly, D. M. X. et al., **Phytochemistry,** 1990, 29, 2569 (isol, 10-Hydroxy-melleolide, 13-Hydroxydihydromelleolide, Melleolides C, D)

36) Donnelly, D. M. X. et al., **J. Chem. Soc. Chem. Commun.,** 1982, 135; 1984, 222 (oil, Armamiol)

37) Donnelly, D. M. X., Hutchinson, R. M. D., **Phytochemistry,** 1990, 29(1), 179 (Armillane, 6-*o*-Methylarmillaridin, Armillaritine sesquiterpene ester from *A. mellea*)

38) Donnelly, D. M. X., Abe, F., Conveney, D., Fukuda N., O'Reilly, J., **J. Nat. Prod** (Lloydia)**.,** 1985, 48, 10; 1986, 49, 111 (Antibacterial sesqui-

terpene arylester from *A. mellea*, prisms, 4-*o*-Methylmelleolides, Armillyl everninate)

39) Garraway, M O., **Phytopathology**, 1970, 60, 861 (Rhizomorph inhibition and growth in *Armillaria mellea* promoted by *o*-aminobenzoic acid and *p*-aminobenzoic acid)

40) Gibson, I. A. S., **Trans. Brit. Mycol. Soc.**, 1961, 44, 123 〔A note on variation between isolates of *Armillaria mellea*(Vahl. ex Fr.) Kummer〕

41) Gibson, I. A. S., Corbett, D. C., **Phytopathology**, 1964, 54, 122 (Variation in isolates from *Armillaria* root disease in Nyasaland)

42) Guillaumin, J. J., Mohammed, C., Berthelay, S., **Proc. 7th Int. Conf. Root Butt. Rots.**, 1988, 27 (*Armillaria* species in the northern temperate hemisphere)

43) Hayek, E. W. H. et al., **Phytochemisty**, 1989, 28, 2229 (rev, Armillarin, 1 α-Hydroxyarmullarin)

44) Healy, U., O'Connell, J., McCarthy, T. V., Doonan, S., **Biochem. Biophys. Res. Comm.**, 1999, 262, 60 (The lysine-specific proteinase from *Armillaria mellea* is a member of a novel class of metalloendopeptidases located in basidiomycetes)

45) Hilden, J. et al., **J. Antibiot.**, 1976, 29, 58 (use, Threitol)

46) Juhua, H., Dechao, Y., Xianyu, C., Zemin, H., Xiaozhang, F., **Fitoterapia**, 1990, 61(3), 207 〔Effect of Mi Huan Jun (*Armillaria mellea*) on central nervous and vascular system)

47) Junshan, Y. et al., **Planta Med.**, 1984, 50, 288 (isol, Armillaricin)

48) Kabir, Y., Kimura, S., **J. Nutr. Sci. Vitaminol.**, 1989, 35, 91 (Dietary mushrooms reduce blood pressure in spontaneously hypertensive rats)

49) Kawabata, J. et al., **Justus Liebigs Ann. Chem.**, 1990, 181 (Insecticidal, Armillarisin B)

50) Kiho, T., Shiose, Y., Nagai, K., Ukai, S., **Chem. Pharm. Bull.**, 1992, 40,

2110, (Polysaccharides in fungi XXX. Antitumor and immunostimulating activities of two polysaccharides from the fruiting bodies of *Armillariella tabescens*)

51) Kim, B. K., Choi, E. C., Chung, K. S., Kang, C. Y., Kim, S. H., Kim, J. S., Kim, Y. J., Lee, K. L., Lee, J. K., **Arch. Pharm. Res.**, 1982, 5(1), 21 (Studies on the Constituents of Higher fungi of Korea, Antitumor Polysaccharides from the carpophores of some basidiomycetes)

52) Kim, J. H., Kim, Y. S., **Biosci. Biotechnol. Biochem.**, 1999, 63, 2130 (A fibrinolytic metalloprotease from the fruiting bodies of an edible mushroom, *Armillaria mellea*)

53) Kovac, P. et al., **Carbohydr. Res.**, 1981, 90, C_5 (Polysaccharide, 4-*o*-*α*-D-Xylopyranosyl-D-xylose)

54) Kuraish, H., **Ecol. Rev.**, 1954, 13, 263 (Studies in mycorrhizal fungi, part Ⅲ. Nutritional features of *Armillariae*)

55) Kusano, S., **J. Agric. Coll. Tokyo**, 1911, 4(1), 1 (*Gastrodia elata* and its symbiotic association with *Armillaria mellea*)

56) Lewis, W. G., Basford, J. M., Walton, P. L., **Biochem. Biophys. Acta**, 1978, 522, 551 (Specificity and inhibition studies of *Armillaria mellea* protease)

57) Liu, C. Y., **Acta Bot. Sin.**, 1982, 24(4), 307 (The changes in the vitality of *Armillaria mellea* and the histochemical localization of some enzyme in the hype during the infective period in *Gastrodia elata*.)

58) Lopez-real, J. M., Swift, M. J., **Trans. Brit. Mycol. Soc.**, 1975, 64, 473 [The formation of pseudosclerotia('Zone line') in wood decayed by *Amillaria mellea* and *Stereum hisutum*.]

59) McDonnell, J. E. W., Esselen, W. B. Jr., **Food Res.**, 1947, 12, 118 (Carbohydrates in Cultivated mushrooms)

60) Midland, S. L., Izac, R. R., Wing, R. M., Zaki, A. L., Munnecke, D. E.,

Sims, J. J., **Tetrahedron Lett.**, 1982, 23, 2515 (Melleolide, A new antibiotic from *Armillaria mellea*)

61) Moody, A. R., Weinholod, A. R., **Phytopathology**, 1972, 62, 264 (Fatty acids and naturally *Armillaria mellea*)

62) Morrison, D. J., **Can. J. Botany**, 1975, 53, 48 (Ion Uptake by rhizomorphs of *Armillaria mellea*)

63) Morrison, D. J., **Trans. Brit. Mycol. Soc.**, 1976, 66, 393 (Vertical distribution of *Armillaria mellea* rhizomorphs in soil)

64) Nanasi, P. et al., **Carbohydr. Res.**, 1973, 29201 (Coronary vasodilator, Erythritol)

65) Obuchi, T., Konodoh, H., Watanabe, N., Tamai, M., Omura, S., Yang, J. S., Liang, X., **Planta Med.**, 1990, 56, 198 [Against Gram(+) Bacteria, Armillaric acid a new antibiotic produced by *Armillaria mellea*]

66) Pentland, G. D., **Can. J. Microb.**, 1967, 13, 1631 (Ethanol produced by *Aureobasidium pullulans* and its effect on growth of *Armillaria mellea*)

67) Rabbe, R. D., **Phytopathology**, 1966, 27, 1214 (Variation of *Armillaria mellea* in culture)

68) Redfern, D. B., **Foresty**, 1978, 51, 120 (Infection by *Armillaria mellea* and some factors affecting host resistance and severity of disease)

69) Redfern, D. B., **Trans. Brit. Mycol. Soc.**, 1973, 61, 569 (Growth and behavior of *Armillaria mellea* rhizomorphs in soil)

70) Rishbeth, J., **Eur. J. For. Path.**, 1972, 2, 193 (The production of rhizomorphs by *Armillaria mellea* from stumps)

71) Rishbeth, J., Toes, E. H. A., **Phytopathology**, 1977, 67, 1319 (Impact of *Dothistroma* needle blight and *Armillaria* root rot on diameter growth of *Pinus radiata*)

72) Rishbeth, J., **Trans. Brit. Mycol. Soc.**, 1978, 70, 213 (Effect of soil temperature and atmosphere on growth of *Armillaria* rhizomorphs)

73) Sanchez-Fernandez, E., Gracia-Mendoza, C., Novaes-Ledieu, M., **Exp. Mycol.**, 1990, 14, 178 (Chemical characterization of the hyphal wall of the basidiomycetes *Armillaria mellea*)

74) Swift, M. J., **Trans. Brit. Mycol. Soc.**, 1968, 51, 241 (Inhibition of rhizomorph development by *Armillaria mellea* in Rhoesian forest soils)

75) Vincent, H., Joe, O., Tommie, V. M., Shawn, D., **Biochem. Biophys. Res. Commun.**, 1999, 262, 60 (The lysine-specific proteinase from *Armillaria mellea* is a member of novel class of metalloendopeptidases located in basidiomycetes)

76) Watanabe, N., Obuchi, T., Tamai, M., Araki, H., Omura, S., Yang, J. S., Yu, D., Liang, X., Huan, J., **Planta Med.**, 1990, 56, 48 (A Novel N^6-substituted adenosine isolated from Mi Huan Jun (*Armillaria mellea*) and a cerebral-protecting compound)

77) Walting, R., **Trans. Brit. Mycol. Soc.**, 1982, 78, 271 (The genus *Armillaria* nomenclature, typication, the identity of *Armillaria mellea* and species differentiation)

78) Wang, H., Wang, Y. S., **Chin. J. Bot.**, 1992, 4(2), 148 (Ultrastructural localization of acid phosphatase in the digesting cell of tuber of *Gastrodia elata* infected by *Amillaria mellea*.)

79) Wang, H., Xu, J. Q., Xu, J. T., **Acta Bot. Sin.**, 1992, 34(6), 405 (Role of lysomal vesicles in the digestive process of *Amillaria mellea* by the large cells of *Gastrodia elata*.)

80) Weinhold, A. R., Hendrix, F. F., Raabe, R. D., **Phytopathology**, 1962, 52, 757 (Stimmulation of rhizomorph growth of *Armillaria mellea* by indole-3-acetic and figwood extract)

81) Weinhold, A. R., **Science**, 1963, 142, 1065 (Rhizomorph production by *Armillaria mellea* induced by EtOH and related compounds)

82) Yang, J. S. et al, **Yaoxue Xuebao**, 1991, 26, 117; **CA**, 115, 89082s (isol,

Armillarivin)

83) Yang, J. S. et al, **Planta Med.**, 1991, 57, 478 (Two novel protoilludane norsesquiterpenoid esters, armillasin and armillatin, from *Armillaria mellea*)

84) Yang, J. S., Chen, Y. W., Feng, X. Z., Yu, D. Q., He, C. H., Zheng, Q. T., Yang, J., Liang, X. T., **Planta Med.**, 1989, 55, 564 (Isolation and structure elucidation of Armillaricin)

85) Zhang, W. J., Li, B. F., **Acta Bot. Sin.**, 1980, 22(1), 57 (The biological relationships of *Gastrodia elata* and *Armillaria mellea*)

Pleurotus pulmonarius (Fr.) Quél.
Pleurotus ostreatus (Jacq. ex Fr.)
Kummer f. *pulmonarius* (Fr.) Pilát

산느타리 3

느타리과 (Pleurotaceae)

• 중국명 | 肺形側耳
• 분포 | 한국, 중국, 일본, 북반구 일대
• 용도 | 자실체(식용)

✲ 식물학적 특성

봄~가을에 활엽수의 생목, 쓰러진 나무, 떨어진 가지 위에 군생 또는 단생하는 목재 백색 부후성 버섯. 갓 지름 2~8㎝, 반원형. 표면은 초기에 담회갈색~백색, 후에 백색~담황색. 조직은 얇고 백색, 밀가루 냄새, 주름살은 내린형, 빽빽. 초기에 백색 후에 담황색~담록색. 대는 짧거나 없고, 포자는 원주상. 표면은 평활하며, 포자문은 회색. 담홍색 또는 담자회색이다.

동속 식용 버섯에는 느타리(*P. ostreatus*), 노랑느타리(*P. cornucopiae*) 등이 있다.

✲ 성분

1) 특수 성분

산느타리에서 Polysaccharide가 분리되었다.

동속식물에서 Emitanins(E-00220), Mannitol(M-00209), β-D-Glucan (L-00533) 및 Sterol 등도 확인되었다.

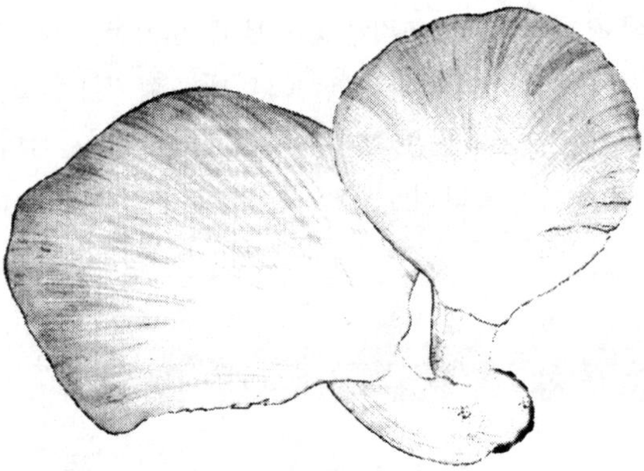

산느타리

✲ 생리 활성

항암 성분① : 조개느타리(*P. pulmonaris* : 산느타리)를 액내 배양하여 항암 성분 단백성 다당체를 얻어, 항암성을 조사한 결과, 20㎎/㎏/day 투여군에서 51.0%의 저지율을 보였다. 이 단백성 다당체를 분리 정제하여 fraction C_1을 얻어 항암성을 조사한 결과, 10㎎/㎏/day 투여군에서 81.8%의 저지율을 보였다. 이의 항암 기전을 알고자 fraction C_1을 복강 내에 투여하고, 복강 내 세포의 증가를 관찰한 결과, 면역 세포 중 macrophage 증가가 현저하였다. 이 항암성 물질을 pulmenarm이라 명명하였다.

항암 성분② : 산느타리 배양액에서 분리한 protein-bound polysaccharide를 sarcoma 180 이식한 ICR mouse에 20㎎/㎏/day 10일간 복강 내에 투여한 결과, 52.6% 저해 활성을 보였다.

항암 효과③ : 산느타리는 sarcoma 180(mouse)에 억제율 51.9~75.8%의 anti-tumor activity가 있었고, 느타리와 같이 선충(線蟲)에 대하여 살충 효과도 있다.

섬유소 분해 효소① : 볏짚에서 *Pleurotus sajor-caju*(Psc)의 섬유소 분해 효소 생산을 조사한 결과, 효소 생산의 최적 수분 함량, pH 및 온도는 C_1-cellulase가 60%, 7.0, 35℃이었고, C_2-cellulase는 60%, 5.0, 25℃, β-glucosidase는 60%, 7.0, 20℃이었다. 균사체 배양 기간 중 효소의 양을 조사한 결과, C_1-cellulase와 β-glucosidase 생산은 감소하였으나, C_2-cellulase는 500~1,000lux에서 오히려 증가하였다. 배양 기간 중 C_1-cellulase가 감소하면, C_2-cellulase와 β-glucosidase가 증가하는 상관관계가 나타났다. 부원료 중 C_1-cellulase는 미강, C_2-cellulase는 면실박과 미강, β-glucosidase는 대두박과 어분을 첨가할 때 가장 좋았으며, C_1-cellulase와 β-glucosidase는 미강 20%, C_2-cellulase 10% 첨가 시 양호하였다.

섬유소 분해 효소② : *Pleurotus* sp. 중 섬유소 분해 효소의 생산력이 가장 강한 *Pleurotus sajor-caju* JAFM 1017을 합성 배지상에서 vitamin류, 무기염류와 배양 조건의 영향을 조사한 결과, 섬유소 분해 효소 생산은 folic acid와 thiamin-HCl에 의해 촉진되었고, KH_2PO_4와 $MgSO_4$의 최적 농도는 각각

0.2%, 0.04%(w/v) 이었으며, 그 밖의 무기염류는 효과가 없었다. 효소 생산에 최적인 배양 온도와 pH는 avicelase가 각각 25℃, 5.5, CMCase 30℃, 5.0이었으며, β-glucosidase는 30℃, 6.5이었다.

❊ 효능과 이용

1) 효능 : 항암, 구충
2) 식용 : 인공 재배가 가능한 식용 버섯.
3) 약용 : 항암 및 구충 효과가 있어 선충(線蟲)박멸에 쓴다.

참고문헌

1) 김명환, **한국교원대 대학원,** 1997 (산느타리의 인공 재배 가능성 검토)
2) 金三純, 金養燮, **韓國産 버섯 圖鑑,** 裕豊出版社, 서울, 1990
3) 農村振興廳 農業技術硏究所編, **韓國産 버섯類 原色圖鑑(I),** 1987
4) 卯曉嵐, 莊長坪, 歐株次旺, **西藏大型經濟眞菌,** 北京科學技術出版社, 1991 (생리 활성)
5) 朴婉熙, 李虎得, **한국약용버섯도감,** 교학사, 서울, 1999, 404 (산느타리)
6) 應建浙, 卯曉嵐, 馬啓明, 宗毓臣, 文華安, **中國藥用眞菌圖鑑,** 科學出版社, 1987 (생리 활성)
7) 이경림, 김혜령, 정경수, 이정옥, 최응칠, 김병각, 김양섭, 박용환, **균학회지,** 1983, 11(1), 65 〔한국산 고등균류의 성분연구(제38보), *Pleurotus pulmonarius* (산느타리)의 항암 성분에 관한 연구〕
8) 이경림, 이정옥, 김하원, 김정우, 김성원, 최응칠, 김병각, **균학회지,** 1985, 13(1), 11 〔한국산 고등균류의 성분연구(제38보), 조개느타리 (*Pleurotus pulmonarius* : 산느타리)의 항암 성분〕
9) 이지열, **균학회지,** 2005, 33(1), 54 〔한국 기록종 버섯 추가 목록(2001-2004)〕
10) 李址烈, **韓國 버섯 圖鑑,** 아카데미서적, 서울, 1988, 110 (산느타리)

11) 이태수, 이지열, **한국기록종 버섯 재정리 목록,** 임업연구원, 2000
12) 정경수, 김병각, **서울대학교 약학논문집,** 제10권, 1 (*Pleurotus cervinus*의 항암성)
13) 정경수, 김병각, **서울대학교 약학논문집,** 1985, 제10집, 1 (도랑치마아재비버섯 (*Pleurotus cervinus*)의 항암 성분에 관한 연구)
14) 한국 균학회, **버섯 이름, 한국명 통일안,** 2000, 176
15) 홍재식, 엄태붕, 정기태, 이강배, **균학회지,** 1984, 12(2), 59 〔*Pleurotus sajor-caju*가 생산하는 효소에 관한 연구(1). 섬유소 분해 효소의 생산에 관하여〕
16) 홍재식, 이종배, 고무석, 김정숙, 이극로, 정기태, **균학회지,** 1985, 14(1), 37 〔합성 배지에서 느타리 속이 생산하는 섬유소분해 효소에 관한 연구(제2보)〕
17) 홍재식, 이지열, 김동한, 류근석, **균학회지,** 1984, 12(4), 133 〔*Pleurotus sajor-caju*가 생산하는 섬유소 분해 효소의 성질에 관한 연구〕
18) Chang, S. T., Miles, P. G., **Edible Mushroom and their Cultivation,** CRC Press, New York, USA, 1989
19) Cheung, L. M., Cheung Peter, C. K., Ooi Vincent, E. C., **Food Chem.,** 2003, 81, 249 (Antioxidant activity and total phenolics of edible mushroom extracts)
20) Chung, K. S., Choi, E. C., Kim, B. K., Kim, Y. S., Park, Y, W., **Arch. Pharm. Res.,** 1982, 5(1), 17 (Antitumor polysaccharide)
21) David, G. S., Barry, H. R., **Mushroom Poisoning,** CRC Press, USA, 1994
22) Dickinson, H., Lucas, J., **The Encyclopedia of Mushrooms,** Crescent Books, New York, USA, 1983
23) Gerhardt, E., **Pilze,** BLV Handbook, 1995
24) Hui, Y. F., Den, E. S., Chi, T. H., **J. Food Lipids,** 2002, 9, 35 (Antioxidant and free radical scavenging activities of edible mushrooms)
25) Imazeki, R., Otani, Y., Hongo, T., **Color Illustration Mushrooms of Japan,** Yama-Kei Publisher Co. Ltd., Tokyo, Japan, 1988
26) Kabir, Y., Kimura, S., **J. Nutr. Sci. Vitaminol.,** 1989, 35, 91 (Dietary mushrooms reduce blood pressure in spontaneously hypertensive rats)

27) Lee, K. L., Lee, C. K., Kim, H. W., Kim, J. W., Kim, S. W., Choi, E. C., Kim. B. K., **Kor. J. Mycol.**, 1985, 13(1), 11 [Studies on Constituents of the Higher Fungi of Korea(XXXVIII). Antitumor components extracted from cultured mycelia of *Pleurotus pulmonarius*]

28) Lee, G. D., Chang, H. G., Kim, H. K., **Kor. J. Food Sci. Technol.**, 1997, 29, 432 (Antioxidative and nitric-scavenging activities of edible mushrooms)

29) Liu, F., Ooi, V. E. C., Chang, S. T., **Life Sci.**, 1997, 60, 763 (Free radical scavenging activities of mushroom polysaccharide extracts)

30) Mau, J. L., Lin, H. C., Song, S. F., **Food Res. Int.**, 2002, 35, 519 (Antioxidant properties of several specialty mushrooms)

31) McDonnell, J. E. W., Esselen, W. B. Jr., **Food Res.**, 1947, 12, 118 (Carbohydrates in Cultivated mushrooms)

32) Ohira, I., **Trans. Mycol. Soc.**, Japan, 1979, 20, 107 (Sporulation-deficient mutant in *Pleurotus pulmonarius* Fr.)

33) Pegler, D. N., **The Concise Illustrated Book of Mushrooms and Other Fungi,** Gallery Books, New York, USA, 1989

Pleurotus eryngii (DC ex Fr.) Quél.

새송이 4

느타리과 (Pleurotaceae)

• 영명 | King oyster mushroom
• 일반명 | 큰느타리, 새느타리, 히말라야느타리
• 분포 | 이탈리아, 프랑스, 헝가리, 중앙 아시아
• 용도 | 자실체(식용)

✲ 식물학적 특성

분류학적으로 느타리과(Pleurotaceae), 느타리속(Pleurotus)에 속하는 버섯으로 버섯 줄기가 일반 느타리에 비해 굵고 길며, 주로 아열대 지방의 대초원에서 발생, 유럽 남부, 중앙아시아, 아프리카 북부, 러시아 남부에 자생하는 버섯으로 우리나라에서 상품명은 "새송이"라 불리며, 맛과 향이 좋아 소비가 늘어나고 있다.

1975년 송이과로 분류되었다가 1986년 느타리과로 재분류되었다.

✲ 성분

1) 영양 성분

새송이(생것) 가식부 100g 중 수분 87.1g, 회분 0.9g, 조지방 0.6g, 조단백질 2.4g, 전당 9.0g, vitamin B_6 0.90㎎, vitamin B_2 0.2㎎, vitamin C 21.4㎎, Ca 0.7㎎, Mg 78.5㎎, K 2,985㎎, Zn 6.9㎎, Cu 1.3㎎, Fe 2.3㎎, Mn 0.4㎎

2) 특수 성분

동속 식물에서 Emitanins(E-00220)가, *P. japonicus*에서 6-Deoxyilludin M(D-02087), 1-Deoxyilludin S(T-02254), *P. ostreatus*에서 Androst-5-ene-3,16,17-triol(3β, 16β, 17β, A-01699) 등이 분리되었다.

✻ 생리 활성

생리 활성 : 새송이버섯의 갓과 대를 열수, 50% EtOH 및 100% EtOH 로 추출, 건물 중량의 50배 해당 부피(w/v)일 때, 추출물의 생리 활성을 실험한 결과, 전자공여 작용은 갓 50% EtOH 추출물이 88% 높은 전자공여 작용을, SOD 유사 활성은 갓의 열수 추출물이 62.57%로 타 분획보다 높은 활성을 보였다. tyrosinase 저해 활성은 전자공여능 및 SOD 유사 활성에서 대의 추출물이 높았고, 그중 100% EtOH 추출물에서 58.57%로 비교 물질 0.1% L-ascorbic acid보다 31.29% 더 높았다. angiotensin converting enzyme 저해 활성도는 SOD 유사 활성과 비슷, 갓의 열수 추출물이 95.14%로 높았으며, 총 polyphenol 함량은 갓의 열수 및 50% EtOH 추출물에서 각각 1427.25㎎%, 1426.82㎎%로 높았다. 아질산염 소거 작용은 측정 결과, pH 1.2에서 갓과 대의 소거능이 높았다. 이 결과는 새송이버섯의 생리 활성으로 기능성 소재로 이용도가 기대되었다.

추출 조건과 항산화 물질 : 새송이버섯 추출수율, 전자공여능, 총 polyphenol 량, 아질산염 소거작용의 효율적인 추출 조건을 조사한 결과, energy양(60, 90, 120W), 시료 대 용매 비(2, 5, 10g/100㎖) 및 추출 시간(1, 5, 10, 15min)에 따라 물, 50% EtOH, 99% EtOH로 추출한 결과, 에너지양을 60W에서 항산화물이 가장 많이 추출되었고, 전자공여 작용을 제외한 모든 생리 활성은 1분에서 가장 높았고, 추출 용매는 물〉50% EtOH〉99% EtOH 순으로 높았다. 따라서 에너지양, 시료대 용매비, 추출 시간은 각각 60W, 1 :10(g/㎖), 1분으로 새송이 버섯의 항산화 성분 추출에는 최적 추출 조건이었다.

부위별 항산화 및 항균 효과 : 새송이버섯(*Pleurotus eryngii*)의 항산화 및 항균 효과를 알고자 분석한 결과, 일반성분은 수분 9.0%, 탄수화물 63.06%, 조단백 20.70%, 조회분 5.20%, 조지방 2.0%이었다. 무기질은 K(27,527.25㎎/㎏)로 가장 많았고, Mn(4.63㎎/㎏)은 가장 적었다. EtOH ex 중 polyphenol은 387㎎%, 자루에 158㎎%, 갓에는 593㎎%, 건조버섯의 polyphenol은 BuOH ex(594㎎%)에 가장 많았고, H_2O ex에 404㎎%이었으며, 갓의 BuOH ex에 가장 많았다. 전자공여능(EDA)은 EtOH ex에 91.12%로 가장 높았고, 자루에 62.90%로 가장 낮았다. H_2O ex의 EDA는 90.39%이었고, 이는 tocopherol 93.03%와 비슷하였고, BHA 96.72%보다 낮았다. 이들 ex는 gram(-) 미생물에 항균 효과가 특히 높았다. 갓의 BuOH와 EtOAc ex, 자루 H_2O ex는 *Pseudomonas aeruginosa*(gram-)의 성장을 억제하였다. 전 부위의 EtOH와 H_2O ex는 gram(-)인 *E. coli*에 항균 효과를 보였다.

추출 조건과 생리 활성 변화 : 볶음 새송이 버섯의 환류 추출 조건에 따른 추출물의 생리기능 특성을 조사한 결과, 50% EtOH 추출물은 총 phenol 화합물량과 수소공여능이 높았으며, 75% EtOH 추출물은 SOD 유사 활성이 높았다. 아질산염 소거능은 EtOH 농도가 낮을수록 높았고, 추출 시간 증가에 따라 수소공여능은 감소하였으며, SOD 유사 활성 및 아질산염 소거능은 증가하였다. 추출 온도 증가에 따라 수소공여능 및 SOD 유사 활성은 감소하였으나, 아질산염 소거능은 큰 차이가 없었다. 용매에 대한 시료량이 증가할수록 수소공여능, SOD 유사 활성 및 아질산염 소거능이 감소하였다.

고지방 식이와 지질대사 : 성숙쥐(21주령, ♂)에 20% 돈지 고지방 식이를 급여하고, 새송이 3%, 5%로 10주간 사육 후, 증체량 및 식이 효율은 유의성 감소를 보였고, 간, 신장 및 부고환 지방은 대조군보다 시료군이 유의성 감소를 보였다. 혈청 총 cholesterol과 LDL-cholesterol 및 동맥경화 지수는 대조군에 비해 시료군에서 감소하였고, HDL-cholesterol 증가를 보였다. 변중 지질배설양은 시료군이 대조군보다 증가되어 고지방 식이에 새송이 급여가 실험동물의 간장의 중성지방 농도, 혈청 총 cholesterol, LDL 및 동맥경화 지수를 감소시켰고, HDL-cholesterol은 증가시키는 결과를 보였다.

균사 배양과 ACE 저해 활성 : 가시오가피와 인진쑥을 현미 배지 첨가 시 농도 증가에 따라 균사의 생육 속도가 감소하였고, 특히 가시오가피 첨가가 인진쑥에 비해 큰느타리 균사 생육에 영향이 컸다. 배양산물 분석 결과, 수분은 10.9~12.0%, 조단백, 지질 및 섬유질은 현미 배지에서 높았으며, 무기질(K, Ca, P) 함량은 가시오가피 배지가 가장 많았다. 추출 수율은 인진쑥 첨가 배지가 4.80%로 가장 높았고, 추출물의 pH는 현미 배지 pH 6.1로 가장 낮았다. 세 가지 시료 추출물의 명도는 85.8~87.1 범위였고, 적색도는 현미와 가시오가피 첨가 배지가 높은 반면, 황색도는 인진쑥 배지가 가장 높았다. 당성분은 TLC 결과, glucose와 maltose가 있었고, ACE저해율 측정 결과, 가시오가피 배지가 시료 0.2~1.0㎎/㎖에서 활성이 가장 높았다.

혈전 분해 효소 활성 : 인공 재배 버섯의 배양액과 균사체의 혈전 분해 효소 활성을 조사한 결과, 조효소 추출물의 혈전분해 활성은 활성이 매우 낮거나 없었으며, 장수, 만가닥, 영지, 느타리, 토끼털송편, 뽕나무버섯 균사체의 혈전분해 활성이 0.42u 이상으로 높았고, 자실체의 혈전용해 활성은 0.17~0.94u로 느타리, 새송이, 아위버섯의 활성이 0.54, 0.57, 0.94u로 매우 높았으나(모두 느타리과), 팽이, 양송이, 노루궁뎅이버섯의 활성은 0.23u 이하로 매우 낮았다.

면역 세포 활성화 : 동결 건조 큰느타리 자실체에서 분리한 조 다당체 추출물(시료)이 면역 세포 활성에 미치는 효과를 조사한 결과, 시료 300과 1000㎍/㎖에서 비장 세포의 증식을 유도하였으며, 이때 비장 세포는 IL-6과 IFN-γ 분비를 유도하였고, 특히 100㎍/㎖ 이상에서 B 세포 증식이 증가하였다. 시료 1,000㎍/㎖에서 B-세포가 생산하는 IgG, IgG_{2a}, IgG_3의 분비량이 현저히 증가하였다. 또한 농도 의존적으로 대식 세포주의 일산화질소 생산을 유도하였고, 대식 세포가 분비하는 IL-6, TNF-X, GM-CSF의 생산도 현저히 증가하는 것을 확인하였다.

대장암 세포 증식 억제 : 표고버섯과 새송이버섯을 열수 추출, 이추출물(시료)을 인체 대장암 세포 HT-29, Caco-2와 위암 세포 SNU-484에 첨가한 후, 세포 증식과 세포 사멸을 이끄는 caspase-3 활성을 관찰한 결과, HT-29와 Caco-2는 대조군에 비해 세포 수가 감소하였고, 농도 의존적이었다. 시료를

HT-29에 첨가 배양한 결과, 배양 시간 경과에 따라 세포 증식이 억제되었으며, 특히 96시간 후에 HT-29의 증식 억제가 현저하였다. 세포의 caspase-3 활성을 측정한 결과, 표고와 새송이 48㎎/㎖ 이상 농도에서 2배 이상 활성이 증가하여, HT-29 세포 증식 억제는 세포 사멸 증가에 기인한 것으로 생각되었다. SNU-484에는 표고와 새송이를 첨가한 결과, 세포 증식 억제가 없었고, caspase-3 활성도 증가하지 않았다. 즉 위암에는 두 버섯 모두 효과가 없었으나, 대장암 세포 증식 억제 효과는 있었다.

감귤주스 착즙박에 재배한 버섯의 성분 : 감귤 착즙박(착즙박)을 주 성분으로 하는 버섯배양 배지에 간버섯, 표고, 새송이, 산호침, 참부채 및 영지균을 접종, 균사체를 만들어 분석한 결과, 착즙박에 비하여 조회분은 증가하였으나, 총 산, 환원당, 조단백 및 조지방은 비슷하거나 다소 감소하였다. 대부분의 버섯균사체는 감귤 착즙박과 유기산이 비슷하거나 감소하였으나, 당류는 새송이에서 착즙박의 2.7배 증가, fructose는 9.20~11.06% 증가, 간버섯은 2.65%로 매우 감소하였고, 모든 균사체 glucose는 매우 감소하였다. 산호침과 참부채버섯은 더욱 감소하였다. sucrose는 착즙박보다 감소, 간버섯과 새송이는 감소가 심하였다. narirutin은 448.67~932.98㎎%로 착즙박과 비슷하거나 감소하였으나, hesperidin은 3,019.94~4,980.94㎎%로 착즙박보다 17.81~52.61% 증가하였다(간버섯은 제외). 버섯 균사체의 TDF(총 식이섬유)는 38.87~51.49%, NDF는 11.94~17.67%, ADF는 11.00~14.99%로 착즙박과 비슷하거나 증가하였고, β-glucan은 9.43~20.28㎎%로 비슷하거나 감소하였다. 균사체의 EDF와 NSA는 새송이 균사체를 제외한 모든 균사체는 감소하였다.

추출법과 생리 활성 : 새송이버섯 추출 방법에 따른 생리 활성을 조사한 결과, microwave power 30~150W, EtOH 0~99.99%로 1~9분 추출하여 최대 수율 47.8%로 microwave power 122.7W, EtOH 42.14%, 8.3분에서였고, 최대 전자공여능은 93.32%로, microware power 144.19W, 49.52% EtOH, 6.7분에서 였다. microwave power 125.43W, EtOH 40.54%, 8.1분 추출에서 최대의 nitrite 제거능은 80.47%, 가장 적합한 추출조건은 microwave 110~150W,

EtOH 0~45%, 7~9분 추출이었다.

휘발성 향기 성분 : 인공 재배 느타리류(*Pleurotus* sp.)의 향기 성분을 SDE법으로 분리, GC/MS로 성분을 분석한 결과, 54종의 휘발성 성분을 확인, 이중 저온성 느타리(*P. ostreatus* ASI. 201)에서 1-octen-3-ol, 3-octanone, 3-octanol 등이, 원형 느타리(*P. florida. ostreatus-ostreatus*)에서 1-octen-3-ol, n-hexanol, 3-octenone, 3-octenol, phenol 등이, 애느타리(*P. ostreatus*)에서 1-octen-3-ol, n-pentanal, n-hexanal, 3-octanone, 3-octanol, 1.5-octa-dien-3-one 등이 검출되었다. 특히 확인된 성분 중 C_8 화합물의 비는 각각 56.60, 72.46, 54.84, 35.85%이었다.

인공 재배 가능성 검토① : 우리 나라에 자생하는 야생 버섯 중, 영지(*G. lucidum*), 느타리(*Pleoteus* sp.), 참버섯(*Panus rudis*), 검은비늘버섯(*Pheliota adiposa*)의 인공 재배 가능성을 검토한 결과, 영지는 균사 생장에 알맞은 배지는 MES, 온도는 25~30℃, pH 4~5, 수분 75%(w/w), 톱밥의 충진 시 가비중은 0.12g/㎖, 배지는 포플러 톱밥이며, 참버섯의 균사 생장 배지는 MHS, 온도 30~35℃, pH는 5.0, 수분은 75%(w/w) 톱밥 충진 시가 비중은 0.12g/㎖, 종균 제조 시 참나무 톱밥 배지가 적합하였다. 검은비늘버섯 균사 생장은 MSDS와 MHS, 온도 25~30℃, pH 4~5, 수분 함량 75~80%(w/w), 가비중은 0.12~0.13g/㎎, 종균 제조 시 밀 배지가 우수하였다. 느타리속 균사 생장은 MSDS, MHS 배지, 온도 30~35℃, pH 4~5 수분 함량은 75~80%(w/w), 가비중은 0.12g/㎖, 종균 제조 시 포플러 톱밥 배지가 좋았다. 공시 균주 중 영지와 검은비늘버섯, 느타리속은 포플러 톱밥 배지에서 자실체를 얻을 수 있었고, 참버섯은 참나무 톱밥 배지에서 자실체를 얻을 수 있었으나, 육질이 질겼다.

인공 재배 균사 배양 조건② : *Pleurotus erygnii*(큰느타리) 균사배양 최적 배지는 Lilly 배지로, 균사 생장량이 가장 많았고, 최적 배양 온도는 25~30℃, 최적 pH는 6.0이었다. 최적 탄소원은 단당류 glucose, 다당체 dextrin이었으며, 최적 농도는 glucose 3~4%, dextrin 5%에서 균체량이 가장 많았다. 최적 질소원은 유기체 질소인 casamino acid에서 균체량이 가장 많았으며, 최적 농도는 0.12%이었다.

각종 버섯의 β-Glucan의 수용성(새송이, 느타리, 장수버섯, 팽이, 신령, 표고, 운지 석이): 12종의 식용버섯 중 수용성 β-glucan을 측정한 결과, 4.71~ 46.2.0% (in dry basis)이었고 석이(*Gyrophours esculenta*), 표고, 운지, 영지, 팽이버섯이 β-glucan을 많이 함유하였다. 수용성 β-glucan이 많은 버섯이 생리 활성이 강한 것으로 이들의 수용성 β-glucan은 2.12~19.66% 이었고, 총 β-glucan의 42.55~73.35%이었다. 12종의 시료 중 총 glucan이 가장 많은 버섯은 석이 46.49±0.24%, α체 0.29±0.03%, β체 46.20±0.27%이었고, 불용성 glucan은 총 26.79±0.82%, α체는 0.25±0.01%, β체는 26.54± 0.82%이었다. 운지는 총 glucan 22.69±2.15%, β체는 22.24± 1.84%, 불용성 glucan은 26.79±0.82%, 11.62±1.22%, 영지의 총 glucan은 22.24±1.32%, β체는 21.61±1.39%, 불용성 glucan은 6.16±0.08%, β체는 5.76±0.16%이었다. 표고버섯의 glucan 함량은 33.99+0.65%이며 α체는 5.91±0.57%, β체는 28.08± 0.08%, 불용성 glucan은 총 13.78±0.16%, α체는 2.98±0.21%, β- 10.83± 0.04%이었다.

큰느타리 어묵 특성 : 항암성 및 혈압강하 작용이 있는 큰느타리(*P. eryngii*)을 각각 0, 5, 10, 15, 20% 첨가 튀김 어묵을 제조 후 색조, 물성, 관능적 특성을 조사한 결과, 색도는 큰느타리 함량의 증가에 따라 L 값은 감소, a와 b값은 증가하였고, 어묵의 유연성(절곡 검사)은 시료 첨가에는 영향 없이 우수하였다. 10% 시료 첨가 어묵에서 강도, 응집성, 탄성, 씹성 및 파쇄성이 가장 높았고, 관능 검사 결과, 버섯 첨가량이 증가할수록, 향기 선호도는 높았으나 맛과 조직감은 낮았다. 전체적인 선호도는 큰느타리 10%첨가 어묵이 가장 좋았었다.

큰느타리 김치 숙성과 품질 특성 : 큰느타리 첨가 김치(시료)를 숙성시키면서 품질의 특성을 조사한 결과, 숙성 기간 중 pH 변화는 없었으나, 적정 산도는 pH와 반대로 나타났다. 시료의 총 균수와 유산균 수는 발효 16일경 최대치를 보였고, 이후 감소하였다. radical 소거능은 대조구보다 버섯이 첨가된 처리구에서 높았으며, 데침 버섯구가 가장 우수하였다. 숙성 6일경 김치의 관능 검사 결과, 전반적으로 버섯 처리구에서 신맛이 대조구보다 높았으며, 조직감은 대조구가 가장 좋았다. 특히 데침 버섯첨가 김치가 radical 소거능 및 종합적 기호도에서 가장 우수하였다.

균사체로 증식시킨 콩의 두부 품질 특성 : 버섯 균사체를 증식시킨 콩으로 제조한 두부의 품질 특성을 알아본 결과, 단백질, 회분은 43.23%, 6.34%로 일반콩 40.42%, 5.90%보다 많았고, 지질과 총 당의 함량은 적었으며, 무기질 중 Mg와 Ca 함량이 높았으며, P는 적었다. 균사체 콩은 25% 첨가까지는 두부 제조가 가능하였으며, 30% 이상 첨가에서는 두부 성형이 어려웠으며, 5~10% 첨가 두부의 수율은 1.5~3.7% 증가하였다. 두부의 물리적 특성은 균사체 콩 20% 첨가까지는 두부 hardness가 증가하였고, cohesiveness, chewiness, springiness 및 gumminess는 5~10% 첨가 두부보다 무첨가구보다 높았다. 관능검사 결과, 두부 제조 시 큰느타리 균사체콩의 첨가량의 증가에 따라 향이 진하였고, 기호도도 5~15% 첨가에서 전체적인 맛과 향이 양호한 것으로 나타났다.

염료의 색도 제거 능력 : 한국 자생 버섯 중 염료의 색도 제거 능력이 우수한 균주를 분리한 결과, *Trametes* sp. CJ-105, *Pleurotus* sp. CJ-212, *Fomes* sp. CJ-315로 동정되었고, 이들 각각 remazol brilliant blue R 및 acid red 264 함유 액체 배지에서 배양한 결과, 2~8일에 색도가 제거되었고, lignin 분해 효소 laccase의 활성이 다량 존재하였다. 이들 균주의 색도 제거 능력은 laccase, Lip. Mnp의 활성과 관계가 있으며, 색도 제거는 lignin 분해 효소와 관련이 있는 것으로 판단되었다.

아미노산 : 새송이버섯 100g 중의 아미노산의 종류와 함량을 분석한 결과, phosphoserine(6.5㎎/%), aspartic acid(69.0), threonine(29.2), serine(31.1), asparagine(31.1), glutamic acid(47.8), sarcosine(1.0), α-adipicamino adipic acid(18.8), proline(17.8), glycine(13.5), alanine(46.1), taurine(4.8), valine (184.0), isoleucine(19.0), leucine(18.0), tyrosine(40.0), β-alanine(1.5), phenylalanine(36.6), methionine(2.7), aminoisobutyric acid(2.9), cystathione(19.0), ornithine(37.7), lysine(39.9), histidine(18.2), carnosine(5.2), arginine(205.8), α-aminoisobutyric acid(1.20)이었다.

이화학적 특성 : 큰느타리 자실체를 분석한 결과, 조단백질과 총 당이 많았으며, 무기 성분은 Mg〉Na〉Zn〉Fe〉Ca〉Cu 순이었고, 특히 느타리, 양송이, 표고, 팽이에는 Mg, Zn, Cu, Mn이 없었으나, 새송이에는 Mg 78.5㎎%, Zn 6.9㎎%, Cu 1.3㎎%, Mn 0.4㎎% 등이 있었다. 구성 아미노산은 arginine 509.03㎎%, lysine 410.53㎎%, glutamic acid 190.05㎎%, phenylalanine 150.63㎎%, histidine 139.12㎎% 순이었다. 유기산은 citric acid 26.60㎎%, oxalic acid 18.01㎎%, formic acid 10.50㎎%, malic acid 10.20㎎% 순이었고, 유리당은 glucose 2.040㎎%로 가장 많았으며, fructose 1.846㎎%, galactose 1.076㎎%, lactose 1.020㎎%, arabinose 846㎎%, maltose 472㎎% 순이었다. 또한 vitamin C는 21.4㎎%로 느타리의 7배, 팽이버섯의 10배가 있었고 조지방도 표고의 2배인 0.69㎎% 함유하여 자연송이와 유사한 맛이있었다.

영양성분 : 새송이 버섯은 다른 버섯보다 수분량이 적어 저장 기간이 길어 유통 기간이 긴 장점이 있고, vitamin C는 느타리의 7배, 팽이버섯의 10배이고 vitamin B_6와 B_{12}가 타 버섯보다 많으며, 필수아미노산도 10종 중 9종이 함유되었고, Ca과 Fe도 풍부하여 영양적인 버섯이다.

새송이 증편의 품질 특성 : 새송이버섯 1%를 첨가한 증편은 부피가 가장 많이 증가, 증편의 높이는 시료 첨가량이 많을수록 증가하여, 5% 첨가군이 가장 높았다. pH는 5% 첨가군이 가장 낮았고, 수분은 대조군에 비해 첨가군이 낮았으며, 당 함량은 발효 증가에 따라 모두 감소, 시료 첨가량 증가에 따라 높았다. 새송이 증편은 시료 첨가량 증가에 따라 L값 시료 증가에 따라 감소, a,b값은 시료 첨가량 증가에 따라 증가하였다. texture에서 부착성은 5%가 가장 높았고, 탄력성은 시료 5% 첨가군이 가장 낮았으나, 1% 첨가군이 가장 높았다. 전체적인 버섯 증편은 1% 버섯 첨가군이 가장 높아, 새송이 1%나 3% 첨가가 비교적 양호하였다.

✻ 효능과 이용

1) 식용 : 최근 도입된 버섯으로 맛과 향이 좋아 소비가 증가하고 있다.

2) 약용 : 혈당과 cholesterol 감소, 항균 활성, 항암(대장암), ACE저해 활성, 항산화 등의 활성에 응용한다.

참고문헌

1) 강미선, **강원대학교 석사학위논문,** 1999, 〔큰느타리(*Pleurotus eryngii*)의 인공 재배 및 생리 활성에 관한 연구)

2) 강미선, 강태수, 강안석, 손형락, 성재모, **균학회지,** 2000, 28(2), 73 〔큰느타리(*Pleurotus eryngii*)의 균사배양 및 인공 재배에 관한 연구〕

3) 강태수, 강미선, 성재모, 강안석, 손형락, 이신영, **균학회지,** 2001, 29(2), 86 (큰느타리가 당뇨쥐의 혈당 및 혈중 Cholesterol에 미치는 영향)

4) 강태수, 정헌상, 이명렬, 박희정, 조택상, 지성택, 신명근, **균학회지,** 2003, 31(3), 175 (천연물을 이용한 큰느타리 균사 배양 및 Angiotensin Converting Enzyme 저해 활성)

5) 강혜인, 김재용, 문광덕, 서권일, 조영숙, 이상대, 이성태, **식품영양과학회지,** 2004, 33(7), 1092 〔큰느타리(*Pleurotus eryngii*) 조 다당체의 면역 세포 활성화 효과〕

6) 고명수, 김상애, **식품과학회지,** 2007, 39(2), 194 (새송이버섯을 첨가한 증편의 관능적, 물리학적 품질 특성 변화)

7) 고진복, 이충언, **식품영양과학회지,** 2005, 34(5), 626 (새송이버섯이 고지방식이를 급여한 흰쥐의 지질대사에 미치는 영향)

8) 김삼순, 김기주, **산업미생물학회지,** 1981, 9(3), 109 (야생 버섯의 인공 재배 가능성 검토 – 영지, 느타리, 참버섯, 검은비늘버섯)

9) 김소영, 손미희, 하정욱, 이승철, **식품영양과학회지,** 2003, 32(6), 855 (큰느타리를 첨가한 튀김어묵의 제조 및 특성)

10) 김정한, 문미화, 정재운, 지정현, 주영철, **식품과학회지,** 2005, 37(3), 470 (큰느타리 첨가가 김치의 숙성 중 품질에 미치는 영향)

11) 김재용, 강혜인, 박경욱, 문광덕, 이상대, 조숙현, 위재준, 경종수, 송용범, 서권일, **식품영양과학회지**, 2004, 33(10), 1589 (큰느타리 조 다당체 분획의 항산화 및 항종양활성)

12) 김재용, 문광덕, 이상대, 조숙현, 강혜인, 이성태, 서권일, **식품저장유통학회지,** 2004, 11(3), 347 〔큰느타리(*Pleurotus eryngii*)의 이화학적 특성－큰느타리, 양송이, 표고, 팽이와 비교〕

13) 김태성, **경상대학교 대학원 논문집,** 2000, 1 (큰느타리 병재배에서 균사 생육과 자실체 품질 및 수량에 미치는 배양 요인 연구)

14) 김태성, 이현욱, 이상대, 송근우, **경북농업기술원, 영농 자료집,** 1999 (큰느타리 누대 배양 균주 활성 및 생산력 검정 시험)

15) 김한경, 정정천, 장현유, 김광포, 차동열, 문병주, **균학회지,** 1997a, 25(4), 305 〔큰느타리(*Pleurotus eryngii)* 균의 인공 재배(1), 균사배양 조건에 관하여〕

16) 김한경, 정정천, 장현유, 김광포, 차동열, 문병주, **균학회지,** 1997b, 25(4), 311 〔큰느타리(*Pleurotus eryngii)* 균의 인공 재배(2), 자실체의 형태적 특성 및 재배조건에 관하여〕

17) 김현구, 한호석, 이기동, 김공환, **식품영양과학회지,** 2005, 34(4), 439 (새송이버섯 추출물의 생리 활성 효과)

18) 김현정, 안명수, 김금희, 강명화, **식품과학회지,** 2006, 38(6), 799 (부위별 새송이버섯 추출물의 항산화 및 항균 효과)

19) 박용환, 변명옥, Fujii Hiroshi, **균학회지,** 1988, 16(2), 87 〔한국산 느타리(*Pleurotus* spp.)의 전기 영동 Isoenzyme Band pattern 비교 1, Homogenous Gel〕

20) 박용환, 변명옥, Fujii Hiroshi, **균학회지,** 1988, 16(2), 95 〔한국산 느타리(*Pleurotus* spp.)의 전기 영동 Isoenzyme Band pattern 비교 2, 등전점 전기영동〕

21) 박원목, 김규현, 현재욱, **균학회지,** 1995, 23(3), 275 〔느타리 속(*Pleurotus*

sp.)의 균사 배양을 위한 새로운 합성 배지〕

22) 윤성란, 이명희, 김현구, 이기동, **식품영양과학회지,** 2006, 35(3), 262 (복음처리 새송이버섯의 추출조건에 따른 생리 기능적 특성 변화)

23) 오현인, 임태수, 이기동, 김현구, **식품영양과학회지,** 2006, 35(1), 1 (새송이버섯의 항산화성 추출물 제조를 위한 microwave 추출 조건 설정)

24) 이가순, 김홍규, 오만진, **식품영양과학회지,** 2006, 35(8), 1038 (큰느타리 균사체를 증식시킨 콩을 첨가제조한 두부의 품질 특성)

25) 이대진, 김광표, 이병의, **균학회지,** 2003, 31(3), 192 〔큰느타리(*Pleurotus eryngii*)의 인공 재배에 관한 연구〕

26) 이창환, 양민호, 박승림, 강영주, **식품과학회지,** 2007, 39(2), 128 (감귤주스 착즙박을 이용하여 재배된 버섯 균사체의 성분－새송이, 산호침, 참부채, 간버섯, 표고, 영지)

27) 이현욱, 김한경, 이홍수, 김광포, 조동진, 신현교, 차동열, **균학회소식,** 1997a, 9(2), 39 (큰느타리 병재배시 배지조성 및 이유기 방법에 따른 생육과 수량)

28) 이현욱, 김태성, 이상대, 이홍수, 송근우, 古室賢次, 송모열, 김천우, **경남농업진흥원, 1999년 과제 평가회** 〔새송이(큰느타리)버섯 재배기술 확립 시험〕

29) 정순택, 홍재식, **균학회지,** 1991, 19(4), 295 〔한국산 느타리류(*Pleurotus* sp.)의 휘발성 향기 성분〕

30) 조숙현, 이상대, 류재산, 김낙구, 이동선, **식품저장유통학회지,** 2001, 8(4), 367 (큰느타리의 MA저장중 품질변화)

31) 조우식, 류영현, 김승환, 윤재탁, 최부술, **균학회지,** 1999, 27(6), 412 〔*Penicillum corylophillum*에 의한 큰느타리(*Pleurotus eryngii*) 푸른 곰팡이 병의 발생〕

32) 최낙식, 서승염, 김승호, **식품과학회지,** 1999, 31, 533 (혈전용해능을 갖은 버섯류의 탐색－만가닥, 영지, 느타리, 토끼털송편, 새송이, 송이, 노루궁뎅이, 팽이, 양송이, 장수버섯)

33) 최한석, 김명곤, 박효숙, 김재성, 심명화, 김성준, **식품과학회지,** 2005,

37(6), 1039 (인공 재배 버섯의 혈전분해 효소 활성검색－새송이, 장수, 만가닥, 영지, 느타리, 토끼털송편, 뽕나무버섯, 팽이, 노루궁뎅이)

34) 황용주, 남혜경, 장문정, 노건웅, 김선희, **식품영양학회지,** 2003, 32(2), 217 (표고와 새송이버섯이 대장암 세포 증식 및 세포사멸에 미치는 영향)

35) Ahn, M. S., Kim, H. J., Seo, M. S., **Kor. J. Food Culture,** 2006, 21, 297 (Physicochemical characterisitics of ethanol extracts from each part of the *Pleurotus eryngii*)

36) Bano, Z., Rajaratham, S., **CRC Rev. Food Sci. Nutr.,** 1988, 27, 87 (*Pleurotus* mushroom. Part II. Chemical composition Nutritional value, Postharvest physiology preservation, and role as human food)

37) Bano, Z., Srinivisan Srivastava, H. C., **Appl. Microbiol.,** 1963, 11, 184 (Amino acid composition of the protein from a mushroom *Pleurotus* sp.)

38) Beig, G. M., Jandaik, C. L., **Mushroom Sci.,** 1989, 12(2), 67 (Artificial cultivation of *Pleurotus cystidiosus* O. K. Miller in India)

39) Boekhout, T., **Flora Agaricina Neederlandica,** 1990, 2, 20 (*Pleurotus*)

40) Cailleux, R., Diop, A., **Mushsoom Sci.,** 1974, IX(Part 1), 607 (Reserches experimentales sur les Conditions D'ambiançe reguises pour la fructification du *Pleurotus eryngii* et de L' *Agrocyber aegerita*)

41) Chang, S. T., Miles, P.G., **Edible Mushroom and their Cultivation,** CRC Press, New York, USA, 1989

42) Coli, R., Granetti, B., Damiani, P., Fidanza, F., **Ann. Facol. Agaria, Univ. Stud. Pergia,** 1991, 42, 847 (Chemical composition and nutritive value of several strains of *Pleurotus eryngii*, *P. nebrodensis* and *P. ostreatus* grown in a green house)

43) Crisan, E. V., Sands, A., **The Biology and Cultivation of Edible Mushrooms,** Academic press, USA, 1978, 137~168 (Nutritional Value of Edible Mushroom.)

44) Dermak, A., **Ceska. Mykologie,** 1974, 28, 57 〔*Pleurotus eryngii* (DC ex Fr.) Quél. in Slovakia〕

45) Eger, G., **The Biology and Cultivation of Edible Mushroom,** Chang, S. T., Hayes, W. A., eds. Academic Press, New York, USA, 1978 (Biology and Breeding of *Pleurotus*)

46) Ginterova, A., **Mushroom Sci.**, 1989, XII (part II), 99 (*Pleurotus* in modern agricultural production)

47) Guillen, F., Martinez, A. T., Martinez, M. J., **Appl. Microbiol.**, 1990, 32, 465 (Production of hydrogen peroxide arylalcohol oxidase from the ligninolytic fungus *Pleurotus eryngii*)

48) Guillen, F., Munoz, C., Gomez-Toribio, V., Martinez, A. T., Martinez, M. J., **Appl. Environ. Microbiol.**, 2000, 66, 170 (Oxygen activation during oxidation of methoxyhydroquinones by laccase from *Pleurotus eryngii*)

49) Han, Y. H., Chen, K. M., Cheng, S., **Mushroom Sci.**, 1974, IX(2), 167 (Characteristic and cultivation of new *Pleurotus* in Taiwan)

50) Hilber, O., **Mushroom Sci.**, 1989, 12, 241 (Valid invalid and confusing taxa of the genus *Pleurotus*)

51) Hong, K. J., Kim, B. Y., Kim, H. K., **J. Food Sci. Technol.**, 2004, 36, 563 (Analysis of nutritional components in *Pleurotus ferulea*)

52) Hui, Y. F., Den, E. S., Chi, T. H., **J. Food Lipids,** 2002, 9, 35 (Antioxidant and free radical scavenging activities of edible mushrooms)

53) Hwang, Y. J., Nam, H. K., Chang, M. J., Noh, G. W., **Kor. J. Soc. Food Sci. Nutr.**, 2003, 31, 217 (Effect of *Lentinus edodes* and *Pleurotus eryngii* extracts on proliferation and apoptosis in human colon cancer cell lines)

54) Jeong, C. H., Shim, K. H., **J. Kor. Soc. Food Sci. Nutr.**, 2004, 33, 716 (Quality characteristics of sponge cake with addition of *Pleurotus eryngii* mushroom powders)

55) Jose, N., Ajith, T.A., Janardhanan, K.K., **Phytother. Res.**, 2004, 18, 43 (Methanol extract of the oyster mushroom, *Pleurotus florida*, inhibits inflammation and platelet aggregation)

56) Kabir, Y., Kimura, S., **J. Nutr. Sci. Vitaminol.**, 1989, 35, 91 (Dietary

mushrooms reduce blood pressure in spontaneously hypertensive rats)

57) Kang, T. S., Kang, M. S., Lee, S. Y., **Kor. J. Mycol.**, 2001, 29, 86 (Effect of *Pleurotus eryngii* on the blood glucose and Cholesterol in diabetic rats)

58) Kichiro, K., Shinnosuke, M., **Asian Intoratin Mycological Congress, Preceedings**, 1996(AIMC 96), 83 (Mycelial growth of *Pleurotus eryngii*)

59) Kim, H. J., Ahn, M. S., Kim, G. H., Kang, M. H., **Kor. J. Food Sci. Technol.**, 2006, 38, 799 (Antioxidative and antimicrobial activities of *Pleurotus eryngii* extracts prepared from different areal part)

60) Kim, H. K., Cheong, J. C., Seok, S. J., Kim, G. P., Cha, D. Y., Moon, B. J., **Kor. J. Mycol.**, 1997, 25, 311 〔The artificial cultivation of *Pleurotus eryngii*(II).〕

61) Lee, D. J., **Ph.D. Dissertation,** Dankook Univ, Seoul, Korea, 2002 (Studies on Characteristics of isolates, bioactivity and artificial cultivation of *Pleurotus eryngii* Quél.)

62) Magae, Y., Haga, K., Taniguchi, H., Sasaki, T., **J. Gen. Appl. Microbiol.**, 1990, 36, 69 〔Enzymes of strains *Pleurotus* species(Basidiomycetes) compared by electrophoresis〕

63) Manzi, P., Marconi, S., Aguzzi, A., Pizzoferrato, L., **Food Chem.**, 2004, 84, 201 (Commercial mushrooms : nutritional quality and effect of cooking)

64) Manzi, P., Gambelli, L., Marconi, S., Vivanti, V., Laura Pizzoferrato, L., **Food Chem.**, 1999, 65, 477 (Nutrients in edible mushrooms: an inter-species comparative study—느타리, 새송이, 산느타리, 표고)

65) Manzi, P., Aguzzi, A., Pizzoferrato, L., **Food Chem.**, 2001, 73, 321 (Nutritional value of mushroom widely consumed in Italy)

66) Manzi, P., Pizzoferrato, L., **Food Chem.**, 2000, 68, 315 (β-Glucans in edible mushrooms)

67) Mattila, P., Suonpaa, K., Pirronen, V., **Nutrition**, 2000, 16, 694 (Functional properties of edible mushrooms)

68) Martinez, M. J., Ruiz-Duenas, F. J., Guillen, F., Martinez, A. T., **Eur. J. Biochem.**, 1996, 237, 424 (Purification and catalytic properties of two maganese-peroxidase isoenzymes from *Pleurotus eryngii*)

69) Martinez- Carreara, P., **Mushroom Sci.**, 1989, 12, 169 (Simple technology to cultivate *Pleurotus* on coffee pulp in the tropics)

70) McDonnell, J. E. W., Esselen, W. B. Jr., **Food Res.**, 1947, 12, 118 (Carbohydrates in Cultivated mushrooms)

71) Miller, O. K., **Mycologia**, 1969, 51, 887 (A new species of *Pleurotus* with a coremioid imperfect stage)

72) Neda, H., Furukawa, H., **Trans. Mycol. Soc. Japan**, 1987, 28, 69 (*Pleurotus abalonus*, Han, Chen et Cheng, a newly cultivated mushroom in Japan)

73) Oh, H. -I., Lim, T. -S., Lee, G. -D., Kim, H. -K., **Food Sci. Biotechnol.**, 2007, 16(2), 299 (Monitoring the Functional Properties of *Pleurotus eryngii* Extract Using Response Surface Methodology)

74) Park, M. H., Oh, K. Y., Lee, B. W., **J. Food Sci. Technol.**, 1998, 30, 702 (Anticancer activity of *Lentinus edodes* and *Pleurotus ostreatus*)

75) Park, S. S., Lee, K. D., Min, T. J., **Kor. J. Mycol.**, 1995, 23, 28 (Study on the screening and development of antibiotics in the mushrooms)

76) Sohi, H. S., Upadhyay, R. C., **Mushroom Sci.**, 1989, Ⅶ(partⅡ), 49 (Effect of temperature on mycelial growth of *Pleurotus* species and yield performance on selected substrate)

77) Suzuki, W., Ikegawa, T., **J. Kokai, Tokyo, Koho**, 1978, 78, 106 (Anticancer substances and emitanin)

78) Toyomasu, T., Mori, K., **Mushroom Sci.**, 1989, 12(1), 151 (Characteristics of the fusion products obtained by intra-and interspecific protoplast fusion between *Pleurotus* species)

79) Toyomasu, T., Mori, K., **Agric. Biol. Chem.**, 1987a, 51, 2037 (Fruit body formation of the fusion products obtained by interspeicific protoplast

fusion between *Pleurotus* speices)

80) Toyomasu, T., Mori, K., **Agric. Biol. Chem.**, 1987b, 51, 35 (Intra-and interspecific protoplast fusion between some *Pleurotus* species)

81) Upadhyay, R. C., Vijay, B., **Science and Cultivation of Edible Fungi,** 1991, 533-536 (Cultivation of *Pleurotus* species during winter in India)

82) Wang, H., Ng, T. B., **Peptides,** 2004, 25, 1 (Eryngin, a novel antifungal peptide from fruiting bodies of the edible mushroom *Pleurotus eryngii*)

83) Wuest, P. J., Royse, D. J., Beelamn, R. B., **Cultiv. Edible Fungi.**, 1987, 109 (Effect of benomyl application and spawnmate supplementation on yield and size of selected genotypes of *Pleurotus* sp.)

84) Yoon, S. R., Lee, M. H., Kim, H. K., Lee, G. D., **Kor. J. Soc. Food Sci. Nutr.**, 2006, 35, 262 (Change in functional properties by extraction condition of rosted *Pleurotus eryngii*)

85) Yang, J. H., Lin, H. C., Mau, J. L., **Food Chem.**, 2002, 77, 229 (Anti-oxidant properties of several commercial mushrooms)

86) Zadrazil, F., **Mushroom Sci.**, 1974, IX(Part 1), 621 (The ecology and industrial production of *Pleurotus ostroutus*, *P. cornucopiae*, *P. eryngii*)

87) Zahooruddin, A., **Mushroom J.**, 1974, 28 (Cultivated *Pleurotus eryngii* for use in forest and uncultivable areas of temperate Zone)

88) Zervakis, G., Balis, C., **Mushroom Sci.**, 1991, Ⅷ(2), 537 (*Pleurotus* species of Greece: an evaluation of their morphological and physiological characteristics)

89) Zervakis, G., Balis, C., **Mycol. Res.**, 1996, 100(6), 717 (A pluralistic approach in the study of *Pleurotus* species with emphasis on compatibility and physiology of European morphotax)

90) Zhang, J., Wang, G., Li, H., Zhuang, C., Mizuno, T., Ito, H., Suzuki, C., Okamoto, H., Li, J., **Biosic. Biotech. Biochem.**, 1994, 58, 1195 (Anti-tumor polysaccharides from a chinese mushroom "Yuhuangmo", the fruiting body of *Pleurotus citrinopileatus*)

91) Zhang, M., Cheung, P. C. K., Zangh, L., **J. Agric. Food Chem.**, 2001, 49, 5059 〔Evaluation of mushroom dietary fiber(no starch polysaccharides) from sclerotia of *Pleurotus* tober, regium(Fries) singer as a potential anti-tumor agent〕

Laccaria vinaceoavellanea Hongo

색시졸각버섯 5

송이과 (Tricholomataceae)

• 분포 | 한국, 일본, 뉴기니
• 용도 | 자실체(식용)

✻ 식물학적 특성

여름에 활엽수림 내 땅 위에 군생. 갓은 지름 3~8㎝로 처음에는 평반구형, 후에 오목편편형. 갓 표면은 담자갈색~담황갈색 방사상의 홈선이 있고, 주름살은 내린형 또는 완전붙은형, 성기고 갓과 같은 색. 대는 위아래 굵기가 같고, 표면은 섬유상, 세로줄이 있고, 갓과 같은 색. 포자는 지름 7.5~8.5㎛로 구형, 표면은 길이 1㎛의 작은 돌기가 있고, 포자문은 백색이다.

동속 식용 버섯은 밀졸각버섯(*L. tortilis*)과 졸각버섯(*L. laccata*) 등이 있다.

✻ 성분

1) 특수 성분

졸각버섯에서 alkaloid, polysaccharide, 유리 아미노산 28종, 미량금속 7종, 산성 phosphatase가, 색시졸각버섯에서 미량금속 7종이 분리되었다.

✻ 생리 활성

용혈 활성 검색 : 한국산 야생 버섯 22종의 용혈 독성을 조사하고자, 버섯의

색시졸각버섯

냉침액을 만들어 검색한 결과, 밀버섯(*Collybia confluence*), 조개껍질버섯(*Lenzites betulina*), 색시졸각버섯(*Laccaria vinaceoavellanea*) 3종이 mouse와 rat 적혈구 용혈 작용이 강력하였고, 색시졸각버섯은 100℃ 수욕상에서 30분간 가열하여도 mouse 적혈구 용혈 활성이 80% 유지되어 열에 매우 안정하였다.

항암 효과 : 자주졸각버섯은 sarcoma 180(mouse)에 대하여 저해율이 70~80%의 antitumor activity가 있다.

송이 발생림 주변 외생균류 : 송이 발생림(홍천)에서 외생균 근성 버섯을 조사(1995~97)한 결과, 송이 균환은 자실체 발생 위치에 다른 외생 근성 버섯은 무당버섯, 회갈색무당버섯, 푸른주름무당버섯, 애기꾀꼬리 버섯이 각각 16.0%, 12.8%, 12.4%, 7.0%의 발생 빈도를 보였고, 연구대상 지역이 송이 생산량 감소 지역이며, 또한 마귀광대버섯, 황소비단그물버섯, 다박싸리버섯 및 졸각버섯은 송이 균환 주변에 많이 출현, 송이 생산성 감소 상태에 있음을 나타내고 있다.

울릉도의 균류분포 : 1989.10~1991.9까지 98점의 주름버섯류를 채집하여, 분류한 결과, 주름버섯목 10과, 22속, 30종으로 확인, 그중 3종은 미기록 종으로 귀신버섯과의 땅귀버섯(*Grepidotus geophilus*)과, 송이과의 긴대애주름버섯(*Mycena elegans*) 및 큰 애주름버섯(*M. carolinensis*)이었다. 동정된 균주는 느타리(*P. ostreatus*), 졸각버섯(*Laccaria laccata*), 뽕나무버섯(*Armillariella mellea*), 긴대애주름버섯(*Mycena elegans*), 갈색먹물버섯(*Coprinus micaceus*) 등 5종이었다. 많은 종류의 주름버섯이 땅에 자라고 있었으나, 너도밤나무와 마가목은 느타리속, 귀신버섯속, 부채버섯속, 먹물버섯속 및 개암버섯속, 혹은 뽕나무버섯속같은 목재서식주름버섯이 가장 좋은 숙주이며, 우산 고로쇠나무와 소나무도 먹물버섯속, 무당버섯속, 비단그물버섯속 같은 토양서식주름버섯의 가장 좋은 숙주였다.

무기질 성분 : 야생졸각버섯, 색시졸각버섯, 자주졸각버섯, 밀졸각버섯의 무기 성분 함량은 분석 결과, K가 가장 많았고, 다음 Fe, Zn, Na, Cu, Mn, Ca 순이며, K, Na, Ca, Fe, Mn, Zn, Cu의 무기 성분이 많이 함유한 버섯은 밀졸각

버섯〉색시졸각버섯〉졸각버섯〉자주졸각버섯〉 순이었다. 각 버섯에 함유된 무기 성분은 밀졸각버섯은 K, Fe, Na, Zn, Cu, Mn, 색시졸각버섯은 K, Fe, Na, Zn, Cu, Mn, 졸각버섯은 K, Fe, Zn, Na, Cu, Mn 순이었다.

❊ 효능과 이용

1) 식용 : 자실체를 식용한다.

참고문헌

1) 박완희, **균학회지,** 1988, 16(4), 242 (한국산 버섯류의 무기 성분에 관한 연구 I, 졸각버섯, 자주졸각버섯, 밀졸각버섯, 색시졸각버섯의 무기 성분)
2) 박현, 가강현, 류천인, 김교수, 김현중, **균학회지,** 1998, 26(3), 306 (송이 발생림의 송이 균환주변에 출현하는 외생균 근성 균류－송이, 황소비단버섯, 졸각버섯, 무당버섯)
3) 정경수, 이지선, 조문주, **균학회지,** 2000, 28(2), 123 (한국산 야생 버섯의 용혈 작용에 대한 연구 제2보, 색시졸각버섯, 밀버섯, 조개껍질버섯 등 22종의 in vitro 용혈활성검색)
4) 한국 균학회, **버섯 이름, 한국명 통일안,** 2000, 176
5) 農村振興廳 農業技術硏究所編, **韓國産 버섯類 原色圖鑑(I),** 1987
6) 卯曉嵐, 莊長坪, 歐株次旺, **西藏大型經濟眞菌,** 北京科學技術出版社, 1991
7) 朴婉熙, 李虎得, **한국의 버섯,** 교학사, 서울, 1991, 66 (색시졸각버섯)
8) 應建浙, 卯曉嵐, 馬啓明, 宗毓臣, 文華安, **中國藥用眞菌圖鑑,** 科學出版社, 1987
9) 李址烈, **韓國 버섯 圖鑑,** 아카데미서적, 서울, 1988, 74 (색시졸각버섯)
10) 정학성, **균학회지,** 1993, 21(1), 64 〔울릉도의 균류상(4). 수종 주름 버섯류에 대하여〕
11) Chang, S. T., Miles, P.G., **Edible Mushroom and their Cultivation,** CRC

Press, New York, USA, 1989

12) Cheung, L. M., Cheung Peter, C. K., Ooi Vincent, E. C., **Food Chem.**, 2003, 81, 249 (Antioxidant activity and total phenolics of edible mushroom extracts)

13) David, G. S., Barry, H. R., **Mushroom Poisoning,** CRC Press, USA, 1994

14) Gregory, F. J., Healy, E. M., Agerborg, H. P. K. Jr., Warren, G. H., **Mycologia,** 1966, 58, 80 (Studies on antitumor substances produces by Basidiomycetes)

15) Hui, Y. F., Den, E. S., Chi, T. H., **J. Food Lipids,** 2002, 9, 35 (Antioxidant and free radical scavenging activities of edible mushrooms)

16) Imazeki, R., Otani, Y., Hongo, T., **Color Illustration Mushrooms of Japan,** Yama-Kei Publisher Co. Ltd., Tokyo, Japan, 1988

17) Kabir, Y., Kimura, S., **J. Nutr. Sci. Vitaminol.**, 1989, 35, 91 (Dietary mushrooms reduce blood pressure in spontaneously hypertensive rats)

18) Lee, G. D., Chang, H. G., Kim, H. K., **Kor. J. Food Sci. Technol.**, 1997, 29, 432 (Antioxidative and nitric-scavenging activities of edible mushrooms)

19) McDonnell, J. E. W., Esselen, W. B. Jr., **Food Res.**, 1947, 12, 118 (Carbohydrates in Cultivated mushrooms)

20) Mizuno, T., **Food Rev. Int.**, 1995, 11, 7 (Bioactive biomolecules of mushrooms: Food function and medicinal effect of mushroom fungi)

21) Park, H., Ka, K.H., Ryoo, C.I., Kim, K.S., Kim, H.J., **Kor. J. Mycol.**, 1998, 26(3), 306 (Ectomycorrhizal mushroom occurrence around the fairy ring of *Tricholoma matsutake* at a pine-mushroom forest)

22) Pegler, D. N., **The Concise Illustrated Book of Mushrooms and Other Fungi,** Gallery Books, New York, USA, 1989

23) Wasser, S. P., Weiss, A. L., **Crit. Rev. Immunol.**, 1999, 19, 65 (Therapeutic effects of substances occurring in higher Basidiomycetes mushroom: a modern perspective)

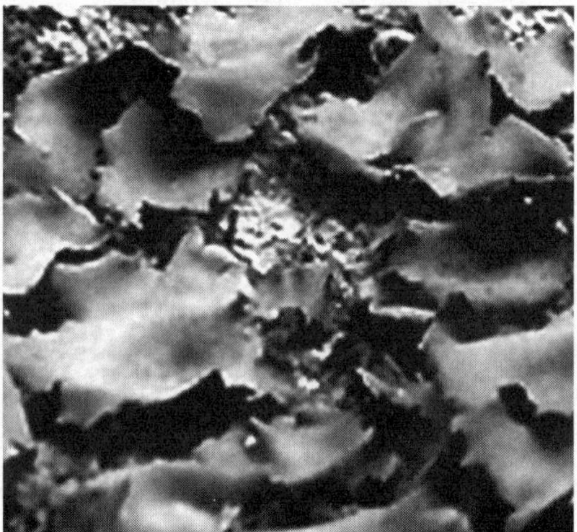

석이버섯

Gyrophora esculenta (Miyoshi)

석이버섯 6

석이과 (Gyrophoraceae)

- 영명 | Manna lichen
- 중국명 | 石耳, 石芝(석지), 香茸(향이)
- 분포 | 한국, 일본, 중국
- 용도 | 자실체(식용)

✲ 식물학적 특성

지의류의 하나로 깊은 산 바위 위에 나며, 몸은 편평한 엽상체로 겉은 잿빛, 지름 5~10㎝로 모양은 다양하여 큰 주름이 많고, 모여 나며, 번들번들하고, 중앙에 검은 빛의 색상체(索狀体)가 있어 바위에 고착한다.

석이는 지의류(地衣類)의 하나로 동의보감에도 수록된 버섯이다.

✲ 성분

1) 영양 성분

석이버섯(말린것, 7016) : 가식부 100g 중, 열량은 279.0 ㎉, 단백질 4.4g, 지질 1.8g, 당질 70.8g, 섬유 6.60g, Ca 78.0mg, P 57.0mg, Fe 54.60mg, K 90.0mg, vitamin B_1 0.100mg, B_2 0.010mg, niacin 1.6mg, 식이섬유 60.98g.

2) 특수 성분

석이버섯에서 Gyrophoric acid(G-00928), Umbilicaric acid(G-00928) 등이 분리되었다.

✲ 생리 활성

α-Glucosidase 저해 효과① : 석이버섯에서 소화효소 α-glucosidase 저해 활성 물질 GE974를 분리하였고, 이 물질은 α-amylase를 제외하고는 우수한 저해 효과가 인정되었다. GE974의 α-glucosidase 저해 활성 양식은 경쟁적 저해로 확인되었다. 정상군과 alloxan이나 streptozotocin(STZ)유도 당뇨병태 모델에서 GE974 α-glucosidase 저해 효과의 비교 실험에서 alloxan 유도 병태 모델에서는 정상군 사이에 별 차이가 없었으나, STZ유도 병태 모델 생쥐에서 sucrase에 대한 GE974의 저해 활성은 정상군에 비해 훨씬 강한 감수성을 보였다.

GE974의 혈당 상승 억제② : 석이에서 분리한 GE974의 생체 내 maltose 부하의 혈당 상승 억제 효과는 당부하전, 동시, 후에 GE974를 처리한 결과, 당과 검액 동시 투여로 현저한 혈당 상승 억제가 있었다. 따라서 혈당 억제 효과는 α-glucosidase 효소 활성을 경쟁적 저해임을 알 수 있었고, 또 in vivo에서 GE974는 이당류인 maltose와 sucrose, 다당체 starch와 lactose를 각각 부하시킨 생쥐에서 용량 의존적 혈당 상승 억제 효과가 있었다. maltose 부하 alloxan과 streptozotocin 유도 당뇨 생쥐 및 db/db 생쥐에서도 유의성 혈당상승 억제 효과가 있었다.

항돌연변이 원성 : 목이 및 석이 메틸 알코올 추출물의 항돌연변이 원성을 알고자 실험한 결과, 목이와 석이의 MeOH 추출물에 대해 *E. coli* PQ 37/pKM 1 균주를 이용, SOS chromotest 방법으로 변이 원성 유무 및 4가지 양성 변이원 물질에 대해 항돌연변이 원성을 조사한 결과, 돌연변이 원성은 없었고, 4가지 양성 돌연변이원 물질에 대한 항돌연변이성 실험 결과, 4-nitroquinoline-1-oxide(4NQO)에서 목이, 석이 각각 52%, 59%의 억제 효과가, N-methyl-N'-nitro-N-nitrosoguanidine(MNNG)에 49%, 58%, mitomycin(MMC)에 대해 53%, 64%, 3-amino-1,4-dimethyl-5H-pyrido-(4,3-b) indole(Trp-P-1)에 대해 각각 61%, 64% 억제 활성을 보였다. 이 결과, SOS chromotest에서 양성 변이원 4종 모두에서 돌연변이 억제 활성이 있었고, 석이가 목이보다 대체

로 강한 항돌연변이 활성을 나타내었다.

유전독성 억제 효과 : 목이 및 석이 MeOH 추출물의 유전 독성 억제 효과를 알고자 목이와 석이 MeOH ex를 시료로 mouse 골수 세포에 대한 소핵 실험을 행하여 benzo(α)pyrene(BP)에 대한 유전 독성 억제 효과를 시험한 결과, BP와 목이, 석이(100㎎/㎏ oral)의 투여 시간(2~72시간)에 따른 목이, 석이 자체의 유전 독성 실험에서 BP(150㎎/㎏, IP)는 투여 36시간 후 도살 실험군에서 유전 독성이 가장 높았으나, 전 12시간에 시료 투여군에서 목이, 석이 각각 47.9%, 50.0%로 유의성 유전 독성 억제 효과를 보였다. 또 시료의 용량별(5~200㎎/㎏, 경구) 투여 중, 100㎎/㎏ 투여에서 가장 강한 유전 독성억제 효과가 확인되었다. 또 5~200㎎/㎏에서 목이, 석이 각각 54.2%, 56.3%로 가장 강한 유전 독성 억제 효과를 보였다.

Tyrosinase 활성 저해 물질 : 피부노화 및 갈변화와 관련된 tyrosinase 활성 저해 유효 성분을 8종의 식용 버섯(영지, 양송이, 표고, 석이, 팽이 등)에서 추출, 유효 성분을 분리 동정하였다. 8종의 버섯은 MeOH, n-hexane, $CHCl_3$, EtOAc, n-BuOH, 물로 추출한 후, 각 용매 추출물(1㎎/㎖)의 tyrosinase 활성 저해는 석이버섯 EtOAc추출물, 영지 물 추출물, 양송이 물 추출물의 순서로 78.4%, 67.3%, 51.5%로 검색되었다. 가장 저해율이 높은 석이 EtOAc 추출물을 silica gel column으로 분획하였고, 이는100㎍/㎖ 에서 60.9%의 가상 강한 저해율이 보였다. 이를 TLC하여 Rf치가 0.38, 0.27, 0.19의 band를 분리, 분취물의 지해율은 15.6%, 27.0%, 32.9%이었다. 석이버섯의 유효 성분을 여러 기기로 분석, 얻은 data를 검토한 결과, orsellinate, methyl orsellinate, methyl lecanorate, methyl gyrophorate의 혼합물질로 확인되었다.

항균 및 항산화 작용① : 담자균 자실체의 물과 MeOH ex를 5종 식중독균에 대한 항균 실험 결과, 석이, 상황, 영지버섯 추출물이 항균성이 보였고, 석이 MeOH ex가 가장 강한 항균력을 보였다. 석이와 상황 버섯의 80% MeOH ex를 Et_2O, $CHCl_3$, EtOAc, n-BuOH, 물의 순으로 분획하여 얻은 분획물의 항균 및 항산화성을 조사한 결과, 석이의 Et_2O, EtOAc, n-BuOH 분획에서 강한 항균성이 보였고, 상황의 EtOAc, n-BuOH 분획에서 항균성이 나타났다. 400ppm

석이 분획물의 전자공여능은 EtOAc와 $CHCl_3$ 분획에서 70% 이상, BuOH와 Et_2O 분획에서 60%이상의 전자공여능을 보였다. 아질산염 소거능은 석이 EtOAc 분획에서 약 40%의 소거능을 보였다.

항진균 활성 검색② : 32종의 한국산 버섯을 석유 ether, 80% EtOH, 증류수로 각각 추출, 항진균성을 검색한 결과, 수원그물버섯, 거친껄껄이그물버섯, 나팔버섯, 해면버섯, 주걱간버섯 및 석이버섯의 EtOH ex, 큰 낙엽버섯의 석유 ether ex가 효모에 활성을 보였다. 석이의 EtOH ex는 *C. neoformans*균에 큰 활성을 보여 MIC 값은 600㎍/㎖, 애광대버섯, 거친껄껄이그물버섯, 나팔버섯, 해면버섯, 주걱간버섯, 큰낙엽버섯, 석이버섯, EtOH ex와 석유 ether ex는 곰팡이에 각각 항균성을 보였다. 나팔버섯의 EtOH ex는 *M. gypseum* 균(1,000㎍/㎖)에, 석이버섯 EtOH ex는 *T. mentagrophytes*, *M. gypseum* 및 *P. oryae*에 각각 300, 600㎍/㎖이었으며, 석유ether ex는 *M. gypseum* 균에 MIC가 300㎍/㎖이었다.

항균 활성③ : 39속 지의류에 대하여 3종 균주에 대하여 항균성을 실험한 결과, *Staphylococcus aureus*에 대하여 27종이, *Bacillus subtilis* ATCC 6633에 24종이, *E. coli*에 대해 25종이 항균성이 있었으며, 이 중 3종의 균에 대해 석이 버섯 추출물은 항균성이 없었다.

각종 버섯의 β-Glucan의 수용성(새송이, 느타리, 장수버섯, 신령, 표고, 운지, 석이): 12종의 식용버섯 중 수용성 β-glucan을 측정한 결과, 4.71~46.2.0%(in dry basis)이었고 석이(*Gyrophours esculenta*), 표고, 운지, 영지, 팽이버섯이 β-glucan을 많이 함유하였다. 수용성 β-glucan의 많은 버섯이 생리활성이 강한 것으로 이들의 수용성 β-glucan은 2.12~ 19.66%이었고, 총 β-glucan의 42.55~73.35%이었다. 12종의 시료 중 총 glucan이 가장 많은 버섯은 석이 46.49±0.24%, α체 0.29±0.03%, β체 46.20±0.27%이었고, 불용성 glucan은 총 26.79±0.82%, α체는 0.25±0.01%, β체는 26.54±0.82%이었다. 운지는 총 glucan 22.69±2.15%, β체는 22.24±1.84%, 불용성 glucan은 26.79±0.82%, 11.62±1.22%, 영지의 총 glucan은 22.24±1.32%, β체는 21.61±1.39%, 불용성 glucan은 6.16±0.08%, β체는 5.76±0.16%이었다. 표고버섯의 glucan

함량은 33.99+0.65%이며 α체는 5.91±0.57%, β체는 28.08±0.08%, 불용성 glucan은 총 13.78±0.16%, α체는 2.98±0.21%, β-10.83±0.04%이었다.

지방산 및 Sterol : 한국산 목이와 석이버섯의 지방산 조성과 sterol 성분을 GLC와 IR 분석하였다. GLC로 분석한 지방산 조성이 목이는 linoleic 33.73%, palmitic 15.52%, stearic 5.03%, oleic 16.03%, linolenic 17.80%, 미지산 11.89%, 석이는 linoleic 46.35%, palmitic 31.71%, oleic acid 16.82%, 미지산 5.12% 및 소량의 stearic과 linolenic acid였다. sterol 성분은 TLC로 분리하고 IR로 동정한 결과, 목이와 석이 모두 sitosterol과 ergosterol을 함유하였다.

Amino acid 조성 : 석이버섯의 유리 아미노산을 분석한 결과, aspartic acid (0.02㎎/g), threonine(0.01), serine(0.02), cysteine(0.01), isoleucine(0.01), leucine (0.01), tyrosine(0.01), phenylalanine(trace), lysine(0.01), histidine(0.01) 등이 있었다.

영양 성분① : 석이버섯의 가식부 100g 중, 열량은 279.0 ㎉, 단백질 4.4g, 지질 1.8g, 당질 70.8g, 섬유 6.60g, Ca 78.0㎎, P 57.0㎎, Fe 54.60㎎, K 90.0㎎, vitamin B_1 0.100㎎, B_2 0.010㎎, niacin 1.6㎎이었다.

영양 성분② : 석이버섯의 영양 성분을 분석한 결과, 단백질 8.1g, 탄수화물 69.3g, 지질 30g, 칼슘 32㎎, 인 360㎎, 철 0.6㎎, 비타민 B_1 등이 있었다.

식이 섬유 : 채소류, 버섯류, 과일류, 및 해조류의 식이 섬유를 조사한 결과, 총 식이 섬유의 평균은 과일류와 가공품〈녹황색 채소류〈담색 채소류〈해조류 및 가공품〈버섯류 순이며, 녹황색 채소류 3.62±12.68%이었고, 버섯류 중 건조 석이버섯이 52.87%로 가장 많았으며, 느타리 3.88%, 양송이 1.42%이었고, 버섯류 중 건조 석이버섯이 52.87%로 가장 많았으며, 느타리 3.88%, 양송이 1.42%이었다. 과실류에서 사과는 1.50%, 딸기 1.55% 이었고, 해조류는 미역과 김이 각각 37.77, 31.36%이었다.

✲ 효능과 이용

1) 효능 : 복통, 설사, 탈항(脫肛), 이질.

2) 식용 : 향기와 풍미가 있는 버섯으로 석이떡, 석이쌈, 석이전 등 고급 요리에 쓰인다.

3) 약용 : 민간에서는 석이를 밥에 쪄서 먹으면 지사제로, 또 복통의 묘약으로도 쓴다. 오래 장복하면 피부가 좋아지고, 늙어도 아름답고, 건강하게 한다.

참고문헌

1) 김선희, 박찬성, **식품저장유통학회지,** 2001, 8(1), 118 (담자균 추출물의 항균 작용 및 항산화 작용—석이, 상황, 영지 버섯)

2) 김천호, 복상전보, **영양학회지,** 1983, 16(1), 27 (석이 버섯 중에 함유되어 있는 간장 및 혈장 Cholesterol의 저하 생리 활성 물질에 관한 연구)

3) 김천호, **유화학회지,** 1984, 1(1), 33 〔석이버섯(*Gyrophora esculenta*)에 함유되어 있는 간장 및 혈장 Cholesterol 저하 물질에 관한 연구 2〕

4) 남정원, 고영수, **식품과학회지,** 1980, 12(1), 6 (한국산 목이와 석이의 지방산 및 Sterol 성분에 관한 비교 연구)

5) 農村振興廳 農業技術研究所編, **韓國産 버섯類 原色圖鑑(Ⅰ),** 1987

6) 卯曉嵐, 莊長坪, 歐株次旺, **西藏大型經濟眞菌,** 北京科學技術出版社, 1991 (생리 활성)

7) 민태진, 김은미, 이선정, 배강규, **균학회지,** 1995, 23(1), 14 〔버섯 중 항균 물질의 검색 및 개발에 관한 연구—버섯중 항진균 활성 물질 검색(1)—석이, 수원 그물버섯, 나팔버섯, 해면버섯, 주걱간버섯, 큰낙엽버섯, 거친껄껄이 그물버섯〕

8) 박영현, 장성근, **식품위생안전성 학회지,** 1997, 12(3), 195 (한국산 식용 버섯류의 Tyrosinase 활성 저해 검색 및 그 유효 성분 분리—양송이, 팽이, 표

고, 영지, 석이 등)
9) 應建浙, 卯曉嵐, 馬啓明, 宗毓臣, 文華安, **中國藥用眞菌圖鑑**, 科學出版社, 1987
10) 이기동, 장학길, 김현구, **식품과학회지**, 1997, 29, 426 (버섯류의 항산화성 및 아질산염 소거 작용)
11) 이선주, **생약학회지**, 1975, 6(2), 75 〔한국향토 민속약 규명에 관한 연구(Ⅰ)—송이, 표고, 간버섯, 능이, 복령, 석이〕
12) 이지열, **균학회지**, 2005, 33(1), 54 〔한국 기록종 버섯 추가 목록(2001-2004)〕
13) 이태수, 이지열, **한국기록종 버섯 재정리 목록**, 임업연구원, 서울, 2000
14) 임수빈, 김미옥, 구성자, **조리과학회지**, 1991, 7(3), 69 (식용 버섯 중 식이 섬유소의 함량 측정—석이, 느타리, 양송이 등)
15) 전향숙, **식품과학화 산업**, 2000, 33, 22 (담자 균류의 면역 활성)
16) 정은재, **식품영양과학회지**, 1998, 11, 426 (석이버섯 용매 추출물의 항산화 및 아질산염 소거 작용)
17) 최혁재, 김남재, 김동현, **생약학회지**, 2000, 31(2), 196 (석이에서 분리한 GE974의 α-Glucosidase 저해 효과)
18) 최혁재, 김남재, 김동현, **생약학회지**, 2000, 31(3), 268 (석이에서 분리한 G974의 혈당 상승 억제 효과)
19) 표명윤, 노일협, **영양학회지**, 1975, 8(1), 47 (식용 버섯류의 아미노산에 관한 연구)
20) 한국 균학회, **버섯 이름, 한국명 통일안**, 2000, 176
21) 한세호, **약학회지**, 1996, 10, 7 (한국산 지의류의 항균 작용에 관한 연구 - 석이버섯)
22) 함승시, 김득하, 이득식, **식품과학회지**, 1997, 29, 1281 (목이 및 석이 알코올 추출물의 항돌연변이 원성)
23) 함승시, 김득하, 최근표, 이득식, **식품영양과학회지**, 1997, 26(1), 57 (목이 및 석이 MeOH 추출물의 유전 독성 억제 효과)
24) 許浚, **東醫寶鑑**, 東醫寶鑑國譯委員會編譯, 南山堂, 서울, 1968, 1177 (석이)
25) Chang, S. T., Miles, P. G., **Edible Mushroom and their Cultivation**, CRC

Press, New York, USA, 1989

26) Cheung, L. M., Cheung Peter, C. K., Ooi Vincent, E. C., **Food Chem.**, 2003, 81, 249 (Antioxidant activity and total phenolics of edible mushroom extracts)

27) David, G. S., Barry, H. R., **Mushroom Poisoning,** CRC Press, USA, 1994

28) Dickinson, H., Lucas, J., **The Encyclopedia of Mushrooms,** Crescent Books, New York, USA, 1983

29) Gerhardt, E., **Pilze,** BLV Handbook, 1995

30) Hui, Y. F., Den, E. S., Chi, T. H., **J. Food Lipids,** 2002, 9, 35 (Antioxidant and free radical scavenging activities of edible mushrooms)

31) Imazeki, R., Otani, Y., Hongo, T., **Color Illustration Mushrooms of Japan,** Yama-Kei Publisher Co. Ltd., Tokyo, Japan, 1988

32) Kabir, Y., Kimura, S., **J. Nutr. Sci. Vitaminol.,** 1989, 35, 91 (Dietary mushrooms reduce blood pressure in spontaneously hypertensive rats)

33) Lee, G. D., Chang, H. G., Kim, H. K., **Kor. J. Food Sci. Technol.,** 1997, 29, 432 (Antioxidative and nitric-scavenging activities of edible mushrooms)

34) Mau, J. L., Chao, G. R., Wu, K. T., **J. Agric. Food Chem.,** 2001, 49, 5461 (Antioxidant properties of methanolic extracts form several ear mushrooms)

35) Mau, J. L., Lin, H. C., Song, S. F., **Food Res. Int.,** 2002, 35, 519 (Antioxidant properties of several special mushrooms: 석이, 목이)

36) McDonnell, J. E. W., Esselen, W. B. Jr., **Food Res.,** 1947, 12, 118 (Carbohydrates in Cultivated mushrooms)

37) Mizuno, K. T., **Food Res. Int.,** 1995, 11, 7 (Bioactive biomolecules of mushroom fungi)

38) Nishikawa, Y., Takeda, T., Shibata, S., Fukuoka, F., **Chem. Pharm. Bull.,** 1969, 17, 1910 (Polysaccharides in lichens and fungi Ⅲ. Further investigation on the structures and the antitumor activity of the

polysaccharides from *Gyrophora esculenta* Miyoshi and *Lasallia papu-rosa* L. Lano)

39) Pegler, D. N., **The Concise Illustrated Book of Mushrooms and Other Fungi,** Gallery Books, New York, USA, 1989

40) Shibata, S., Nishikawa, Y., Takeda, T., Tanaka, M., **Chem. Pharm. Bull.**, 1968, 16, 2362 〔Polysaccharides in lichens and fungi, 1. Antitumor active polysaccharides of *Gyrophporus esculenta* Miyoshi and *Lasallia papu-rosa*(Ach.). Lano〕

소나무잔나비버섯

Fomitopsis pinicola (Sw. ex Fr.) Karst.
Polyporus pinicola Sw. ex Fr.
Fomes pinicola (Sw. ex Fr.) Cke

소나무 잔나비버섯 7

구멍장이 버섯과 (Polyporaceae)

• 중국명 | 松生擬層孔菌
• 분포 | 한국, 일본, 중국 등 북반구 온대북
• 용도 | 자실체(약용)

✻ 식물학적 특성

여름부터 가을까지 주로 침엽수의 생목, 고목, 쓰러진 나무 위에 발생한다. 다년생이며, 목재 심재(心材) 갈색 부후성 버섯이다. 갓은 지름 4~30㎝, 두께 2~15㎝로 매년 성장하여 지름 50㎝에 달하는 것도 있다. 초기에는 반구형이나, 차차 편평말구형이 되고, 표면에 각피가 있다. 생육부(生育部)는 백색이나 차차 회흑색~흑색이 되고, 생장 과정을 나타내는 환문이 있다. 조직은 백색이고, 코르크질~목질이며, 자실층은 황백색이고, 관공은 여러 층이며, 관공구는 원형이고 1㎜에 4~5개가 있다. 포자는 6~8×4~5㎛로 타원형이고, 표면은 평활하고, 포자문은 백색이다.

동속 식물에는 장미잔나비버섯(*Fomitopsis rosea*)이 있다.

✻ 성분

1) 특수 성분

소나무잔나비버섯에서 Heterogalactan(S-01194), Mannitol(M-00209), Trehalose(T-01623), α-Glucan(L-00533), β-D-Glucan(P-02216), Eburicoic acid

(E-00007), Palmitic acid(H-00575), Linoleic acid(O-00108), Ergosterol (S-00425), Oleic acid(O-00157), 3-Hydroxylanosta-8, 24-dien-21-oic acid(3α, H-02169), 21-Hydroxylanosta-7, 9(11), 24,-trien-3-one(L-00251), Lanosta-7, 9(11), 24-triene-3, 21-diol(3β, L-00251), 3-Oxolanosta-8, 24-triene-21-oic acid (O-00745)가 분리되었다.

✻ 생리 활성

***Helicobacter pylori*에 항균 효과** : 국산 버섯 중 장수, 동충하초, 운지, 상황버섯, 소나무잔나비버섯의 열수 추출물의 *H. pyloi*(Hp)에 항균 효과를 실험한 결과, 소나무잔나비버섯〔*F. pinicola*(Fp)〕이 15㎜의 생육 저해환으로 가장 강하였고, 동충하초(*C. militaris*), 운지, 상황, 아까시재목버섯(*F. fraxinea*, 장수버섯)이 비교적 높은 항균성을 보였다. MeOH ex에서도 Fp가 생육 저해환 44㎜로 가장 강한 항균력을 보였다. 버섯의 생리 활성은 단백 다당체로 이들의 함량 의존적으로 나타나는 것으로 추정된다. Fp의 MeOH ex가 DEAE-sepadex 초기 분획에서 Hp에 항균 효과를 보였으며, 이 분획은 단백 다당체 함량이 높았다. Hp에 대한 항균력은 소나무잔나비버섯(*F. pinicola*)과 동충하초(*C. militaris*)가 우수하였다.

생리 활성 : 소나무잔나비버섯은 sarcoma 180(mouse)에 51.2~70% 억제율을, Ehrlich 복수암(mouse)에 억제율 80%을 보였고, 보체 및 macrophage 활성, 혈압 강하, cholesterol 배출 및 해열 효과가 있다.

효소 : 소나무잔나비버섯 자실체의 효소는 carboxyprotease와 pectinase가 분리되었다.

β-Glucan 파운드 케이크 특성 : β-glucan은 곡류(보리, 귀리, 호밀), 버섯 균사체와 자실체에 존재하며, 생리 활성은 혈당 강하, 담즙산과 지질 흡수 제한, cholesterol 합성 제한, 체지방 축적 억제, 면역 세포의 기능 활성화로 암 세포 증식 억제 항균성, 항virus성, 항염증, 피부 노화 방지 등이 있다. β-glucan 0, 3, 6, 9% 첨가 파운드 케이크를 만들어 품질 특성을 조사한 결과, β-glucan

첨가 농도 의존적으로 부드러움 유지가 길어 보존성이 증가하였고, L값, b(황색도)는 차이가 없었으나, 적색도는 저장 기간이 시료 첨가 증가에 따라 연장, TPA 조직감 중 경도는 저장 6일에, 대조군은 제조 직후 165%까지 증가, β-glucan 6과 9%구는 경도가 유지되었으며, β-glucan 첨가 케이크 노화가 지연되었고, 전체적 기호도는 6%구가 가장 우수하였고, 저장 7일째 β-glucan 첨가구가 기호도가 높았고, 특히 3과 6%첨가구가 높았다.

✲ 효능과 이용

1) **효능** : 거풍제습(祛風除濕).

2) **식용** : 독성은 없으나, 자실체가 딱딱하여 식용이 불가능하나 기능성 식품재료로 개발되고 있다.

3) **약용** : 민간에서는 늑막염, 폐렴, 감기의 해열제, 심장병, 반신 불수, 폐암(일본) 등에, 한방에서는 발열, 심장병, 고지혈증 등에 응용한다.

참고문헌

1) 卯曉嵐, 莊長坪, 歐株次旺, **西藏大型經濟眞菌**, 北京科學技術出版社, 1991

2) 박완희, 이호득, **한국약용버섯도감**, 교학사, 서울, 1999, 494 (소나무잔나비버섯)

3) 신유미, 양윤형, 김미경, 조한영, 김미리, **조리과학회지**, 2005, 21(6), 950 (β-Glucan 첨가 파운드 케이크의 저장 중 품질 특성)

4) 이재경, 윤정원, **균학회지**, 2004, 32(2), 142 (한국산 버섯 추출물의 *Helicobacter pylori*에 대한 항균력 검색과 특성－소나무잔나비버섯, 동충하초, 운지, 장수, 상황 버섯)

5) 이지열, **균학회지**, 2005, 33(1), 54 〔한국 기록종 버섯 추가 목록(2001-2004)〕

6) 이태수, 이지열, **한국기록종 버섯 재정리 목록**, 임업연구원, 2000

7) 정학성, **균학회지**, 1994, 22(1), 62 〔한국산 목재 부후균류의 분포상에 대한

연구(II). 담자균류 민주름버섯목의 분포에 대하여]
8) 조수묵, 유승헌, 신관철, **균학회지**, 1996, 24(1), 17 (목재 부후성 담자균류 배양 균사체의 생물 활성 연구, 항균 활성, 식물 생장 조절 활성, 항암 활성, 효소 활성 탐색)
9) 中國本草圖錄編輯委員會編, **中國本草圖錄**, 鼎談出版社, 1992
10) 한국 균학회, **버섯 이름, 한국명 통일안**, 2000, 176
11) Bailey, A. W., **J. Am. Oil Chem. Soc.**, 1976, 53, 89 (Cryst, Struct, Oleic acid)
12) Battilana, P., Ornstein, K., Minihira, K., Schwarz, J. M., Acheson, K., Schneiter, P., Burri, J., Jequier, E., Tappy, L., **Eur. J. Clin. Nutr.**, 2001, 55, 327 (Mechanisms of action of β-glucan in postprendial glucose metabolism in healthy men)
13) Chang, S. T., Miles, P.G., **Edible Mushroom and their Cultivation,** CRC Press, New York, USA, 1989
14) Cheung, L. M., Cheung Peter, C. K., Ooi Vincent, E. C., **Food Chem.**, 2003, 81, 249 (Antioxidant activity and total phenolics of edible mushroom extracts)
15) Gunstone, F. D., et al., **J. Sci. Food Agric.**, 1976, 27, 675 (isol, Linoleic acid)
16) Hayashi, S., **J. Chem. Phys.**, 1975, 63, 775 (Palmitic acid)
17) Hough, L. et al., **Pure Appl. Chem.**, 1977, 49, 1069 (rev., Trehalose)
18) Hui, Y. F., Den, E. S., Chi, T. H., **J. Food Lipids,** 2002, 9, 35 (Antioxidant and free radical scavenging activities of edible mushrooms)
19) Kabir, Y., Kimura, S., **J. Nutr. Sci. Vitaminol.**, 1989, 35, 91 (Dietary mushrooms reduce blood pressure in spontaneously hypertensive rats)
20) Lee, G. D., Chang, H. G., Kim, H. K., **Kor. J. Food Sci. Technol.**, 1997, 29, 432 (Antioxidative and nitric-scavenging activities of edible mushrooms)
21) Lindberg, B. et al., **Acta Chem. Scand.**, 1954, 8, 985 (isol, struct, β-D-

glucan, Pustulan)

22) Lohmar, R. et al., **Carbohydr. Res.**, 1949, 4, 211 (rev. Mannitol)

23) Mau, J. L., Lin, H. C., Song, S. F., **Food Res. Int.**, 2002, 35, 519 (Anti-oxidant properties of several specialty mushrooms)

24) McDonnell, J. E.W., Esselen, W. B. Jr., **Food Res.**, 1947, 12, 118 (Carbo-hydrates in Cultivated mushrooms)

25) Mizuno, T., **Food Res. Int.**, 1995, 11, 7 (Bioactive biomolecules of mush-rooms: Food function and medicinal effect of mushroom fungi)

26) Pegler, D. N., **The Concise Illustrated Book of Mushrooms and Other Fungi,** Gallery Books, New York, USA, 1989

27) Shibata, S., **J. Natl. Sci. Counc. Sri Lanka,** 1973, 1, 183 (rev. β-glucan, Lichenan)

28) Shibata, S., Nishikawa, Y., Mai, C. F., Fukuoka, F., Nadanishi, M., **Gann,** 1968, 59, 159 (Antitumor studies on some extracts of Basidiomycetes)

29) Sanders, G. M., **Prog. Chem. Org. Nat. Prod.**, 1969, 27, 131 (rev. Ergos-terol)

30) Wasser, S. P., Weiss, A. L., **Crit. Rev. Immunol.**, 1999, 19, 65 (Thera-peutic effects of substances occurring in higher Basidiomycetes mush-room: a modern perspective)

31) Yokoyama, A. et al., **Chem. Pharm. Bull.**, 1974, 22, 877 (isol. Eburicoic acid)

32) Ying, I., Mao, X., Ma, Q., Zong, Y., Wen, H., **Icones of Medicinal Fungi from China,** Science Press, Beijing, China, 1987

송이

Tricholoma matsutake (S. Ito et Imai) Sing.
Armillaria matsutake S. Ito et Imai

송이 8

송이과 (Tricholomataceae)

- 영명 | Pine mushroom
- 생약명 | 松栮
- 중국명 | 松口蘑
- 일명 | Matsutake
- 분포 | 한국, 일본, 중국, 이탈리아
- 용도 | 자실체(식용)

✻ 식물학적 특성

가을에 20년생 이상 되는 적송림 내 땅 위에 산생 또는 군생하는 균근형성균(菌根形成菌). 갓은 지름 8~25㎝, 처음에는 구형, 후에 볼록편평형이 되고, 표면은 담황갈색~황갈색의 섬유상 인피로 덮임. 조직은 치밀하고 백색. 맛과 향이 좋다. 주름살은 홈형, 백색. 대는 위아래 굵기가 같고, 솜털상의 턱받이 위쪽은 백색, 아래쪽은 갈색의 섬유상 인피가 덮임. 포자는 6타원형~구형. 표면은 평활하고, 포자문은 백색이다.

동속 식용 버섯에는 금버섯(*T. flavovirens*), 독송이(*T. muscarium*), 할미송이(*T. saponaceum*) 등이 있다.

✻ 성분

1) 영양 성분

① **송이버섯(생것 7017)** 가식부 100g 중 열량 28.0㎉, 단백질 2.4g, 지질 0.4g,

당질 5.3g, 조섬유 1.0g, Ca 5.0mg, P 42.0mg, Fe 1.7mg, Zn 1.2mg, vitamin B_1 0.09mg, B_2 0.33mg, B_6 0.11mg, niacin 4.8mg, C 0.0mg, 엽산 12.0㎍.

② **송이버섯(통조림 7018)** 가식부 100g 중 열량 24.0kcal, 단백질 1.2g, 지질 0.1g, 당질 4.3g, 조섬유 1.4g, Ca 12.0mg, P 25.0mg, Fe 2.6mg, Zn 1.21mg, vitamin B_1 0.04mg, B_2 0.27mg, B_6 0.11mg, niacin 4.8mg, C 0.0mg, 엽산 12.0㎍.

2) 특수 성분

송이버섯에서 Borneol acetate(B-00691), **p*-Cymene(I-00717), Limonene (L-00581), Linalool oxide(D-03196), *α*-Pinene(P-01320), *α*-Terpineol(M-00566), *δ*-Cadinene(C-00034), *Cinnamaldehyde(P-01015), Cinnamic acid ethyl ester(P-00016), *Coumarin(B-00246), Ornithine(O-00509), Emitanin A, B, C, D, M-A(E-00220) Emitannin(E-00220), *Methylcinnamate(P-01016), 1-Octene-3-ol(O-00217) 등이 분리되었다.

T. flavorienes(금버섯 : 식용)에서 Flavomannin(I, F-00221), *T. muscarium* (독송이: 식용) 에서 Tricholomic acid(T-01720), *T. saponaceum*(할미송이: 생식 금물)에서 Saponaceolide A(S-00171), B(S-00172), C(S-00172), D(S-00172), *T. nudium*(민자주방망이버섯: 식용, 과일 향미) 7-Cyano-2-heptene-4,6-diynoic acid(E, C-02195), 동속에서 Emitanins(E-00220), Tricholidic acid(T-01719) 등도 분리되었다.

✻ 생리 활성

항암 효과 : 버섯의 항암 성분인 *β*-1,4, 1,6-glucan은 sarcoma 180 암 세포 (5~30mg/kg/day 10일간)에 투여한 결과, 거의 완전한 항암 효과(91.8%)가 있었고, 또 송이의 수침액에서도 Ehrlich 복수암(mouse, 억제율 70%)에도 상당한 항암 효과가 있었다. 항암 성분은 emitannin으로 밝혀졌다.

혈전 분해 효소 활성 : 인공 재배 버섯의 배양액과 균사체의 혈전 분해 효소 활성을 조사한 결과, 조효소 추출물의 혈전 분해 활성은 활성이 매우 낮거나 없었으며, 장수, 만가닥, 영지, 느타리, 토끼털 송편, 뽕나무 버섯 균사체의 혈전 분해 활성이 0.42u 이상으로 높았으며, 자실체의 혈전 용해 활성은 0.17~0.94u로 느타리, 새송이, 아위버섯의 활성이 0.54, 0.57, 0.94u로 매우 높았고(모두 느타리과), 팽이, 양송이, 노루궁뎅이버섯의 활성은 0.23u 이하로 매우 낮았다.

세포외 효소 활성 : 송이버섯(*T. matsutake* DGUM 26001, DGUM 26101, DGUM 26210, FRI 91024) 균사의 효소 활성을 측정 코자, 24℃에서 30일간 배양 후 그 여액을 조효소 용액으로 사용하였을 때, *α*-amylase 효소의 평균 비활성은 6142.3unit/㎎·protein이었다. 배양여액 중 xylanase의 세포외 효소 활성은 상대적으로 높았으나, *β*-glucosidase, ligninase, CMCase, chitinase, protease 및 lipase의 효소 활성은 낮거나 거의 없었다.

Polyphenol Oxidase : 송이버섯에서 polyphenol oxidase 조 효소를 추출, 성질을 조사한 결과, trihydroxyphenol류와 *o*-diphenol류에 활성을 보였고, 이들 중 pyrogallol이 최고 활성을 보였으며, *m*-diphenol, *p*-diphenol, monodiphenol류에서는 활성을 보이지 않았다. 최적 pH 4.0, 최적 온도 45~55 ℃, 70℃ 2분 가열로 완전히 실활되었다. Cu^{++}, Fe^{++}, Mg^{++}은 10^{-1}mM 이상 농도에서 효소 활성이 증가 되었으나, 그 이상의 농도에서는 오히려 저하되었다. 이 효소 저해제로는 Na-DETC, L-ascorbic acid, L-cysteine 및 NaCl 이 양호하였고, pyrogaroll에 대한 Km치는 0.88 mM이었다.

***β*-Glucosidase의 특성** : 송이균사의 액체 배양에서 세포 외로 분비되는 *β*-glucosidase를 부분 정제하여 그 특성을 조사한 결과, 효소 활성의 적정 온도 55~70℃, 최적 온도 65℃, pH 3.0~5.0, 최적 pH는 4.0이었다. salicin을 기질로 최적 조건하에서 *β*-glucosidase 효소의 비활성도는 18.7 unit/g protein이었다. 열 안정성은 60℃ 이하의 온도에 60분간 열 처리 시 약 90% 이상의 효소 활성을 유지하였다. Fe^{++}ion은 효소 활성을 촉진, Hg^{++}와 Cu^{++}는 효소 활성을 억제하였고, salicin에 대한 효소 활성을 100으로 하였을 때, cellobiose는 48.6%의 상대적 효소 활성을 보였고, cellobiose에 대한 Km 값 및 Vmax 값은 각각 0.12mM과 0.02umol/min이었다.

Tyrosinase 억제 효과 : 송이의 공시균(KFR 1432)과 실험실에서 자체 분리한 균(YxT, WxT, NK_3T)의 생장 속도의 차이와 FE SEM으로 공시균과 자체 분리균이 서로 다름을 확인하였다. 각 균사체 열수 추출물, EtOH 추출물, 배양액을 hexane, $CHCl_3$, EtOAc로 분획, tyrosinase 억제 효과 실험에서 모든 균의 EtOAc 분획과 수층에서 억제되었으며, KFR1432의 EtOAc 분획과 YxT의 수층에서 100%이상이 억제되었다. 또한 항산화제 처리 결과, ascorbic acid와 glutathione은 생장을 증가시키거나 별 영향을 주지 못했으나, tocopherol은 농도 의존적 생장 억제 활성을 보였다. tyrosinase의 활성 억제는 모든 항산화제 처리구에서 무처리구보다 높은 억제를 보였다.

향기 성분① : 생송이와 조리 중의 향기 성분을 GC, GC/MS로 분석한 결과, 생송이의 향기 성분은 13종이 동정되었고, 이 중 1-octen-3-ol 73.95% methyl cinnamate가 12.52%, 2-octanol 7.62%, octyl alcohol 2.78%로 전체 향기 성분의 96.78%를 차지하였고, 조리 중의 송이 향기 성분은 9종이 동정되었으며, 이 중 1-octen-3-ol 64.94%, methyl cinnamate 22.03%, 2-octenol 7.68%, octyl alcohol 22.03%로 전체 향기 성분의 97.96%로 조성되었다. 생송이 버섯과 조리 중의 송이 버섯 향기 성분은 대부분 alcohol 류와 carbonyl 화합물이며, 탄소수가 8개인 저급 화합물이었다.

향기 성분 특성② : 생송이와 냉동송이 등급별 송이 버섯과 -20℃와 -70℃에서 급속 냉동한 후 저장한 송이 버섯의 일반 성분과 Atromascan 및 GC/MS에 의해 향기 특성을 비교한 결과, 일반 성분은 생송이버섯의 수분 89.48~90.77%, 회분 건물량 6.81%, 단백질 16.19~20.01%, 지방 2.24~2.52%로 등급 차이가 없었다. -20℃와 -70℃ 6개월 저장 냉동 송이버섯도 생송이와 각 성분에 큰 차이는 없었다. 전자코에 의한 향 패턴 분석과 다차원 판별 분석을 실시한 결과, 생송이는 등급별 차이가 없었으나, 냉동 등급별 송이버섯은 분별화 경향을 보였다. 등급별 생송이와 냉동 송이 GC/MS 로 향기 성분 분석 결과, 50여 개의 peak가 검색되었고, 이 중 29개는 동정되었다. 동정된 휘발성 향기 성분 중 1-octen-3-ol, 2-octen-1-ol, 3-metyl-butanol이 공통적 성분이었고, 등급이 낮아질수록 1-octen-3-ol이 감소하였다. 각 등급별 생송이 및 냉동 송이의 이취, 향미 등의 관능 검사 결과, 생송이는 등급 간 차이가 없었으나, 냉동 송이는 A(1등급), B(2등급), C(3등급) 시료에 비해 D(등외품) 시료는 낮게 평가되었다.

향기 성분③ : 송이에서 methylcinnamate가 pleasant, sweet matsutake-like aroma의 향기 성분이 분리되었다.

맛 성분 : 송이의 맛 성분은 methylcinnamate, 5'-AMP, 5'-CMP, 5'-GMP, 5'-UMP가 있고, violatile compound는 1-octen-3-ol과 methylcinnamate가 확인되었다.

왕송이 자실체의 특징과 발생 환경① : 갓과 대가 대형으로 갓의 폭은 5.5~28.0㎝, 연노랑 또는 베이지, 아이보리색이며, 주름살 폭은 18~20㎜, 대의 길이 9.0~35.7㎝, 직경 1.0~3.0㎝, 포자는 흰색, 타원형, 서식지의 토성은 미사질양토로 일반 토양에 비해 유기물 함량과 유효인산 함량이 많았고, 버섯 발생지 실내온도는 25~27℃, 습도 80~83%, 광도 328 lux이었다.

송이 발생림 주변 외생균류② : 송이 발생림(홍천)에서 외생균 근성 버섯을 조사(1995~97)한 결과, 송이 균환은 자실체 발생 위치에 다른 외생 근성 버섯은 무당버섯, 회갈색무당버섯, 푸른주름무당버섯, 애기꾀꼬리 버섯이 각각 16.0%, 12.8%, 12.4%, 7.0%의 발생 빈도를 보였고, 연구대상 지역이 송이 생산량 감소 지역이며, 또한 마귀광대버섯, 황소비단그물버섯, 다박싸리버섯 및 졸각버섯은 송이 균환 주변에 많이 출현, 송이 생산성 감소 상태에 있음을 나타내고 있다.

송이 발생지와 주요 야생 버섯 분포③ : 야생 송이 대표적인 발생지인 전북 남원 지역을 조사한 결과, 송이 발생지에 출현 종수는 11~29종이었고, 교목층에서는 소나무, 관목층에서 진달래, 졸참나무, 초목층에서 산경우가 많았다. 송이 발생지의 주요 야생 버섯은 그물버섯과(Boletaccae)의 평원비단그물버섯(*Suillus placidus*)과 싸리버섯과(Ramariaceae)의 싸리버섯(*Ramaria botrytis*) 등이 주종이었다.

생산지와 기후 특성④ : 지난 10년간 송이 생산이 30,000㎏ 이상 되는 지역은 양양 등 6개 지역으로, 동해안 지대, 소백산 지대, 영남 내륙 지대, 중부 내륙 지대이며, 연평균 기온은 10~13℃, 강수량은 1,000~3,000mm, 표고 110~130m, 송이 발생 기의 기온은 15~25℃, 지온은 15~20℃ 등의 특징이 있었다.

균사 생육과 복합 질소 : 시험한 유기 질소원 중 yeast extract와 soytone이 *Tricholoma matsutake* DGUM 26001의 균사 생장에 가장 우수한 질소원이었다. yeast extract를 starch-pyridoxine 배지에 1.0% 농도까지 첨가하였을 때, 균사 생장이 증가하였고, 24℃에서 30일간 yeast extract가 첨가된 배지에서 배양하였을 때, 50*ml* 배양액에서 518mg의 건조 균사체를 얻을 수 있었다.

아미노산 : 송이의 아미노산을 TLC로 분석한 결과, glycine, alanine, valine, isoleucine, lecuine, proline, phenylalanine, tyrosine, tryptohan, serine, threonine, cystine, cysteine, glutamic acid, aspartic acid, lysine, arginine, histidine 등이 있었다.

유리 아미노산과 무기질 : 유리 아미노산 27종, 무기질 13종 및 butryric acid, glycerol, mannitol, trehalose, glucose, cellulose, hemicellulose가 검색되었고, amino acid는 alanine(2.29mg/g), arginine(2.84), aspartic acid(0.99), glutamic acid(2.46), glycine(0.28), histidine(0.67), leucine(0.77), isoleucine (0.47), lysine(1.17), ornithine, proline(1.11), serine(0.99), threonine(1.78), tryptophan, tyrosine(0.34), valine(0.69) 등이 분석되었다.

무기 성분 : 널리 식용되고 있는 7종 버섯, 능이, 양송이, 밤버섯, 표고버섯, 느타리, 송이버섯에 대해 20종의 무기 성분을 측정한 결과, 대부분 Fe, Na 및 Zn 함량이 다른 무기질보다 많았고, 유해 금속 Cd, Hg, Pb 및 As 등은 흔적만 있고, Sb, Se 및 Sn은 전 시료에서 없었다. 능이버섯에는 Na 73.634mg, Zn 58,171mg, P 2.388mg, Mn 2,105mg 순, 양송이에는 Na 56.997mg, Zn 43.273mg, Mn 2,875mg, P 2,288mg순, 밤버섯에는 Zn 43.835mg Na 16,727mg, Mn 5,732mg, Pb 1,676mg, 표고버섯에는 Na 62.653mg, Zn 36.402mg, Mn 55.502mg, P 2,325mg, 싸리버섯에는 Zn 91.820mg, Na 91,763mg, Mn 10,214mg, P 2,325, 느타리에는 Na 170.350mg, Zn 64.222mg, Ni 0.872mg, Mn 0.702mg, 송이버섯에는 Zn 56.708mg, Na 15.966mg, P 5,752mg, Pb 5.291mg이었다.

균사 생육과 탄소원, 비타민 : 경주 남산에서 채집한 송이에서 균사를 분리하고, 집락, 균사 형태, 균사의 독특한 송이향(1-octene-3-ol)을 기준, *Tricholoma matsutake* DGUM 26001로 명명, 이를 사용한 복합 배지를 yeast malt *Tricholoma matsutake* 배지(TMM)에서 균사 생육은 양호하였다. 세균 배양에 사용되는 Columbia 배지, Brain heart infusion 배지, Luria-bertani glucose 배지 및 Brucella 배지에서는 균사 생육이 저조, TMM 배지에 탄수화물을 다양하게 탄소원으로 첨가하였을 때, 다당체의 starch, 이당류 trehalose, maltose, 단당류의 sorbitol, xylitol 및 glucose를 사용하였을 때, 균사 생육이 양호, starch를 탄소원으로 TMM 배지에서 30일 간 배양 시 8.85g/ l 의 건조 균사 중량을 얻었고, glucose를 탄소원으로 TMM 액체 배지에 coconut water 및 pyridoxine을 첨가, 30일간 배양이 가장 우수한 균사 건조체를 얻어, 각각 8.65, 8.32g/l의 균사 건조량을 얻었다.

근적외선과 원산지 판별 : 근적외선 분광광도법을 이용, 송이버섯의 원산지 판별을 시도하고자, 259개 국내산 시료 중 256개가 국내산으로 판별(98.84%), 수입산 81개 중 60개가 판별되었으나, 21(74.07%)의 북한산이 모호하였다. 전체의 정확도는 92.94%이었고, MPLS에 따른 분석에서 상관계수는 0.84, 검량선의 표준오차는 15.10%, 예측표준오차는 18.30%이었다.

균사 생장 조건 : 고체 배지는 HA, TMM 배지가, 액체 배지는 PDB, TMM 배지가 균사 생장이 우수하였고, 온도는 25℃에서 가장 효과적이었다. 탄소원은 dextrin, 질소원은 yeast extract와 peptone이고, $Fe_2(SO_4)_3{\cdot}H_2O$와 KCl이었다. 액체 배지는 flask 배양에서 진탕 배양이 정치 배양보다 2~7배 생장이 좋았고, 100ml가 가장 양호하였다. 8l 병에 200ml 접종량에서 8주 배양이 송이의 균사체 수확량이 가장 많았다.

송이 김치의 특성 : 송이 김치를 제조, 10℃에서 숙성, 저장 4일과 8일에 관능 점수가 가장 높았고, 12일에는 낮았다. 담근 직후 송이 함량이 많을수록, 모든 관능 점수가 낮았으나, 향과 맛은 송이와 고춧가루가 많을수록 높았다. 저장 4일에 색상, 향, 맛 및 전반적 기호도가 높았고, 특히 송이 함량이 5.0~6.0%, 고춧가루 함량 3.0~3.5%에서 가장 우수하였으며, 8일에 씹힘성이 우수하였다. 송이 김치는 10℃에서 4~8일 저장이 관능적으로 우수하였다.

송이 양갱이의 품질 특성 : 기능성 고가치의 양갱을 제조하고자, 송이를 냉동 분쇄, 동결 건조, 열풍 건조 시료를 0.1, 0.3, 0.5%를 가하여 제조한 후, 색, 냄새, 맛, 외관, 질감 등 종합 평가에서 동결 건조 0.1% 송이 함유 양갱이 가장 선호도가 높았다.

식용 야생 버섯 : 식용 야생 버섯을 조사한 결과, 송이, 목이, 팽나무버섯, 노루궁뎅이버섯, 꽃잎버섯, 그물버섯, 비단그물버섯, 구름버섯, 애기무당버섯, 기와버섯, 국수버섯, 나팔버섯, 젖버섯, 굴털이, 향버섯(능이), 갓버섯, 들버섯, 주름버섯, 싸리버섯, 붉은싸리버섯, 말뚝버섯, 알버섯, 긴대안장버섯, 말불버섯, 곰보버섯, 망태버섯, 덕다리버섯, 흰가시버섯 등이 있었다.

이용 실태 : 대구 지역 주부들의 버섯 이용 실태를 조사한 결과, 버섯은 대부분(97.7%), 자연식품, 건강식품으로 인식하고 있었고, 인지도는 느타리, 건조표고, 영지, 양송이, 송이, 생표고, 싸리, 팽이 순이었으며, 소득이 높고, 교육 수준이 높을수록, 인지도가 높았다. 항암 효과에 대한 버섯은 영지, 운지, 송이, 건조표고 순으로 약용 효과가 높다고 생각하였고, 기호도는 느타리, 송이, 양송이, 건조표고 순이었으며, 선호 특성은 멋, 질감, 향기 순이었다. 느타리와 팽이버섯은 질감, 다른 버섯은 맛을 선호하였고, 느타리는 질감, 송이는 맛과 향기로 가장 선호도가 높았다. 이용상 문제점은 가격(61.3%), 조리법(18.7%), 보관 · 저장(14.8%) 순이었다.

기타 연구 : 송이 성분 중 saponaceolide A, B, C, D는 cytotoxic effect가, emitanins는 antitumor effect 물질로 연구되었다.

❊ 효능과 이용

1) **효능** : 소염, 강신(强身), 지통(止痛), 소화불량, 소고기 먹고 체한 데.
2) **식용** : 독특한 맛과 소나무 향기가 있어, 나물, 국거리, 볶음, 구이 등 고급요리의 재료로 쓰인다.
3) **약용** : 한방에서는 허리 통증, 수족 마비, 탁뇨 등에 응용하며, 민간에서는 신경통, 설염, 해열, 급성위염, apepsia 등에 탕제로 이용한다.

참고문헌

1) 갈상완, 이상원, **응용생명화학회지,** 2002, 45(2), 71 (버섯의 안정적 생산을 위한 최적 배지의 개발–송이버섯, 느타리)

2) 강안석, 차동열, 김양섭, 박용환, 유창현, **균학회지,** 1989, 17(2), 51 (송이 생산과 관련되는 기후 특성 분석)

3) 구경형, 조명희, 박완수, **식품과학회,** 2002, 34(4), 625 (생송이 버섯과 냉동 송이 버섯의 품질 및 향기 성분 특성)

4) 김재성, 김의경, **산림청임업연구원 산림과학논문집,** 1998, 59, 45 (표고, 송이버섯의 경제성분석)

5) 김영배, 김동수, **균학회지,** 1974, 2(1), 40 (송이 발생지 분포 및 발생 환경 조사)

6) 김인엽, 정광열, 한상국, 차주영, 성재모, **균학회지,** 2005, 33(1), 22 (송이균 배양을 위한 균사 생장 조건)

7) 김정숙, 한재숙, 이재성, **조리과학회지,** 1994, 10(3), 291 (버섯의 이용 실태에 관한 조사 연구–느타리, 양송이, 표고, 영지, 송이, 팽이, 운지, 싸리)

8) 김준호, **균학회지,** 2000, 28(1), 60 (할미송이버섯으로부터 혈전용해효소의 정제 및 특성 연구)

9) 김창호, **임학회지,** 1984, 64, 33 (송이균의 배양 환경에 대한 증식 반응에 관한 연구)

10) 김한경, 김양섭, 석순자, 김광포, 차동열, **균학회지,** 1998, 26(2), 182 〔한국산 왕송이(*T. giganteum*) 버섯의 인공 재배(1), 자실체 형태적 특징과 발생지 환경 조사〕

11) 나종성, 류정, **균학회지,** 1992, 20(2), 144 (송이 발생지의 식생과 주요 야생 버섯 분포 조사)

12) 노일협, **숙명여자대학교 논문집,** 1976, 16, 427 (식용버섯의 아미노산 규명)

13) 노일협, **숙명여자대학교 논문집,** 1981, 21, 141 (한국산 식용버섯 중의 미량 금속원소의 함유량에 관한 연구–능이, 송이, 양송이, 밤버섯, 느타리, 싸리)

14) 卯曉嵐, 莊長坪, 歐株次旺, **西藏大型經濟眞菌,** 北京科學技術出版社, 1991

15) 류천인, 남성우, 이지열, 이송규, **균학회지,** 1980, 8(1), 7 (송이의 증산에 관한 연구)

16) 민응기, 정광교, 한영환, **균학회지,** 1998, 26(3), 361 〔송이(*Tricholoma matsutake* DGUM 26001) 균사의 생육에 미치는 복합 질소원의 영향〕
17) 민응기, 한영환, **생물공학회지,** 2000, 15(1), 9 (송이의 세포외 분비 β-Glucosidase 효소의 특성)
18) 박미란, 변광인, **식생활문화학회지,** 2005, 20(6), 738 (전처리를 달리한 냉동 송이의 첨가량에 따른 송이 양갱의 품질 특성)
19) 박완희, **생약학회지,** 1982, 13(1), 43 (버섯의 성분연구 I, TLC에 의한 아미노산 분석－송이, 싸리, 표고, 목이, 양송이)
20) 박완희, 이호득, **한국약용버섯도감,** 교학사, 서울, 1999, 240 (송이)
21) 박종열, 박광우, **임학회지,** 1980, 50, 10 (송이의 인공 재배에 관한 연구)
22) 박현, **임업정보,** 1997, 80, 21 (미국의 송이연구)
23) 박현, **임업정보,** 2000, 106, 9 (최근 일본의 송이연구)
24) 박현, 가강현, 류천인, 김교수, 김현중, **균학회지,** 1998, 26(3), 306 (송이 발생림의 송이 균환주변에 출현하는 외생균 근성 균류－송이, 황소비단버섯, 졸각버섯, 무당버섯)
25) 안장수, 이규환, **식품위생안전성학회지,** 1986, 1(2), 177 (한국산 식용버섯의 무기 성분에 관한 연구－능이, 양송이, 밤버섯, 표고, 느타리, 송이)
26) 안장수, 이규환, **식품영양과학회지,** 1986, 15(3), 253 (한국산 식용버섯의 향기 성분에 관한 연구 1, 송이 버섯의 향기 성분－능이, 양송이, 밤버섯, 표고, 느타리, 송이, 싸리)
27) 양희천, 홍재식, 이태규, 손희숙, **응용생명과학회지,** 1983, 26(1), 41 〔송이버섯(*Tricholoma matsutake*)의 Polyphenol Oxidase에 관하여〕
28) 우현정, 양덕조, **생물공학회지,** 2003, 18(1), 45 (송이에서 분리된 균사 배양액의 Tyrosinase 억제 효과)
29) 유병진, 임영선, **수산학회지,** 2002, 35(3), 231 (알긴산을 이용한 송이향의 캡슐화)
30) 유천인, 남성우, 이지열, 이송규, **균학회지,** 1980, 8(1), 7 (송이의 증산에 관한 연구)
31) 應建浙, 卯曉嵐, 馬啓明, 宗毓臣, 文華安, **中國藥用眞菌圖鑑,** 科學出版社,

1987

32) 이기동, 이명희, 손광진, 윤성락, 김정숙, 권중호, **식품저장유통학회지,** 2002, 9(2), 161 (송이 첨가 김치의 저장 중 관능적 특성 변화)

33) 이남윤, 배혜리, 노봉수, **식품과학회지,** 2006, 38(6), 835 (근적외선 분광광도법을 이용한 송이버섯의 원산지 판별)

34) 이상선, 성창근, **균학회지,** 1997, 25(2), 121 (한국산 송이에서 분리된 균사)

35) 이상선, 홍성운, **균학회지,** 1998, 26(2), 256 (한국산 송이버섯에서의 18s Ribosomal DNA 서열)

36) 이상선, 홍성운, 정홍채, 성창근, 김재훈, 가강현, 김현중, **균학회지,** 1999, 27(1), 20 (송이의 Genomic DNA에 특이적인 probe)

37) 이선주, **생약학회지,** 1975, 6(2), 75 〔한국 향토 민속약 규명에 관한 연구(Ⅰ), 송이, 표고, 간버섯, 능이, 복령, 석이〕

38) 이웅래, **산림보호,** 1969, 48, 72 (일본의 버섯재배 동향; 송이버섯)

39) 이위영, 안진권, 가강현, 권영진, **균학회지,** 2003, 31(2), 89 (공기 부양식 생물 반응기의 형태별 송이균사의 생장 특성 비교)

40) 이종수, 최영준, 복성해, 이준식, **생물공학회지,** 1995, 10(2), 166 (천연 담체를 이용한 *Trichoderma harzianum* ATCC 52445의 고정화)

41) 이지열, **균학회지,** 1975, 3(1), 40 (야생 버섯을 식용하자－송이 외)

42) 이진만, 이상한, **경북과학대 금구논총,** 1999, 7, 29 (식용 버섯과 약용버섯의 기능성 식품으로서의 전망)

43) 이창윤, 홍운표, 정명준, 한영환, **균학회지,** 1997, 25(3), 226 〔송이균사(*Tricholoma matsutake* DGUM 26001) 생육에 미치는 탄소원과 비타민의 영향〕

44) 이창윤, 홍운표, 정명준, 한영환, **균학회지,** 1998, 26(4), 496 〔송이균사(*Tricholoma matsutake*)배양액의 세포외 효소활성〕

45) 이태수, 김령련, 조재명, 이지열, 소천진(Dgawa, M.), **균학회지,** 1983, 11(1), 39 (한국의 송이 발생 송림의 현황에 관한 조사연구)

46) 이항우, 이동우, 하효철, 정인창, **균학회지,** 2002, 30(1), 37 (말똥진흙버섯 및 버들송이버섯의 균사체 및 배양액의 항산화활성)

47) 정창호, 심기환, **식품영양과학회지,** 2004, 33(4), 716 (새송이버섯 분말을 첨가한 스폰지 케이크의 품질 특성)

48) 中國本草圖錄編輯委員會編, **中國本草圖錄,** 鼎談出版社, 1992

49) 최낙식, 서승염, 김승호, **식품과학회지,** 1999, 31, 533 (혈전용해능을 갖은 버섯류의 탐색－만가닥, 영지, 느타리, 토끼털송편, 새송이, 송이, 노루궁뎅이, 팽이, 양송이, 장수)

50) 표명윤, 노일협, **영양학회지,** 1975, 8(1), 47 (식용 버섯의 아미노산에 관한 연구)

51) Abernethy, J. L., **J. Chem. Educ.** 1969, 46, 561 (rev, perfumery, *Coumarin)

52) Abe, M., Umetsu, H., Nakai, T., Sasage, O., **Agric. Biol. Chem.,** 1982, 46, 1955 (Regeneration and fusion of mycelial protoplasts of *Trichoderma matsutake*)

53) Banthrope, D. V. et al., **Chem. Res.,** 1966, 66, 643 (rev, α-Pinene)

54) Chang, S. T., Miles, P.G., **Edible Mushroom and their Cultivation,** CRC Press, New York, USA, 1989

55) Cho, I. H., Choi, H. K., Kim, Y. S., **J. Agric. Food Chem.,** 2006, 54, 4820 〔Difference in the volatile composition of pine-mushroom(*Tricholoma matsutake* Sing.) according to the grades〕

56) Damela, M., Loretta, G., Stefania, M., Vittorio, V., Laura, P., **Food Chem.,** 1999, 65, 477 (Nutrients in edible mushrooms : an inter-species comparative study)

57) De Bernardi, M. et al., **Tetrahedron,** 1988, 44, 235; 1991, 47, 7109 (cytotoxic, Saponaceolide A, B, C, D)

58) De Vries, O. M. H., Wessels, J. G. H., **Atonie van Leeuwenhoek,** 1973, 39, 397 (Effectiveness of a lytic enzyme preparation-from *Trichoderma viride* in releasing spheroplast from fungi particularly basidiomycetes)

59) George Charalambous (Ed.), **Spices, Herbs and Edible Fungi,** Elsevier, Amsterdam, London, New York, Tokyo, 1994

60) Hampton, A. et al., **J. Med. Chem.,** 1976, 19, 1029 (muscle, 5'-AMP)

61) **Hazards in the Chemical laboratory,** Brotherick, L, Ed., 3rd ed., Royal Society of Chemistry, London, 1981, 255 (* Cinnamaldehyde)

62) Hedges, S. H. et al., **Phytochemistry,** 1981, 20, 2064 (isol, deriv, Ornithine)

63) Hino, M., et al., **Chem. Lett.,** 1977, 277 (perfumery, flavour, * *p*-cymene)

64) Hur, T.C., Ka, K.H., Joo S.H., Terashita, T., **Mycobiology,** 2001, 29(4), 183 (Characteristics of the amylase and its related enzymes produced by ectomycorrhizal fungus *Tricholoma matsutake*)

65) Hwang, S. -K., Kim, J. G., **J. Microbiol.,** 1995, 33, 136 (Nucleotide Sequence Analysis of the 5S ribosomal RNA Gene of Mushroom, *Tricholoma matsutake*)

66) Ikekawa, T., Uehara, N., Maeda, Y., Nankinishi, M., Fukoka, F., **Cancer Res.,** 1969, 29, 734 (Antitumor activity of aqueous extracts of edible mushrooms)

67) Iwase, K., Matsui, S., Taniguchi, T., Obayashi, A., **Trans. Mycol. Soc. Japan,** 1987, 28, 63 (Behavior of cell nuclei during basidiospore formation in *Tricholoma matsutake*)

68) Iwase, K., Ito, T., Fujita, H., Matsui, S., Taniguchi, T., Ohbayashi, A., **Trans. Mycol. Soc. Japan,** 1988, 29, 97 (Acceleration of fruit body formation on the environmental control in an area with shiro of *Tricholoma matsutake*)

69) **Japan Pat.,** 80, 68, 293 (1980), **CA,** 93, 148116 (Emitanins)

70) Jonsson, S. et al., **J. Chem. Ecol.,** 1988, 14, 713 (Cryst, Borneol acetate)

71) Ka, K.H., Park, H., Kim, H.J., Lee, M.W., **Kor. J. Mycol.,** 1999, 27(5), 345 (*Syzygites megalocarpus* (Mucorales) : A necrotrophic mycoparasite of *Tricholoma matsutake*)

72) Kabir, Y., Kimura, S., **J. Nutr. Sci. Vitminol.,** 1989, 35, 91 [Dietary mushrooms reduce blood pressure in spontaneously hypertensive rats(SHR)]

73) Kawai, M., Abe, S., **Trans. Mycol. Soc. Japan,** 1976, 17, 159 [Studies of

the artificial reproduction of *Tricholoma matsutake*(S. Ito et Imai) Sing., I. Effects of carbon nitrogen sources in media on the vegetative growth of *Tricholoma matsutake*]

74) Kawai, M., Terada, O., **Trans. Mycol. Soc. Japan,** 1976, 17, 168 (Effect of vitamin, nucleic acid relating substance, Phytohormones and metal ion in media on the vegetative growth of *Tricholoma matsutake*)

75) Kawai, M., Ogawa, M., **Trans. Mycol. Soc. Japan,** 1977, 18, 391 [Studies on the artificial reproduction of *Tricholoma matsutake*(S. Ito et Imai) Sing. V. Effects of some chemicals on the growth of mycorrhical and non-mycorrhizal soil fungi]

76) Kawai, M., Ogawa, M., **Trans. Mycol. Soc. Japan,** 1976, 17, 499 [Studeis on the artificial reproduction of *Tricholoma matsutake*(S. Ito et Imai) Sing. IV. Studies on seed culture and trial for the cultivation on solid media]

77) Kawagoe, M., Kawakami, K., Nakmura, Y., Naoe, K., Miki, K., Noda, H., **J. Biosci. Bioengineering,** 1999 (Submerged culture of *Tricholoma matsutake* mycelium in bubble column fermentors)

78) Lee, S.S., **Kor. J. Mycol.**, 1991, 19(3), 203 (Biology of *Tricholoma matsutake* found at *Pinus densiflora* communities in the areas of Kyoung Sang Do)

79) Li, L. H., Flora, R. M., King, K. W., **Arch. Biochem. Biophys.**, 1965, 111, 439 (Individual Roles of Cellulase components Derived from *Tricholoma viride*)

80) Liu, F., Ooi, V. E. C., Liu, W. K., Chang, S. T., **Gen. Pharmac.**, 1996, 27, 621 (Immunomodulation and antitumor activity of polysaccharide-protein complex from the culture filtrates of a local edible mushroom, *Tricholoma lobayens.*)

81) Mega, J. A., **J. Agric. Food Chem.**, 1981, 29(1), 1 (Mushroom flavor)

82) Mizuno, T., Kinoshita, T. K., Zhang, C., Ito, H., Mayuzumi, Y., **Biosci.**

Biotech. Biochem., 1995, 59, 586 (Antitumor active heteroglycans from Nioshimeji mushroom, *Tricholoma giganteum*)

83) Morris, W. W., **J. Assoc. Off. Anal. Chem.**, 1973, 56, 1037 (Fragrance, oil, α-Terpineal)

84) Nagasampagi, B. A. et al., **Tetrahedron Lett.**, 1968, 1913 (Struct, Essential oil, δ-Cadinene)

85) Nozoe, S. et al., **Chem. Lett.**, 1982, 1679 (cryst, struct, Tricholomic acid)

86) Norkrans, B., **Bot. Ups.**, 1950, 11, 1 (Studies in growth and cellulolytic enzymes of *Tricholoma*)

87) Ogawa, M., **Bull. Governm. For. Exp. Sta.**, 1977, N. 297, 59 (Microbial ecology of mycorrhizal fugus-*Tricholoma matsutake* in pine forest IV. The 'shiro' of *T. matsutake* in the fungal community)

88) Ogawa, M., Hamada, M., **Trans. Mycol. Soc. Japan,** 1975, 16, 406 〔Primordia formation of *Tricholoma matsutake*(S. Ito et Imai) Sing. In pure culture〕

89) Ogawa, M., Ohara, H., **Trans. Mycol. Soc. Japan,** 1978, 19, 391 〔Microbial ecology of 'shiro' in *Tricholoma matsutake* (S. Ito et Imai) Sing. and its allied species. Ⅷ *Tricholoma baka matsutake* Hongo in *Quercus mongolica* var *grosserrata* forest and *Q. serata* forests〕

90) Ogawa, M., Takeo, U., Shuji, K., Kisoo, Y., **Japan For. Soc.**, 1978, 60, 119 〔Cultivation method of the mycorrhizal fungus, *Tricholoma matsutake* (S. Ito et Imai) Sing. Ⅰ. Growing method of the pine saplings infected with *T. matsutake* in the field〕

91) Ogawa, M., **Trans. Mycol. Soc. Japan,** 1976a, 17, 176 〔Microbial ecology of 'shiro' in *Tricholoma matsutake*(S. Ito et Imai) Sing. and its allied species Ⅱ. *Tricholoma matsutake* in *Pinus pumila* var. *Yezoalpina* forest〕

92) Ogawa, M., **Trans. Mycol. Soc. Japan,** 1976b, 17, 188 〔Microbial ecology of 'shiro' in *Tricholoma matsutake*(S. Ito et Imai) Sing. and its allied

species Ⅲ. *Tricholoma matsutake* in *Picea glehnii* and *P. glehnii-Abies sachalinensis* forests]

93) Ogawa, M., Ito, T., Kobayashi, T. F., Fujita, H., **Trans. Mycol. Soc. Japan,** 1980, 21, 391 (On the primary stage in 'shiro' formation of *Tricholoma matsutake*)

94) Ogawa, M., **Trans. Mycol. Soc. Japan,** 1979, 20, 370 [Microbial ecology of 'shiro' in *Tricholoma matsutake*(S. Ito et Imai) Sing. and its allied species, IX. *Tricholoma ponderesum* in *Pseudotsuga menziesii-Tsuga heterophylla* and *Pinus contorta* forests)

95) Ogawa, M., **Trans. Mycol. Soc. Japan,** 1997, 38, 286 (Microbial ecology of 'shiro' in *Tricholoma matsutake* and its allied species VI. *T. fulvo-castaneum* in *Quercus serrata-Quereus acutissima* forest)

96) Ohara, H., Ogawa, M., **Tans. Mycol. Soc. Japan,** 1982, 23, 365 (Microbial ecology of 'shiro' in *Tricholoma matsutake* and its allied species, XI. *Tricholoma caligatum* in *Cedrus libanotica* forest)

97) Ohta, A., **Trans. Mycol. Soc. Japan,** 1983, 24, 185 (Quantitative analysis of odorous compounds in the fruit bodies of *Tricholoma matsutake*)

98) Ohta, A., **Trans. Mycol. Soc. Japan,** 1990, 31, 323 [A new medium for mycelial growth of mycorrhizal fungi(*Tricholoma matsutake*)]

99) Okazawa, K., **Trans. Mycol. Soc. Japan,** 1978, 19, 87 (Fruit -bodies of *Tricholoma matsutake* appeared on a pot of dwarfed pines)

100) Park, H., Ka, K.H., Ryoo, C.I., Kim, K.S., Kim, H.J., **Kor. J. Mycol.,** 1998, 26(3), 306 (Ectomycorrhizal Mushroom Occurrence around the Fairy Ring of *Tricholoma matsutake* at a Pine-Mushroom Forest)

101) Park, W. H., **Kor. J. Pharmacog.,** 1982, 13, 43 (Alkaloids, Amino acid)

102) Pegler, D. N., **The Concise Illustrated Book of Mushrooms and Other Fungi,** Gallery Books, New York, USA, 1989

103) Sakakida, K., Ikegawa, T., **Patent-Japan Kokai Tokkyo Koho-80**, 1980, 68, 4 (Emitanin A, B, D; Antibiotic)

104) Sakakida, K. Ikegawa, T., **Patent-Ger 2, 809, 092,** 1978 (Emitanin M-A)

105) Shimazono, H., **Trans. Mycol. Soc. Japan** 1979, 20, 176 (Comparative studies on morphological characteristics of the colonies of *Tricholoma matsutake*, *T. fulvocastaneum* and *T. bacamatsutake* on agar media)

106) Song, H. S., Min, K. H., **Kor. J. Mycol.**, 1991, 19(2), 109 (Microfungal flora of *Tricholoma matsutake* producing and nonproducing sites in the forest of *Pinus densiflora*)

107) Staaz, T. E., Weeden, N. F., Harman, G. E., **Mycologia,** 1988, 80(6), 870 (Methods of isozyme electrophoresis for *Tricholoma* and *Gliocladium* species)

108) Steglich. W. et al., **Phytochemistry**, 1972, 11, 3299 (isol, struct, flavomannin)

109) Suzuki, W., Ikegawa, T., **J. Kokai., Tokyo, Koho.**, 1978, 78, 100 (Anticancer substance and emitamin)

110) Takama, F., Ishii, H., Muraki, S., **Jpn. Soc. Food Sci. Technol.**, 1984, 31, 14 (Flavor components in Japanese and Korean matsutake - *Tricholoma matsutake* and their change during storage)

111) Takemoto, T. et al., **Yakugaku Zasshi,** 1964, 84, 1183, 1230; CA, 62, 8121c (isol, Tricholomic acid)

112) Tanaka, N. et al., **Chem. Pharm. Bull.**, 1986, 34, 1015 (derivs, perfumery, Linalool)

113) Tener, G. M., **J. Am. Chem. Soc.**, 1961, 83, 159 (5'-GMP)

114) Terashita, T., Kono, M., **Trans. Mycol. Sci. Japan,** 1987, 28, 245 (Purification and some properties of carboxyl proteinases from *Tricholoma matsutake*)

115) Terashita, T., Kono, M., **Men. Fac. Agr. Kinki Univ.**, 1989, 22, 5 (Carboxyl proteinases from *Tricholoma matsutake* and its related species)

116) Tominaga, Y., **Bull. Hir. Agric. Coll.**, 1997, 5, 395 [Studies on the Seed-hyphase of *Tricholoma matsutake* 1. Formation of mycorrhiza in

Young pot-planted pine(*Pinus densiflora*)〕

117) Tomita, Y., Suzuki, H., Nisizawa, K., **J. Ferment. Technol.**, 1974, 52, 233 (Further purification and properties of "Avicelase", a cellulase component of less random type from *Trichoderma viride*)

118) Tsuruta, T., Kawai, M., **Trans. Mycol. Soc. Japan,** 1979, 20, 211 〔Studies on the artificial reproduction of *Tricholoma matsutake*(S. Ito et Imai)Sing. Ⅶ. Antibiotic activities of volatile substances extracted from a shiro of *Tricholoma matsutake*〕

119) Verghese, J., **Perfum. Essent. Oil Rec.**, 1968, 59, 439 (Limonene)

120) Vaario, L. -M., Guerin-Laguette, A., Matsushita, N., Suzuki, K., Lapeyrie, F. L., **Mycorrhiza,** 2002, 12(1), 1 (Saprobic potential of *Tricholoma matsutake* ; growth over pine bark treated with surfactants)

121) Wang, H. X., Liu, W. K., Ooi, V. E. C., Chang, S. T., **Life Sci.**, 1995, 59, 269 (Immunomodulatory and antitumor activities of a polysaccharide from a mycelial culture of *Tricholoma* sp. a local edible mushroom)

122) Wong, C. -H. et al., **J. Am. Chem. Soc.**, 1983, 105, 115 (isol, 5'-UMP)

123) Yajima, I., Yanai, T., Nakamura, M., Sakakitabara, M., Sakakitabara, M., Hayashi, K., **Agric. Biol. Chem.**, 1981, 45, 373 〔Volatile flavor compounds of *Tricholoma matsutake*(Ito et Imai) Sing., Methylcinnamate〕

124) Yokoyama, R., Yamada, T., **Trans. Mycol. Soc. Japan,** 1987, 28, 331 (In vitro cultures of *Tricholoma matsutake* and *Pinus densiflora*)

Boletus auripes Peck

수원그물버섯 9

그물버섯과 (Boletaceae)

• 분포 | 한국, 일본, 북아메리카

• 용도 | 자실체(식용)

✲ 식물학적 특성

여름~가을에 활엽수림 내 땅 위나 혼합림 근처 잔디밭 땅 위에 군생하는 균근성 버섯. 갓의 지름 4~10㎝, 처음 반구형 나중 평반구형, 표면은 평활하고, 황갈색~등황갈색. 조직은 황색. 관공은 떨어진형. 황색. 대는 원통형, 표면은 갓과 같은색. 망목상의 선이 있고, 포자는 방추형, 표면은 평활하며, 포자문은 등황갈색이다.

동속 식용 버섯에는 그물버섯(*B. edulis*), 구릿빛그물버섯(*B. aereus*) 등이 있다.

✲ 성분

1) 특수 성분

동속 식물에서 2-Amino-4-methyl-5-hexenoic acid(2S, 4S, A-01459) 등이, *B. bovinus*에서 Diboviquinone-4,4(D-00694), Bovinone(B-00738), *B. edulis*에서 Histidine trimethylbetaine(S, H-00926) 등이 분리되었다.

수원그물버섯

✲ 생리 활성

식물 병원성 곰팡이에 대한 항균 활성①: 한국산 흰주름버섯 외 50종 버섯을 채집, 석유 ether, 80% EtOH 및 멸균 증류수로 각각 추출, 153종의 추출물을 얻어 식물 병원성 곰팡이에 대한 항균 활성을 검색한 결과, *A. alternata*에 항균 활성은 독우산광대버섯(H_2O ex), MPC-3버섯(EtOH ex), 큰낙엽버섯 및 *Xanthoconium affine*(석유 ether ex)은 활성을 보였고, 잔디탄저병균, *C. graminicola*에는 애광대버섯, 노란길민그물버섯, 흰둘레무당버섯(석유 ether ex), 해면버섯, MPC-3버섯, 주걱송편버섯(EtOH ex), 조개껍질버섯(H_2O ex)이 각각 항균 활성을 보였다. 인삼뿌리썩음병균, *C. destructans*에는 애광대버섯, 수원그물버섯, 해면버섯, MPC-3버섯, 주걱송편버섯, 띠미로버섯, 외대버섯(EtOH ex), 애광대 버섯, 흰둘레무당버섯, 향버섯, 큰낙엽버섯(석유 ether ex)이 각각 항균성을 보였다. 오이덩굴쪼갬병균, *F. O. cucumerium*에는 MPC-3 버섯(EtOH ex)이 항균성을, 감자시듦병균, F_1 *Solani*에 진갈색주름버섯(H_2O ex), 무변색무당버섯(EtOH ex)이 각각 항균성을 보였다. 잔디탄저병균, *I. bolleyie*에는 진갈색주름버섯(H_2O ex), MPC-3 버섯(EtOH ex)이 항균 활성을 보였다.

항균 활성②: 수원그물버섯은 gram 양성균에 antibacterial activity 및 antifungal activity가 있다.

항진균 활성 검색③: 32종의 한국산 버섯을 석유 ether, 80% EtOH, 증류로 각각 추출, 항진균성을 검색한 결과, 수원그물버섯, 거친껄껄이그물버섯, 나팔버섯, 해면버섯, 주걱간버섯 및 석이버섯의 EtOH ex, 큰 낙엽버섯의 석유 ether ex가 효모에 활성을 보였다. 석이의 EtOH ex는 *C. neoformans*균에 큰 활성을 보여 MIC 값은 600㎍/㎖, 애광대버섯, 거친껄껄이그물버섯, 나팔버섯, 해면버섯, 주걱간버섯, 큰낙엽버섯, 석이버섯, EtOH ex와 석유 ether ex는 곰팡이에 각각 항균성을 보였다. 나팔버섯의 EtOH ex는 *M. gypseum* 균(1,000㎍/㎖)에, 석이버섯 EtOH ex는 *T. mentagrophytes*, *M. gypseum* 및 *P. oryae*에 각각 300, 600㎍/㎖이었으며, 석유ether ex는 *M. gypseum* 균에 MIC가 300㎍/㎖이었다.

항돌연변이 원성 및 암 세포 성장 억제 : 13종의 야생 버섯 추출물을 항돌연변이 효과를 *S. typhymurium* TA98과 TA100으로 실험한 결과, 직접 변이원인 MNNG에 대해 산속그물버섯아재비, 구름버섯의 MeOH ex가 TA 100에 90~94%의 강한 항변이 원성을, 갓 버섯과 구름버섯의 열수 추출물도 58~61% 저해 효과를 보였다. 간접 변이원인 B(α)p에 대해서 TA98과 TA100에서 구름버섯과 턱받이금버섯 MeOH ex가 가장 강한 저해 효과를, 열수 추출물 중 잔피막흑주름버섯과 수원무당버섯은 TA98에서 60~70% 저해 활성을, 갓버섯은 TA100에 45% 돌연변이 억제를 보였으나, 그 외에는 없었다. 또 야생 버섯 MeOH ex 0.5㎎/㎖ 투여 시 결장암 세포 HT29에 대해 그물버섯, 산속그물버섯아재비, 방패외대버섯, 황소비단그물버섯, 구름버섯, 턱받이 금버섯, 덕다리버섯에서 55~78% 이상 억제를 보였고, 1㎎/㎖에서 11종의 버섯에서 50% 이상 억제 효과를 보였다. 간암 세포 HepG$_2$에는 방패외대버섯 MeOH ex 1㎎/㎖에서만 58.4% 저해능을, 나머지 시료에서는 45% 낮은 저해를 보였다. 혈액 암 세포주인 U937에는 그물버섯, 산속그물버섯아재비, 수원무당버섯, 황소비단그물버섯, 밀버섯, 잔피막흑주름버섯, MeOH ex에서 60% 이상 저해 활성을, 구름버섯 열수 추출물은 HepG$_2$와 U937에 53~65% 저해를, 대부분의 버섯 열수 추출물은 40% 이하의 저해 활성을 보였다. 정상 임파구에서 야생 버섯 추출물 0.5~1㎎/㎖에서 75~80% 이상의 생존율을 보여 야생 버섯 추출물 1㎎/㎖에서 암 세포에 높은 억제 효과를, 정상 세포에는 비교적 독성이 낮았다.

렉틴 성분의 림프구 응집 효과 : 젖버섯, 그물버섯, 영지, 비늘버섯, 쓴송이, 자주싸리버섯 등 20종에 대하여 적혈구(사람)와 비장(mouse)에서 얻은 림프구로 lectin 성분을 검색하고자 응집 현상을 시험한 결과, 그물버섯, 젖버섯, 자주싸리버섯, 비늘버섯, 영지 등 8종에서만 나타났다.

✻ 효능과 이용

1) 효능 : 항그람양성균, 항곰팡이

2) 식용 : 자실체를 식용한다.

참고문헌

1) 金三純, 金養燮, **韓國産 버섯 圖鑑,** 裕豊出版社, 서울, 1990

2) 김현정, 이인선, **식품과학회지**, 2004, 36(4), 662 (한국산 야생 버섯 추출물의 항돌연변이 원성 및 암 세포 성장 억제 효과－구름버섯, 밀버섯, 황소비단버섯, 덕다리버섯, 그물버섯, 수원무당버섯, 턱받이버섯, 방패외대버섯, 잔피막흑주름버섯)

3) 農村振興廳 農業技術硏究所編, **韓國産 버섯類 原色圖鑑(Ⅰ),** 1987

4) 卯曉嵐, 莊長坪, 歐株次旺, **西藏大型經濟眞菌,** 北京科學技術出版社, 1991

5) 민지영, 김은미, 민태진, **균학회지,** 1997, 25(4), 354 (버섯중 항균 활성물질 개발, 버섯중의 식물병원성 곰팡이에 대한 항균 활성 물질의 검색－조개껍질버섯, 외대버섯, 수원그물버섯, 능이, 진갈색주름버섯, 띠미로버섯)

6) 민태진, 김은미, 이선정, 배강규, **균학회지**, 1995, 23(1), 14 (항균물질 검색 및 항진균 활성 물질의 검색 I －석이, 수원그물버섯, 나팔버섯, 주걱간버섯, 큰낙엽버섯, 해면버섯, 거친껄껄이버섯)

7) 박상신, 이갑득, 민태진, **균학회지**, 1995, 23(1), 28 〔그람양성균에 대한 항균 물질의 검색(1보)〕

8) 朴婉熙, 李虎得, **한국의 버섯,** 교학사, 서울, 1991, 272 (수원그물버섯)

9) 應建浙, 卯曉嵐, 馬啓明, 宗毓臣, 文華安, **中國藥用眞菌圖鑑,** 科學出版社, 1987

10) 이지열, **균학회지,** 2005, 33(1), 54 〔한국 기록종 버섯 추가 목록(2001-2004)〕

11) 李址烈, **韓國 버섯 圖鑑,** 아카데미서적, 서울, 1988, 153 (수원그물버섯)

12) 이태수, 이지열, **한국기록종 버섯 재정리 목록,** 임업연구원, 2000

13) 전경희, 김무경, 정시련, **약학회지,** 1987, 31(4), 213 〔버섯류의 렉틴 성분

개발연구(II), 야생 버섯의 생리 활성물질, 렉틴 성분 검색−자주싸리, 비늘버섯, 젖버섯, 당귀젖버섯, 그물버섯, 갓버섯, 큰비단그물버섯, 영지, 쓴송이]

14) 한국 균학회, **버섯 이름, 한국명 통일안,** 2000, 176
15) Chang, S. T., Miles, P.G., **Edible Mushroom and their Cultivation,** CRC Press, New York, USA, 1989
16) Cheung, L. M., Cheung Peter, C. K., Ooi Vincent, E. C., **Food Chem.,** 2003, 81, 249 (Antioxidant activity and total phenolics of edible mushroom extracts)
17) David, G. S., Barry, H. R., **Mushroom Poisoning,** CRC Press, USA, 1994
18) Hui, Y. F., Den, E. S., Chi, T. H., **J. Food Lipids,** 2002, 9, 35 (Antioxidant and free radical scavenging activities of edible mushrooms)
19) Imazeki, R., Otani, Y., Hongo, T., **Color Illustration Mushrooms of Japan,** Yama-Kei Publisher Co. Ltd. Tokyo, Japan, 1988
20) Kabir, Y., Kimura, S., **J. Nutr. Sci. Vitaminol.,** 1989, 35, 91 (Dietary mushrooms reduce blood pressure in spontaneously hypertensive rats)
21) Kelly, R. B. et al., **Can. J. Chem.,** 1969, 47, 2504 (Antibiotic, cryst, Antimetabolite, 2-Amino-4-methyl-5-hexenoic acid)
22) Lee, G. D., Chang, H. G., Kim, H. K., **Kor. J. Food Sci. Technol.,** 1997, 29, 432 (Antioxidative and nitric-scavenging activities of edible mushrooms)
23) Liu, F., Ooi, V. E. C., Chang, S. T., **Life Sci.,** 1997, 60, 763 (Free radical scavenging activities of mushroom polysaccharide extracts)
24) McDonnell, J. E.W., Esselen, W. B. Jr., **Food Res.,** 1947, 12, 118 (Carbohydrates in Cultivated mushrooms)
25) Mizuno, T., **Food Res. Int.,** 1995, 11, 7 (Bioactive biomolecules of mushrooms: Food function and medicinal effect of mushroom fungi)
26) Pegler, D. N., **The Concise Illustrated Book of Mushrooms and Other Fungi,** Gallery Books, New York, USA, 1989

Agaricus blazei Murrill

신령버섯 10

주름버섯과 (Agaricaceae)

• 영명 | Sun mushroom
• 일명 | Himematsutake, Kawariharatake
• 일반명 | 아가리쿠스 버섯
• 원산지 | 브라질
• 분포 | 한국, 일본, 북미, 브라질
• 용도 | 자실체(식용)

✻ 식물학적 특성

미국 플로리다에서 사우스캐롤라이나의 해안 초지와 평원에 분포. 주로 브라질 동남부 상파울루 지방의 부식질이 많은 산지에 자생. 고온다습한 열대성 기후에 야생마의 배설물이 풍부한 곳에 발생량이 많다. 갓 지름 6~11㎝, 초기에는 반구형, 편평형, 갓표면은 담회갈색~갈색 섬유상의 인편으로 덮여 있다. 갓 끝에 내피막의 파편이 있다. 조직은 백색, 절단하면 등황색으로 변함. 주름살은 떨어진형, 빽빽. 초기에는 백색, 차차 담홍색~흑갈색. 대는 속이 빔. 표면은 백색, 접촉 시에 황갈색. 원통형, 기부는 굵다. 대 위쪽은 백색~갈색의 턱받이, 턱받이 아래는 갈색솜 모양, 후에 턱받이가 탈락. 평활, 포자는 광타원형~난형, 포자문은 적갈색이다.

동속 식용 버섯에는 양송이(*A. bisporus*) 등이 있고, 근래 인공 재배에 성공.

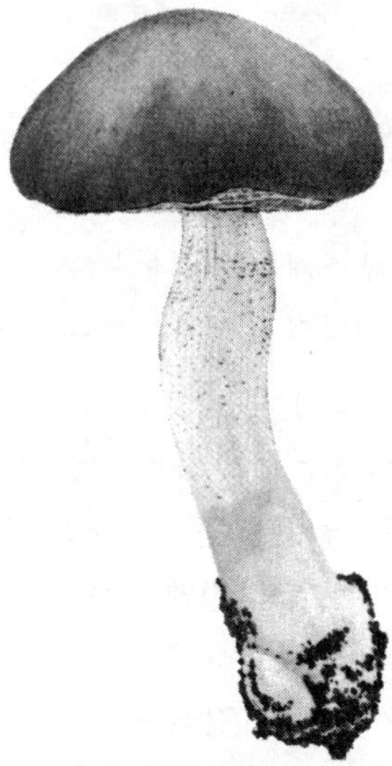

신령버섯

✲ 성분

1) 영양 성분

지방산 *Linoleic acid(O-00108), Oleic acid(O-00157), Stearic acid (O-00123) 등 12종, Vitamin B_1(T-01346), B_2(R-00253), D_2(S-00425) 및 Niacin (P-02276), 무기질 K외 10종이 확인되었다.

2) 특수 성분

신령버섯에서 6β-Methoxy-5α-ergosta-7,22-diene-3β, 5-diol(E-01414), Cerevisterol(E-01414), Ergosterol(E-01484), β-D-Glucan(L-00533) 등이, 지방산 *Linoleic acid(O-00108), Oleic acid(O-00157), Stearic acid(O-00123) 등 12종, Vitamin B_1(T-01346), B_2(R-00253), D_2(S-00425) 및 Niacin(P-02276), 무기질 K외 10종이, Glucomannan, Heteroglucan(L-00533), Xyloglucan (P-02216) 등 단백질 복합체 등도 분리되었다.

✲ 생리 활성

항암 효과①: 신령버섯은 sarcoma 180(mouse)에 억제율 99.4%, Ehrlich 복수암(mouse)에 억제율 100%의 antitumor activity가 있고, HeLa 세포 증식 억제 효과도 있다.

암 세포 증식 억제 효과와 단백 다당의 추출②: 아가리쿠스(신령버섯)의 생리 활성 물질, 조단백 다당체의 효율적 추출은 초음파 추출(13.0%)이 가장 높았고, 열수 추출(7.8%)이 가장 낮았다. 추출 조단백 다당의 당 조성은 glucose 80%, fructose, galactose 및 mannose로 구성, 가압 조건에서 2시간과 3시간의 추출은 β-glucan 함량이 각각 32.28%, 32.34%로 별 차이 없어 2시간이 효과적이었다. 침전 수율은 조 단백질 및 β-glucan 함량은 4배 첨가 시 각각 10.89%, 35.97%로 가장 많았고, 열 분해 특성은 네 단계로 240~365℃ 에서

67.8%의 무게 감소를 보여 고온에서도 안정하였다. SRB assay에 의한 인체 암 세포 증식 억제 효과를 검토한 결과, A 549는 1000㎍/㎖에서 72시간 처리 시 43.9%의 암 세포 손상을 보여 MCF-7과 AGS에 비해 암 세포 증식 억제 효과가 높음을 확인하였다.

A549 폐암 세포 증식 억제③ : 인체 폐암 세포주 A549는 신령버섯 수용성 추출물(WEAB)의 농도 의존적으로 생존율이 감소되었고, WEAB 처리 암 세포는 다양한 형태적 변형을 유발하였다. Flow cytometry 분석 결과, WEAB 처리 A 549는 증식 억제는 세포 주기 G_2/M arrest 및 apoptosis 유발과 직접적 관련이 있음을 알 수 있었다. WEAB 처리 암 세포에서 전사 및 번역에서 cyclin A 발현의 감소 및 CdK inhibitor P 21발현의 증가 현상이 관찰되었으나, cyclin B_1, CdK_2, Cdc25C 및 P53 등의 발현에 큰 변화는 없었다. 또한 WEAB 처리 COX-2 선택적 발현 저하를 유발하였으나, telomere 조절 관련 유전자들의 발현에는 큰 영향을 주지 않았다. 이상으로 신령버섯 추출물이 강력한 항암 및 암 예방 효능의 잠재력이 인정되었다.

항암 작용과 단백 다당체④ : 신령버섯의 분자량이 다른 조단백 다당체 3종의 분말을 ultrafiltration과 분무 건조하여 제조, 이들의 항암성을 측정하였다. multi-angle laser light scattering system chromatography한 결과, 10KDa (SD-1), 10~150KDa(SD-2) 및 150KDa(SD-3) 이상의 분자범위의 3종의 분말은 분자량이 각각 8.26×10^3, 9.65×10^4 및 5.94×10^6g/㏖이었다. 이들은 모두 NO_2를 생산하는 macrophage RAW 264.7를 자극하였으며, SD-2, SD-3은 crude extract powder(CP-SD)보다 우수하였고, SD-1은 가장 낮았다. 인체 암 세포 A549, MCF-7 및 AGS에 대하여 세포 독성이 유사함을 알 수 있었고, MCF 세포에 대해서 다른 암 세포에서보다는 민감하지 않았다. 이러한 결과로 신령버섯을 ultrafiltration과 spray-drying 복합 방법으로 제조한 단백다당분말이 항암 작용이 더 강함을 알수 있었다.

돌연변이원성과 세포독성 효과⑤: Ames test 결과(*S. typhinurium* TA 98, TA 100) *Agaricus* 버섯 MeOH ex 모두 시료 자체의 돌연변이 원성은 없었다. 시료 MeOH ex 200㎍/plate 중 TA 98로 항돌연변이 효과는 직접변이원 4NQO

에 92.4%, 간접 변이원 Trp-P-1과 B(α)P에 각각 81.9%, 83.4% 강한 억제 효과를 보였다. MNNG, Trp-P-1 및 B(α)P는 각각 87.3%, 89.9%, 92.3% 억제율을 보였다. 시료 분획물 200㎍/plate의 항돌연변이 효과는 MNNG와 B(α)P에 대해 분획물 모두가 80% 이상 억제율을, 4 NQO는 TA98, TA100 균주에 EtOAc 분획에서 95% 이상의 가장 높은 억제율을 보였다. Trp-P-1에서 TA 98 균주에 물층 제외 분획은 높은 억제율을 보였고, TA 100 균주에 모든 분획이 80%이상 억제율을 보였다. 각종 암 세포에 시료 MeOH ex의 저해 효과는 시료 1㎎/㎖ 투여 시 MCF7 82.9%, A549 86.5%, HT 1080 65.5%, Hep 3B 84.3%, HeLa 91.9%, KATOⅢ 88.7%, K562 82.0% 억제 효과를 보였다. 인체 정상 간 세포 WRL 68은 시료 1㎎/㎖에서 50% 이하의 생육 억제를 보여 정상 세포에 낮은 독성을 보였다. 시료 분획에 대한 억제 효과는 유방암 세포 MCF 7은 시료 1㎎/㎖에서 물 분획과 BuOH 분획을 제외한 분획에서 90% 이상의 강한 억제를 보였다. 또한 EtOAc 분획 1㎎/㎖에서 80% 이상의 억제 효과를 보였으나, 물 분획은 암 세포에 낮은 억제율을 보였다.

버섯 균사체 된장의 항종양성, 항돌연변이성⑥ : 재래식 버섯 균사체 메주로 만든 된장의 항종양성(S-180유도 mouse ascites cancer)에서 느타리, 영지, 상황, 신령버섯 균사체 된장이 각각 33, 30, 26, 25% 억제하여, 재래식 된장(11%)보다 매우 우수한 항종양성을 보였다. 버섯 균사체 된장은 *S. typhimurium* TA98에 대한 IQ와 AFB_1에 의한 돌연변이성을 각각 39.7~46.1%, 38.0~39.7% 억제하여 대조 된장(32.0, 33.2%)보다 항돌연변이성이 우수하였고, *S. typhimurium* TA100에는 IQ와 AFB_1에 대해 각각 31.9~35.0%, 24.9~30.4% 억제하여 대조 된장(27.5, 22.5%)보다 항돌연변이성이 컸고, 항산화성 역시 버섯 균사체 된장이 대조 된장보다 우수하였다. 관련 물질 β-glucan 함량은 버섯 균사체 된장이 대조 된장보다 3~8배, 총 phenol성 물질과 isoflavone 함량은 느타리 균사체 된장과 신령 버섯 균사체 된장이 가장 많았다.

항암성과 향미 개선 버섯 메주 제조⑦ : 잎새버섯, 동충하초, 표고, 영지, 신령, 느타리, 상황버섯 균사체를 메주 무개의 10%를 접종, 25℃에서 4주간 배양한 버섯 균사체 메주 중 상황, 영지, 신령 버섯 균사체 메주가 항암성과 향미 완화 기능이 우수하였다.

면역 증강 활성 다당체의 특성[①] : 열풍 건조 신령버섯 자실체에서 0.9% NaCl과 열수로 다당체를 추출, EtOH로 침전, 투석 및 동결 건조, 이온 교환수지와 gel로 정제한 다당체의 임파구의 항체 형성 촉진 효과를 in vitro에서 조사한 결과, 0.9% NaCl 추출 분획에서 AG-2가, 열수 추출 분획에서 AG-6, -7, -8에서 비교적 높은 활성을 보였으며, 특히 AG-3이 양성 대조구(LPS)보다 높은 활성을 보였다. 활성이 높은 다당체에 glucose와 단백질과 결합한 단백다당체였다. 정제 다당체는 모두 glucose를 비롯한 2~6종 단당류를 포함한(AG-4 제외) heteropolysaccharide 이었으며, AG-1은 galactose, mannose, fucose가 79.1 : 8.9 : 12.0 몰비로, AG-5는 glucose, mannose, xylose가 45.6 : 17.9 : 25.2의 몰비이었고, 이 두 분획은 약한 면역 증강 활성을 보였다.

면역성 기능 강화[②] : 건강 기능성 버섯인 신령버섯(*A. blazei*) MeOH 추출물의 항 종양저해 효과는 인체 대장암 세포주 HT 29와 인체 간암 세포주 $HepG_2$에서 각각 1.5~3.5배, 1.3~2.4배의 저해 효과(in vitro)가 있었으나, 볏짚 대신 칡에 사탕수수 발효 배지에서 생산된 신령버섯은 상당히 높은 종양 저해 효과를 보였다. 즉 HT 29에 저농도에서 약 1.5배, 고농도에서 약 1.6배, $HepG_2$에 저농도에서 약 2.1배, 고농도에서 약 2.8배의 저해 효과를 보였다. 면역 세포의 활성도도 macrophage raw cell에서도 칡 사용 배양 버섯 alkali추출 분획이 약 45~58% NO 생산을 증가시켜 면역 활성도 증가시키는 경향이 뚜렷하였다.

지질대사와 효소 활성[①] : 7주령의 흰쥐에 표준식이군(정상군), 15% 돈지+표준 식이(고지방군), 고지방+20% 신령버섯 균사체 배양액(20%군), 고지방+30% 신령버섯 균사체 배양액(30%)군에 5주간 사육 후 관찰한 결과, 체중 증가량, 식이 섭취량, 식이 효율, 간, 신장, 비장 및 췌장 무게는 고지방군, 20%군, 30%군이 비슷하였고, 부고환 지방은 정상군에 비해 고지방군과 20%, 30% 신령버섯군이 증가되었다. 혈청 총 cholesterol, 중성 지질, LDL, HDL 및 GPT 활성은 고지방군보다 30%군이 감소하였고, 간의 cholesterol

과 중성 지질은 고지방군과 20%, 30%군이 비슷하게 감소 효과는 없었다. 총 cholesterol에 대한 HDL비는 고지방군보다 30%군이 증가되었다. 혈청의 단백질, 혈색소 및 혈당, 동맥경화 지수, alkaline phosphatase 활성은 정상군과 각 실험군 등이 비슷하였고, GOT 활성은 고지방 군과 20%, 30%군이 비슷하였다. 이상으로 고지방 식이에 신령버섯 균사체 배양액 30% 급여는 체중과 장기 무게는 비슷하였으나, 혈청 중 총 cholesterol, 중성 지질, LDL은 감소시키고, HDL은 증가시키는 효과가 있었다.

지질대사②: 정상군, 고지방군(표준 식이+20% 돈지), 3% 신령버섯군(고지방군+3%시료), 5% 신령버섯군(고지방군+5% 시료) 등 4군으로 10주 사육한 결과, 체중 증가 및 식이 효율은 고지방군에 비해 3% 시료군이 다소 감소되었으며, 5% 시료군은 감소하였다. 간과 신장 무게는 고지방군과 시료군이 비슷하였으나, 혈청과 간의 중성 지질은 고지방군에 비해 5% 시료군이 감소하였다(유의적). 혈청 총 cholesterol 과 LDL-cholesterol 과 동맥경화 지수는 고 지방군에 비해 3%와 5% 시료군이 유의적 감소를 보였다. 총 cholesterol에 대한 HDL-cholesterol 비는 고지방군보다 시료군이 증가하였고, HDL-cholesterol 및 인 지질 농도는 고지방군과 시료군이 유사하였다. 이상으로 고지방군이 신령버섯 5% 급여 시 혈청과 간 중성지질 농도, 혈청 총 cholesterol, LDL-cholesterol에 대한 HDL-cholesterol 비율은 증가시키는 것으로 나타났다.

효소와 지질대사③: 성장기 흰쥐(생후 7주령)의 음료수에 신령버섯 배양액(시료)을 20%와 30%를 첨가, 6주간 급여한 결과, 체중 증가량, 식이 섭취량, 식이 효율, 장기의 무게는 대조군과 시료 투여군에서 차이가 없었고, 간과 혈청 중의 중성지방과 cholesterol 및 HDL-cholesterol은 대조군과 시험군이 비슷하였다. 혈청 LDL-cholesterol 과 동맥경화 지수는 대조군보다 시료군이 유의적 감소를 보였다. 혈청 총 cholesterol에 대한 HDL-cholesterol과 비율은 대조군보다 시료군에서 증가되었고, 혈청 총 단백질, albumin 혈당, 혈색소, Mg 농도는 시료군과 대조군 차이는 없었다. 혈청 중 GPT, GOT, LDH 및 ALP 활성도는 대조군과 시료군이 같았으며, 혈청 Ca과 P은 대조군보다 시료군이 감소하였다. 이상으로 성장기 흰쥐에 신령버섯 균사체 배양액 20, 30% 급여 시 성장률, 간과 혈청의 cholesterol 및 중성 지질, 단백질 및 효소 활성은 정상을 유지하였고, 혈청의 LDL-cholesterol 및 동맥경화 지수는 감소시켰으며, 혈청 중 총 cholesterol에 대한 HDL-cholesterol의 비를 상승시키는 효과를 보였다.

당과 지질 대사④ : 7주령 db/db mouse에 *Agaricus*의 β-glucan을 5주간 음용수에 제공하고, 혈액 내 성분을 조사하였다. mouse에서 Agari F군과 H군은 식이 섭취량이 대조군보다 낮았고, 증체량도 낮았으며, 혈중 insulin 농도와 당화 hemoglobin 농도는 대조군보다 F군, H군 Acarbose군이 낮았다. 소장의 maltase, lactase, sucrase 활성은 대조군에서 Lean군보다 세 효소 활성이 매우 높았고, 시료 투여군인 F군, H군에서 maltase는 proximal과 middle 부위는 대조군보다 낮았으나, distal에서 F군의 활성이 가장 높았다. sucrase, lactase의 활성은 모든 부위에서 시료 투여군이 대조군 보다 낮았다. 혈중 중성지방 농도는 대조군에 비해 F군, H군, Acarbose군은 낮았으며, total cholestrol은 대조군과 F군도 차이가 없었으나, F군과 Acarbose군은 낮았다. 혈중 VLDL-cholesterol은 대조군에 비해 F군, H군은 낮았고, Acarbose군은 차이가 없었다. 혈중 LDL은 대조군이 높았으며 Acarbose군이 가장 낮았다. HDL은 H군이 가장 높았고, 대조군이 가장 낮았다. 이상으로 *Agaricus* 버섯 β-glucan은 비만인 당뇨 환자에 식후 갑작스런 혈당 상승을 억제하는 효과가 있으며, 중성 지방을 저하, 혈중 지질 조성을 개선시켜 심혈관질환 유병율을 감소시킬 것으로 생각된다.

CCl_4-간 손상에 신령버섯 MeOH ex의 지방대사 개선 : 신령버섯 MeOH ex를 CCl_4-간손상 쥐에 50㎎/㎏ BW(CCl_4; T, CCl_4+high Fat; TL, Control; C, C+시료; CA, T+시료; TA, TL+시료; TLA)를 매일, 1주간 경구 투여한 결과, 총 cholesterol, TG, LDL, LDL+phospholipid CCl_4 투여군은 C군에 비해 증가하였으나, 시료 투여군 TA와 TLA군은 TG가 53.1%와 17.9% 감소하였다. CA군은 신장 무게도 C군보다 감소하였다. 고지방과 CCl_4(TLA)는 장기(간과 신장) 무게를 감소시켰고, TG와 총 cholesterol, GTP 활성을 현저히 감소

시켰다. 간 보호 효과는 GOT, GPT, AP와 LDH 활성도 감소시켰다. 전자현미경에서 CCl_4처리 간 세포의 세포 간질은 불규칙한 형태로 나타났으나, 시료 ex는 손상된 세포질을 복원하고 mitochondria 생성을 촉진하였다. 이러한 결과로 신령버섯은 화학적 간 손상에 대해 보호 효과와 지방간 증상 완화에 도움이 될 것으로 생각되었다.

β-Glucan-Ca 복합체와 골대사 : 신령버섯의 β-glucan과 난각 Ca 복합체의 골대사를 알고자, 10주령 SD계(♀) 난소절제 쥐에 실험식이를 급여, Sham 대조군(Sham-C)과 비교한 결과, OVX-G(난소절제+Glucan)군은 Ca 0.5%로 조정, OVX-G+Ca복합체군(OVX-GE)에 6주간 시료를 급여, 체중 100g당 건조시킨 대퇴골의 무게는 Sham-C〉OVX-GE〉OVX-C와 OVX-G의 순으로 β-glucan-Ca 복합체군(OVE-GE)에서 다른 OVX군에 비해 상대적으로 골 무게가 증가하는 경향이었다. 대퇴골의 골밀도는 Sham-C군보다 β-glucan 첨가식이군에서 높았고, 특히 OVX-GE가 가장 높았다. Ca 체내 흡수율은 OVX-C〉ShamC이었고, OVX군에서는 β-glucan 첨가군이 높았다. ALP 활성은 OVX군에서는 OVX-G군이 다소 낮았고, 요중 DPD crosslink value(골 흡수지표)는 각 군 간 유의성을 보였으며, OVX군이 Sham-C군보다 현저히 높아 OVX군이 골 흡수가 높음을 확인하였다. OVX-G와 OVX-GE의 DPD crosslink value가 OVX-C에 비해 낮았으며 β-glucan이 OVX 쥐의 골 흡수를 낮추어 골 보호 효과를 보였다.

뽕나무 배지와 자동산화 억제 효과 : 뽕나무 첨가 배지에서 배양한 버섯 균사체 배양물의 자동 산화 억제 효과를 알고자, 뽕나무 첨가 배지에 상황, 느타리, 동충하초, 신령버섯, 노루궁뎅이버섯을 7일간 액체 배양하고, 균사를 제거한 배양물에 대한 항산화성을 275μM linoleic acid에 시료(1㎎)를 첨가 40℃에서 16일간 배양한 결과, 신령버섯과 노루궁뎅이버섯의 항산화능이 우수하여, 뽕나무는 버섯 균사체 액체배양물의 항산화성을 증가시켰다.

유전독성 억제 효과 : 상황버섯과 아가리쿠스버섯의 MeOH ex와 용매 분획을 소핵 실험(골수 세포)으로 MNNG에 대한 유전독성 억제 효과를 실험한 결과, 상황버섯 MeOH ex는 MNNG에 소핵 생성에 대하여 10.6~75.6% 억제를 보였고, 각 분획물은 80㎎/kg EtOAc, Et_2O, BuOH, $CHCl_3$, H_2O층이 각각 81.3, 78.1, 75.6, 72.4, 63.4%의 유전독성 억제를 보였다. 아가리쿠스버섯 MeOH ex는 양성 대조군에 비해 80㎎/kg 투여 시 86.2% 억제를, Et_2O, EtOAc, $CHCl_3$, H_2O층이 각각 86.2, 81.3, 78.1, 69.9, 61.8% 억제를 보였다.

다당체 생산 : 탄소원만을 포함한 기질 공급보다 질소원을 첨가 기질 공급액 사용이 균사체 및 세포외 다당체 생산이 효과적이었다. 탄소원 조성을 달리한 실험에서 포도당만을 사용하였을 때 가장 높은 균사체와 세포외 다당체 생산성을 얻었고, 이때 균사체 농도 및 생산성은 각각 36.5g/l, 0.37g/l/h 이었으며, 세포외 다당체 농도 및 생산성은 각각 10.9g/l, 0.11g/l/h, 이들은 회분식 배양과 비교하면 균사체 농도 및 생산성면에서 각각 6배 및 2.2배, 세포외 다당체 농도 및 생산성은 각각 4.7배, 1.8배 증가하여 효과적이었다.

자실체와 균사체의 수용성 침출액의 선택적 항암 작용①: 수용성 자실체추출물(FB ex)과 균사체추출물(CM ex)의 항암 작용을 실험한 결과(in mice), 경구투여 CM ex에서 sarcoma 180에 현저한 항암 효과가 있었고, 또 B16FO나 P388(in mice)에 FB ex가 생명 연장 효과가 나타났다. CM ex는 암 세포에 직접적인 세포독성을 나타내었으나, FB ex는 아니었다. FB ex와 CM ex 모두 proinflammatory cytokine과 nitric oxide를 분비하여 대식 세포를 자극하는 작용이 있으며, 특히 CM ex보다 FB ex가 강하였다. 각 추출물의 이러한 작용양상은 tumor model에 따라 각각 선택적 항암 작용이 있는 것으로 생각되었다.

각종 버섯의 β-Glucan의 수용성(새송이, 느타리, 장수버섯, 신령, 표고, 운지 석이)②: 12종의 식용버섯 중 수용성 β-glucan을 측정한 결과, 4.71~46.2.0% (in dry basis)이었고 석이(*Gyrophours esculenta*), 표고, 운지, 영지, 팽이버섯이 β-glucan을 많이 함유하였다. 수용성 β-glucan의 많은 버섯이 생리활성이 강한 것으로 이들의 수용성 β-glucan은 2.12~ 19.66%이었고, 총 β-glucan의 42.55~73.35%이었다. 12종의 시료 중 총 glucan이 가장 많은 버섯은 석이 46.49±0.24%, α체 0.29±0.03%, β체 46.20± 0.27%이었고, 불용성 glucan은 총 26.79±0.82%, α체는 0.25±0.01%, β체는 26.54±0.82%이었다.

운지는 총 glucan 22.69±2.15%, β체는 22.24± 1.84%, 불용성 glucan은 26.79± 0.82%, 11.62±1.22%, 영지의 총 glucan은 22.24± 1.32%, β체는 21.61±1.39%, 불용성 glucan은 6.16±0.08%, β체는 5.76± 0.16%이었다. 표고버섯의 glucan 함량은 33.99+0.65%이며 α체는 5.91± 0.57%, β체는 28.08±0.08%, 불용성 glucan은 총 13.78±0.16%, α체는 2.98±0.21%, β체는 10.83±0.04% 이었다.

수용성 다당체의 물질분리와 특성③ : 신령버섯의 수용성 다당체는 선택적 항암 작용이 있었고, 당류로는 Man : Glu : Gal(2: 93: 5), uronic acid 6.2% 함유하고 있으며, 기본구조는 β-(1→6) glucan과 β-(1→3)-D-glucosidic side chain이 있는 물질이었다.

7-Ketocholosterol-간 손상과 식용 버섯 다당체의 세포 변화 효과 : 7-ketocholesterol(7-KC) 손상 간 세포에 식용 버섯(팽이, 느타리, 표고, 버들송이, 신령버섯, 번데기 동충하초)의 다당체를 열수 ex의 알코올 침전 다당체를 만들어 7-KC 존재하에 정상배아 간 세포(BNLCLi2)에 대하여 세포 보호능을 조사한 결과, 7-KC 80㎍/㎖에서 독성이 강하여, 20시간 배양 후 98%가 없어졌고, 각 다당체의 200㎎/㎖ 첨가에서 세포 독성을 방어하였으며, 특히 팽이와 느타리만이 7-KC 유도 세포 독성을 감소시켰다.

생리 활성 물질 추출(microwave)① : *Agricus blazei*에서 microwave를 이용하여 생리 활성 물질 β-glucan을 추출한 결과, 최적 microwave 출력은 200, 500, 650watt이었고, 추출물의 구조와 농도 분석은 NMR, IR을 이용하였다. microwave 이용 추출이 열수 추출법보다 효과적이였고, 소량의 용매와 단시간 추출로 향상된 수율을 얻었다.

생리 활성 물질 추출② : β-glucan은 *Agaricus*버섯에 가장 많았고, 이는 암치료 및 예방 물질이다. *Agaricus*에서 열수 추출, 여과, 용매 침전, 투석, 동결 건조로 조 다당체(CR · PS)를 분리, ion chromatography로 중성 다당체(IN)와 산성 다당체(IA)를 분리하였으며, IN은 다시 gel chromatography로 고분자 다당체(GH)와 저분자 다당체(GL)로 분리하였다. 각 추출물은 FT-IR, NMR, spectroscopy로 정성, 정량 분석을 실시한 결과, 각 성분의 추출 온도와 시간, 추출 용매량, 투석 시간 등 공정 변수의 최적 조건을 결정하였다.

생리 활성 물질 추출[③] : 생리 활성 조단백 다당체를 분자량 크기에 따라 여과하는 동안, 공정 온도에 따른 투과 플럭스의 변화는 10kDa와 150kDa 유사하였고, 온도와 압력에 의존적이었으며, 40℃에서 가장 높았다. pint를 같게 10과 150kDa일 때 각각 1.2kg/㎠와 2kg/㎠에서 가장 높았다.

생리 활성 물질 추출과 초임계 유체[④] : 아가리쿠스버섯에서 초임계 유체 추출 기술로 linoleic acid를 추출하여 분석한 결과, Cis-9, Cis-12 octadecadienoic acid로 동정되었다. 다양한 온도와 압력하에서 실험을 시행한 결과, 50℃, 200kg/㎠가 최적 추출 조건이었다.

생리 활성 물질과 기능성 : 아가리쿠스버섯은 혈압 강하, 혈당 강하, cholesterol 저하, 항종양과 혈액형 비특이성 항혈전(lectin) 효과가 있었고 vitamin D_2 작용도 있었다. β-D-glucan, glucomannan, heteroglucan, mannan, xyloglucan 등은 glucan 단백질 복합체로 sarcoma 180(mouse)에 항종양 효과 물질이다.

산지별 일반 성분[①] : 항암 효과가 뛰어난 *Agaricus* 버섯의 일반 성분은 일본산 *Agaricus* 버섯과 큰 차이 없었으나, 당질의 함량이 일본산 41.56%보다 한국산이 5.40%로 낮았다. 무기질은 일본산은 K, phosphate, Si, Cl 및 Mg이 각각 65.49%, 12.7%, 12.25%, 4.26%, 2.67% 순, 한국산은 K, phosphate, Cl 및 sulfate 각각 45.77%, 27.78%, 8.16%, 7.80% 순이었다. amino acid는 cysteine을 제외한 16종의 amino acid가 모두 있었으며, glutamic acid가 19.33%로 가장 많았고, 당은 glucose 26.3㎎/g으로 가장 많았다. 지방산은 linoleic acid가 78.3%로 대부분이며 불포화 지방산은 일본산 70.5%보다 한국산은 80.7%로 많았다.

일반 성분[②] : 아가리쿠스버섯의 일반성분을 분석한 결과, 지방산 linoleic acid, oelic acid, stearic acid 등 12종, vitamin B_1, B_2, D_2 및 niacin, 무기질 K외 10종이 검출되었다.

일반 성분(균사체와 건조버섯)[③] : 아가리쿠스버섯을 분석한 결과, 균사체는 수분 10.76%, 단백질 15.6%, 탄수화물 42.4%, 섬유질 26.4%, 회분 5.9%, 지방 9.68%, 자실체는 수분 85~87%, 건조 버섯은 단백질 40~45%, 탄수화물 38~45%, 섬유질 6~8%, 회분 5~7%, 지방 3~4% 등 당질과 단백질이 풍부한 버섯. 그 외 sterol, amino acid, vitamin, 무기질, 핵산이 함유되어 있다.

❋ 효능과 이용

1) 효능 : 고혈압, 암, 동맥경화
2) 식용 : 식용, 일반 요리와 약선(藥膳)요리에 이용. 소위 "아가리쿠스"라는 버섯이며, 인공 재배가 가능하다.
3) 약용 : 고혈압, 암, 동맥경화에 탕제로 응용된다.

참고문헌

1) 고진복, **식품영양과학회지,** 2003, 32(6), 887 (신령버섯 균사체 배양액이 흰쥐의 성장률, 지질, 단백질 농도 및 효소활성에 미치는 영향)
2) 구현옥, 김인천, 박신자, 정상희, 박종명, 이재진, 유한상, 이영순, **실험동물학회지,** 1999, 15, 155 〔신령버섯(*Agaricus blazei*)에서 분리한 다당체의 *Staphylococcus aureus* 감염 및 마우스 Sarcoma 180 종양 세포에 대한 방어효과〕
3) 김기영, 하명규, 이태호, 이재동, **미생물학회지,** 1999, 35(3), 180 (Internal Transcribed Spacer와 5.8S ribosomal DNA의 염기 서열 분석에 의한 *Agaricus blazei*와 근연종에 대한 계통 분류학적인 연구)
4) 김석종, 박철우, 박숙자, 김영숙, 조현종, 임동길, 김정옥, 이주희, 하영태, **식품영양과학회지,** 2003, 32(1), 143 〔재래식 버섯 균사체 된장의 항종양성과 항돌연변이성－느타리, 영지, 상황, 신령버섯〕
5) 김석종, 임동길, 박철우, 세르보로다메, 형석원, 이강권, 김정옥, 하영래, **식품영양학회지,** 2004, 33(2), 255 (뽕나무가루 첨가 배지에서 배양한 버섯 균사체 배양물의 자유라디칼 유도산화억제)
6) 김영숙, 박철우, 김석중, 박숙자, 류충호, 조현종, 김종옥, 임동길, 하영래, **식품영양과학회지,** 2002, 31(6), 986 (항암성과 향미개선된 재래식 버섯 균

사체 메주의 제조－잎새버섯, 동충하초, 표고, 영지, 신령, 느타리, 상황)
7) 김주남, 서정식, 박동철, **식품저장유통학회지,** 2002, 9(1), 114 (칡 혼합 발효 배지로 생산된 신령 버섯의 면역성 기능 비교 분석에 관한 연구)
8) 김현한, 나정걸, 장용근, 이상종, **생물공학회지,** 2004, 19(16), 457 (*Agaricus blazei*의 유가식 배양을 통한 균사체 및 세포의 다당체 생산)
9) 노경희, 장지현, 김진주, 박철우, 김정옥, 김재철, 송영선, **식품영양과학회지,** 2006, 35(10), 1363 (난소절제 흰쥐에서 신령버섯의 β-glucan과 난각 Ca 복합체가 골대사에 미치는 효과)
10) 농총진흥청 농업과학기술원응용미생물과, **새농사,** 1997, 39, 87 (신비의 버섯 신령버섯 재배신기술)
11) 박정식, 장갑열, 차동열, 전창선, **시험연구사업보고서**(농촌진흥청), 1996, 645 (신령버섯 재배 생리 연구)
12) 송호철, 김동희, 김성훈, **대전대 한의학연구소논문집,** 2000, 17, 193 (아가리쿠스버섯의 效能 및 硏究動向에 대한 考察)
13) 오세원, 이충언, 고진복, **식품영양과학회지,** 2004, 33(5), 821 (신령버섯이 고지방식이를 급여한 흰쥐의 지질 대사에 미치는 영향)
14) 이문한, 이후장 조일상, **식품위생안전성학회지,** 1998, 13(2), 94 〔한국산 *Agaricus* 버섯(신령버섯)의 일반 성분 분석〕
15) 이지열, **임산 버섯,** 1997, 43, 18 (새 건강식품 버섯, 아가리쿠스)
16) 이현정, 고진복, **영양학회지,** 2003, 36(4), 352 (신령버섯 균사체 배양액이 고지방 식이를 급여한 흰쥐의 지질대사 및 효소 활성에 미치는 영향)
17) 정재은, 김우재, 차재순, **식물병리학회지,** 2002, 8(3), 189 (양송이와 신령버섯 미이라병)
18) 조덕봉, 김재창, 최충식, **광주보건대학 논문집,** 2001, 26, 229 (신령버섯 고온기 지면재배법 개발)
19) 조수묵, 박정식, 김광포, 김환묵, 유익동, **균학회지,** 1999, 27(2), 170 (신령버섯으로부터 면역 증강 활성 다당체의 분리 및 화학적 특성)
20) 지정환, 김미남, 정차권, **식품영양과학회지,** 2000, 29(3), 513 (상황버섯과 아가리쿠스버섯 추출물의 유전독성 억제 효과)

21) 지정환, 김미남, 최근표, 정차권, 함승시, **식품과학회지,** 2000, 32(6), 1371 (아가리쿠스버섯 추출물의 항돌연변이원성 및 세포독성 효과)

22) 최우영, 박철, 이재윤, 김기영, 박영민, 정영기, 이원호, **식품영양과학회지,** 2004, 33(8), 1237 (A549 인체 폐암 세포의 증식에 미치는 신령 버섯 추출물의 영향에 관한 연구)

23) 최정미, 구성자, **식품과학회지,** 2000, 32(6), 1418 (db/db mouse에서 *Agaricus* 버섯 β-Glucan이 혈당과 지질 성분에 미치는 영향)

24) 최정우, 류동열, 김명기, 김선영, 유기풍, 홍억기, **생물공학회지,** 2000, 15(4), 408 (*Agaricus blazei* 자실체로부터 초임계 유체를 이용한 생리 활성 물질 추출 공정)

25) 최정우, 류동열, 김명기, 홍억기, 권명상, 한진수, **생물공학회지,** 2000, 15(3), 293 (아가리쿠스 버섯에서 생리 활성 물질의 추출 및 정제)

26) 최정우, 류동열, 홍억기, 권명상, 한진수, 이원홍, **생물공학회지,** 2000, 15(3), 307 (*Agaricus blazei* 자실체로부터 마이크로웨이브를 이용한 생리 활성 물질 추출 공정)

27) 홍주헌, 윤광섭, 최용희, **식품과학회지,** 2004, 36(4), 586 (추출 및 침전에 따른 아가리쿠스 버섯에서 분리한 조 단백 다당체의 특성 및 암 세포 증식 억제 효과)

28) 홍주헌, 윤광석, 최용희, **식품저장유통학회지,** 2004, 11(1), 47 (아가리 쿠스 버섯에서 분리한 조단백 다당체의 막 분리 및 분무 조건 특성)

29) Barbisan, L. F., Miyamoto, M., Scolastici, C., Salvadori, D. M. F., Riberio, L. R., Eira, A. F., de Carmago, J. L. V., **J. Ethnopharmacol,** 2002, 83, 25 (Influence of aqueous extract of *Agaricus blazei* on rat liver toxicity induced by different doses of diethylnitrosamine)

30) Battilana, P., Ornstein, K., Minihira, K., Schwarz, J. M., Acheson, K., Schneiter, P., Burri, J., Jequier, E., Tappy, L., **Eur. J. Clin. Nutr.,** 2001, 55, 327 (Mechanisms of action of β-glucan in postprendial glucose metabolism in healthy men)

31) Bricas, E. et al., **Biochemistry,** 1965, 4, 2254 (use, Stearic acid)

32) Bellini, M. F., Giacomini, N. L., Eira, A. F., Ribeiro, L. R., Mantovani, M. S., **Toxicol. In Vitro,** 2003, 17, 465 (Anticlastogenic effect of aqueous extracts of *Agaricus blazei* on CHO-K1 cells, studying different developmental phases of the mushroom)

33) Cafieri, F. et al., **J. Nat. Prod** (Lloydia), 1985, 48, 944 (isol, 6β-Methoxy-5α-ergosta-7,22-diene-3β, 5-diol)

34) Chang, H. L., Chao, G. R., Chen, C. C., Mau, J. L., **Food Chem.,** 2001, 74, 203 (non-Volatile taste components of *Agaricus blazei*, *Antrodia comphorata* and *Cordyceps militaris* mycelia)

35) Choi, J. M., Koo, S. J., **Kor. J. Food Sci. Technol.,** 2000, 32, 1418 (Effects of β-glucan from *Agaricus blazei* on blood glucose and lipid composition in db/db mice)

36) Choi, S. H., **MS Thesis,** So Gang, Univ., 2000 (Extraction and purification of physiologically active meterials from *Agaricus blazei* fruiting bodies)

37) Chun, H.S., Choi, E.H., Kim, H.J., Choi, C.W., Hwang, S.J., **Food Sci. Biotechnol.,** 2001, 10(4), 335 (*In vitro* and *in vivo* antitumor activities of water extracts from *Agaricus blazei* Murrill)

38) Chung, H. -Y., Cho, Y. -J., Kim, T. W., **Food Sci. Biotechnol.,** 2005, 14(2), 259 〔Isolation and Characterization of Water-Soluble Polysaccharide form the Mycelia of Solid cultured *Agaricus blazie* Murrill)

39) Cooperman, J. M. et al., **Food Sci. Technol.,** 1984, 13, 299 (rev, metab, Vitamin B_2, Props)

40) Dong. Q., Yao, J., Yang, X. T., Fang, J. N., **Carbohydr. Res.,** 2002, 337, 1417 (Structural characterization of water-soluble β-D-glucan from fruiting bodies of *Agaricus blazei* Murr.)

41) Ebina, T., Fujimiya, K., **Biotherapy,** 1998, 11, 259 (Antitumor effect of peptide-glucan preparation extracted from *Agaricus blazei* in a double-grafted tumor system in mice)

42) Fujimiya, Y., Kobori, H., Oshiman, K., Soda, R., Ebina, T., **Nippon**

Shokuhin Kagaku Kogaka Kaishi, 1998, 45, 246 (Tumoricidal activity of high molecular weight polysaccharides derived from *Agaricus blazei* via oral administration in the mouse tumor model)

43) Fujimiya, Y., Suzuki, Y., Karakura, R., Ebima, T., **Anticancer Res.,** 1999, 19, 113 (Tumor specific cytocidal and immunopotentiating effects of relatively low molecular weight products derived from the basidiomycete, *Agaricus blazei*)

44) Fujimiya, Y., Suzuki, Y., Oshima, K., Kobori, H., Moriguchi, K., **Cancer Immunol. Immnother.,** 1998, 46, 147 (Selective tumoricidal effect of soluble proteoglucan extracted from the basidiomycete, *Agaricus blazei* Murrill, mediated via natural killer cell activation and apoptosis)

45) Gonzaga, M.L.C., Ricardo, N.M.P.S., Heatley, F., Soares. S., **Carbohydr. Polym.,** 2005, 60, 43 (Isolation and Characterization of Polysaccharides from *Agaricus blazei*)

46) Grinde, B., Hetland, G., Johnson, E., **Int. Immunopharmacol.,** 2006, 6, 1311 (Effects on gene expression and viral load of a medicinal extract from *Agaricus blazei* in paients with chronic hepatities C infection)

47) Gunstone, F. D. et al., **J. Sci. Food. Agric.,** 1976, 27, 675 (isol, Linoleic acid)

48) Guterrez, Z. R., Mantovani, M. S., Eira, A. F., Ribeiro, L. R., Jordão, B. Q., **Toxicol. In Vitro,** 2004, 18, 301 (Variation of the antimutagenicity effects of water extracts of *Agaricus blazei* Murrill in vitro)

49) Hirokazu, K., Aya, N., Takayuki, Y., Takashi, M., **Carbohydr. Res.,** 1988, 183, 150 (Isolation and properties of a lectin from the fruiting bodies of *Agaricus blazei*)

50) Hirokazu, K., Ryuichi, I., Teturo, K., Takashi, M., **Carbohydr. Res.,** 1989, 186, 267 (Fractionation and antitumor activity of the water in soluble residue of *Agaricus blazei* fruiting bodies)

51) Hong, J. H., Kim, S. J., Ravindra, P., Youn, K.S., **Food Sci. Biotechnol.,**

2007, 16(4), 600 (Antitumor activities of Spray-dried Powders with Different Molecular mass Fractionated from the Crude Protein-bound Polysaccharide Extract of *Agaricus blazei* Murrill)

52) Hong, J. H., Youn, K. S., Choi, Y. H., **Kor. J. Food Sci. Technol.**, 2004, 36, 586 (Characteristics of crude protein bound polysaccharide from *Agaricus blazei* Murrill by extraction and precipitation condition and its antitumor effect)

53) Hotz. W., **Adv. Lipid Res.**, 1983, 20, 195 (rev, Pharmacol, Vasodilater, Niacin)

54) Hui, L. C., Guei, R. C., Chin, C. C., Jeng, L. M., **Food Chem.**, 2001, 74, 203 (Non-volatile taste component of *Agaricus blazei*, *Antrodia camphorata* and *Cordyceps mililaris* mycelia)

55) Ito, H., Shimura, H., Itoh, M., Kawade, M., **Anticancer Res.**, 1997, 17, 277 〔Antitumor effects of a new polysaccharide protein complex (ATOM) prepared from *Agaricus blazei*(Iwade strain 101) Himematsutake and its mechanisms in tumor-bearing mice〕

56) Itoh, H., Amano, H., Noda, H., **Jpn. J. Pharmacol.**, 1994, 66, 265 〔Inhibitory action of a(1→6)-β-D-glucan-protoein complex isolated from *Agaricus blazei* on metha fibrosarcoma-bearing mice and its antitumor mechanism〕

57) Jung, M. E., Kwon, H. S., Shin, S. G., Jin, Y. X., Han, E. K., Han, S. S., Kang, I. J., Chung, C. K., **Kor. Nutr. Soc.**, 2006, 9(4), 267 (Methanol Extract of *Agaricus blazei* Murrill Reduces Hepatic Damage Induced by CCL_4 and High Fat and Improves Liver Lipid profile in Rats)

58) Kaneno, R., Fontanari, L. M., Santos, S.A., Di Stasi, L. C., Rodrigues Filho, E., Eira, A.F., **Food Chem. Toxicol.**, 2004, 42, 909 (Effects of extracts from Brazilian sun-mushroom(*Agaricus blazei*) on the NK activity and lymphoproliferative responsiveness of Ehrlich tumor-bearing mice)

59) Kawagishi, H., Kasumi, R., Sazawa, T., Mizuno, T., Hagiwara, T., Nakamura,

T., **Phytochemistry,** 1988, 27, 2777 (Cytotoxic steroids from the mushroom *Agaricus blazei* ; isol, Syrup, Cerevisterol)

60) Kawagishi, H., Inagaki, R., Kanao, T., Mizuno, T., Shimura, K., Ito, H., Hagiwara, T., Hakamura, T., **Carbohydr. Res.**, 1989, 186, 267 (Fractionation and antitumor activity of the water-insoluble residue of *Agaricus blazei* fruiting bodies)

61) Kawagishi, H., Kanao, T., Inagaki, R., Mizuno, T., **Carbohydr. Polym.**, 1990, 12, 393 (Formolysis of a potent Antitumor(1→6)-β-D-glucan- protein complex from *Agaricus blazei* fruiting bodies and antitumor activity of the Resulting products)

62) Kawagishi, H., Nomura, A., Yumen, T., Mizuno, T., Hagiwara, T., Nakamura, T., **Carbohydr. Res.**, 1998, 183(1), 150 (Isolation and properties of a lection from the fruiting bodies of *Agaricus blazei*)

63) Kennedy, T. et al., **J. Chem. Soc.**, 1939, 250 (struct, Ergosterol)

64) Kim, J. E., Lee, W. S., Chung, H. Y., Jang, S. J., Kim, J. S., Hee, J. B., Song, C. S., Park. S. Y., **Food Sci. Biotechnol.**, 2004, 13, 347 (The selective antitumor activity of water-soluble extracts of the fruiting bodies and the cultured mycelia of *Agaricus blazei* Murrill)

65) Kim, J. S., Chung, H.Y., Na, K., **Nutr. Res. Practice,** 2007, 1(3), 180 (Cytoprotective effect of polysaccharide isolated from different mushrooms against 7-Ketocholesterol induced damage in mouse liver cell line－동충하초, 신령버섯, 팽이, 느타리, 표고, 버들송이)

66) Kim, Y. W., Kim, K. H., Choi, H. J., Lee, D. S., **Biotechnol. Lett.**, 2005, 27, 483 (Anti-diabetc activity of β-glucans and their enzymatically hydrolyzed oligosaccharides from medicinal mushroom *Agaricus blazei*)

67) Kuo, Y, C., Huang, Y. C., Chen, C. C., Lin, Y. S., Chuang, K. A., Tsai, W. J., **Natl. Res. Inst. Chin. Med.**, 2002, 155, 176 (Cell cycle progression and cytokine gene expression of human peripheral blood mononuclear cells modulated by *Agaricus blazei*)

68) Lee, M. H., Lee, H. J., Cho, I. S., **J. Food Hyg. Safety,** 1998, 13, 94 〔Chemical composition of *Agaricus blazei* Murrill fruiting bodies cultivated in Korean local farm)

69) Liu, F., Ooi, V. E., Chang, S. T., **Life Sci.** 1997, 60, 763 (Free radical scavenging activities of mushroom polysaccaride extracts)

70) Machao, M. P., Filho, E. R., Terezan, A. P., Riberio, L. R., Mántovani, M. S., **Toxicol. In Vitro,** 2005, 19, 533 (Cytotoxicity, genotorxicity and antimutagenicity of hexane extracts of *Agaricus blazei* determined in vitro by the comet assay and CHO/HGPRT gene mutation assay)

71) Martins de Oliveira, J., Jordão, B. Q., Ribeiro, L. R., Ferreira da Eira, A., Mantovani, M. S., **Food Chem. Toxicol.**, 2002, 40, 1775 〔Anti-genotoxic effect of aqueous extracts of sun mushroom (*Agaricus blazei* Murill lineage 99/26) in mammalian cells in vitro〕

72) Maziero, R., Bononi, V. L., **Science and Cultivation of Edible Fungi,** Balkema, Rotterdam, Netherlands, 1995, pp.887-892

73) Menoli, R. C. R. N., Mantovani, M. S., Riberio, L. R., Speit, G., Jordão, B. Q., **Mutation Res.**, 2001, 496(1), 5 (Antimutagenic effects of the mushroom *Agaricus blazei* extracts on V79 cells)

74) Mizuno, T., Hagiwara, Y., Nakamura, T., Ito, H., Shimura, K., Sugiya, T., Asakura, A., **Agric. Biol. Chem.**, 1990a, 54(11), 2889 (Antitumor activity and some properties of water soluble polysaccharides from the fruiting body of *Agaricus blazei* Murrill)

75) Mizuno, T., **Chem. Times,** 1989, 1(1), 12 〔Development and utilization of bioactive substances from medicinal and edible mushroom fungi(1)〕

76) Mizuno, M., Morimoto, M., Minato, K., Tsuchida, H., **Biosci. Biotechnol. Biochem.**, 1998, 62, 434 (Polysaccharides from *Agricus blazei* stimulate lymphoeyte T-cell subsets in mice)

77) Mizuno, T., Inagaki, R., Kanto, T., Hagiwara, T., Ito, M., Shimura, K., Sumiya, T., Askura, A., **Agric. Biol. Chem.**, 1990b, 54(11), 2897 (Antitu-

mor activity and some properties of water-soluble polysaccharides from 'Himematsutake', the fruiting body of *Agricus blazei* Murrill)

78) Mizuno, T. K., **Food Res. Int.**, 1995, 11, 7 (Bioactive biomolecules of mushrooms food, function and medicinal effects of mushroom fungi)

79) Mizuno, T. K., **Food Res. Int.**, 1995, 11, 167 (*Agaricus blazei* Murrill : medicinal and dietary effects)

80) Mizuno, T., Minato, K., Ito, H., Kawade, M., Terai, H., Tsuchida, H., **Biochem. Mol. Biol. Int.**, 1999, 47, 707 (Antitumor polysaccharide from the mycelium of liquid-cultured *Agaricus blazei*)

81) Monoli, RCRN, Mantovani, M. S., Ribeiro, L. R., Speit, G., Jordao, B. Q., **Mut. Res.**, 2001, 496, 5 (Antimutagenic effects of the mushroom *Agaricus blazei* extracts on V79 cells)

82) Nakajima, A., Ishida, T., Koga, M., Takeuchi, T., Mazda, O., Takeuchi, M., **Int. Immunopharmacol.**, 2002, 2, 1205 (Effect of hot water extract from *Agaricus blazei* Murill on antibody-producing cells in mice)

83) Ohno, N., Furukawa, M., Miura, N. N., Adachi, Y., Motoi, M., Yadomae, T., **Biol. Pharm. Bull.**, 2001, 24, 820 (Antitumor β-glucan from the cultured fruit body of *Agaricus blazei*)

84) Osaki, Y., Kato, T., Yamamoto, K., Okubo, J., Miyzaki, T., **Yakugaku Zasshi,** 1994, 114, 342 (Antimutagenic and bactericidal substances in the fruit body of a basidimycetes *Agaricus blazei*)

85) Regina, C. R., Notoya, M., Mario, S. M., **Mutation Res.**, 2001, 496, 5 (Antimutagenic effects of the mushroom *Agaricus blazei* Murrill extracts on V79 cells)

86) Sanders, G. M., **Prog. Chem. Org. Nat. Prod.**, 1969, 27, 131 (rev. Vitamin D_2)

87) Seo, B. I., **J. Appl. Orient. Med.**, 2003, 3, 38 (A study on *Agaricus blazei*)

88) Shibata, S., **J. Natl. Sci. Conuc. Sri Lanka,** 1973, 1, 183 (rev. β-D-glucan)

89) Shu, C. H., Wen, B. J., Lin, K. J., **Biotechnol. Lett.**, 2003, 25, 2061 (Moni-

toring the polysaccharide quality of *Agaricus blazei* in submerged culture by examining molecular weight distribution and TNF-α release capability of macrophage cell line RAW 264.7)

90) Sorimachi, K., Akimoto, K., Ikehara, Y., Inafuku, K., Okubo, A., Yamazaki, S., **Cell Struct. Funct.**, 2001, 26, 103 (Secretion of TNF-α, IL-8 and nitric oxide by macrophages activated with *Agaricus blazei* Murill fractions *in vitro*)

91) Takaku, T., Kimura, Y., Okuda, J., **J. Nutr.**, 2001, 131, 1409 (Isolation of an antitumor compounds from *Agaricus blazei* Murrill and its mechanism of action)

92) Takashi, M., Hagiwara, T., Nakamura, T., Hitoshi, I., Shimura, K., Sumiya, T., Akihiro, A., **Agric. Biol. Chem.**, 1990, 54(11), 2889 (Antitumor Activity and some properties of water-soluble polysaccharides from Himematsutake, the Fruit body of *Agaricus blazei* Murrill)

93) Ward, K. Jr. et al., **The Carbohydrate,** Academic Press, USA, 1970, 2A, 413 (β-Glucan)

94) Wasser, S. P., **Appl. Microbiol. Biotechnnol.**, 2002, 60, 258 (Medicinal mushrooms as a source of antitumor and immunomodulation polysaccharides)

95) Watanabe, T., Yamada, T., Tanaka, H., Jiang, S., Mazumder, T.K., Nagai, S., Tsui, K., **J. Jpn. Soc. Food Sci. Technol.**, 2002, 49, 166 (Antihypertensive effect of γ-aminobutyric acid-enriched *Agaricus blazei* on spontaneously hypertensive rats)

96) Yoshiaki, F., Hidekazu, K., Koichi, O., Ryo, S., Takusaburo, E., **J. Jpn. Soc. Food Sci. Technol.**, 1998, 45, 246 (Tumoricidal activity of high molecular weight polysaccharides derived from *Agaricus blazei* via oral administration in the mouse tumor model)

Ramaria botrytis (Pers. ex Fr.) Ricken
Clavaria botrytis Pers.

싸리버섯 11

싸리버섯과 (Ramariaceae)

• 중국명 | 葡萄色頂枝瑚菌
• 분포 | 한국, 일본, 유럽, 북아메리카, 북반구 온대 이북
• 용도 | 자실체(식용)

✻ 식물학적 특성

가을에 활엽수림 내 땅 위에 군생 또는 단생, 자실체는 높이 7~18㎝, 너비 6~20㎝로 산호형, 분지가 많고, 분지끝은 담홍색~담자색, 다른 부위는 백홍색. 오래되면 황토색으로 변하며, 기부는 짧고 백색. 조직은 백색, 맛과 향기가 좋다. 포자는 13~30×4~5.5㎛로 방추형, 표면에 세로줄이 있고, 포자문은 황갈색이다.

동속 식물에는 황금싸리버섯(*R. aurea*)과 붉은싸리버섯(*R. formosa*)이 있다.

✻ 성분

1) 영양 성분

① **싸리버섯(생것 7019)** 가식부 100g 중 열량 32.0㎉, 단백질 2.8g, 지질 0.6g, 당질 4.3g, 조섬유 1.4g, Ca 41.0㎎, P 44.0㎎, Fe 6.2㎎, Zn 0.8㎎, vitamin B_1 0.09㎎, B_2 0.43㎎, B_6 0.11㎎, niacin 46.3㎎, C 3.0㎎, 엽산 23.2㎍, E 0.12㎎.
② **싸리버섯(말린것 7020)** 가식부 100g 중 열량 278.0㎉, 단백질 19.9g, 지질

싸리버섯

4.8g, 당질 52.9g, 조섬유 6.0g, Ca 18.0mg, P 276.0mg, Fe 22.9mg, Zn 9.6mg, vitamin B_1 0.76mg, B_2 1.18mg, B_6 1.30mg, niacin 29.4mg, C 0.0mg, 엽산 277.0㎍, E 0.43mg.

2) 특수 성분

싸리 버섯에서 Ergosterol(E-01487), Glycerol(G-00542), Mannitol(M-00209), Glucose(G-00494), Cellulose(C-00659), Hemicellulose, Pectin, Lignin 등이, *R. flava*에서 2, 4, 6-Octatriynoic acid(O-00232) 등이, 5'-AMP(A-00446), 5'-GMP(G-00873) 등이 분리 규명되었다.

✲ 생리 활성

생리 활성 : 싸리버섯은 sarcoma 180(mouse, 억제율 60%)과 Ehrlich 복수암(mouse, 억제율 60%)에 antitumor activity가 있고, gram 음성균 *Salmonella typhi*에 antibacterial 작용이 있으며, blood cholesterol lowing effect가 있다.
싸리버섯의 맛과 정미 성분 : 5'-AMP와 5'-GMP는 싸리버섯의 정미(呈味) 성분으로 좋은 맛을 부여하며, 과일 향기와 닭고기의 흰살 맛이 난다.
항산화 효소 활성 : 싸리버섯 MeOH ex의 항산화능은 DPPH radical 소거가 강한 자유라디칼 소거 효과가 있고, benzo(α)pyrene 투여 간 조직 중의 SOD, catalase, GSH-Px 활성은 유의적으로 증가, 싸리버섯 MeOH ex의 전처리로 이들 활성이 유의적으로 감소하였다. 반면, GST 활성과 간 조직의 glutathion 함량은 benzo(α)pyrene 단독군에서 감소되었다가 싸리버섯 MeOH ex 투여 시 유의적 증가를 보였다. 그러나 지질 과산화물 함량은 benzo(α)pyrene 투여 시 증가되었다가 싸리버섯 MeOH ex 투여로 유의적 감소를 보였다. 이상에서 싸리 버섯 MeOH ex는 항산화계 효소의 활성 증가로 인한 benzo(α)pyrene에 의한 간 손상에 보호 효과 활성이 있는 것으로 사료되었다.
항돌연변이성 및 암 세포 성장 억제 효과 : 싸리버섯 추출물과 분획물 그 자체의

돌연변이 원성은 없었으며, 싸리버섯 MeOH ex는 간접변이원인 benzo(α) pyrene과 aflatoxin B_1, 직접변이원인 MNNG에 유의성 돌연변이 억제 효과를 보였다. 특히 EtOAc 분획도 물 분획보다 MNNG에 대해 더 큰 돌연변이 억제를 보였다. 또 인체 결장암 세포주 HT 29와 간암 세포주 $HepG_2$에도 싸리버섯 MeOH ex 및 EtOAc 분획이 유의성 암 세포 성장 억제 효과를 보였으나, 정상 간 세포인 Chang cell에는 이들 시료가 증식 억제 효과는 없었다.

간 독성 억제 효과 및 Cytochrome P450 Isoenzyme 감소 : B(α)P 유도 간 독성 mouse에서 싸리버섯 MeOH ex(시료) 투여가 간 손상 억제 효과 및 cytochrome P450A발현에 미치는 영향을 관찰한 결과, B(α)P 투여로 혈청 ALT와 AST 활성, 간 조직 중 lipid peroxide와 cytochrome P450량 및 AD와 AH 활성이 유의적으로 증가하였으며, 시료 투여로 이들 활성과 함량이 유의적으로 감소한 반면, 간 조직 중 GSH, GST, γ-glutamyl cysteine synthetase의 활성은 B(α)P만 투여한 군에 비해 시료 투여 시 증가하였다. 또한 immunoblotting 결과에서 B(α)P 투여로 증가된 cytochrome P450A isozyme 단백질이 시료 투여로 감소되었다. 이 같은 결과로 싸리버섯 MeOH ex가 B(α)P에 의한 간 손상을 보호하는 것으로 사료되었다.

지방질 성분① : 싸리의 총 지방은 370㎎%, 중성지방 128㎎%(34.5%), 당지방 74㎎%(20%), 인 지질 168㎎%(45.5%)이며, neutral lipid 중 sterol ester 16.3%, TG 38.2%, FFA 11.3%, free sterol 21.4%, DG 6.4%, MG 5.0%, 당 지질 중 esterified steryl glycoside 13.4%, monogalactosyl DG 18.6%, steryl glycoside 29.4%, cerebroside 2.6%, digalactosyl DG 12.8%, phospholipids는 phosphatidyl(p)ethanolamine 20.9%, p-choline과 serine 49.5%, p-inositol 18.6%, isophosphatidyl choline 11.2%, 지방산은 lauric 0.1%, myristic 0.1%, pentadecanoic 1.0%, palmitic 12.6%, heptadecanoic 1.0%, stearic 1.9%, oleic 18.3%, linoleic acid 65.0%이었다.

지방질 성분② : 재배 일반 느타리(*Pleurotus ostreatus*)와 고온성 느타리(*P. sajor-caju*) 및 야생 버섯인 싸리버섯(*Ramaria botrytis*)과 젖버섯(*Lactarius volimus*)의 지질 성분을 조사한 결과, 지방 함량은 0.32~0.39%, 조성은 인

지질(19.4~47.4%), 중성 지질(32.1~51.9%), 당 지질(14.8~28.7%) 순으로 많았으나, 고온성 느타리는 다른 버섯에 비해 중성 지질(51.9%)이 많았다. 중성 지질에서는 triglyceride(21.2~38.2%), free sterol(21.0~21.9%), sterol ester(10.3~18.6%) 순이었으나, 고온성 느타리는 free fatty acid(34.1%)가 다른 버섯보다 많았다. 당 지질은 steryl glycoside (15.6~29.4%), esterified steryl glycoside(13.4~23.9%), monogalactosyl diglyceride(15.6~24.6%) 순이었으며, 인 지질 조성은 phosphatidyl choline(36.7~49.5%), phosphatidyl ethanolamine(20.9~29.7%), phosphatidyl inositol(18.4~26.1%) 순이었다. 각 구성 지질의 지방산 조성은 4종의 버섯 공히 linoleic acid와 palmitic acid가 주요 지방산이었으나, 싸리버섯은 중성 지질에서 oleic acid의 함량이 많았다.

렉틴 성분의 림프구 응집 효과 : 젖버섯, 그물버섯, 영지, 비늘버섯, 쓴송이, 자주싸리버섯 등 20종에 대하여 적혈구(사람)와 비장(mouse)에서 얻은 림프구로 lectin 성분을 검색하고자 응집 현상을 시험한 결과, 그물버섯, 젖버섯, 자주싸리버섯, 비늘버섯, 영지 등 8종에서만 나타났다.

영양 성분 : 싸리버섯을 분석한 결과, 28종의 유리 아미노산, 6종의 지방산, 미량 무기질 12종 등이 있었고, 그 외에 glycerol, mannitol, glucose, cellulose, hemicellulose, lignin 등도 분리되었다.

정미 성분과 무기질 : 싸리버섯의 정미 성분과 무기질을 조사한 결과, 정미 성분의 유리 아미노산은 isoleucine, valine, threonine, alanine, methionine, cysteine, glutamine, histidine, glutamic acid aspartic acid 등이 있고, aspartic acid가 가장 많았으며, 유기산은 succinic acid, citric acid, malic aicid, fumaric acid 등이 있고, succinic acid가 많았다. 무기 성분은 AA로 분석한 결과, K, Na, Mg, Ca, Cu, Mn, Zn, Fe, Ni, Al, B, Bi, Ag, Ti, Sr, Cr, Pb 등이 있고, K가 가장 많았으나, Ca이 극히 적었다.

무기 성분 : 널리 식용되고 있는 7종의 버섯, 즉 능이, 양송이, 밤버섯, 표고버섯, 싸리버섯, 느타리, 송이 버섯에 대해 20종의 무기 성분을 측정한 결과, 대부분 Fe, Na 및 Zn 함량이 다른 무기질 보다 많았고, 유해 금속 Cd, Hg, Pb

및 As 등은 흔적만 있고, Sb, Se 및 Sn은 전 시료에서 없었다. 능이버섯에는 Na 73.634mg, Zn 58,171mg, P 2.388mg, Mn 2,105mg 순, 양송이에는 Na 56.997mg, Zn 43.273mg, Mn 2,875mg, P 2,288mg 순, 밤버섯에는 Zn 43.835 mg Na 16,727mg, Mn 5,732mg, Pb 1,676mg, 표고버섯에는 Na 62.653mg, Zn 36.402mg, Mn 55.502mg, P 2,325mg, 싸리버섯에는 Zn 91.820mg, Na 91,763 mg, Mn 10,214mg, P 2,325mg, 느타리에는 Na 170.350mg, Zn 64.222mg, Ni 0.872mg, Mn 0.702mg을 함유되었으며, 송이버섯에는 Zn 56.708mg, Na 15.966mg, P 5,752mg, Pb 5.291mg이 있었다.

Amino acids① : 싸리버섯 자실체의 아미노산을 TLC로 정성 분석한 결과, glycine, alanine, valine, isolecuine, leuciue, proline, phenylalanine, tyrosine, serine, threonine, methionine, glutamic acid, aspartic acid, lysine, arginine 등이 분리되었다.

Amino acids② : 싸리버섯의 유리 아미노산을 정량 분석한 결과, aspartic acid (0.29mg/g), threonine(0.16mg), serine(0.15mg), glutamic acid(0.45mg), proline (0.19mg), glycine(0.13mg), alanine(0.48mg), valine(0.11mg), methionine(0.02 mg), isoleucine(0.06mg), leucine(0.10mg), tyrosine(0.05mg), phenylalanine (0.02mg), lysine(0.71mg), arginine(1.13mg)이었다.

송이 발생지와 주요 야생 버섯 분포① : 야생 송이 대표적인 발생지인 전북 남원 지역을 조사한 결과, 송이 발생지에 출현 종수는 11~29종이었고, 교목층에서는 소나무, 관목층에서 진달래, 졸참나무, 초목층에서 사는 경우가 많았다. 송이 발생지의 주요 야생 버섯은 그물버섯과(Boletaccae)의 평원비단그물버섯(*Suillus placidus*)과 싸리버섯과(Ramariaceae)의 싸리버섯(*Ramaria botrytis*) 등이 주종이었다.

송이 발생림 주변 외생균류② : 송이 발생림(홍천)에서 외생 균근성 버섯을 조사(1995~97)한 결과, 송이 균환은 자실체 발생 위치에 다른 외생 균근성 버섯은 무당버섯, 회갈색무당버섯, 푸른주름무당버섯, 애기꾀꼬리버섯이 각각 16.0%, 12.8%, 12.4%, 7.0%의 발생 빈도를 보였고, 연구대상 지역이 송이 생산량 감소 지역이며, 또한 마귀광대버섯, 황소비단그물버섯, 다박싸리버섯 및 졸각버섯은 송이 균환 주변에 많이 출현, 송이 생산성 감소 상태에 있음을 나타내고 있다.

식용 야생 버섯 : 식용 야생 버섯을 조사한 결과, 송이, 목이, 팽나무버섯, 노루궁뎅이버섯, 꽃잎버섯, 그물버섯, 비단그물버섯, 구름버섯, 애기무당버섯, 기와버섯, 국수버섯, 나팔버섯, 젖버섯, 굴털이, 향버섯(능이), 갓버섯, 들버섯, 주름버섯, 싸리버섯, 붉은싸리버섯, 말뚝버섯, 알버섯, 긴대안장버섯, 말불버섯, 곰보버섯, 망태버섯, 덕다리버섯, 흰가시버섯 등이 있었다.

이용 실태 : 대구 지역 주부들의 버섯 이용 실태를 조사한 결과, 버섯은 대부분(97.7%), 자연식품, 건강식품으로 인식하고 있었고, 인지도는 느타리, 건조표고, 영지, 양송이, 송이, 생표고, 싸리, 팽이 순이었으며, 소득이 높고, 교육 수준이 높을수록, 인지도가 높았다. 항암 효과에 대한 버섯은 영지, 운지, 송이, 건조 표고 순으로 약용 효과가 높다고 생각하였고, 기호도는 느타리, 송이, 양송이, 건조 표고 순이었으며, 선호 특성은 맛, 질감, 향기 순이었다. 느타리와 팽이버섯은 질감, 다른 버섯은 맛을 선호하였고, 느타리는 질감, 송이는 맛과 향기로 가장 선호도가 높았다. 이용상 문제점은 가격(61.3%), 조리법(18.7%), 보관 · 저장(14.8%) 순이었다.

✻ 효능과 이용

1) 효능 : 서풍(祛風), 화위기(和胃氣), 활혈(活血).

2) 식용 : 맛과 향이 좋아 밥에 섞거나, 찌개, 국, 볶음, 졸임 등에, 서양요리에는 쪄서 소스, 피클, 그라탕, 피자 등에 이용. 과실맛(fruity taste)이 있다.

3) 약용 : 항종양, 항gram(-)균 *Sal. typhi* 등에 응용.

※ 과식할 때는 위장장애가 있다.

참고문헌

1) 김정숙, 한재숙, 이재성, **조리과학회지,** 1994, 10(3), 291 (버섯의 이용 실태에 관한 조사 연구–느타리, 양송이, 표고, 영지, 송이, 팽이, 운지, 싸리)
2) 김현정, 이인선, 이갑랑, **식품영양과학회지,** 1999, 28(6), 1321 (싸리버섯 추출물의 항돌연변이성 및 암 세포 성장 억제 효과)
3) 김현정, 이인선, 배준태, 김옥미, 박선희, 장종선, 반준홍, 이갑랑, **균학회지,** 2003, 31(1), 34 (벤조피렌 유발 마우스에서 싸리 버섯 메탄올 추출물의 간 독성 억제 효과 및 싸이토크롬 P450A Isozyme의 발현에 미치는 영향)
4) 김현정, 이갑랑, **식품과학회지,** 2001, 35(2), 286 (싸리 버섯 메탄올 추출물이 벤조피렌을 투여한 마우스의 항산화 효소 활성에 미치는 영향)
5) 나종성, 류정, **균학회지,** 1992, 20(2), 144 (송이 발생지의 식생과 주요 야생버섯 분포 조사–싸리버섯 외)
6) 노일협, **숙명여자대학교 논문집,** 1981, 21, 141 (한국산 식용 버섯 중의 미량금속원소의 함유량에 관한 연구–능이, 양송이, 표고, 싸리, 느타리, 송이, 밤버섯)
7) 卯曉嵐, 莊長坪, 歐株次旺, **西藏大型經濟眞菌,** 北京科學技術出版社, 1991
8) 박상신, 이갑득, 민태진, **균학회지,** 1995, 23(2), 176 (버섯 중 항균 물질의 검색 및 개발, 그람음성균 및 곰팡이의 항균 물질 검색, Antibacterial)
9) 박완희, **생약학회지,** 1982, 13(1), 43 〔버섯의 성분 연구(1) TLC에 의한 아미노산 분석 : 싸리버섯, 목이버섯, 양송이, 표고, 송이〕
10) 박완희, 이호득, **한국약용버섯도감,** 교학사, 서울, 1999, 576 (싸리버섯)
11) 서정희, 조수열, 이성우, **식품영양과학회지,** 1974, 3(1), 10 (싸리버섯의 정미 성분과 Mineral에 관한 연구)
12) 안장수, 이규환, **식품위생안전성학회지,** 1986, 1(2), 177 (한국산 식용 버섯의 무기 성분에 관한연구–능이, 양송이, 밤버섯, 표고, 느타리, 송이, 싸리버섯)
13) 이지열, **균학회지,** 1975, 3(1), 40 (야생 버섯을 식용하자–싸리, 그물버섯, 송이, 목이, 팽이, 노루궁뎅이, 젖버섯, 능이, 긴대안장버섯, 곰보버섯)
14) 전경희, 김무경, 정시련, **약학회지**, 1987, 31(4), 213 (버섯류의 렉틴 성분 개발연구(II), 야생 버섯의 생리 활성물질, 렉틴 성분검색–그물버섯, 젖버

섯, 큰비단그물버섯, 영지, 자주싸리, 쓴송이)
15) 표명윤, 노일협, **영양학회지**, 1975, 8(1), 47 (식용 버섯류의 아미노산에 관한 연구 – 싸리버섯 외)
16) 홍재식, 김영희, 김명곤, 김태영, 김금재, **식문화학회지**, 1990, 5(4), 437 (한국산 식용 버섯의 지방질 성분에 관한 연구–느타리, 싸리 버섯)
17) Brimacombe, J. S. et al., **The Carbohydrate**, Academic Press, 1972, 1A, 479 (Needles, Mannitol)
18) Chang, S. T., Miles, P. G., **Edible Mushroom and their Cultivation**, CRC Press, New York, USA, 1989
19) Frank, M. S. et al., **Pharmacotheraphy**(Carlisle, Mass.), 1981, 1, 147 (rev. Pharmacol, glycerol)
20) Hampton, A. et al., **J. Med. Chem.**, 1976, 19, 1029 (muscle, 5'-AMP)
21) Hearn, M. T. W. et al., **J. Chem. Soc., Perkin Trans. 1**, 1973, 2785 (cryst, 2,4,6-Octatriynoic acid)
22) Kabir, Y., Kimura, S., **J. Nutr. Sci. Vitminol.**, 1989, 35, 91 〔Dietary mushrooms reduce blood pressure in spontaneously hypertensive rats(SHR)〕
23) Kim, J. M., Jung, Y. M., **Korean J. Vet. Publ.**, 1995, 19, 181 (Immune regulatory and antitumor effect of *Ramaria botrytis* Ricken extracts)
24) Kim, H. J., Lee I. S., Lee, K. R., **J. Kor. Soc. Food Sci. Nutr.**, 1999, 28, 1321 〔Antimutagenic and Anticancer effect of *Ramaria botrytis*(Fr.) Ricken extracts〕
25) Lohmar, R. et al., **Carbohydr. Res.**, 1949, 4, 211 (rev. Mannitol)
26) McDonnell, J. E. W., Esselen, W. B. Jr., **Food Res.**, 1947, 12, 118 (Carbohydrates in Cultivated mushrooms)
27) Mizuno, T., **Food Res. Int.**, 1995, 11, 7 (Bioactive biomolecules of mushrooms: Food function and medicinal effect of mushroom fungi)
28) Mori, K., Toyomasu, T., Nanba, H., Kuroda, H., **Scientific and Technical Aspects of cultivation Edible Fungi**, Kyoto, Japan, 1986, 1-6 (Antitumor activities of edible mushrooms by oral administration)

29) Percival, E., **Structural Carbohydr. Chem.**, (Miller, J. G., Ed.), 1962, 51 (rev, glucose)

30) Pegler, D. N., **The Concise Illustrated Book of Mushrooms and Other Fungi,** Gallery Books, New York, USA, 1989

31) Pyo, M. Y., Ro, I. H., **Kor. J. Nutr.**, 1975, 8, 47 (A study on the amino acid contents of edible mushroom)

32) Seoh, J. H., Cho, S. Y., Lee, S. W., **J. Kor. Soc. Food Nutr.**, 1974, 3, 17 (Study on the tasty constituents and minerals in *Clavaria botrytis*)

33) Tener, G. M., **J. Am. Chem. Soc.**, 1961, 83, 159 (5'-GMP)

34) Whistler, R. L. et al., **Methods Carbohydr. Chem.**, 1963, 3, 3 (Cellulose)

35) You, I. W., Woo, M. S., Choi, E. C., Kim, B. K., **Kor. J. Mycol.**, 1982, 10, 165 (Studeis on constituents of higher fungi of Korea(XXXIV), Antitumor components of *Ramaria formosa*)

Tricholoma sejunctum (Sow. ex Fr.) Quél.

쓴송이 12

송이과 (Tricholomataceae)

• 중국명 | 黃綠口蘑
• 분포 | 한국, 중국, 일본 등 북반구 온대 이북
• 용도 | 자실체(식용)

✻ 식물학적 특성

여름~가을에 활엽수림, 침엽수림 내 땅 위에 군생 또는 산생하는 외생 균근성 버섯. 갓지름 4~10㎝, 초기에 원추형. 차차 평반구형~볼록편평형. 갓 표면은 황갈색. 중앙부는 짙은 녹갈색, 습할때는 점성, 섬유상 방사상선이 있고, 갓의 조직은 백색. 표피 밑은 담황색. 주름살은 홈형. 약간 빽빽하고 백색~담황색. 대는 원통형, 기부는 약간 굵고 표면은 담황색. 성숙하면 속은 비고 대 조직은 백색. 포자는 유구형(類球形). 표면은 평활하다.

동속 식용 버섯에는 할미송이(*T. saponaceum*)와 송이(*T. matsutake*) 등이 있다.

✻ 성분

1) 특수 성분

동속 버섯에서 Emitanins(E-00220), Tricholidic acid(T-01719)가 분리. 송이 버섯에서 Borneol acetate(B-00691), *p-Cymene(I-00717), Limonene (L-00581), Linalool oxide(D-03196), α-Pinene(P-01320), α-Terpineol(M-

쓴송이

00566), δ-Cadinene(C-00034), *Cinnamaldehyde(P-01015), Cinnamic acid ethyl ester(P-00016), *Coumarin(B-00246), Ornithine(O-00509), Emitanin A, B, C, D, M-A(E-00220) Emitannin(E-00220), *Methylcinnamate(P-01016), 1-Octene-3-ol(O-00217) 등이 분리되었다.

✻ 생리 활성

항암 활성 : sarcoma 180(mouse)에 억제율 90%, Ehrlich 복수암(mouse)에 90% 억제율의 antitumor activity가 있다.

혈전 용해 금속 효소의 특성 : 쓴송이에서 분리한 혈전 용해효소(TSFE)의 활성은 11.42u/㎎, N-terminal amino acid 서열은 Ala-Thr.-Lys-Ile-X-Ala-Thr-His-Gln-X-X-Leu-Val로 새로운 효소였고, MALDITOF와 ICP/MS로 분자량은 18788.25 Da이며, Zn^{2+}함유 금속 효소였다. 이 효소는 40℃까지 열에 안정하였고, 특히 합성 기질 Lys pNA를 강하게 분해하였으며, Zn^{2+}와 Co^{2+}에 의해 활성이 증가, EDTA, 1,10-phenanthroline, Hg^{2+}에 의해 활성이 완전히 소멸되었다. 이 효소는 섬유소원의 α-chain은 분해하나, β-chain과 γ-chain은 분해하지 못하였다.

렉틴 성분의 림프구 응집 효과 : 젖버섯, 그물버섯, 영지, 비늘버섯, 쓴송이, 자주싸리버섯 등 20종에 대하여 적혈구(사람)와 비장(mouse)에서 얻은 림프구로 lectin 성분을 검색하고자 응집 현상을 시험한 결과, 그물버섯, 젖버섯, 자주싸리버섯, 비늘버섯, 영지 등 8종에서만 나타났다.

✻ 효능과 이용

1) 효능 : 항종양.
2) 식용 : 약간 쓴맛이 나는 버섯이며 식용한다.
3) 약용 : 종양에 응용한다.
※ 구토, 설사, 복통, 오한 등의 중독 증상이 유럽과 북미에서 보고된 바 있다.

참고문헌

1) 金三純, 金養燮, **韓國産 버섯 圖鑑,** 裕豊出版社, 서울, 1990

2) 김준호, 조승구, **균학회지,** 2004, 32(2), 119 (쓴송이버섯으로부터 분리한 혈전 용해 금속 효소의 특성 연구)

3) 農村振興廳 農業技術硏究所編, **韓國産 버섯類 原色圖鑑(Ⅰ),** 1987

4) 卯曉嵐, 莊長坪, 歐株次旺, **西藏大型經濟眞菌,** 北京科學技術出版社, 1991

5) 朴婉熙, 李虎得, **한국약용버섯도감,** 교학사, 서울, 1999, 245 (쓴송이)

6) 應建浙, 卯曉嵐, 馬啓明, 宗毓臣, 文華安, **中國藥用眞菌圖鑑,** 科學出版社, 1987

7) 李址烈, **韓國 버섯 圖鑑,** 아카데미서적, 1988, 90 (쓴송이)

8) 이지열, **균학회지,** 2005, 33(1), 54 〔한국 기록종 버섯 추가 목록(2001-2004)〕

9) 이태수, 이지열, **한국기록종 버섯 재정리 목록,** 임업연구원, 2000

10) 전경희, 김무경, 정시련, **약학회지,** 1987, 31(4), 213 〔버섯류의 렉틴 성분 개발연구(II), 야생 버섯의 생리 활성물질, 렉틴 성분 검색－자주싸리, 비늘버섯, 젖버섯, 당귀젖버섯, 그물버섯, 갓버섯, 큰비단그물버섯, 영지, 쓴송이〕

11) 한국 균학회, **버섯 이름, 한국명 통일안,** 2000, 176

12) Chang, S. T., Miles, P.G., **Edible Mushroom and their Cultivation,** CRC Press, New York, USA, 1989

13) Cheung, L. M., Cheung Peter, C. K., Ooi Vincent, E. C., **Food Chem.,** 2003, 81, 249 (Antioxidant activity and total phenolics of edible mushroom extracts)

14) David, G. S., Barry, H. R., **Mushroom Poisoning,** CRC Press, USA, 1994

15) Dickinson, H., Lucas, J. **The Encyclopedia of Mushrooms,** Crescent Books, New York, USA, 1983

16) Gerhardt, E., **Pilze,** BLV Handbook, 1995

17) Hui, Y. F., Den, E. S., Chi, T. H., **J. Food Lipids,** 2002, 9, 35 (Antioxidant and free radical scavenging activities of edible mushrooms)

18) Ikekawa, T., Uehara, N., Maeda, Y., Nakanishi, M., Fukoka, F., **Cancer**

Res., 1969, 29, 734 (Antitumor activity of aqueous extracts of edible mushrooms－표고, 팽이, 느타리, 나도팽나무버섯, 송이, 목이)

19) Imazeki, R., Otani, Y., Hongo, T., **Color Illustration Mushrooms of Japan,** Yama-Kei Publisher Co. Ltd., Tokyo, Japan, 1988

20) Kabir, Y., Kimura, S., **J. Nutr. Sci. Vitaminol.**, 1989, 35, 91 (Dietary mushrooms reduce blood pressure in spontaneously hypertensive rats)

21) Lee, G. D., Chang, H. G., Kim, H. K., **Kor. J. Food Sci. Technol.**, 1997, 29, 432 (Antioxidative and nitric-scavenging activities of edible mushrooms)

22) McDonnell, J. E.W., Esselen, W. B. Jr., **Food Res.**, 1947, 12, 118 (Carbohydrates in Cultivated mushrooms)

23) Mizuno, T., **Food Res. Int.**, 1995, 11, 7 (Bioactive biomolecules of mushrooms: Food function and medicinal effect of mushroom fungi)

24) Nozoe, S. et al., **Chem. Lett.**, 1982, 1679 (cryst, Needles, Toxic, Tricholidic acid)

25) Manzi, P., Gambelli, L., Marconi, S., Vivanti, V., Laura Pizzoferrato, L., **Food Chem.**, 1999, 65, 477 (Nutrients in edible mushroom: and interspccics comparative study－느타리, 새송이, 산느타리, 표고)

26) Pegler, D. N., **The Concise Illustrated Book of Mushrooms and Other Fungi,** Gallery Books, New York, USA, 1989

27) Suzuki, W., Ikegawa, T., **J. Kokai, Tokyo Koho,** 1978, 78, 106 (Anticancer substance and emitanin)

28) Takemoto, T. et al., **Yakugaku Zasshi,** 1964, 84, 1183, 1230; **CA,** 62, 8121c (isol. Tricholomic acid)

아까시재목버섯

Fomitella fraxinea (Fr.) Imaz.
Polyporus fraxineus Fr.
Fomes cystisina (Berk.) Gill.
Fomitopsis cytisina (Berk.) Bond. et Sing.

아까시 재목버섯 13

구멍장이 버섯과 (Polyporaceae)

• 별명 | 장수버섯
• 분포 | 한, 일, 중, 북반구 일대
• 용도 | 자실체,(약용)

✻ 식물학적 특성

봄부터 가을에 걸쳐 벚나무, 사과나무, 아카시아 등 활엽수의 생목 밑동 위에 중생하는 1년생 근주 백색 부후성 버섯이다. 주로 아카시아에 큰 피해를 준다. 갓은 지름 5~10㎝, 두께 0.8~1㎝로 반원형이다. 갓 표면은 각피화되었고, 적갈색~흑갈색이며, 갓 둘레는 성장하는 동안 난황색이며, 조직은 코르크질이고 담황갈색이다. 관공은 길이 0.3~1㎝이고, 관공구는 미세하고 담황갈색이며, 1㎜에 6~7개가 있다. 포자는 5~7×4.5~5㎛로 난형이고, 표면은 평활하며, 포자문은 백색이다.

동속 버섯에는 장미잔나비버섯(*F. rosea*)와 소나무잔나비버섯(*F. pinicola*) 등이 있다.

✻ 성분

1) 특수 성분

아까시재목버섯에서 Polysaccharide와 Uronic acid가 있고, 효소는 Carboxymethyl cellulase와 Pectinase가 규명되었다. *Polyporus*속 식물에서 Dehydrotumulosic acid(D-00342), 22,23-Dihydroergosterol(E-01416), α-Dihydroergosterol(E-01422), *2,4-Dihydroxy-3,6-diphenyl-1, 4-benzoquinone (D-01754),

Eburicoic acid(E-00007), Tumulosic acid(T-03040) 등이 분리되었다.

✲ 생리 활성

생리 활성: 장수버섯의 항종양 효과는 sarcoma 180(mouse)에 억제율 44.2~70.2%를 보였고, gram(+)균에 항균 효과가 있으며, 면역 증강 활성도, 감자 virus X(PVX)의 감염 저지, 항산화, 항aldehyde oxidase, superoxide dismutase 활성 증가(쥐의 간 조직)도 연구되었다.

면역 활성 다당체-중성염 추출 다당체①: 장수버섯(아까시재목버섯)의 자실체를 중성염용액으로 추출 FCW를 얻어, 다시 FCW-Ⅰ과 FCW-Ⅱ로 분획하였으며, 다시 FCW-Ⅰa(흰색 분말)와 FCW-Ⅱa(갈색 분말)을 얻었고, 항암 면역 활성이 없었으나, FCW-Ⅱa는 활성이 높았으며, 두 분획 모두 소량의 uronic acid가 검출되었다. GC로 단당류 분석 결과, FCW-Ⅰa는 fucose, galactose 및 mannose가 각각 19.5 : 63.2 : 25.0의 ㏖ 비로 구성되었으며, 단백질은 FCW-Ⅰa에서 검출되지 않았고, FCW-Ⅱa의 주 단당류는 glucose, galactose 및 mannose로 1.0 : 0.3 : 0.4의 비율이었고, 0.4%의 단백질을 함유하였으며, 분석 결과, glutamic acid가 다량 검출되었다.

면역 활성 다당체-열수 추출 다당체②: 장수버섯 자실체를 열수 추출로 다당체를 추출, 분리 정제 후, 분석한 결과, 소량의 uronic acid가 측정되었고, 주 구성당은 glucose, fucose, galactose, mannose와 소량의 xylose, arabinose, rhamanose가 검출되었다. FHW-Ⅰb에는 단백질이 검출되지 않았으며, FHW-Ⅰa는 분자량이 19,000인 fucoglucomannogalactan으로, FHW-Ⅰb는 분자량 15,000인 glucofucomannogalactan으로 각각 동정되었다. FHW -Ⅱa와 FHW-Ⅱb에서는 소량의 단백질이 측정되었고, 구성 아미노산은 threonine, glutamic acid, serine, alanine 및 aspartic acid가 많았으며, FHW-Ⅰb와 FHW-Ⅱb의 IR-spectrum 분석 결과, 두 당류는 β-type이 아니었다. 항암 면역 활성은 FHW-Ⅰa, FHW-Ⅰb, FHW-Ⅱa에는 거의 없었으나, FHW-Ⅱb는 강하였다.

항보체 활성 단백 다당체③ : 장수버섯 자실체에서 강력한 항보체 활성 다당체 FF-APIα의 특성을 조사 하였다. Con A-sepharose 4B affinity chromatography로 FF-AP_1은 FF-APIα와 FF-APIβ로 분리되었으며, 항보체 주효 다당체 FF-APIβ는 10㎍/㎖에서 약 70%의 항보체 활성을 보였고, 이는 약 9.6% 단백질 함유 산성 다당체이며, glutamic acid와 aspartic acid의 함량이 타 아미노산보다 많았다. 분자량은 15,000으로 추정, UV 분석에서 890cm^{-1}에서 소 peak가 있어, β-glucosidic 결합을 확인하였고, GC로 분석한 결과, 주 구성당은 glucose, mannose, galactose인 galacto-manno-glucan이었고, 소량은 rhamnose, xylose, fucose와 uronic acid도 탐지되었다.

단백 다당체의 약리 효과④ : 장수버섯에서 추출한 수용성 다당체는 DEAE-sephadex A-25로 분리, 1종의 중성 다당체(FF-NP)와 2종의 산성 다당체(FF-AP_1, FF-AP_2)로, 이 중 FF-AP_1dl 20㎍/㎖에서 유효한 항보체 활성을 보였다. Clonogenic assay로 9종의 인체 암 세포에 대한 저해 효과를 실험한 결과, FF-AP_1은 500㎍/㎖에서 SNU-1(인체 위암 세포)에 86%, FF-AP_2는 HEP-2(인체 후두암)과 KB(구피암)에 각각 71%, 77%의 생존 억제율을 보였다.

독성 시험 : 장수버섯 자실체에서 열수 추출한 조 다당체의 급성 독성 검정 시험 결과(mouse), LD_{50} 5000㎎/㎏ 이상이었으며, 육안이나 조직학적 관점에서 이상이 발견되지 않았다.

***Helicobacter pylori*에 항균 효과** : *H. pyloi*(Hp)에 국산 버섯 중 장수버섯, 동충하초, 운지, 소나무산나비버섯, 상황버섯 열수 추출물의 항균 효과를 실험한 결과, 소나무잔나비버섯(*F. pinicola*, Fp)은 15㎜의 생육 저해환으로 가장 강하였고, 동충하초(*C. militaris*), 운지, 상황, 아까시재목버섯(*Fomitella fraxinea*)이 비교적 높은 항균성을 보였다. MeOH ex에서도 Fp가 생육 저해환 44㎜로 가장 강한 항균력을 보였다. 버섯의 생리 활성은 단백 다당체로 이들의 함량 의존적으로 나타나는 것으로 추정된다. Fp의 MeOH ex가 DEAE-sepadex 초기 분획에서 Hp에 항균 효과를 보였으며, 이 분획이 단백 다당체 함량이 높았고, Hp에 대한 항균력은 *F. pinicola*와 *C. militaris*가 우수하였다.

항산화 활성 : 63종의 버섯 자실체를 80% EtOH ex를 각각 만들어 지질과산

화 반응, AO 및 SOD의 활성도에 미치는 영향을 관찰한 결과, 데미로버섯(*D. dickinsii*), 뽕나무버섯, 아카시재목버섯(*F. fraxinea*) 추출물이 간 조직 micorsome의 지질과산화 반응을 억제, 뽕나무버섯, 데미로버섯, 아카시재목버섯, 삼색도장버섯, 송편버섯, 옷솔버섯, 제주쓴맛그물버섯, 노란그물버섯 및 산그물버섯 추출물은 간 세포질 내의 초산화 ion 생성 효소 AO활성을 크게 억제시켰다. 삼색도장버섯, 뽕나무버섯, 데미로버섯, 아카시재목버섯 추출물은 간 세포질의 SOD 활성을 증가시켰다. 이로써 뽕나무버섯, 데미로버섯, 아카시재목버섯의 추출물이 항산화 활성이 인정되었다.

혈전 용해 효소 활성① : 칠갑산에 자생하는 야생 버섯 67종의 fibrin 분해 활성을 검색한 결과, *Marasmius pulcherripes*(종이꽃낙엽버섯)는 plasmin 0.75 units의 112% fibrin 분해 활성을, *Helvella elastica*(긴대안장버섯)는 60%, *Psathyrella* sp.는 49%, *Fomitella fraxinea*(장수버섯)는 40%, *Leucoagaricus rubrotinctus*(돌여우버섯)는 39%, *Lepista sordida*(자주방망이버섯아재비)와 *Oudemansiella* sp.는 각각 41%, 26%의 fibrin 분해 활성을 보였다. 그러나 광대버섯과, 그물버섯과, 끈적버섯과, 난버섯과, 무당버섯과, 귀신그물버섯과, 독청버섯과, 꾀꼬리버섯과, 불로초과, 소나무비늘버섯과, 바구니버섯과, 말뚝버섯과, 어리알버섯과, 붉은목이과 및 술산버섯과의 버섯은 모두 활성이 없었다.

혈전 분해 효소 활성② : 인공 재배 버섯의 배양액과 균사체의 혈전 분해 효소 활성을 조사한 결과, 조효소 추출물의 혈전 분해 활성은 활성이 매우 낮거나 없었으며, 장수, 만가닥, 영지, 느타리, 토끼털송편, 뽕나무버섯 균사체의 혈전 분해 활성이 0.42u 이상으로 높았고, 자실체의 혈전용해 활성은 0.17~0.94u로 느타리, 새송이, 아위버섯의 활성이 0.54, 0.57, 0.94u로 매우 높았고(모두 느타리과), 팽이, 양송이, 노루궁뎅이버섯의 활성은 0.23u 이하로 매우 낮았다.

배양적 특성 : 장수 버섯의 배양적 특성과 인공 재배 가능성을 검토한 결과, 균사 생장이 가장 우수한 배지는 CDA 배지였고, 최적 온도 30℃, pH 6.0, 탄소원은 단당류 glucose 첨가 배지에서 가장 우수하였고, cellobiose 첨가 배

지에서 가장 저조하였다. 질소원은 arginine 첨가 배지에서 가장 양호하였고, C/N 비는 glucose 3%, arginine 0.25%인 C/N 비 12에서 가장 적합하였다. 유기산은 succinic acid, vitamin은 thiamine 첨가 배지에서 가장 양호하였다. 인공 재배를 위한 종균 제조 시 가장 적합한 것은 참나무 톱밥에 미강 20% 첨가 배지였으며, 톱밥 재배 시 수량은 참나무, 아카시나무 순이었다.

✻ 효능과 이용

1) **효능** : 면역 증강, 항균, 항virus, 항종양.

2) **약용** : 항종양, 항균(gram + 균), 면역증강에 응용한다.

참고문헌

1) 김동헌, 임재현, 김화은, 김정봉, 윤상홍, 황영수, **95춘계 농화학회 학술 발표,** 1995 (*Fomitella fraxinea* 버섯으로부터 추출한 산성 다당체의 분획과 분석)

2) 김준호, 유관희, 석순자, 김양섭, **균학회지,** 2005, 33(1), 18 (칠갑산 야생 버섯 추출물로부터 혈전 용해 효소의 활성 검색 — 중이나염비섯, 긴안장대버섯, 장수버섯, 그물버섯, 말뚝버섯, 자주방망이버섯아재비)

3) 민태진, 김은미, 이선정, 배강규, **균학회지,** 1995, 23(1), 14 〔버섯 중 항균 물질의 검색 및 개발에 관한 연구 : 버섯 중 항진균 활성 물질 검색(I)〕

4) 박상선, 유국현, 민태진, **균학회지,** 1998, 26(1), 69 (버섯 추출물의 항산화 활성에 관한 연구—뽕나무버섯, 산그물버섯, 데미로버섯, 아카시재목버섯, 삼색도장버섯)

5) 박완희, 이호득, **한국약용버섯도감,** 교학사, 서울, 1999, 487 (아까시재목버섯)

6) 배만종, 박무희, 이재성, **균학회지**, 1996, 24(2), 142 (고등균류 균사체의 면역 조절 기능성에 관한 연구)

7) 유익동, **균학회 소식지,** 1995, 7, 6 (버섯 유래 신기능 생리 활성 물질의 탐색, 화학 구조 및 생리 활성)

8) 윤상홍, **균학회지,** 1998, 26(4), 502 (장수버섯 자실체로부터 분리한 항보체 활성 단백 다당체의 화학적 분석)

9) 윤상홍, 임재현, 김양섭, 김창한, 조준형, 황영수, **균학회지,** 1998, 26(4), 511 (장수 버섯 자실체의 열탕 추출액으로부터 분리한 단백 다당체의 약리적 효과)

10) 윤재돈, 이종숙, 이경아, 정민욱, 하효철, 이재성, **균학회지,** 2003, 31(3), 187 (*Fomitella fraxinea*에 의한 Laccase의 대량 생산)

11) 應建浙, 卯曉嵐, 馬啓明, 宗毓臣, 文華安, **中國藥用眞菌圖鑑,** 科學出版社, 1987

12) 이재경, 윤정원, **균학회지,** 2004, 32(2), 142 (한국산 버섯 추출물의 *Helicobacter pylori*에 대한 항균력 검색과 특성－소나무잔나비버섯, 동충하초, 운지, 장수, 상황버섯)

13) 이지열, **균학회지,** 2005, 33(1), 54〔한국 기록종 버섯 추가 목록(2001-2004)〕

14) 이태수, 이지열, **한국기록종 버섯 재정리 목록,** 임업연구원, 2000

15) 이태수, **균학회지,** 1990, 18, 233 (한국 기록 종 버섯 총 목록)

16) 장현우, 차동열, 강안석, 홍인표, 김광포, 석순자, 류영진, 성재모, **균학회지,** 1995, 23(3), 238 (장수버섯의 배양적 특성)

17) 정학성, **균학회지,** 1994, 22(1), 62〔한국산 목재 부후균류의 분포상에 대한 연구(II), 담자균류 민주름버섯목의 분포에 대하여〕

18) 조수묵, 이재훈, 한상배, 김환묵, 유승헌, 유익동, **균학회지,** 1995, 23(4), 332〔*Formitella fraxinea* 로부터 분리한 면역 활성 다당체(I). 중성염 용액 추출 다당체의 특성－항균, 항암 활성, 생물생장조절〕

19) 조수묵, 이재훈, 한상배, 김환묵, 유승헌, 유익동, **균학회지,** 1995, 23, 340〔*Fomitella fraxinea* 로부터 분리한 면역활성 다당체(II). 열수 추출 다당체의 분리 및 특성〕

20) 조수묵, 유승헌, 신관철, **균학회지,** 1996, 24(1), 17 (목재 부후성 담자균류 배양 균사체의 생물활성 연구 ; 항균 활성, 식물생장조절 활성, 효소 활성)

21) 최낙식, 서승염, 김승호, **식품과학회지,** 1999, 31, 533 (혈전용해능을 갖은 버섯류의 탐색－만가닥, 영지, 느타리, 토끼털송편, 새송이, 송이, 노루궁뎅이, 팽이, 양송이, 장수버섯)

22) 최한석, 김명곤, 박효숙, 김재성, 심명화, 김성준, **식품과학회지,** 2005, 37(6), 1039 (인공 재배 버섯의 혈전분해 효소 활성검색 - 장수버섯, 만가닥, 영지, 느타리, 새송이, 양송이, 뽕나무버섯, 팽이, 노루궁뎅이버섯)

23) 한국 균학회, **버섯 이름, 한국명 통일안,** 2000, 176

24) Barton, D. H. R. et al., **J. Chem. Soc., Perkin Trans. 1,** 1974, 1326 (isol, 22, 23-Dihydroergosterol)

25) Bycroft, B. W. et al., **Helv. Chim. Acta,** 1964, 47, 1147 (isol, Eburicoic acid, Alkaloid)

26) Chang, S. T., Miles, P.G., **Edible Mushroom and their Cultivation,** CRC Press, New York, USA, 1989

27) Cheung, L. M., Cheung Peter, C. K., Ooi Vincent, E. C., **Food Chem.,** 2003, 81, 249 (Antioxidant activity and total phenolics of edible mushroom extracts)

28) Cort, L. A. et al., **J. Chem. Soc.,** 1954, 3713 (The Chemistry of fungi. Part XXIII. Tumulosic acid)

29) Hall, E. A. et al., **Antibiot. Chemother.** (Washington, D.C.), 1951, 1, 369 (Antibacterial, Antitumor activity, 2, 4-Dihydroxy-3,6-diphenyl-1, 4-benzoquinone)

30) Hui, Y. F., Den, E. S., Chi, T. H., **J. Food Lipids,** 2002, 9, 35 (Antioxidant and free radical scavenging activities of edible mushrooms)

31) Kabir, Y., Kimura, S., **J. Nutr. Sci. Vitaminol.,** 1989, 35, 91 (Dietary mushrooms reduce blood pressure in spontaneously hypertensive rats)

32) Kobayashi, M. et al., **Tetrahedron,** 1973, 29, 1193 (isol, Dihydroergosterol)

33) Lee, G. D., Chang, H. G., Kim, H. K., **Kor. J. Food Sci. Technol.,** 1997, 29, 432 (Antioxidative and nitric-scavenging activities of edible mushrooms)

34) Mau, J. L., Lin, H. C., Song, S. F., **Food Res. Int.,** 2002, 35, 519 (Antioxidant properties of several specialty mushrooms)

35) McDonnell, J. E. W., Esselen, W. B. Jr., **Food Res.,** 1947, 12, 118 (Carbo-

hydrates in Cultivated mushrooms)

36) Mizuno, T., **Food Res. Int.**, 1995, 11, 7 (Bioactive biomolecules of mushrooms: Food function and medicinal effect of mushroom fungi)

37) Nakanishi, S. et al., **Yakagaku Zasshi,** 1939, 59, 725 (deriv, Tumulosic acid, Dehydrotumulosic acid)

38) Pegler, D. N., **The Concise Illustrated Book of Mushrooms and Other Fungi,** Gallery Books, New York, USA, 1989

39) Pinhey, J. T. et al., **Aust. J. Chem.**, 1970, 23, 2141 (Dehydrotumulosic acid)

40) Wasser, S. P., Weiss, A. L., **Crit. Rev. Immunol.**, 1999, 19, 65 (Therapeutic effects of substances occurring in higher Basidiomycetes mushroom: a modern perspective)

41) Ying, J., Mao, X., Ma, Q., Zong, Y., Wen, H., **Icons of Medicinal Fungi from China,** Science Press, Beijing, China, 1989, 133 (*Fomitopsis cytisinus*)

Rhizopogon rubescens (Tul.) Tul.

알버섯 14

알버섯과 (Rhizopogonaceae)

• 분포 | 한국, 일본 등 북반구 일대

• 용도 | 자실체(식용)

✲ 식물학적 특성

가을부터 이듬해까지 해안이나 호반의 소나무 숲 내, 모래 땅 속에서 연 2회 발생. 소나무와 균근을 형성하는 지중생 버섯. 자실체는 지름 1~5㎝, 난형, 편구형, 지중생. 자체 표면은 백색~담자갈색. 지표에 노출되면 황갈색~적색이나 상처 나면 담적색으로 변함. 뿌리 모양의 균사속. 내부의 기본체에는 불규칙한 구형~미로상 소실. 초기에는 백색 후에 황색~농갈색. 강실 내벽에 자실층이 형성되며, 포자는 장타원형. 유구(油球) 표면은 평활하며 백색이다.

✲ 성분

1) 특수 성분

알버섯과의 *R. roseolus*에서 Variegatorubin(V-00082), Chitin(C-00924), 5'-AMP(A-00446), 5'-CMP, 5'GMP(G-00873), 5'-UMP(U-00125), Trehalose (T-01623) 등이 분리되었다.

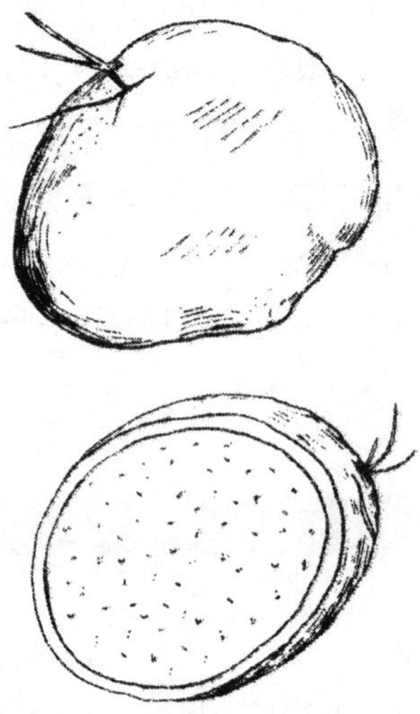

알버섯

✻ 생리 활성

정미 성분 : 알버섯의 정미 성분을 분석한 결과, 5'-AMP, 5'-CMP, 5'GMP, 5'-UMP은 정미(呈味) 성분으로 버섯의 좋은 맛을 부여한다.

영양 성분: 알버섯에서 glycerol, arabitol, mannitol, glucose, trehalose, 지방산 9종이 분리되었다.

식용 야생 버섯 : 식용 야생 버섯을 조사한 결과, 송이, 목이, 팽나무버섯, 노루궁뎅이버섯, 꽃잎버섯, 그물버섯, 비단그물버섯, 구름버섯, 애기무당버섯, 기와버섯, 국수버섯, 나팔버섯, 젖버섯, 굴털이, 향버섯(능이), 갓버섯, 들버섯, 주름버섯, 싸리버섯, 붉은싸리버섯, 말뚝버섯, 알버섯, 긴대안장버섯, 말불버섯, 곰보버섯, 망태버섯, 덕다리버섯, 흰가시버섯 등이 있다.

✻ 효능과 이용

1) 식용 : 핵산 성분이 있어 맛과 향이 좋은 버섯

※ 노숙(老熟)하면 악취가 난다.

참고문헌

1) 박완희, 이호득, **한국약용버섯도감**, 교학사, 서울, 1999, 582 (알버섯)
2) 이지열, **균학회지**, 1975, 3(1), 40 (야생 버섯을 식용하자－알버섯 외)
3) 이지열, **균학회지**, 2005, 33(1), 54 〔한국 기록종 버섯 추가 목록(2001-2004)〕
4) 이태수, 이지열, **한국기록종 버섯 재정리 목록**, 임업연구원, 2000
5) 한국 균학회, **버섯 이름, 한국명 통일안**, 2000, 176
6) Austin, P. R. et al., **Science**(Washington, D.C.), 1981, 212, 749 (rev, Chitin)
7) Birch, G., **Adv. Carbohydr. Chem.**, 1963, 18, 201 (rev, Trehalose)
8) Brimacombe, J. S. et al., **The Carbohydrate**, Academic Press, USA, 1972,

1A, 479 (Needles, Mannitol)

9) Chang, S.T., Miles, P.G., **Edible Mushroom and their Cultivation,** CRC Press, New York, USA, 1989

10) Cheung, L. M., Cheung Peter, C. K., Ooi Vincent, E. C., **Food Chem.**, 2003, 81, 249 (Antioxidant activity and total phenolics of edible mushroom extracts)

11) Hampton, A. et al., **J. Med. Chem.**, 1976, 19, 1029 (muscle, 5'-AMP)

12) Hui, Y. F., Den, E. S., Chi, T. H., **J. Food Lipids,** 2002, 9, 35 (Antioxidant and free radical scavenging activities of edible mushrooms)

13) Kabir, Y., Kimura, S., **J. Nutr. Sci. Vitaminol.**, 1989, 35, 91 (Dietary mushrooms reduce blood pressure in spontaneously hypertensive rats)

14) Lee, G. D., Chang, H. G., Kim, H. K., **Kor. J. Food Sci. Technol.**, 1997, 29, 432 (Antioxidative and nitric-scavenging activities of edible mushrooms)

15) Lindberg, B. et al., **Acta Chem. Scand.**, 1953, 7, 591 (occur, Arabitol)

16) McDonnell, J.E.W., Esselen, W.B.Jr., **Food Res.**, 1947, 12, 118 (Carbohydrates in Cultivated mushrooms)

17) Pegler, D. N., **The Concise Illustrated Book of Mushrooms and Other Fungi,** Gallery Books, New York, USA, 1989

18) Steglich, W. et al., **Z. Naturforsch. B,** 1970, 25, 557; 1971, 26, 376 (isol, struct, Variegatorubin)

19) Tener, G. M., **J. Am. Chem. Soc.**, 1961, 83, 159 (5'-GMP)

20) Wong, C. -H. et al., **J. Am. Chem. Soc.**, 1983, 105, 115 (isol, 5'-UMP)

Agaricus bisporus (J. Lange) Imbach
Psalliota hortensis (Cke.) J. Lange
Psalliota bisporus Schäffer et Moeller

양송이 15

주름버섯과 (Agaricaceae)

• 영명 | Common white button Mushroom, White mushroom

• 중국명 | 洋蘑菇

• 분포 | 한국, 중국, 일본 등 전 세계

• 용도 | 자실체(식용)

✲ 식물학적 특성

갓의 지름은 5~12㎝, 처음에 반구형, 나중에 평편형, 갓 표면은 흰색, 말리면 연노랑색, 흰육질은 두껍고, 상처나면 연분홍색. 차차 갈색으로 변한다. 대는 4.5~9㎝, 두께는 1.5~3.5㎝, 갓 안쪽은 갈색이다.

동속 식용 버섯에는 주름버섯(*A. campestris*), 담황색 주름버섯(*A. silvicola*), 흰주름버섯(*A. arvensis*) 등이 있다.

구미각국에서는 오래전부터 재배하였으며, 우리나라에는 1965년부터 재배하였다. 품종에는 백색종(white species), 크림종(cream species), 갈색종(brown species), 고온종(高溫種) 등 4종이 있고, 백색종은 Alaska종 또는 France종이라고도 하며 France에서 재배되는 대표종, 크림종은 Columbia종이라고도 하며 백색종보다 맛이 좋고, 갈색종은 Bohemia종이며, 향기가 있으며, 고온에 견디고 수확이 많다. 고온종은 열대지방에서 우리나라에 들어온 것이다.

양송이

✲ 성분

1) 영양 성분

① **양송이(생것 7022)** 가식부 100g 중 열량 17.0kcal, 단백질 3.9g, 지질 0.3g, 당질 1.4g, 조섬유 0.6g, Ca 6.0mg, P 88.0mg, Fe 1.00mg, Zn 0.8mg, vitamin B_1 0.12mg, B_2 0.48mg, B_6 0.11mg, niacin 4.1mg, C 3.0mg, 엽산 23.2μg, E 0.12mg.
② **양송이(통조림 7023)** 가식부 100g 중 열량 28.0kcal, 단백질 2.0g, 지질 0.2g, 당질 5.9g, 조섬유 0.3g, Ca 7.0mg, P 60.0mg, Fe 3.0mg, Zn 0.91mg, vitamin B_1 0.09mg, B_2 0.05mg, B_6 0.11mg, niacin 4.1mg, C 0.0mg, 엽산 15.5μg, E 0.12mg.

2) 특수 성분

양송이에서 Agaritine(S, A-00542), Zeatin(Z-00017), Zeatinriboside (Z-00017, 식물 hormone), γ-glutaminyl-4-hydroxybenzene(G-00505), 2-Hydroxy-4-imino-2,5-cyclohexadienone(H-02050), γ-Glutamyl-4-hydroxyalanine(G-00507), 3,4-Dihydroxyphenylalanine(DOPA, A-01338), γ-Glutamyl-3,4-dihydroxyalanine(G-00507), Lectin, Ethanediamine; *N*-Nitro(E-01620), γ-L-glutamyl-3,4-benzoquinone(B-00247), Trehalose (T-01623, T-01624), Cellulose, Hemicellulose 등이 분리되었다.

향기 성분으로는 C_8 volatile compounds, 1-Octanol(O-00217), 3-Octanol (O-00219), 3-Octanone(O-00219), 1-Octen-3-ol(O-00217), 2-Octen-1-ol (O-00242), 1-Octen-3-one(O-00241) 6종이 있으며, 가장 중요한 것은 1-Octen-3-ol이고, Benzaldehyde, Benzylalcohol, Cyclooctanol(cooked) 등도 있다. 1-Octen-3-ol은 버섯 냄새의 근원 물질이다.

✲ 생리 활성

효소 갈변 생성물의 항돌연변이원성 : 양송이에서 polyphenol oxidase를 추출하여, 4종의 polyphenol 물질과 반응시켜 양송이 효소 갈변 반응 생성물을 얻었고, 이들 갈변 물질에 대해 Spor rec-assay(*B. subtilis* H_{17}, M_{45}), Ames test(*S. typhimurium* TA98, TA100), SOS chromotest(*E. coli* PQ_{37})로 돌연변이 원성과 항돌연변이 원성을 검토한 결과, Spore rec-assay에서 4가지 갈변 물질 모두 *B. subtillis* H_{17} 과 M_{45}에 생육 저지대의 차이가 없어 돌연변이 원성이 없었고, MNNG에서 돌연변이 억제 활성이 나타났으며, 갈변 생성 물질 hydroxyhydroquinone(HHQ)이 가장 강한 억제 활성을 나타내었다. Ames test에서 4시료 모두 돌연변이 원성이 없었고, TA98과 TA100에 catechol-갈변 물질과 HHQ-갈변 물질은 91~95%, homocatechol(HCa)과 pyrogallol은 50~80% 억제활성을 보였다. Trp-P-1(2㎍)에 4시료 모두 억제활성을 보였고, HHQ는 TA98과 TA100에 모두 99%, HCa에 96%의 강한 억제 활성이 있었다.

혈액 응고 저해 활성 : Tissue thromboplastin(Tissue factor: TF)는 혈관 내피세포에 존재하는 막 단백질로 혈액 응고계의 외인성 및 내인성 경로를 활성화 시키는 혈액 응고 개시 인자이다. 식용 버섯인 표고, 영지, 양송이를 대상으로 TF에 대한 저해 활성을 측정한 결과(in vitro), 표고의 EtOAc 분획에서 강한 저해 활성이 확인되었고, 영지의 EtOAc 분획에서도 저해 활성이 있었으며, 영지와 표고의 EtOAc 분획의 IC_{50}은 각각 107㎍, 770㎍이며 표고의 EtOAc 분획에서 얻은 결정성 물질의 IC_{50}은 10.2㎍이었다.

혈전 분해 효소 활성 : 인공 재배 버섯의 배양액과 균사체의 혈전 분해 효소 활성을 조사한 결과, 조효소 추출물의 혈전 분해 활성은 활성이 매우 낮거나 없었으며, 장수, 만가닥, 영지, 느타리, 토끼털송편, 뽕나무버섯 균사체의 혈전 분해 활성이 0.42u 이상으로 높았고, 자실체의 혈전용해 활성은 0.17~0.94u로 느타리, 새송이, 아위버섯의 활성이 0.54, 0.57, 0.94u로 매우 높았으며(모두 느타리과), 팽이, 양송이, 노루궁뎅이버섯의 활성은 0.23u 이하로 매우 낮았다.

보체계 및 대식 세포 활성화 다당체 : 양송이 알칼리 추출물에서 면역계의 주요 인자인 보체계와 macrophage를 활성화 시키는 다당을 분리 정제하고, 그

구조적 특성을 비교하였다. AB-20-IVa-2는 항보체 활성과 macrophage 활성능을 동시에 나타내는 단백다당으로 주요 구성당은 glucose〉galactose〉mannose 순이었고, 주요한 구성 아미노산은 phenylalanine(34.72%)과 valine(27.84%)이었다. AB-20-Ia와 AB-20-IIa-2a는 macrophage 활성을 갖고 있는 순수 다당으로 AB-20-Ia의 주요 구성당은 glucose〉xylose〉mannose, AB-20-IIa-2a는 xylose〉glucose〉mannose이었다. AB-20-Ia(A), AB-20-IIa-2a(B), AB-20-IVa-2(C) 분자량은 각각 84만, 75만, 65만 정도였다. A, B, C의 구조적 특성은 A는 β-anomer, B는 α와 β-anomer, α〈β, A와 B 모두 구성당 잔기에 acetyl기가 있고, 특히 macrophage 활성능이 더 강한 B는 acetyl기가 더 많았다. 이들 당쇄 결합은 A는 주로 β-1,6-linked glucofuranosyl 잔기가, B는 1, 6-linked glucopyranosyl 잔기가 주쇄를 이루고, 측쇄는 1,4 결합으로 추정되며, C는 1,2-linked xylofranosyl 잔기와 1, 6-linked glucopyranosyl 잔기가 주쇄를, xylofranosyl 잔기에 1,3 결합이 측쇄로 연결되었다고 추정되었다.

항산화성 및 아질산염 소거 작용 : 영지, 양송이, 표고버섯 Et_2O와 BuOH로 추출한 분획의 기능성을 관찰한 결과, 전자공여능은 영지의 Et_2O와 BuOH 추출물에서 95.09%, 97.75%, 양송이와 표고의 BuOH 추출물에서 94.33%, 96.09%이었고, 영지 Et_2O 추출물은 BHA보다 강한 항산화성을, BuOH 추출물에서는 저장 15일까지 BHA보다 과산화 물가가 낮았다. 양송이 Et_2O 추출물은 항산화성이 없었으나, BuOH 추출물에서는 대조구와 Et_2O 추출물에서보다 항산화성이 높았다. 영지의 Et_2O추출물과 표고 BuOH 추출물이 68.34%, 68.23%로 높은 아질산염 소거 작용을 보였으나, 영지와 양송이 BuOH 추출물에서 아질산염 소거 작용은 44.44%, 43.39%이었다.

항보체 활성 버섯 : 국내 자생 61주의 고등 균류의 면역 증강 효과를 검색하고자, 이들 성분을 분리하여 항보체 활성을 측정한 결과, krestin의 보체 활성도는 20.6%보다 우수한 보체 활성 효과를 보인 균주는 11주이었으며, 이 중 영지(*Ganoderma lucidum*) 5주, 표고(*Lentinus edodes*) 3주, 동충하초류(*Cordyceps* sp.) 3주, 주름버섯(*Agaricus campestris*) 1주이었다.

항암 효과 : 양송이는 sarcoma 180(mouse)에 대하여 억제율은 90%, Ehrlich 복수암(mouse)에 대하여 억제율이 100%이었다. 함유 물질 중 γ-glutaminyl-4-hydroxybenzene은 neoplasm inhibitor로 알려졌다.

Tyrosinase 활성 저해 물질 : 피부 노화 및 갈변화와 관련된 tyrosinase 활성 저해 주효성 물질을 8종 식용 버섯에서 추출, 유효 성분을 분리 동정하였다. 8종의 버섯은 MeOH, n-hexane, $CHCl_3$, EtOAc, n-BuOH, 물로 추출한 후, 각 용매 추출물(1㎎/㎖)의 tyrosinase 활성 저해는 석이 버섯 EtOAc 추출물, 영지 물 추출물, 양송이 물 추출물의 순서로 78.4%, 67.3%, 51.5%로 검색되었다. 가장 저해율이 높은 석이 EtOAc 추출물을 silica gel column으로 분획하였고, 100㎍/㎖에서 60.9%의 가장 강한 저해율이 높았다. 이를 TLC하여 Rf 치가 0.38, 0.27, 0.19의 band를 분리, 분취물의 저해율은 15.6%, 27.0%, 32.9%이었다. 석이버섯의 유효 성분을 여러 분석 기기로 얻은 data를 검토한 결과, orsellinate, methylorsellinate, methyllecanorate, methyl phosphorate의 혼합물질로 확인되었다(표고, 영지, 석이, 양송이 등).

Trehalase의 특성 : 양송이의 조 trehalase를 $(NH_4)_2SO_4$로 분획, 최적 작용 조건을 조사한 결과, pH 5.0~7.0, 50℃, 이 조건 이하에서도 안정하였다. 조 trehalase의 활성은 490.2㎎% 이하의 효소 농도 및 2.6×10^{-3}M 이하의 기질 농도 범위 내에서 비례적으로 증가하였다. 기질 trehalose 농도에 대한 Km 값은 0.76mM, 금속 ion에 대한 조 trehalase 활성은 Sn^{2+}, Ca^{2+}, Zn^{2+}, Hg^{2+}, Cd^{2+}, Cu^{2+}, Mn^{2+}, Al^{3+}, Fe^{3+}에 저해 효과가 현저하였으나, Ag^{+}, Ba^{2+}, Mg^{2+}에는 활성이 증가되었다.

추출용매와 생리 활성 : 갈색, 흰색 양송이를 열수(HW), 50%EtOH, 100%EtOH로, 건물의 10배를 가하여 추출, 추출물의 생리 활성을 비교한 결과, 전자공여능은 갈색양송이의 50% EtOH 추출물에서 66.54%, SOD 유사 활성은 HW 추출물이 55.42%로 타 추출물보다 높았다. tyrosinase 저해 활성은 갈색, 흰색 모두 100% EtOH 추출물에서 높은 저해 활성을 보였고, 갈색양송이가 흰색양송이보다 다소 높았다. 특히 비교물질 0.1% L-ascorbate와 유사한 활성을 보였다. 총 polyphenol 함량은 두 종류 모두 HW 추출물보다 50%, 100%

EtOH 추출물이 높았고, 아질산염 소거능은 pH 1.2에서 각각 갈색, 흰색양송이 모두 소거능이 높았다.

생물활성 다당체 : 10종의 식용 버섯 중 항보체 활성 검색에서 가장 활성이 강한 양송이 자실체에서 추출 조건을 조사한 결과, 5% urea-0.1N NaOH 용액으로 65℃에서 2시간 추출 후, MeOH 가용 분획 제거 조다당 분획 AB-0를 얻어 AB-0 1㎎/㎖에서 90% 이상 항보체 활성을 보였으며, mouse에 이식된 sarcoma 180에 74%의 저지 효과를 보였다. AB-0를 acetone 농도별로 침전시켜 AB-20, AB-40, AB-60, AB-80, AB-A등 5 분획을 얻었고, 이 중 항보체 활성과 수율이 큰 AB-20을 조사한 결과, 탄수화물 39%, 단백질 46%, 구성당은 glucose, arabinose, xylose, galactose, mannose가 6.49 : 1.98 : 1.24 : 1.00 : 0.71비로 조성되어 있으며, amino acid는 isoleucine(12.60%), glutamic acid+glutamine(12.45%), valine(11.79%), alanine(11.46%), leucine(10.19%), aspartic acid+asparagine(10.56%)의 조성이었다. pronase 처리한 AB-20에서 78.5%의 항보체 활성을 보였고, 대조군에 비해 14.5% 감소하였으나, AB-20의 periodate 산화물에서는 활성이 42.6%로 50% 이상 크게 감소하였다. 따라서 양송이의 알칼리 추출물 중 가장 강한 활성을 보인 AB-20의 주요 활성 부위는 다당체로 단백질도 일부 관여하는 것으로 생각되었다.

조리법과 Vitamin D_2와 B_2 함량 : 표고, 느타리, 양송이를 물에 넣고 끓이는 조리법에 ergosterol 함량에 변화는 없었으나, riboflavin은 5분 가열에서 표고 11.72±0.50㎍/g(dry base)에서 2.35±0.07㎍/g, 느타리는 3.26±0.15㎍/g에서 1.44±0.07㎍/g, 양송이는 27.33±2.10㎍/g에서 18.68±1.5㎍/g로 감소하였고, 시간이 지남에 따라 더 많이 감소 하였다. 소금물에 끓일 경우 소금 농도에 따라 ergocalciferol 함량은 표고와 느타리에서 감소하였고, 모든 버섯에서 riboflavin은 감소하였다. 150℃, 200℃, 250℃ 오븐에서 15분 구우면 ergocalciferol은 표고와 느타리에서 감소하였으나, 양송이는 변화가 없었고, riboflavin은 가열 온도 상승에 따라 3개 버섯 모두 감소 경향이 나타났다. 저온에서 장시간 수침보다 고온에서 단시간 수침이 더 효과적이며, riboflavin은 수침 온도가 높을 수록 감소하는 경향이었다.

향기 성분① : 양송이 생것과 가열한 것의 향기 성분을 GC, GC/MS으로 분석한 결과, 생양송이에서 13종의 향기 성분이 동정되었고, 이 중 1-octen-3-ol 73.13%, 2-octenol 7.44%, 3-octanone 3.09%, 3-octanol 1.42%로 전체의 85.08%를 차지하였으며, 가열한 것은 13종이 동정되었고, 1-octen-3-ol 88.86%, 2-octenol 8.42%, 3-octanone 3.75%, benzyl alcohol 3.23%, 3-octanol 1.97%로 전체의 86.23%이었다.

휘발성 향기 성분과 아미노산의 변화② : 양송이의 신선도 연장을 위해 전리 에너지 처리가 버섯 품질에 관련된 휘발성 향기 성분과 아미노산에 미치는 영향을 검토한 결과, 시료의 주요 휘발 성분은 1-octen-3-ol(68%), benzaldehyde (13%), 3-octanone(8%), benzyl alcohol(5%), octanol(2%), 1-octen-3-one (1%), 등 C_8화합물과 방향족 화합물은 2KGy 감마선 조사와 저장 기간(17일간, 9±1℃, 80±7% RH)에서 증감 현상이 있었으나, 대조 시료와 감마선 조사 시료의 휘발성 성분의 GC pattern에는 큰 차이가 없었다. 함유황 아미노산은 2KGy 감마선 조사에 유의적 감소를 보였으나, 다른 아미노산은 안정하였다.

1-Octen-3-ol 생성의 최적화③ : 버섯 향기 성분 중 가장 중요한 향기 성분 (-) 1-octen-3-ol을 얻기 위해 시장에서 구입한 버섯에서 lipoxygenase(LOX)와 hydroperoxide lyase(HPOL)를 추출, 홍화유 중 75% 이상 linoleic acid(75% 이상)를 lipase인 LOX로 가수 분해하여 먼저 10-hydroperoxy linoleic acid를 얻었고, 다시 HPOL에 의해 (-)-1-octen-3-ol을 얻었다. 수확된 양송이 자실체를 이용하였을 때 (-)-1-octen-3-ol은 4℃, pH 6.5, 800rpm에서 최대 748㎎ (-)-1-octen-3-ol/버섯 ㎏이 전환되었다.

정미 성분 : 양송이의 정미(呈味) 성분을 분석한 결과, 5'-AMP, 5'-CMP, 4'-GMP, 5'-UMP 이었다.

삼투압 건조와 갈변 억제 : 삼투압 건조 중 설탕 용액의 농도, 온도 및 침지 시간에 따른 내부 물질 이동과 갈변 억제를 비교한 결과, 설탕 농도, 온도 및 침지 시간의 증가에 따라 수분 손실, 설탕 흡수, 물 농도가 증가하였으며, 수분 손실은 10 Brix 증가가 10℃ 온도 증가와 거의 비슷한 효과를 보였으나, 설탕 흡수에서는 농도가 온도보다 큰 영향을 주었으며, 80℃, 40 Brix 설탕 용액에서 18분간 침지시킨 후의 수분 손실과 설탕 흡수는 각각 41.48%, 9.60%이었다. 침지 초기에 수분 손실, 설탕 흡수, 몰 농도의 증가 폭이 컸으며, 이 현상은 고농도와 고온에서 더욱 현저하였다. 속도 매개 변수는 온도보다 농도에 더 영향이 컸다. 갈색화 정도는 대조구(OD=0.559)에 비해 80℃에서 18분간 데친 양송이의 OD 값은 0.330이었고, 같은 온도에서 60 Brix 설탕 용액에 18분간 삼투 건조시킨 것의 OD 값은 0.099로 대조구나 데친 것보다 갈색화를 현저히 낮출 수 있었다.

γ-선과 관능적 특성: 양송이의 신선도 연장을 위한 γ-ray 조사가 버섯의 관능 특성에 미치는 영향을 평가한 결과, 1~3KGy γ-ray 조사 후, 양송이의 견고도는 감소하였고($p < .05$), 외관, 향과 맛에는 영향이 없었다. 저장 기간 중(9±1℃, 80±7% RH) 버섯의 관능적 품질은 17일 저장 시료는 외관, 조직감 및 맛에 있어 처리 구간에 큰 차이를 보여 무처리 대조 시료는 저장 후 1주에 변질되었으나, 조사구는 17일 후에도 사용이 가능하였다.

γ-Ray 조사와 품질 안정 : 양송이의 γ-ray 조사와 저장에 따른 미생물 생육 시험 결과, 일반 세균은 조사 직후 조사 선량의 증가와 더불어 2~4 log cycle 격감하였고, 저장 중 생육 억제도 뚜렷하여 2~3KGy 조사구는 9±1℃ 저장에서 비조사구에 비해 2주 이상 일반 세균의 생육이 억제되었다. 효모와 곰팡이의 생육 변화는 저장 초기 10^3~10^4 CFU/g 오염이 비조사구에서 계속 증식, 저장 4일 후 외관상 표면에 청회색 포자가 형성되었고, 버섯 균사가 생겼으나, 2~3KGy 조사구에서 저장 20일까지 오염도가 낮았다. 대장균은 초기 10^3 CFU/g이었으나 2KGy 조사 후, 완전히 사멸되었다. 따라서 γ-ray 조사는 양송이 저장성을 향상시켰다.

통조림 공장의 미생물 오염 : 양송이 통조림 공장의 용수와 원료의 오염도를 측정한 결과, 용수 100㎖당 10^2 CFU, 세척탱크(용기)에 받아놓은 세척 용수에는 총 균수가 10~100배 증가한 상태였다. 원료 양송이의 총 균수는 10^5~10^6CFU/g, 이를 세척할 경우 양송이 1톤당 세척수를 2.3톤까지 사용할 경우 세척 효과가 있었으나, 1.8톤 이하에서 오히려 미생물 오염이 높아지는 결과를 초래 하였다. 자숙에 의하여 균수는 50~500CFU/㎖로 감소, 자숙 후 16℃ 물에 3시간 방치에는 미생물 증식에 큰 영향은 없었으나, 액즙(80℃) 주입 후, 살균 개시 전까지 방치함에 따라 균수는 초기 84×10^4 CFU/㎖에서 20×10^7 CFU/㎖로 증가하였다.

폐톱밥과 복토 재료 활용 : 애느타리 병 재배 후, 탈병한 톱밥을 3월 중순, 퇴적, 후숙시킨 결과, 퇴적 기간이 30일 후에 후숙이 가장 컸으며, 후숙 소요 일수는 최소 48일이었다. 폐톱밥은 퇴적 기간이 지남에 따라 pH와 총 질소량은 증가하였고, 총 탄소 및 C/N율은 시간 경과에 따라 감소하였다. 식양토에 후숙이 완료된 톱밥 부피 비율이 10, 20, 50% 첨가, 복토 재료로 사용한 결과, 30% 첨가구에서 식양토 단용군보다 양송이(*A. bisporus*) 균사 생장이 촉진, 초발이 소요 일수가 5일 단축, 수량도 28% 증수되었다.

효소 : 느타리 자실체의 효소를 분석한 결과, chitin synthetase, catecholase, laccase, γ-glutamyltransferase, mannitoldehydrogenase, proline endopeptidase, protease, trehalase, tyrosinase 등이 분리되었다.

식이 섬유 : 채소류, 버섯류, 과일류, 및 해조류의 식이 섬유를 조사한 결과, 총 식이 섬유의 평균은 과일류와 가공품〈녹황색 채소류〈담색 채소류〈해조류 및 가공품〈버섯류 순이며, 녹황색 채소류 3.62±12.68%이었고, 버섯류 중 건조 석이버섯이 52.87%로 가장 많았으며, 느타리 3.88%, 양송이 1.42%이었다. 과실류에서 사과는 1.50%, 딸기 1.55%이었고, 해조류는 미역과 김이 각각 37.77, 31.36%이었다.

이화학적 특성 : 큰느타리 자실체를 분석한 결과, 조단백질과 총 당이 많았으며, 무기 성분은 Mg〉Na〉Zn〉Fe〉Ca〉Cu 순이었고, 특히 느타리, 양송이, 표고, 팽이에는 Mg, Zn, Cu, Mn이 없었으나, 새송이에는 Mg 78.5㎎%, Zn 6.9㎎%, Cu 1.3㎎%, Mn 0.4㎎% 등이 있었다. 구성 아미노산은 arginine 509.03㎎%, lysine 410.53㎎%, glutamic acid 190.05㎎%, phenylalanine 150.63㎎%, histidine 139.12㎎% 순이었다. 유기산은 citric acid 26.60㎎%, oxalic acid 18.01㎎%, formic acid 10.50㎎%, malic acid 10.20㎎% 순이었고, 유리당은 glucose 2.040㎎%로 가장 많았고, fructose 1.846㎎%, galactose

1.076㎎%, lactose 1.020㎎%, arabinose 846㎎%, maltose 472㎎% 순이었다. 또한 vitamin은 21.4㎎%로 느타리의 7배, 팽이버섯의 10배, 조지방도 표고의 2배인 0.69㎎% 함유하여 자연송이와 유사한 맛이 있었다.

유기산 및 지방산 조성 : 유기산은 느타리, 표고, 양송이 3종의 버섯에서 lactic, fumaric, succinic, malic, citric, pyroglutamic acid가 확인되었고, malic, citric, pyroglutamic acid가 많았다. 총 유기산 함량은 느타리(2.4~4.0%), 표고버섯(1.7~3.6%), 양송이(1.9~3.1%) 순이었고, 부위별 함량은 갓 부위가 자루 부위보다 많았으며, 느타리는 oxalic과 pyroglutamic acid가, 표고는 malic과 citric acid가, 양송이는 fumaric acid가 특히 많았다. 크기 별로는 클수록 총 유기산이 많았으며, 특히 citric acid의 감소가 컸다. 지방산은 linoleic, palmitic, oleic acid가 주이고, 부위와 크기별 함량에는 별 차이 없었다.

유리당과 당 알코올 조성 : 국내에서 인공 재배되고 있는 느타리, 표고, 양송이 3종의 버섯에서 trehalose, glucose, fructose, mannitol, arabitol 및 glycerol이 확인되었고, 유리당과 당 알코올 함량은 표고버섯(12.7~18.9%), 양송이(9.2~16.1%), 느타리(8.2~10.6%) 순이었고, 표고에는 mannitol과 arabitol, 양송이에는 mannitol, 느타리에는 trehalose와 mannitol이 많이 함유되었고, 부위별 함량은 느타리와 양송이는 자루보다 갓 부위에, 표고는 자루 부위에 많았으나, 크기별 함량은 클수록 유리당과 당 알코올이 감소하였다.

유리당과 아미노산 : 양송이에서 확인된 당류는 trehalose, cellulose, hemicellulose 등이 있고, amino acid는 isoleucine 366㎎, leucine 580㎎, lysine 527㎎, methionine 126㎎, phenylalanine 340㎎, threonine 366㎎, tryptophan 143㎎, valine 420㎎ 등이 있다.

Amino acids① : 양송이(*A. campestris*)의 아미노산을 TLC로 분석한 결과, glycine, alaine, valine, leucine, isoleucine, phenylalanine, tyrosine, threonine, cysteine, methionine, glutamic acid, aspartic acid, lysine, arginine, histidine 등이 확인되었다.

Amino acid의 조성② : 양송이의 유리 아미노산 조성을 분석한 결과, aspartic

acid(0.89mg/g), threonine(1.57), serine(0.97), glutamic acid(6.98), proline(12.60), glycine(0.55), alanine(5.27), valine(0.91), cysteine(0.19), methionine(0.07), isoleucine(0.80), leucine(1.35), tyrosine(0.18), phenylalanine (0.71), lysine(0.99), histidine(0.42), arginine(1.45) 등이었다.

지방산 성분 : 양송이의 지방산 분획을 GC로 분석한 결과, 포화 지방산은 총 15종 중 11종이 확인, 즉 dodecanoic(C_{12}), tridecanoic(C_{13}), tetradecanoic (C_{14}), pentadecanoic(C_{15}), hexadecanoic(C_{16}), heptadecanoic(C_{17}), octadecanoic(C_{18}), eicosenoic(C_{20}), uncosenoic(C_{21}), docosenoic(C_{22}), tricosenoic(C_{23}) acid 등 이었고, 특히 palmitic(C_{16})과 stearic(C_{18}) acid가 많았다. 또 불포화 지방산 분획을 GC로 분석한 결과 총 12종이 있었다.

무기 성분 : 널리 식용되고 있는 7종 버섯, 즉 능이, 양송이, 밤버섯, 표고버섯, 느타리, 송이버섯에 대해 20종의 무기 성분을 측정한 결과, 대부분 Fe, Na 및 Zn 함량이 다른 무기질보다 많았고, 유해 금속 Cd, Hg, Pb 및 As 등은 흔적만 있었고, Sb, Se 및 Sn은 전 시료에서 없었다. 능이버섯에는 Na 73.634mg, Zn 58,171mg, P 2.388mg, Mn 2,105mg 순, 양송이에는 Na 56.997mg, Zn 43.273mg, Mn 2,875mg, P 2,288mg 순, 밤버섯에는 Zn 43.835mg Na 16,727mg, Mn 5,732mg, Pb 1,676mg, 표고버섯에는 Na 62.653mg, Zn 36.402mg, Mn 55.502mg, P 2,325mg, 싸리버섯에는 Zn 91.820mg, Na 91,763mg, Mn 10,214 mg, P 2,325, 느타리에는 Na 170.350mg, Zn 64.222mg, Ni 0.872mg, Mn 0.702 mg 송이버섯에는 Zn 56.708mg, Na 15.966mg, P 5,752mg, Pb 5.291mg이었다.

양송이 어묵의 특성 : 어묵에 양송이를 넣어 만든 양송이 어묵의 특성을 조사한 결과, 양송이 첨가량이 증가할수록 L값은 감소, a값은 증가, b값은 변화가 없었고, 유연성은 절곡 검사에서 AA로 측정, 별 변화가 없었으며, 양송이 첨가량의 증가에 따라 경도, 탄성, 껌성 및 마쇄성이 증가하였으나, 강도는 변화가 없었다. 관능검사 결과, 10% 양송이 첨가 어묵이 가장 선호도가 높았다.

이용 실태 : 대구지역 주부들의 버섯 이용 실태를 조사한 결과, 버섯은 대부분(97.7%), 자연식품, 건강식품으로 인식하고 있었고, 인지도는 느타리, 건조표고, 영지, 양송이, 송이, 생표고, 싸리, 팽이 순이었으며, 소득이 높고, 교

육 수준이 높을수록, 인지도가 높았다. 항암 효과에 대한 버섯은 영지, 운지, 송이, 건조 표고 순으로 약용 효과가 높다고 생각하였고, 기호도는 느타리, 송이, 양송이, 건조 표고 순이었으며, 선호 특성은 멋, 질감, 향기 순이었다. 느타리와 팽이버섯은 질감, 다른 버섯은 맛을 선호하였고, 느타리는 질감 송이는 맛과 향기로 가장 선호도가 높았다. 이용상 문제점은 가격(61.3%), 조리법(18.7%), 보관 · 저장(14.8%) 순이었다.

기타 연구①: Gram 음성 · 양성균에 antibacterial activity가 있다. cholesterol 저하, 혈압 강하 효과 및 tabacco mosaic virus 식물 감염에 저해 효과가 있다. 2-hydroxy-4-imino-2,5-cyclohexadienone은 potent-SH containing enzyme inhibitor이고, ethanediamine은 fungicide 물질이다.

기타 연구②: eritadenine은 cholesterol 저하 물질이고, zeatin은 plant growth hormone으로써 mitotic effect 물질이다. γ-L-glutaminyl-3,4-benzoquinone은 tabacco mosaic virus 감염 저해 성분, 4-methylphenylhydrazine, *p*-hydrazinobenzoic acid 및 agaritin은 세포 독성 및 변이원 성분이다.

✲ 효능과 이용

1) 효능 : 소화, 혈압 강하, 청정신(淸精神)
2) 식용 : 볶음, 국, 찜, 전골 등, 그라탕, 피자, 스파게티, 샐러드, 스프 등 동 · 서양 요리에 많이 응용된다.
3) 약용 : 한방에서는 전염성 감염, 신경쇠약, 소화불량, 고혈압, 유즙 부족 등에 탕제로 응용하며, 민간에서도 소화불량과 유즙 부족에 탕제로 상용한다.

참고문헌

1) 거동렬, **균학회지,** 1981, 16, 7 (양송이 균사생장과 자실체 수량에 미치는 몇 가지 환경요인의 영향)
2) 권미향, 임은정, 성하진, **농화학회지**, 1998, 41(1), 60 (양송이 버섯의 생물 활성 다당체)
3) 권용주, **전남대학교 박사학위논문,** 1985 (양송이와 표고의 지질에 관한 연구)
4) 권중호, 변명우, 윤형식, **식품과학회지,** 1990, 22(5), 514 (양송이의 숙도 지연에 따른 휘발성 향기 성분과 아미노산의 변화)
5) 권중호, 변명우, 김석원, 양재승, 차보숙, 조한옥, **식품과학회지,** 1990, 22(3), 285 (양송이의 관능적 특성에 대한 γ-energy의 영향)
6) 권중호, 변명우, 조한옥, **식품과학회지,** 1990, 22(5), 509 (버섯의 갈변 및 색도에 대한 전리 에너지의 영향)
7) 김경주, 김용희, **식품영양과학회지,** 2005, 34(6), 899 (*Agaricus bisporus*의 Lipoxygenese와 Hydrogeroride Lyase를 이용한 천연 (-)-1-Octen-3-ol 생성공정의 최적화)
8) 김광포, 석영선, 신관철, 박용환, **균학회지,** 1978, 6(1), 9 〔양송이 마이코곤병(*Mycogone perniciosa* Magn.)방제에 관한 연구〕
9) 김광포, 차동열, 정후섭, **균학회지,** 1980, 8(1), 75 (양송이 괴저균 병의 상태 및 방제에 관한 연구)
10) 김동수, 박용환, 유창현, 차동열, **균학회지,** 1975, 3(2), 40 〔여름양송이(*Agaricus edulis*)의 인공 재배에 관한 연구, 자실체의 형태적 특징, 균사 생장 및 자실체 형성에 미치는 온도의 영향〕
11) 김명환, **식품영양학회지,** 1998, 27(5), 903 (양송이의 삼투압 조건에 따른 물질 이동 특성과 갈변 억제)
12) 김병각, 이만동, 심미자, **균학회지,** 1978, 6(1), 5 〔한국산 고등 균류의 성분 연구(9), 양송이버섯의 지방산 성분〕
13) 김병희, 권미향, 임왕진, 성하진, 양한철, **식품과학회지,** 1998, 30(3), 709 (양송이의 보체계 및 대식 세포 활성화 다당체의 구조)
14) 김영애, **건양대 건양자연과학논문집,** 1998, 2(1), 61 (양송이 paste의 갈변

반응에 미치는 항갈색화제의 영향)

15) 김정숙, 한재숙, 이재성, **조리과학회지,** 1994, 10(3), 291 (버섯의 이용실태에 관한 조사 연구-느타리, 양송이, 표고, 영지, 송이, 팽이, 운지, 싸리)

16) 김준한, **경북대학교 석사학위논문,** 1982 (양송이 버섯의 PE 필름 포장 저장 및 CA 저장 효과)

17) 김준한, 김종국, 문광덕, 손태화, 최종욱, **식품저장유통학회지,** 1995, 2(2), 225 (양송이 버섯의 MVP 및 CA 저장 효과)

18) 김재용, 문광덕, 이상대, 조숙현, 강혜인, 이원태, 서권일, **식품저장유통학회지,** 2004, 11(3), 347 (큰느타리의 이화학적 특성-느타리, 양송이, 표고, 팽이와 비교)

19) 김홍규, 이희덕, 김용균, 한규홍, 문창식, 김홍기, **균학회지,** 1998, 26(1), 51 (병 재배 폐톱밥을 이용한 양송이 복토 재료 개발에 관한 연구)

20) 노일협, **숙명여자대학교 논문집,** 1976, 16, 427 (식용 버섯의 아미노산 규명)

21) 노일협, **숙명여자대학교 논문집,** 1981, 21, 141 (한국산 식용 버섯 중의 미량 금속 원소의 함유량에 관한 연구-능이, 양송이, 밤버섯, 표고, 싸리, 느타리, 송이)

22) 농어촌개발공사, **농어촌개발,** 1973, 5(1), 80 (식용 양송이의 침지저장)

23) 류정모, 박연주, 최소영, 황태영, **식품저장유통학회지,** 2003, 10(1), 11 (천연 추출물을 이용한 최소가공 양송이버섯의 갈변저해 및 저장 중 품질 특성)

24) 박영현, 장성근, **식품위생안정성학회지,** 1997, 12(3), 195 (한국산 식용버섯류의 Tyrosinase 활성 저해 검색 및 그 유효성분 분리-양송이, 표고, 석이, 팽이 영지 등)

25) 박완희, **생약학회지,** 1982, 13(1), 43 (버섯의 성분연구 Ⅰ, TLC에 의한 아미노산 분석-송이, 양송이, 느타리, 싸리, 목이, 표고, 나도팽나무버섯)

26) 박정식, 김광포, **시험연구 보고서**(생물부), 농촌 진흥청, 농업기술연구소, 1984, 473 (양송이 퇴비 단기 발효법 개선에 관한 시험)

27) 박희옥, 오혜숙, 윤선, **식생활문화학회지,** 2001, 16(5), 463 (버섯의 조건에 따른 Vitamin D_2와 B_2 함량 변화-표고, 느타리, 양송이)

28) 변명우, 권중호, 조한옥, 차보숙, 강세식, 김중만, **식품위생안전성학회지,**

1990, 5(1), 21 (γ-Ray 조사에 의한 양송이버섯의 미생물적 품질 안정)

29) 변태강, **건양대학 논문집,** 2000, 8, 127 (*Agaricus bisporus* 705 균사체 배양에 의한 1-Octen-3-ol 생산에 있어 생물반응기 종류의 영향)

30) 신관철, **균학회지,** 1979, 7(1), 13 (양송이 수량에 미치는 합성퇴비 배지의 영양원 발효 및 유해 생물에 관한 연구)

31) 신관철, 오병열, **시험연구 보고서**(양송이 편), 농촌 진흥청 농업기술 연구소, 1974, 98 (염가의 퇴비 재조에 관한 시험)

32) 신관철, 오병열, 김동수, **균학회지,** 1973, 1(2), 1 (퇴비의 전질소와 Ammonia 함량이 양송이 수량에 미치는 영향)

33) 신동화, 홍재식, **식품위생안전성학회지,** 1989, 4(2), 103 (양송이 통조림 공장의 미생물 오염도 변화 추적)

34) 안병국, 박노현, **식품과학회지,** 1995, 27(3), 353 (볏짚 트레이를 이용한 양송이버섯의 포장에 관한 연구)

35) 안장수, **단국대학교 박사학위논문,** 1987 (한국산 식용 버섯의 향기 및 영양 성분에 관한 연구)

36) 안장수, 김을상, 박은숙, **식품영양과학회지,** 1987, 16(4), 4333 〔한국산 식용 버섯의 향기 성분에 관한 연구(IV). 양송이버섯의 향기 성분〕

37) 안장수, 이규환, **식품위생안전성학회지,** 1986, 1(2), 177 (한국산 식용 버섯의 무기 성분에 관한 연구－능이, 양송이, 밤버섯, 표고, 느타리, 송이)

38) 오홍석, 함승시, **식품과학회지,** 1992, 24(2), 341 (양송이 유래 Polyphenol oxidase 에의 Polyphenol 화합물의 효소적 갈변 생성물의 돌연변이 억제 효과)

39) 유창현, 신관철, 박용환, **농사시험연구보고,** 농업기술집, 1978, 20집, 119 (양송이 신품종 703호의 선발 및 재배법 개선에 관한 연구)

40) 은재순, **약제학회지,** 1989, 19(1), 9 〔한국산 고등균류에 관한 연구(제2보). 양송이중의 단백분해 효소 활성〕

41) 이기동, 장학길, 김현구, **식품과학회지,** 1997, 29(3), 432 〔버섯류(양송이, 표고, 영지)의 항산화성 및 아질산염 소거 작용〕

42) 이상선, **균학회지,** 1989, 17(1), 48 (한국에서 시판되는 *Agaricus bisporus*의

담자기 형태)

43) 이승인, 김병묵, **균학회지,** 1986, 14(3), 209 (양송이 중의 조 Trehalase의 분리와 그 성질)

44) 이영춘, 이경혜, **식품과학회지,** 1988, 20(4), 536 (Blanching, Chemical Dipping 냉동 방법 및 저장 기간이 냉동 양송이의 품질에 미치는 영향)

45) 이정숙, 이서래, 유태종, **식품과학회지,** 1975, 7, 22 (진탕 배양 법에 의한 양송이 균사체의 생산)

46) 이지열, **한국버섯도감,** 아카데미서적, 1988, 47 (양송이)

47) 이현욱, **동아대학교 박사학위논문,** 1997 (팽이 버섯 갈색 무늬병과 황색 무늬의 발생 상태, 병원균의 분리 동정 및 방제제 탐색)

48) 임수빈, 김미옥, 구성자, **조리과학회지,** 1991, 7(3), 69 (식용 버섯 중 식이 섬유소의 함량 측정)

49) 임정호, 최정희, 홍석인, 정문철, 김동만, **식품저장유통학회지,** 2004, 1(3), 313 (수확시기 및 가공전 보관기간이 신선 면이 가공 양송이의 갈변에 미치는 영향)

50) 임태수, 도정룡, 권오준, 김현구, **식품영양과학회지,** 2007, 36(4), 383 (용매에 따른 양송이 추출물의 생리 활성 효과)

51) 전창성, 유창현, **균학회지,** 1985, 13(4), 271 (양송이 퇴비의 고온성 균류에 대한 조사)

52) 전창성, 차동열, 유창현, **균학회지,** 1990, 18(2), 96 〔양송이 마이콘병 (*Mycogone perniciosa* Magn.)의 항균성 미생물에 관한 연구〕

53) 정재은, 김우재, 차재순, **식품병리학회지,** 2002, 8(3), 189 (양송이와 신령 버섯 미이라병)

54) 조경련, 임은정, **한양여대 식품영양연구지,** 1999, 13, 75 (양송이 버섯 알칼리 추출물로부터 분리한 보체계 활성화 단백다당)

55) 차동열, 박종성, 신관철, **균학회지,** 1981, 9(1), 7 (양송이 균사 생장과 자실체 수량에 미치는 몇 가지 환경 요인의 영향)

56) 최낙식, 서승염, 김승호, **식품과학회지,** 1999, 31, 533 (혈전용해능을 갖은 버섯류의 탐색－만가닥, 영지, 느타리, 토끼털송편, 새송이, 송이, 노루궁

뎅이, 팽이, 양송이, 장수버섯)

57) 최한석, 김명곤, 박효숙, 김재성, 심명화, 김성준, **식품과학회지,** 2005, 37(6), 1039 (인공 재배 버섯의 혈전분해 효소 활성검색—장수, 만가닥버섯, 영지, 느타리, 뽕나무버섯, 새송이, 양송이, 팽이, 노루궁뎅이버섯)

58) 표명윤, 노일협, **영양학회지,** 1975, 8(1), 47 (식용 버섯류의 아미노산에 관한 연구)

59) 하정욱, 구성근, 이혜연, 황영만, **식품과학회지**, 2001, 33(4), 451 (양송이 함유 어묵의 물성 특성)

60) 하영선, 박종원, 이준호, **식품과학회지,** 2001, 33(2), 245 (건조 방법에 따른 양송이버섯의 물리적 특성에 관한 연구)

61) 한용식, 김동수, 전병성, 신관철, **균학회지,** 1994, 2(1), 1 〔양송이 마이콘병균(*Mycogone perniciosa* Magn.)의 생장에 영향을 미치는 요인〕

62) 홍재식, 김태영, **식품과학회지,** 1988, 20(4), 459 (느타리, 표고버섯 및 양송이의 유리당과 당알코올 조성)

63) 홍재식 외 4인, **식품과학회지,** 1989, 21(1), 58 (양송이, 느타리, 표고버섯의 유리 아미노산 및 전아미노산 조성)

64) 홍재식, 김영희, 이극로, 김명곤, 조정익, 박건호, 최윤희, 이종배, **식품과학회지,** 1988, 20(1), 100 (느타리, 표고와 양송이 버섯의 유기산 및 지방산 조성)

65) 홍재식, 이갑상, 최동성, **균학회지,** 1981, 9(1), 19 〔담자균에 관한 연구(1). 고온성 양송이와 느타리의 균사 생육에 관하여〕

66) 황금희, 김현구, 한용남, **식품과학회지,** 1997, 29(1), 156 〔모노아민 산화효소에 대한 식용 버섯(양송이, 표고, 영지)의 저해 활성〕

67) 황금희, 김현구, 한용남, **식품과학회지,** 1997, 29(1), 161 (조직 혈액 응고인자에 대한 식용 버섯류(표고, 영지, 양송이)의 저해 활성)

68) Ajlouni, S. O., Beelman, R. B., Thompson, D. B., Mau, J. L., **J. Food Sci.,** 1992, 57, 1361 〔Stipe trimming at harvest increases shelf life of fresh mushroom(*Agaricus bisporus*)〕

69) Beaulien, M., D'Aprano, G., Lacroix, M., **Radiation Physics and Chemi-**

stry, 2002, 63, 311 (Effect of dose rate of γ-irradiation on biochemical quality and browning of mushroom *Agaricus bisporus*)

70) Benoit, M. A., D'Aprano, G., Lacroix, M., **J. Agric. Food Chem.**, 2000, 48, 6312 〔Effect of R-irradiation on phenylalanine ammonia-lyase activity, total phenolic content and respiration of mushroom(*Agaricus bisporus*)〕

71) Bockelheide, K. et al., **J. Biol. Chem.**, 1980, 255, 4766 (Potent inhibitor of enzyme containing-SH groups, 2-Hydroxy-4-imino-2,5-cyclohexadienone)

72) Briones, G. L.,Varoquaux, P., Burean, G., Pascat, B., **Int. J. Food Sci. Technol.**, 1993, 28, 57 (Modified atomosphere packaging of common mushroom)

73) Burton, K. S., Frost, C. E., Atkey, P. T., **Int. J. Food Sci. Technol.**, 1987, 22, 599 (Effect of vaccum cooling on mushroom browning)

74) Burton, K. S., Wood, D. A., Thurston, C. F., Barker, P. J., **J. Gen. Microbiol.**, 1993, 139, 1379 (Purification and characterization of a serine proteinase from senescent sporophores of the commercial mushroom, *Agaricus bisporus*)

75) Champavier, Y., Pommier, M. T., Arpin, N., Voiland, A., Pollen, G., **Enzy. Micro. Technol.**, 2000, 37, 177〔10-Oxo-trans-8-decenoic acid (ODA) : Production, biological activities, and comparison with other hormone-like substances in *Agaricus bisporous*〕

76) Chang, S. T., Hayes, W. A., **The Biology and Cultivation of Edible Mushrooms**, Academic press, USA, 1978, pp. 461-473

77) Chilton, W. S. et al., **Phytochemistry**, 1975, 14, 2291 〔isol, deriv, fungicide, Ethanediamine; derivs, (3-Nitroamino)alanine〕

78) Cho, D. H., **Plant Resources**, 2002, 5(1), 51 〔Notes on the Korean Higher Fungi (XVII)〕

79) Cronin, D. A., Wark, M. K., **J. Agric. Food Chem.**, 1973, 21, 959 〔The characterization of some volatile constituents of mushroom(*Agaricus*

bisporus)]

80) David, G. S., Barry, H. R., **Mushroom Poisoning,** CRC Press, USA, 1994

81) Dijkstrd, F. Y., **Z. Lebensm. Unters. Forsch.**, 1976, 160, 401 (Studies on mushroom flavors. 3. Some flavor compounds in fresh, canned and dried mushrooms)

82) Dijkstra, F. I. J., Scheffers, W. A., Willen, T. O., **Antonie van Leeuwenhook Ned. Tijdschr. Hyg.**, 1972, 38, 329 (Submerged growth of cultivated mushroom)

83) Dijkstra, F. Y., Wiken, T. O., **Z. Lebensm. Unters. Forsch.**, 1976, 160, 255 [Studies on mushroom flavors, 1. Organoleptic significance of the constituents of cultivated mushroom, *Agaricus bisporus*]

84) Espin, J. C., van Leeuwen, J., Wichers, H. J., **J. Agric. Food Chem.**, 1999, 47, 3509 [Kinetic study of the activation process of a latent mushroom(*Agaricus bisporus*) tyrosinase by serine proteases]

85) Espin, J. C., Wichers, H. J., **J. Agric. Food Chem.**, 1999, 47, 3503 [Kinetics of activation of latent mushroom(*Agricus bisporus*) Tyrosinase by benzylalcohol]

86) Femor. T. R., Wood, D. A., **J. Gen. Microbiol.**, 1981, 126, 377 (Degradation of bacteria by *Agaricus bisporus* and other fungi)

87) Femor. T. T., Grant. W. D., **J. Gen. Microbiol**, 1985, 131, 1729 (Degradation of fungal and actinomycete mycelia by *Agaricus bisporus*)

88) Fisher. K. H., Grosch, W., **Lebensm. Wiss. Technol.**, 1987, 20, 233 [Volatile compound of importance in the aroma of mushrooms(*Psalliota bisporus*)]

89) Fraser, I. M., Fujikawa, B. S., **Mycologia**, 1958, 50, 538 (The growth promoting effect of several amino acids on the common cultivated mushroom, *Agaricus bisporus*)

90) Grove, J. F., **Phytochemistry**, 1981, 20, 2021 (Volatile compounds from the mycelium of the mushroom *Agaricus bisporus*)

91) Goltapeh, E. M., Kapoor, J. M., **Mushroom Sci.**, 1989, 12(1), 281 [New substrates for spawn production of button mushroom *Agaricus bisporus*(L.) Singer]

92) Hammond, J. B. W., Nicholas, R., **J. Sci. Food Agric.**, 1975, 26, 835 (Changes in respiration and soluble carbohydrate during the postharvest storage of mushrooms *Agaricus bisporus*)

93) Hammond, J. W., **Phytochemistry,** 1979, 18, 415 [Changes in composition of harvested mushrooms(*Agaricus bispours*)]

94) Holtz, R. B., Schisler, L. C., **Mycologia,** 1986, 78(5), 722 (Utilization of fatty acids by *Agaricus bisporus* in commercial culture)

95) Hume, D. P., Hayes, W. A., **Mushroom Sci.**, 1972, 8, 527 [The production of fruit body primodia in *Agaricus bisporus*(Lange) Sing. On atar media]

96) Iwahara, H., Yoshimoto, T., Fukuzumi, T., **Jpn. J. Foresty,** 1981, 27, 331 (Change in activities of extracelluar enzymes during life cycle of the edible mushroom, *Pleurotus ostreatus*)

97) John, B., Hammond, W., **J. Gen. Microbiol.**, 1977, 102, 245 (Carbohydrate metabolism in *Agaricus bisporus* : Oxidative pathways in mycelium and sporophore)

98) Kabir, Y., Kimura, S., **J. Nutr. Sci. Vitaminol.**, 1989, 35, 91 [Dietary mushrooms reduce blood pressure in spontaneously hypertensive rats(SHR)]

99) Khush, R. S., Becker, E., Wach, M., **Appl. Environ. Microbiol.**, 1992, 58, 2971 (DNA Amplification polymorphisms of the cultivated mushroom *Agaricus bisporus*)

100) Klambt, D. et al., **Proc. Natl. Acad. Sci.**(U.S.A.), 1966, 56, 52 (isol, Zeatin)

101) Kneebone, L. R., Patton, T. G., Shultz, P. G., **Mushroom. Sci.**, 1977, 9, 237 (Improvement of the brown variety of *Agaricus bisporus* by single

spore selection)

102) Kompany, E., Rene, F., **Lebensm. Wiss. Technol.**, 1993, 26, 524 [Aroma retention of cultivated mushrooms(*Agaricus bisporus*) during the freeze-drying process]

103) Kompany, E., Rene, F., **Lebensm. Wiss. Technol.**, 1995, 28, 238 [A note on the freeze-drying conditions for improved aroma retention in cultivated mushrooms(*Agaricus bisporus*)]

104) Kompany, E., Rene, F., **J. Food Sci.**, 1995, 32, 278 [Effect of freezing conditions on aroma retention in frozen and freeze-dried mushrooms (*Agaricus bisporus*)]

105) Kweon, M. H., Lim, E. J., Sung, H. J., **J. Kor. Agric. Chem.**, 1998, 41, 60 (Studies on biological polysaccharides isolated from *Agaricus bisporus*)

106) Lee, G. D., Chang, H. G., Kim, H. K., **Kor. J. Food Sci. Technol.**, 1997, 29, 432 (Antioxidative and nitrite-scavenging activities of edible mushrooms)

107) Lee, J. H., Park, J. W., Ha, Y. S., **Food Sci. Biotechnol.**, 2001, 10(6), 677 [Modeling drying characteristics of mushroom(*Agaricus bisporus*) depending on drying methods]

108) Levenberg, B., **J. Biol. Chem.**, 1964, 239, 2267 (isol, struct, Agaritine)

109) Li, Z. O., Chen, Y. Y., **Acta Microbiol. Sinica**, 1981, 21, 45 (An evaluation of mineral oil seal preservation of Basidiomycetes cultures)

110) Loch-Bonazzi, C. L., Wolff, E., Gilbert, H., **Lebensm. Wiss. Technol.**, 1992, 25, 334 [Quality of dehydrated cultivated mushroom(*Agaricus bisporus*): a comparison between different drying and freeze-drying processes]

111) Loch-Bonazzi, C. L., Wolff, E., **Lebensm. Wiss. Technol.**, 1994, 24, 386 [Characterization of the Flavor properties of the cultivated mushroom (*Agaricus bsporus*)and the influence of drying processes]

112) Macleod, A. J., Panchasara, S. D., **Phytochemistry,** 1983, 22, 705 〔Volatile aroma components, particularly glucosinolate, products of cooked edible mushroom(*Agaricus bisporus*) and cooked dried mushroom〕

113) Maga, J. A., **J. Agric. Food Chem.**, 1981, 29, 1 (Mushroom flavor)

114) Manning, K., Wood, D. A., **J. Gen. Microbiol.**, 1983, 129, 1839 (Production and regulation of extracellular endocellulase by *Agaricus bisporus*)

115) Mau, J. L., Beelman, R. B., Ziegler, G. R., **J. Food Sci.**, 1992, 57, 704 (1-Octen-3-ol in the cultivated mushroom, *Agaricus bisporus*)

116) Mau, J. L., Beelman, R. B., Ziegler, G. R., **J. Food Sci.**, 1993, 58, 331 (Factors affecting 1-Octen-3-ol in mushrooms *Psalliota bispora* at harvest and during postharvest storage)

117) Michalenko, G. O., Hohl, H., Dorarast. R., **J. Gen. Microbiol.**, 1976, 92, 251 (Chemistry and architecture of the mycelial wall *Agaricus bisporus*)

118) Miller, C. O., **Plant Physiol.**, 1982, 69, 1274 (Mitochondrial function inhibition, Zeatin)

119) Miller, R. E., **Mycologia,** 1971, 63, 630 (Evidence of sexuality in the cultivated mushroom, *Agaricus bisporus*)

120) Morawicki, R. O., Beelman, R. B., Peterson, D., Ziegler, G., **Process Biochem.**, 2005, 40, 131 (Biosynthesis of 1-octen-3-ol and 10-oxo-trans-8-decenoic acid using a crude homogenate of *Agaricus bisporus* optimization of the reaction : Kinetic factors)

121) Namba, H., Kuroda, H., **Chem. Pharm. Bull.**, 1988, 36(4), 1437 〔Potentiation of host-mediated antitumor activity by orally administered mushrooms(*Agaricus bisporus*) Fruit bodies〕

122) Nari., N. G., Fahy, D. C., **J. Appl. Bact.**, 1972, 35, 439 (Bacteria antagonistic to *Pseudomonas tolaasii* and control of brown blotch of the cultivated mushroom *Agaricus bisporus*)

123) Nussinovitch, A., Kampf, N., **Lebensm. Wiss. Technol.**, 1993, 25, 469 〔Shelf-life extension and conserved texture of alginate-coated mush-

rooms(*Agaricus bispoprus*)〕

124) Ooi, V. E. C., **Phytotherapy Res.**, 1996, 10, 536 (Heptoprotective effect of some edible mushrooms)

125) Pai, Tongkun, **Agric. Chem. Biotechnol.**, 2000, 43(3), 161 (Effects of Storage Environmental Conditions on Weight Loss, Whiteness Change and Microbial Activity of Mushrooms)

126) Paranjpe, M. S., Chen. P. K., Jong, S. C., **Mycologia**, 1979, 71, 469 (Morphogenesis of *Agaricus bisporus*: changes in proteins and enzyme activity〕

127) Park, J. W., Ha, Y. S., Lee, J. H., **Food Eng. Progress**, 2001, 33, 245 〔Moisture absorption characteristic of mushroom(*Agaricus bisporus*) as influenced by different drying methods〕

128) Parslew, R., Jones, K. T., Rhodes, J. M., Sharpe, G. R., **Br. J. Dermatol.**, 1999, 140, 56 〔The antiproliferative effect lectin from the edible mushroom(*Agaricus bisporus*)on human keratinocytes: preliminary studies on its use psoriasis〕

129) Passecker, F., **Mushroom Sci.**, 1959, 4, 477 (Kulturversuche mit wildfernen des champignons und anderen Agaricuceen)

130) Peng, J. T., Wu, L. C., **Mushroom Sci.**, 1972, 8, 103 (Variation in the cultivated mushroom, *Agaricus bisporus*)

131) Picardi, S. M., Issenberg, P., **J. Agric. Food Chem.**, 1973, 21, L 959 〔Investigation of some volatile constituents of mushroom(*Agaricus bisporus*): changes which occur during heating〕

132) Pyysalo, H., **Acta. Chem. Scand.**, 1976, B30, 230 (Volatile aroma)

133) Raper, C. A., Raper, J. R., Miller, R. E., **Mycologia**, 1972, 64, 1088 (Genetic analysis of the life cycle of *Agaricus bisporus*)

134) Raper, J. R., Raper, C. A., **Mushroom Sci.**, 1972, 8, 1 (Life cycle and prospects for interstrain breeding of *Agaricus bisporus*)

135) San Antonio, J. P., Thomas, R. L., **Mushroom Sci.**, 1972, 8, 623

(Carbondioxide stiumlation of hyphal growth of the cultivated mushroom, *Agaricus bisporus*)

136) Saxena, S., Rai, R. D., **Mushroom J. Tropics,** 1988, 8, 15〔Storage of button mushroom(*Agaricus bisporus*) : The effect of temperature perforation of packs and pretreatment with potassium metabisulphite〕

137) Sohi, H. S., Upadhyay, R. C., **Mushroom Sci.**, 1989, 12(2), 49 (Effect of Temperature on mycelial growth of *Pleurotus* species and their yield performance on selected substrates)

138) Szent-Gyorgyi, A., **J. Org. Chem.**, 1976, 41, 1603 (grey-white powder, Agaritoxin)

139) Tressl, R., Bari. D., Engel, K. H., **J. Agric. Food Chem.**, 1982, 30, 89〔Formation of C_8 components in mushroom(*A. bisporus*), 1-Octen-3-ol〕

140) Tsai, C. Y., Chen, C. C., Wu, L. C., **Mushroom Sci.**, 1974, 9, 357 (Bio-chemical changes in *Agaricus bisporus* with age)

141) Van Zaayen, A., **Mushroom Sci.**, 1978, X, 759 (Resistance of *Agaricus* species other than *bisporus* to mushroom virus disease)

142) Vogel, F. S., McGarry, S. J., Kemyer, L. A. K., Graham, D. G., **Am. J. Pathol.**, 1974, 76, 165 (Bacteriological properties of a class of quinoid compound related to sporulation in mushroom, *Agaricus bisporus*)

143) Wasowicz, E., **Bull. Acad. Polish. Sci. Sér. Sci. Biol.**, 1974, 22, 143〔Identification of the volatile flavor compounds in mushroom(*Agaricus bisporus*)〕

144) Wardle, K. S., Schisler, L. C., **Mycologia,** 1969, 61, 305 (The effect of various lipids on growth of mycelium of *Agaricus bisporus*)

145) Weaver, R. F. et al., **J. Biol. Chem.**, 1971, 246, 2010 (Neoplasm inhibitor, γ-Glutamyl-4-hydroxybenzene)

146) Wells, J. M., Sapers, G. M., Felt, W. F., Butterfield, J. E., Jones, B., Bouzar, H., Miller, F. C., **Phytopathology,** 1996, 86, 1098 (Postharvest discoloration of the cultivated mushroom *Agaricus bisporus* caused by

Pseudomonas tolaasii, *P. reactans* and *P. gingeri*)

147) Wong, W. C., Preece, T. F., **J. Appl. Bacteriol.**, 1985, 58, 275 〔*Pseudomonas tolaasii* in mushroom(*Agaricus bisporus*) crops: activity of formulation of 2-bromo-2-nitropane-1,3-diol(bronopol) against the bacterium and the use of this compound to control blotch disease〕

148) Wurzenberger, M., Grosch, W., **Z. Lebensm. Unters. Forsch.**, 1982, 175, 186 〔The Enzymic oxidative break down of linoleic acid in mushrooms (*Psalliota bispora*)〕

149) Wurzenberger, M., Grosch, W., **Biochem. Biophys. Acta.**, 1984b, 794, 18 〔Origin of the oxygen in the products of the enzymatic cleavage reaction of linoleic acid to 1-Octen-3-ol and 10-Oxo-trans-8-decenoic acid in mushrooms(*Psalliota bisporus*)〕

150) Yamada, O., Magae, Y., Kashiwagi, Y., Shiratori, T., Sasaki, T., **Nippon Shokuhin Kogyo Gakkaishi**, 1983, 30, 495 (Formation and regeneration of *Flammulina velutipes* and *Pleurotus ostreatus* protoplastas)

151) Yamaguchi, M., Hwang, P. M., Campbell, J. D., **Can. J. Biochem.**, 1970, 48, 198 〔Latent *o*-diphenol oxidase in mushrooms(*Agaricus bisporus*)〕

152) Yu, L. G., Ferning, D. G., White, M. R., Spiller, D. G., Appleton, P., Evans, R. C., Grierson, I., Smith, J. A., Davies, H., Gerasimenko, O. V., Peterson, O. H., Milton, J. D., Rhodes, J. M., **J. Biol. Chem.**, 1999, 274, 4890 〔Edible mushroom(*Agaricus bisporus*) lectin, which reversibly inhibits epithelial cell proliferation block, nuclear localization sequence dependent nuclear protein import〕

Rhodophyllus crassipes (Imaz. et Toki) Imaz. et Hongo
Entoloma crassipes Imaz. et Toki

외대덧버섯 16

외대버섯과 (Rhodophyllaceae)

• 분포 | 한국, 일본
• 용도 | 자실체(식용)

※ 식물학적 특성

가을 활엽수림 내 땅 위에 군생 또는 단생하는 외생 균근성 버섯, 갓 지름 6~15㎝, 초기에 종형, 후에 평반구형. 갓표면은 평활하고, 담갈회색, 백색의 비단상 섬유로 덮여 있고, 조직은 백색. 밀가루 냄새가 나며, 주름살은 홈형~끝붙은형. 약간 빽빽. 초기에 백색 후에 담홍색, 대는 원통형, 기부쪽이 굵고, 표면은 평활. 백색. 포자는 광타원상 다각형. 포자문은 담홍색이다.

동속 식용 버섯에는 방패외대버섯(*R. clypeatus*) 등이 있다.

※ 성분

1) 영양 성분

유리 아미노산 29종, 지방산 10종, 미량 무기질 13종 및 당류는 glycerol, mannitol, trehalose, hemicellulose, pectin, cellulose, lignin 등이 확인.

2) 특수 성분

동속식물 *R. nidorosus*에서 2-Amino-3-butenoic acid(R. A-01236), *E. haastii*에서 Cyclo-L-ala-lophen(B-00271)이 분리되었다.

외대덧버섯

✲ 생리 활성

항진균 효과① : Gram 양성균 *Bacillus subtilis*와 음성균 *Providencia retteri*(설사균)에 antibacterial activity가 있고 *Cylindrocarpon destructans*(인삼부식균)에 antifungal activity가 있다.

식물 병원성 곰팡이에 대한 항균 활성② : 한국산흰주름버섯 외 50종 버섯을 채집, 석유 ether, 80% EtOH 및 멸균 증류수로 각각 추출, 153종의 추출물을 얻어 식물 병원성 곰팡이에 대한 항균 활성을 검색한 결과, *A. alternata*에 항균 활성은 독우산관대버섯(H_2O ex), MPC-3버섯(EtOH ex), 큰낙엽버섯 및 *Xanthoconium affine*(석유 ether ex)은 활성을 보였고, 잔디탄저병균, *C. graminicola*에는 애광대버섯, 노란길민그물버섯, 흰둘레무당버섯(석유 ether ex), 해면버섯, MPC-3버섯, 주걱송편버섯(EtOH ex), 조개껍질버섯(H_2O ex)이 각각 항균 활성을 보였다. 인삼뿌리썩음병균, *C. destructans*에는 애광대버섯, 수원그물버섯, 해면버섯, MPC-3버섯, 주걱송편버섯, 띠미로버섯, 외대버섯(EtOH ex), 애광대버섯, 흰둘레무당버섯, 향버섯, 큰낙엽버섯(석유 ether ex)이 각각 항균성을 보였다. 오이덩굴쪼갬병균, *F. O. cucumerium*에는 MPC-3 버섯(EtOH ex)이 항균성을, 감자시듦병균, *F*₁. *Solani*에 진갈색주름버섯(H_2O ex), 무변색무당버섯(EtOH ex)이 각각 항균성을 보였다. 잔디탄저병균, *I. bolleyie*에는 진갈색주름버섯(H_2O ex), MPC-3버섯(EtOH ex)이 항균 활성을 보였다.

항돌연변이 원성 및 암 세포 성장 억제 : 13종의 야생 버섯 추출물을 항돌연변이 효과를 *S. typhymurium* TA98과 TA100으로 실험한 결과, 직접 변이원인 MNNG에 대해 산속그물버섯아재비, 구름버섯의 MeOH ex가 TA100에 90~94%의 강한 항변이 원성을, 갓 버섯과 구름버섯의 열수 추출물도 58~61% 저해 효과를 보였다. 간접 변이원인 B(α)p에 대해서 TA98과 TA100에서 구름버섯과 턱받이금버섯 MeOH ex가 가장 강한 저해 효과를, 열수 추출물 중 잔피막흑주름버섯과 수원무당버섯은 TA98에서 60~70% 저해 활성을, 갓버섯은 TA100에 45% 돌연변이 억제를 보였으나, 그 외에는 없었다. 또 야생 버섯 MeOH ex 0.5㎎/㎖ 투여 시 결장암 세포 HT29에 대해 그물버섯, 산속그물버섯아재비, 방패외대버섯, 황소비단그물버섯, 구름버섯, 턱받이 금버섯, 덕다리버섯에서 55~78% 이상 억제를 보였고, 1㎎/㎖에서 11종의 버섯에서 50% 이상 억제 효과를 보였다. 간암 세포 $HepG_2$에는 방패외대버섯 MeOH ex 1㎎/㎖에서만 58.4% 저해능을, 나머지 시료에서는 45% 낮은 저해를 보였다. 혈액 암 세포주인 U937에는 그물버섯, 산속그물버섯아재비, 수원무당버섯, 황소비단그물버섯, 밀버섯, 잔피막흑주름버섯, MeOH ex에서 60% 이상 저해 활성을, 구름버섯 열수 추출물은 $HepG_2$와 U937에 53~65% 저해를, 대부분의 버섯 열수 추출물은 40% 이하의 저해 활성을 보였다. 정상 임파구에서 야생 버섯 추출물 0.5~1㎎/㎖에서 75~80% 이상의 생존율을 보여 야생 버섯 추출물 1㎎/㎖에서 암 세포에 높은 억제 효과를, 정상 세포에는 비교적 독성이 낮았다.

국내산 외대 버섯속 식물① : 전주 교외 만덕산 부근에서 수집한 외대버섯속 식물의 새로운 이름을 명명하였다. *Entoloma cuboideum* Hasler(네모외대버섯), *E. subquadratum* Hesler(네모외대버섯아재비), *E. albinellum* Hesler(흰배꼽외대버섯), *E. albidum*(Murr.) Hesler(흰색외대버섯), *E. amplifolium* (Murr.) Hesler(큰외대버섯), *E. fragrans* Hesler(향외대버섯), *E. lampropum* (Fr.) Hesler(빛외버섯) 등이다.

국내산 외대 버섯속 식물② : 전주 교외 만덕산 부근에서 수집한 외대 버섯속 식물을 새로운 이름을 명명하였다. *Entolima scabrosum*(껄껄이외대버섯), *E. aethiops* var. *acthiops*(검은비늘외대버섯), *E. pollidolivaceum*(퇴색노랑외대버섯), *E. sericellum*(비단외대버섯), *E. sarcitum*(짐외대버섯), *E. anatinum* (민꼬리외대버섯), *E. tortuosum*(굴곡외대버섯), *E. mephiticum*(독외대버섯) 등이다.

국내산 외대 버섯속 식물③ : 국내 내장산, 장안산, 만덕산에서 수집한 외대버섯으로 확인된 미등록 버섯은 *Entoloma squamodiseum*(비듬외대버섯), *E. nigroviolaceum* var. *nigroviolaceum*(흑자색외대버섯아재비), *E. subrhombiporum*(연포자외대버섯아재비), *E. spadix*(이삭외대버섯), *E. fumosialbum*

(흰연기외대버섯), *E. peckianum*(흠집외대버섯), *E. strictius* var. *strictus* (직립외대버섯 아재비), *E. albatum*(흰배꼽외대버섯아재비)이다.

국내산 외대 버섯속 식물④ : 내장산, 지리산, 용문사, 전북 임업 시험림, 만덕산, 발안산 등에서 다수의 외대버섯을 수집 한국 미기록종으로 확인된 것의 한국 보통명과 함께 보고하였다. *Entoloma fuscodisum*(검댕이외대버섯) *E. incanum*(녹색외대버섯), *E. fracturans*(파열외대버섯), *E. lignoputridum*(고목외대버섯), *E. nigroviolaceum* var. *striatulum*(흑보라줄외대버섯). *E. grayanum* var. *grayanum*(회색외대버섯아재비). *E. maleolens*(큰렌즈외대버섯), *E. pungens*(가시외대버섯)이다.

맛 성분 : 외대버섯의 핵산 5'-AMP과 5'-GMP는 정미(呈味) 성분으로 버섯의 맛을 나타낸다.

✲ 효능과 이용

1) 식용 : 자실체를 식용한다.

참고문헌

1) 김현정, 이인선, **식품과학회지,** 2004, 36(4), 662 (한국산 야생 버섯 추출물의 항돌연변이원성 및 암 세포 성장억제 효과－구름버섯, 그물버섯, 덕다리버섯, 밀버섯, 수원무당버섯, 방패외대버섯, 턱받이금버섯, 황소비단버섯)
2) 민지영, 김은미, 민태진, **균학회지,** 1997, 25(4), 354 (버섯 중 항균 활성 물질 개발, 버섯중의 식물병원성 곰팡이에 대한 항균 활성 물질의 검색－조개껍질버섯, 외대버섯, 수원그물버섯, 능이, 진갈색주름버섯, 띠미로버섯, 흰주름버섯)
3) 민태진, 김은미, 유선호, **균학회지,** 1996, 24(1), 15 (한국산 버섯 추출물의 항진균 및 항세균 활성 검색－외대버섯, 장수버섯, 우산버섯)
4) 이지열, **원색한국버섯도감,** 아카데미서적, 서울, 1988, 58 (외대버섯)
5) 이태수, 이지열, **한국기록종 버섯 재정리 목록,** 임업연구원, 2000

6) 조덕현, 박성식, **균학회지,** 1991, 19(1), 11 〔한국산 외대 버섯속의 기록(1)〕
7) 조덕현, 박성식, **균학회지,** 1991, 19(2), 93 〔한국산 외대 버섯속의 기록(2)〕
8) 조덕현, 박성식, **균학회지,** 1991, 19(4), 241 〔한국산 외대 버섯속의 기록(3)〕
9) 조덕현, 이용보, **균학회지,** 1992, 20(3), 195 〔한국산 외대버섯속의 기록(5)〕
10) 한국 균학회, **버섯 이름, 한국명 통일안,** 2000, 176
11) Birch, G., **Adv. Carbohydr. Chem.,** 1963, 18, 201 (rev, Trehalose)
12) Brimacombe, J. S. et al., **The Carbohydrate,** Academic Press, 1972, 1A, 479 (Needles, Mannitol)
13) Cheung, L. M., Cheung Peter, C. K., Ooi Vincent, E. C., **Food Chem.,** 2003, 81, 249 (Antioxidant activity and total phenolics of edible mushroom extracts)
14) Dardenne, G., **Phytochemistry,** 1974, 13, 1897 (isol, 2-Amino-3-butenoic acid)
15) Hampton, A. et al., **J. Med. Chem.,** 1976, 19, 1029 (muscle, 5'-AMP)
16) Hui, Y. F., Den, E. S., Chi, T. H., **J. Food Lipids,** 2002, 9, 35 (Antioxidant and free radical scavenging activities of edible mushrooms)
17) Kabir, Y., Kimura, S., **J. Nutr. Sci. Vitaminol.,** 1989, 35, 91 (Dietary mushrooms reduce blood pressure in spontaneously hypertensive rats)
18) Lee, G. D., Chang, H. G., Kim, H. K., **Kor. J. Food Sci. Technol.,** 1997, 29, 432 (Antioxidative and nitric-scavenging activities of edible mushrooms)
19) Lindberg, B. et al., **Acta Chem. Scand.,** 2953, 7, 591 (Occur, Arabitol)
20) Mau, J. L., Lin, H. C., Song, S. F., **Food Res. Int.,** 2002, 35, 519 (Antioxidant properties of several specialty mushrooms)
21) Mizuno, T., **Food Res. Int.,** 1995, 11, 7 (Bioactive biomolecules of mushrooms: Food function and medicinal effect of mushroom fungi)
22) Pegler, D. N., **The Concise Illustrated Book of Mushrooms and Other Fungi,** Gallery Books, New York, USA, 1989
23) Tener, G. M., **J. Am. Chem. Soc.,** 1961, 83, 159 (5'-GMP)

Amanita vaginata (Bull. ex Fr.)
Vitt. var. *vaginata*
Amanitopsis vaginata (Bull. ex Fr.) Roze

우산버섯 17

광대버섯과 (Amanitaceae)

• 중국명 | 灰托鵝膏菌
• 분포 | 한국, 중국, 일본, 유럽, 북아메리카 등 전 세계
• 용도 | 자실체(식용)

✲ 식물학적 특성

여름~가을에 침엽수림, 활엽수림 내 땅 위에 단생 또는 산생하는 외생 균근성 버섯, 어린 것은 난형, 갓 지름은 3~9㎝, 초기에 반구형, 후에 볼록편평형. 표면은 평활. 회색~회갈색, 방사상 홈선이 있고, 조직은 백색, 주름살은 떨어진형, 약간 빽빽. 백색, 대의 상부는 가늘고, 속은 빔. 표면은 백색~회백색. 가루가 조금 있고, 기부에는 외피막의 백색 주머니가 있다. 포자는 구형, 표면은 평활, 비아밀로이드, 포자문은 백색이다.

동속 식물에는 달걀버섯(*A. hemibapha*)과 변종 고동색우산버섯(var. *fulva*)이 있고 식용한다.

✲ 성분

1) 특수 성분

우산버섯에서 2-Amino-3-methylene hexanoic acid(S, A-01450)가 분리되었고, 유리 아미노산 14종도 확인되었다.

우산버섯

✻ 생리 활성

항균 활성 : 우산버섯은 gram 양성균인 *Bacillus licheniformis*(위장염균)에 antibacterial effect와 곰팡이인 *Aspergillus flavus*, *A. niger*에 antifungal activity 및 hemolysis(ICR mouse) 작용이 있다.

Amino acids : 우산버섯의 총 아미노산은 버섯 g당 lysine 12.28㎎/g, histidine 5.12㎎, arginine 9.80㎎, threonine 8.00㎎, glutamic acid 34.94㎎, alanine 11.62㎎, valine 8.94㎎, glycine 8.30㎎, methionine 1.63㎎, isoleucine 7.88㎎, leucine 14.00㎎, phenylalanine 7.82㎎, cysteine 1.28㎎, aspartic acid 15.28㎎, serine 10.34㎎, threonine 3.90㎎ 16종이 분리되었다.

✻ 효능과 이용

1) 효능 : 항균.
2) 식용 : 식용 버섯이다.
3) 약용 : 항균(gram 양성균) 효과에 응용.

※ 생식하면 중독되며 위장장애가 있다.

참고문헌

1) 金三純, 金養燮, **韓國産 버섯 圖鑑,** 裕豊出版社, 서울, 1990
2) 김병각, 이영수, 최응칠, 심미자, 이영남, **생화학회지,** 1977, 10(1), 47 (한국산 고등균류의 성분 연구, *Amanita spissacea* 및 *Amamita vaginata*의 아미노산)
3) 農村振興廳 農業技術研究所編, **韓國産 버섯類 原色圖鑑(Ⅰ),** 1987
4) 卯曉嵐, 莊長坪, 歐株次旺, **西藏大型經濟眞菌,** 北京科學技術出版社, 1991 (생리 활성)
5) 민태진, 김은미, 유선호, **균학회지**, 1996, 24(1), 15 (한국산 버섯 추출물의

항진균 및 항세균 활성 검색)

6) 박상신, 이갑득, 민태진, **균학회지**, 1995, 23(2), 176 (버섯 중 항균 물질의 검색 및 개발에 관한 연구, 그람음성균 및 곰팡이에 대한 항균 물질의 검색)
7) 朴婉熙, 李虎得, **한국의 버섯**, 교학사, 서울, 1991, 129 (우산버섯)
8) 應建浙, 卯曉嵐, 馬啓明, 宗毓臣, 文華安, **中國藥用眞菌圖鑑**, 科學出版社, 1987
9) 이지열, **균학회지**, 2005, 33(1), 54 〔한국 기록종 버섯 추가 목록(2001-2004)〕
10) 李址烈, **韓國 버섯 圖鑑**, 아카데미서적, 서울, 1988, 40 (우산버섯)
11) 이태수, 이지열, **한국기록종 버섯 재정리 목록**, 임업연구원, 2000
12) 한국 균학회, **버섯 이름, 한국명 통일안**, 2000, 176
13) Chang, S.T., Miles, P.G., **Edible Mushroom and their Cultivation,** CRC Press, New York, USA, 1989
14) Cheung, L. M., Cheung Peter, C. K., Ooi Vincent, E. C., **Food Chem.**, 2003, 81, 249 (Antioxidant activity and total phenolics of edible mushroom extracts)
15) David, G. S., Barry, H. R., **Mushroom Poisoning,** CRC Press, USA, 1994
16) Dickinson, H., Lucas, J., **The Encyclopedia of Mushrooms,** Crescent Books, New York, USA, 1983
17) Gerhardt, E., **Pilze,** BLV Handbook, 1995
18) Hui, Y. F., Den, E. S., Chi, T. H., **J. Food Lipids,** 2002, 9, 35 (Antioxidant and free radical scavenging activities of edible mushrooms)
19) Imazeki, R., Otani, Y. Hongo, T., **Color Illustration Mushrooms of Japan,** Yama-Kei Publisher Co. Ltd., Tokyo, Japan, 1988
20) Kabir, Y., Kimura, S., **J. Nutr. Sci. Vitaminol.**, 1989, 35, 91 (Dietary mushrooms reduce blood pressure in spontaneously hypertensive rats)
21) Lee, G. D., Chang, H. G., Kim, H. K., **Kor. J. Food Sci. Technol.**, 1997, 29, 432 (Antioxidative and nitric-scavenging activities of edible mushrooms)
22) Liu, F., Ooi, V. E. C., Chang, S. T., **Life Sci.**, 1997, 60, 763 (Free radical scavenging activities of mushroom polysaccharide extracts)

23) McDonnell, J. E. W., Esselen, W. B. Jr., **Food Res.**, 1947, 12, 118 (Carbohydrates in Cultivated mushrooms)

24) Mizuno, T., **Food Res. Int.**, 1995, 11, 7 (Bioactive biomolecules of mushrooms: Food function and medicinal effect of mushroom fungi)

25) Pegler, D. N., **The Concise Illustrated Book of Mushrooms and Other Fungi,** Gallery Books, New York, USA, 1989

26) Verrier, R. et al., **Phytochemistry**, 1970, 9, 2059 (2-Amino-3-methylene hexanoic acid)

27) Wasser, S. P., Weiss, A. L., **Crit. Rev. Immunol.**, 1999, 19, 65 (Therapeutic effects of substances occurring in higher Basidiomycetes mushroom: a modern perspective)

잎새버섯

Grifola frondosa
(Dicks. ex Fr.) S. F. Gray
Polyporus frondosus Fr.

잎새버섯 18

구멍장이버섯과 (Polyporaceae)

• 일명 | Maitake
• 중국명 | 灰樹花
• 분포 | 한국, 일본, 중국, 북반구 온대 이북
• 용도 | 자실체(식용)

✲ 식물학적 특성

여름~가을에 활엽수, 특히 늙은 물참나무의 밑동 위에 발생하는 심재 백색 부후성 버섯. 자실체는 1개의 대기부에서 생긴 몇 개의 대가 다시 여러 번 분지. 대상부에 갓이 있어 꽃다발형. 전체의 지름 30㎝, 높이 25㎝, 갓 지름 2~5㎝, 두께 0.2~0.4㎝, 부채형. 주걱형~반원형. 표면에 방사상의 섬유무늬. 흑갈색~회색. 조직은 육질, 백색. 자실층은 백색. 관공구는 원형~부정형. 포자는 난형~타원형. 포자문은 백색이다.

동속 식용 버섯에는 저령(*G. umbellata*), 다박잎새버섯(*G. albicans*), 왕잎새버섯(*G. gigantea*) 등이 있다.

✲ 성분

1) 영양 성분

잎새버섯(생것, 7024) 100g중 열량 30.0㎉, 단백질 3.6g, 지질 0.5g, 당질 4.6g, 조섬유 2.00g, Ca 1.0㎎, P 113.0㎎, Fe 23.0㎎, Zn 0.8㎎, vitamin B_1 0.21㎎,

B_2 0.49㎎, B_6 0.11㎎, niacin 4.0㎎, 엽산 23.2㎍, E 0.12㎎.

2) 특수 성분

잎새버섯에서 Chitin(C-00924), Fungisterol(E-01478), Mannitol(M-00209), Trehalose(T-01623), Glycerol(C-00542), Cellulose(C-00659), α-D-Glucan (L-00533), β-D-glucan(P-02216) Methylsterol(M-01346), 5'-GMP(G-00873), 5'-AMP(A-00446), Ergosterol(E-01484), Sphinolipid (A-01486), Triglyceride, Lectin, 5'-UMP(U-00125), Gibberellin, Xylose 등이 분리되었고, *G. confluens* 에서 Grifolin(G-00759), α-D-Glucan(L-00533), β-D-Glucan (D-02216), Glucomannan(M-00207), Heteroglucan, Mannoxyglucan 등이 분리되었다.

✻ 생리 활성

항암 작용① : 잎새버섯의 다당체는 β-1, 3 결합의 glucose를 main chain으로 측쇄에 β-1, 6 결합 물질로 분자량 1×10^6 dalton의 β-glucan(D-fraction)을 경구 투여 또는 주사하면, 면역 system을 활성화시켜 antitumor activity가 있는 것으로 보고되었다. 또한 Nanda는 D-fraction 과 mitomycin C와 병용하였을 때 98%의 antitumor activity가 있고, 이는 natural killer cell 활성화에 의한다. 잎새버섯 자실체 분말은 혈당 조절 기능도 뛰어난 것은 특히 X-fraction(β-1, 4 결합, β-1, 6 결합이 주 결합)이 유전적 당뇨쥐에 경구 투여하면 insulin에 민감성이 증가, 혈당이 저하되는 것으로 보고하고 있다. 뿐만 아니라 잎새 버섯 분말 식이를 rat에 투여한 결과, cholesterol-lowering effect가 확인되었다.

항암성과 향미 개선 버섯 메주 제조② : 잎새버섯, 동충하초, 표고, 영지, 신령, 느타리, 상황버섯 균사체를 메주 무게의 10%를 접종, 25℃에서 4주간 배양한 버섯 균사체 메주 중 상황, 영지, 신령 버섯 균사체 메주가 항암성과 향미 완화기능이 우수하였다.

항암 효과③ : 잎새버섯은 sacoma 180(ICR mouse)에 억제율 68~100%, MH-

46, carcinoma, ICM-carcinoma에 항종양 효과가 있다.

3T3-L_1 지방 세포 및 제2형 항당뇨 효과 : insulin 저항성이 있는 경우 3T3-L_1 지방 세포에서 포도당 흡수 정도를 관찰한 결과, 잎새버섯 조당체 분획(HW-1)이 3T3-L_1 지방 세포의 insulin 민감성을 향상시켜 대조군에 비해 포도당 흡수를 4.2배 증가시켰다. 제2형 당뇨 모델 KK/A 마우스(5주령)를 3주간 적응시킨 후, HW-1을 8주간 자유 식이하면서 관찰한 결과, HW-1식이군은 대조군에 비해 식이 섭취량과 최종 체중 간에는 차이가 없었으나, 음수 섭취량은 대조군에 비해 2배 정도 적었고, 혈당은 HW-1군이 대조군보다 식이 1주째에 335.4±51.8㎎/*dl*로 낮았고, 8주째에 311±96.8㎎/*dl*로 혈당 상승 억제 효과를 보였다. 혈장 insulin 농도는 HW-1군이 84.7±18.9㎎/*dl*로 대조군(342.7±125㎎/*dl*)보다 감소하였다. 당화혈색소는 HW-1 군이 8.99%로 대조군 9.87%보다 감소하였다. 이상으로 잎새버섯 열수 추출물의 조 다당체 HW-1이 insulin 민감성 효과가 있고, 제2형 당뇨 모델 KK-A 마우스에서 혈당 강하 효과가 규명되어 insulin 민감성 제제로의 개발 가능성을 보였다.

생리 기능과 기능성 음료 제조 : 잎새버섯의 MeOH와 물의 추출수율은 각각 28.7%, 130㎎/100g, 49.2%, 327㎎/100g이었고, polyphenol 함량은 MeOH ex가 2.5배 많았다. 잎새버섯의 DPPH 라디칼 소거능은 MeOH ex에서 65.4%, H_2O ex에서 76.3%로 H_2O ex가 높았으나, SOD 유사활성은 1,000㎍/㎖에서 26.3~33.8%로 낮았다. ACE 저해효과는 MeOH ex에서 41.2%, H_2O ex에서 75.1%이었다. tyrosinase 억제효과는 MeOH ex에서 31.8%, H_2O ex에서 42.5%이었다. 이상과 같이 MeOH ex보다 H_2O ex가 생리적 기능이 높았으므로 H_2O ex를 음료 제조에 이용, 최적 비율을 조사한 결과, 버섯 H_2O ex 0.5%, oligo당 8.0%, 녹차 ex 2%, 대추 ex 2%, solomon's seal ex 1.0%, vitamin C 0.01%, 사과 ex 2%로 이때 음료의 당도는 9.8 Brix, 색도 L은 35.05, a는 3.24, b는 13.64이었다.

잎새버섯 Sponge cake의 품질 특성 : 건조잎새버섯의 일반 성분은 수분 8.6%, 탄수화물 36.9%, 조단백질 32.6%, 조지방 1.1%, 조섬유 13.8%, 회분 7.0%이었다. 잎새버섯(시료) 가루 첨가가 증가됨에 따라 반죽의 비중, 점도와 케이크의 무게가 증가하였으나, 부피와 비용적, 높이는 감소하였고, crust와 crumb 색도도 감소하였다. 경도, 점성, 부서짐은 시료 증가에 따라 상승하였으나, 응집성, 탄력성은 감소하였다. 관능 검사에서 시료 증가량에 따라 외관, 색에서 선호도는 낮았으나, 향, 맛 및 종합적인 기호도는 5% 첨가구가 양호하여, sponge cake는 잎새버섯 분말 5% 첨가가 가장 적합한 것으로 나타났다.

β-Glucan 파운드 케이크 특성 : β-glucan은 곡류(보리, 귀리, 호밀), 버섯 균사체와 자실체에 존재하며 생리 활성은, 혈당 강하, 담즙산과 지질 흡수 제한, cholesterol 합성 제한, 체지방 축적 억제, 면역 세포의 기능 활성화로 암 세포 증식 억제, 항균성, 항virus성, 항염증, 피부 노화 방지 등이 있다. β-glucan 0, 3, 6, 9% 첨가 파운드 케이크를 만들어 품질 특성을 조사한 결과, β-glucan 첨가 농도 의존적으로 부드러움 유지가 길어 보존성이 증가하였고, L값, b(황색도)는 차이가 없었으나, 적색도는 저장 기간의 연장에 따라 증가, TPA 조직감 중 경도는 저장 6일에 대조군은 제조직 후 165%까지 증가, β-glucan 6과 9%구는 경도가 유지, β-glucan 첨가 케이크 노화가 지연되었고, 전체적 기호도는 6%구가 가장 우수하였으며, 저장 7일째 β-glucan 첨가구가 기호도가 높았고, 특히 3과 6% 첨가구가 높았다.

일반 성분 : 잎새버섯의 유리 아미노산 23종과 무기질 11종(K, P가 풍부) 및 게르마늄이 검색되었고, 당류는 glucose, trehalose, mannitol, cellulose, hemicellulose 등이, glycerol, 지방산 10종, triglyceride, sphingolipid 등이 분리되었다.

효소 : 잎새버섯에서 분리된 효소로는 cellulase, hemicellulase, amylase, xylase, pectinase, phenoloxidase, laccase, peroxidase, aminoendopeptidase 등이었다.

기타 연구 : 잎새버섯의 생리 활성으로는 혈압저하, 혈소판 응집 억제, 이뇨, 진정, 강장, 항균, 항변이원성도 보고되고 있다.

✻ 효능과 이용

1) 효능 : 고혈압, 빈혈, 폐결핵.
2) 식용 : 향기 좋은 식품 재료. 차(가루), 추출물 가루, Drink제, 과립 등으로 가공되어 건강식품으로 이용되고 있다.
3) 약용 : 항균, 혈압 강하, 이뇨, 진정, 폐결핵에 응용한다.

참고문헌

1) 김영숙, 박철우, 김석중, 박숙자, 류충호, 조현종, 김정옥, 임동길, 하영래, **식품영양과학회지,** 2002, 31(6), 986 (항암성과 향미개선된 재래식버섯 균사체 메주의 제조-잎새버섯, 동충하초, 표고, 영지, 신령버섯, 느타리, 상황버섯)
2) 농림부, **농림부,** 2001 (한방처방을 이용한 약용버섯의 기능성 식품 개발연구)
3) 농촌진흥청, **농촌진흥청,** 2000 (잎새버섯의 균상재배기술개발)
4) 박금주, 오명주, 이상윤, 김현수, 하효철, **식품과학회지,** 2007, 39(3), 330 〔$3T3\text{-}L_1$ 지방세포 및 제2형 당뇨모델에서 잎새버섯(*Grifola frondosa*) 조다당체 추출물의 항당뇨효과〕
5) 신유미, 양윤형, 김미정, 조한영, 김미리, **조리과학회지,** 2005, 21(6), 950 (β-Glucan 첨가 파운드 케이크의 저장 중 품질 특성)
6) 이재성, 이종숙, **식품영양과학회지,** 2007, 36(10), 1241 (잎새버섯 추출물의 생리기능 및 음료제조)
7) 이종숙, 김한섭, 이윤주, 정인창, 배종호, 이재성, **식품과학회지,** 2007, 39(4), 400 (잎새버섯 분말 첨가가 Sponge cake의 품질 특성에 미치는 영향)
8) 이지열, **균학회지,** 2005, 33(1), 54 〔한국 기록종 버섯 추가 목록(2001-2004)〕
9) 이태수, 이지열, **한국기록종 버섯 재정리 목록,** 임업연구원, 2000
10) 정건섭, 구영조, 유진영, **균학회지,** 1991, 56, 61 (유청을 이용한 영지버섯과 잎새버섯의 균사체배양)
11) 정건섭, **식품기술,** 1991, 4, 23 (Cheese whey를 기본 배지로 사용한 영지

버섯 및 잎새 버섯의 균사체 액체 배양)

12) 정인창, **서라벌대학 논문집**, 2001, 19, 95 (잎새버섯의 균사체 배양 조건)

13) 정환진, **건국대 농축개발대학원**, 1989 (잎새버섯 우량계통육성과 인공 재배법개발)

14) 정환채, 주현규, **농사시험연구논문집 잠업농리균이**, 1989, 31(2), 43 (잎새버섯 우량계통 육성과 인공 재배법 개발)

15) 최현선, **고려대학교, 대학원**, 1997 (잎새버섯추출물의 Angiotensin Converting Enzyme 저해 활성물질)

16) 한국 균학회, **버섯 이름, 한국명 통일안**, 2000, 176

17) Adachi, K., Nanba, H., Kuroda, H., **Chem. Pharm. Bull.**, 1987, 35, 262 (Potentiation of host-mediated autitumor activity in mice by β-glucan obatined from *Grifola frondosa*)

18) Adachi, K., Nanba, H., Ostuka, M., Karoba, H., **Chem. Pharm. Bull.**, 1988, 36, 1000 (Blood Pessure-lowering activity present in the fruit body of *Grifola frondosa*)

19) Adachi, Y., Ohno, N., Ohsawa, M., Oikawa, S., Yadomae, T., **Chem. Pharm. Bull.**, 1990, 38, 477 〔Change of biological activities of $\beta(1\rightarrow3)$-D-glucan from *Grifola frondosa* upon molcular weight reduction by heat treatment〕

20) Adachi, Y., Okazaki, M., Ohno, N., Yamadae, Y., **Biol. Pharm. Bull.**, 1994, 17, 1554 〔Enhancement of cytokine production by macrophage stimulated with$(1\rightarrow3)$-β-glucan, Grifolan(GRN), isolated from *Grifola frondosa*〕

21) Akihisa, T. et al., **Phytochemistry**, 1989, 28, 1219 (isol, Methylsterol)

22) Austin, P. R. et al., **Science**(Washington, D.C.), 1981, 212, 749 (rev, Chitin)

23) Bae, J.T., Sim, G.S., Lee, D.H., Lee, B.C., Pyo, H.B., Choe, T.B., Yun, J.W., **FEMS Microbiol. Lett.**, 2005, 251, 347 (Production of exopolysaccharide from mycelial culture of *Grifola frondosa* and its inhibitory

effect on matrix metalloproteinase-1 expression in UV-irradiation human dermal fibroblasts)

24) Birch, G., **Adv. Carbohydr. Chem.**, 1963, 18, 201 (rev, Trehalose)

25) Brimacombe, J. S. et al., **The Carbohydrate,** Academic Press, 1972, 1A, 479 (Needles, Mannitol)

26) Chang, S. T., Miles, P. G., **Edible Mushroom and their Cultivation,** CRC Press, New York, USA, 1989

27) Cheung, L. M., Cheung Peter, C. K., Ooi Vincent, E. C., **Food Chem.**, 2003, 81, 249 (Antioxidant activity and total phenolics of edible mushroom extracts)

28) Choi, H. S., Cho, H. Y., Yang, H. C., Ra, K. S., Suh, H. J., **Food Res. Int.**, 2001, 34, 177 (Angiotensin-1 converting enzyme inhibitor from *Grifola frondosa*)

29) Foster, A. B. et al., **Adv. Carbohydr. Chem.**, 1960, 15, 371 (rev, Chitin)

30) Fukushima, M., Ohashi, T., Fujiwara, Y., Sonoyama, K., Nakano, M., **Exper. Biol. Med.**, 2001, 226, 756 〔Choletstrol-lowering effects of maitake(*Grifola frondosa*) fiber, shiitake(*Lentinus edodes*) fiber, and Enokitake(*Flammulina velutipe*) fiber in rats〕

31) Hampton, A. et al., **J. Med. Chem.**, 1976, 19, 1029 (muscle, 5'-AMP)

32) Hishida, I., Nanba, H., Kuroda, H., **Chem. Pharm. Bull.**, 1988, 26, 1819 〔Antitumor activity exhibited by orally administered extract from fruit body of *Grifola frondosa* (Maitake)〕

33) Horio, H., Ohtsuru, M., **J. Nutr. Sci. Vitaminol.**, 2001, 47, 57 〔Maitake (*Grifola frondosa*) improve glucose tolerance of experimental diabetic rats〕

34) Hui, Y. F., Den, E. S., Chi, T. H., **J. Food Lipids**, 2002, 9, 35 (Antioxidant and free radical scavenging activities of edible mushrooms)

35) Kabir, Y., Kimura, S., **J. Nutr. Sci. Vitaminol.**, 1989, 35, 91 (Dietary mushrooms reduce blood pressure in spontaneously hypertensive rats)

36) Komad, N., Komuta, K., Sakai, N., Nanba, H., **Biol. Pharm. Bull.**, 2002, 25(2), 1647 (Effect of D-fraction, a polysaccharide from *Grifola frondosa* on the tumor growth involve activation of NK cells)

37) Kono, S., Tortorelis, D. G., Fullerton, S. A., Samadi. A. A., Hettiarachchi, J., Tazaki, H., **Diabetic Med.**, 2001, 18, 1010 (A possible hypoglycemic effect of Maitake mushroom on type 2 diabetic patient)

38) Kubo, K., Aoki, H., Nanba, H., **Biol. Pharm. Bull.**, 1994, 17, 1106 (Anti-diabetic activity present in the fruit body of *Grifola frondosa*)

39) Kubo, K., Nanba, H., In **Mushroom Biology and Mushroom Products**, Royse, D. J., ed. University Park, PA: Penn. State University, 1996, 215~221 〔Antidiabetic mechanism of maitake(*Grifola frondosa*)〕

39) Kubo, K., Nanda, H., **Biol. Pharm. Bull.**, 1997, 20, 781 (Anti-hypolipolysis effect of Maitake fruit body, *Grifola frondosa*)

40) Kurashige, S., Akuzawa, Y., Endo, F., **Immunopharmacol. Immunotoxicol.**, 1997, 19, 175 (Effect of *Lentinus edodes*, *Grifola frondosa* and *Pleurotus ostreatus* administration on cancer outbreak and activities of macrophage and lymphocytes in mice treated with a carcinogen, N-butyl-N-butanol nitrosamine)

41) Kyoko, A., Hiroaki, N., Masamichi, O., Hisatora, K., **Chem. Pharm. Bull.**, 1988, 36, 1000 〔Blood pressure lowering activity present in the fruit body of *Grifola frondosa* (Maitake)〕

42) Kyoko, A., Hiroaki, N., Masamichi, O., Hisatora, K., **Chem. Pharm. Bull.**, 1987, 35, 262 (Potentiation of host mediatied antitumor activity in mice by glucan obtained from *Grifola frondosa*)

43) Lee, B.C., Bae, J.T., Pyo. H.B., Choe, T.B., Kim, S.W., Hwang, H.J., Yun, J.W., **Enzyme Microbiol. Tech.**, 2003, 32, 574 (Biological activities of the polysaccharides produced from submerged Culture of the edible basidiomycetes *Grifola frondosa*)

44) Lee, G. D., Chang, H. G., Kim, H. K., **Kor. J. Food Sci. Technol.**, 1997,

29, 432 (Antioxidative and nitric-scavenging activities of edible mushrooms)

45) Li, X., Raong, J., Wu, M., Zeng, X., **Zhong Yao Cai,** 2003, 26(1), 31 (Anti-tumor effect of polysaccharide from *Grifola frondosa* and its influence on immunological function)

46) Lino, K., Ohno, N., Suzuki, I., Miyazaki, T., Yadomae, T., **Carbohydr. Res.,** 1985, 141, 111 (Structural Characterization of neural antitumor β-D-glucan extracted with hot sodium hydroxide from cultured fruit bodies of *Grifola frondosa*)

47) Lino, K., Ohno, N., Suzuki, I., Sato, K., Oikawa, S., Yadomae, T., **Chem. Pharm. Bull.,** 1985, 33, 4950 (Structure-function relationship of antitumor β-1.3-glucan obtained from mated mycelium of cultured *Grifola frondosa*)

48) Manohar, V., Talpur, N.A., Echard, B.W., Lieberman, S., Preuss, H.G., **Diabet. Obes. Metab.,** 2002, 4, 43 (Effects of Water Soluble extract of Maitake mushroom on circulating glucose/insulin concentrations in KK mice)

49) Mau, J. L., Chang, C. N., Huang, S. J., Chen, C. C., **Food Chem.,** 2004, 87, 111 (Antioxidant properties of methanolic extracts from *Grifola frondosa*, *Morchella esculenta* and *Termitomyces alvuminosus* mycelia)

50) Mau, J. L., Lin, H. C., Song, S. F., **Food Res. Int.,** 2002, 35, 519 (Antioxidant properties of several specialty mushrooms)

51) McDonnell, J. E .W., Esselen, W. B. Jr., **Food Res.,** 1947, 12, 118 (Carbohydrates in Cultivated mushrooms)

52) Mizuno, T., Ohsawa, K., Hagiwara, N., Kuboyama, R., **Agric. Biol. Chem.,** Tokyo, 1986, 50(7), 1679 (Fractionation and characterization of antitumor polysaccharides from Maitake, *Grifola frondosa*)

53) Mizuno, T., Zhuang, C., **Food Res. Int.,** 1995, 11, 135 (Maitake, *Grifola frondosa* : pharmacological effects)

54) Nanba, H., **J. Orthomol. Med.**, 1997, 12, 43 〔Maitake D-fraction(β-glucan) ; Healing and preventive potential for cancer)〕

55) Nonaka, T., Dohmae, N., Hashimoto, Y., Takio, K., **J. Biol. Chem.**, 1997, 272, 30032 (Amino acid Sequences of Metalloendopeptidases specific for Acyl-lysine bonds from *Grifola frondosa* and *Pleurotus ostreatus* Fruiting Bodies)

56) Ohno, N., Adachi, Y., Suzuki, I., Sato, K., Oikawa, S., Yadome, T., **Chem. Pharm. Bull.**, 1986, 34, 1709 (Characterization of the antitumor glucan obtained from liquid-cultured *Grifola frondosa*)

57) Ohno, N., Suzuki, Y., Oikawa, S., Sato. K., Miyazaki, T., Yadomae, T., **Chem Pharm. Bull.**, 1984, 32, 1142 (Amtitumor activity and structural Characterization of glucans extracted from cultured fruit bodies of *Grifola frondosa*)

58) Ohno, N., Suzuki, I., Sato, K., Oikawa, S., Miyazaki, T., Yadomae, T., **Chem. Pharm. Bull.**, 1985, 33, 4522 (Purification and structural characterization of an antitumor β-1,3-glucan isolated from hot water extract of the fruit body of cultured *Grifola frondosa*)

59) Ohno, N., Suzuki, Y., Sato, K., Oikawa, S., Yadomae, T., **Chem. Pharm. Bull.**, 1987, 35, 2576 (Effect of Grifolan on the ascites from of Sarcoma 180)

60) Ohta, S. et al., **Chem. Pharm. Bull.**, 1988, 36, 2239 (bibl, Antibacterial, Cytostatic props, Grifolin)

61) Ohtsuru, M., Horio, H., Masui, H., Takeda, I., **J. Jpn. Soc. Food Sci. Technol.**, 1999, 46, 806 (Effects of administration of *Grifola frondosa* on blood pressure and body weight in spontaneously hypertensive rats)

62) Patterson, S. et al., **Phytochemistry**, 1974, 13, 191 (isol, cryst, Fungisterol)

63) Sato, K., Osawa, M., Suzuki, Y., Oikawa, S., **Trans. Mycol. Soc. Japan.**, 1984, 25, 205 (Difference in fruiting capability of stocks in *Grifola frondosa* and its allied species)

64) Shigesue, K., Kodama, N., Nanba, H., **Jpn. J. Pharmacol.**, 2000, 84, 293 〔Effects of Maitake(*Grifola frondosa*) polysaccharide on collagen induced arthritis in mice〕

65) Suzuki, I., Hashimoto, K., Oikawa, S., Sato, K., Osawa, M., Yadomae, T., **Chem. Pharm. Bull.**, 1989, 37(2), 410 (Antitumor and immunomodulating acitivities of β-glucan obtiained from liquid cultured *Grifola frondosa*)

66) Suzuki, I., Itani, T., Ohno, N., Oikawa, S., Sato, K., Miyazaki, T., Yadomae, T., **J. Pharm. Dyn.**, 1984, 7, 492 (Antitumor activity of a polysaccharide fraction extracted from cultured fruitng bodies of *Grifola frondosa*)

67) Takama, F., Ninomiya, S., Yoda, R., Muraki, S., **Mushroom Sci.**, XI, (Part 2), 1981, 767 (1-Octen-3-ol)

68) Takeyama, T., Suzuki, I., Ohno, N., Oikawa, S., Sato, K., Ohsawa, M., Yadomae, T., **J. Pharmacobio-Dyn.**, 1987, 10, 644 (Host-mediated antitumor effect of grifolan NMF-5N, a polysaccharide obtained from *Grifola frondosa*)

69) Talpur, N., Echard, B. W., Yasmin, T., Bagchi, D., Preuss, H. G., **Mol. Cell Chem.**, 2003, 252, 369 (Effects of niacin-bound chromium, Maitake mushroom fraction SX and (-)-hydroxy citric acid on the metabolic syndrome in aged diabetic Zucker fatty rats)

70) Tener, G. M., **J. Am. Chem. Soc.**, 1961, 83, 159 (5'-GMP)

71) Tsai, S. Y., Weng, C.C., Huang, S.J., Chen, C.C., Mau, J.L., **Lebensm. Wiss. Technol.**, 2006, 39, 1066 (Nonvolatile taste components of *Grifola frondosa*, *Morchella esculenta* and *Termitomyces albuminosus* mycelia)

72) Ward, K. Jr. et al., **The Carbohydrates,** Academic Press, 1970, 2A, 413 (β-D-Glucan)

73) Zadrazil, F., **Mushroom Sci.**, 1974, IX(part 1), 621 (The Ecology and industrial production of *P. ostreatus*, *P. florida*, *P. cornucopiae* and *P. eryngii*)

74) Zhang, Y. J., Mills, G. L., Nair, M. G., **J. Agric. Food Chem.**, 2002, 50, 7581 (Cyclooxygenase inhibitory and antioxidant compounds from the mycelia of the edible mushroom *Grifola frondosa*)

75) Ying, I., Mao, X., Ma, Q., Zong, Y., Wen, H., **Icones of Medicinal Fungi from China**, Science Press, Beijing, China, 1989, 195

Lepista sordida (Schum. ex Fr.) Sing.
Lepista subnuda Hongo
Tricholoma sordidum (Schum. ex Fr.) Kummer

자주방망이버섯아재비 19

송이과 (Tricholomataceae)

• 중국명 | 花臉香蘑
• 분포 | 한국, 중국, 일본 등 북반구 일대
• 용도 | 자실체(식용)

✻ 식물학적 특성

여름~가을에 유기물이 많은 밭, 길가, 풀밭, 잔디밭, 꽃밭 등의 땅 위에 군생 또는 속생. 균륜(菌輪)을 형성. 갓 지름 3~8㎝, 초기에 평반구형. 후에 편평형~오목편평형. 갓표면은 초기에 담자갈색~황회갈색. 갓 끝은 초기에 굽은형, 차차 위로 뒤집힌다. 조직은 담자회색, 주름살은 완전붙은형, 내린형, 홈형, 끝붙은형, 약간 성기고 담회자색, 대는 위아래 굵기가 같은 원통형. 표면은 섬유상, 상부는 분말상, 근부는 백색. 포자는 타원형. 표면에는 사마귀 모양의 미세돌기가 있고, 포자문은 담황색이다.

동속 식용 버섯에는 민자주방망이버섯(*L. nuda*)과 광릉자주방망이버섯(*L. irina*)이 있다.

✻ 성분

1) 특수 성분

동속 식물인 광릉자주방망이버섯(*L. irina*)에서 Lepistirone(L-00441), *L. diemii*에서 7-Cyano-2-heptene-4, 6-diynoic acid(E, C-02195), 2-Nonene-

자주방망이버섯아재비

4,6,8-triyonic acid(E, N-00610)가 분리되었다.

✲ 생리 활성

혈전 용해 효소 활성 : 칠갑산에 자생하는 야생 버섯 67종의 fibrin 분해 활성을 검색한 결과, *Marasmius pulcherripes*(종이꽃낙엽버섯)은 plasmin 0.75 units의 112% fibrin 분해 활성을, *Helvella elastica*(긴대안장버섯)은 60%, *Psathyrella* sp.(눈물버섯속)는 49%, *Fomitella fraxinea*(장수버섯)은 40%, *Leucoagaricus rubrotinctus*(여우갓버섯)은 39%, *Lepista sordida*(자주방망이버섯아재비)와 *Oudemansiella* sp.(긴뿌리버섯속)는 각각 41%, 26%의 fibrin 분해 활성을 보였다. 그러나 광대버섯과, 그물버섯과, 끈적버섯과, 난버섯과, 무당버섯과, 귀신그물버섯과, 독청버섯과, 꾀꼬리버섯과, 불로초과, 소나무비늘버섯과, 바구니버섯과, 말뚝버섯과, 어리알버섯과, 붉은목이과 및 술산버섯과의 버섯은 모두 활성이 없었다.

무기 성분 : 자주방망이버섯은 K가 699.8ppm으로 가장 많았고, 다음 Zn, Fe, Na, Cu, Mn 순이었고, 자주방망이버섯아재비에서는 K가 945.2ppm, Zn, Fe, Na, Cu, Mn, Ca 순으로 K가 많았다.

✲ 효능과 이용

1) 효능 : 선장익기(宣腸益氣), 산혈열(散血熱), 투발마진(透發痲疹).
2) 식용 : 향이나 맛이 매우 좋은 식용 버섯, 순화(馴化) 재배가 가능하다.
3) 약용 : 소아 홍역 발진 부전, 번조불안(煩躁不安)에 응용.

참고문헌

1) 김준호, 유관희, 석순자, 김양섭, **균학회지**, 2005, 33(1), 18 (칠갑산 야생 버섯 추출물로부터 혈전 용해 효소의 활성 검색－자주방망이버섯아재비, 그

물버섯, 말뚝버섯, 장수버섯, 긴대안장버섯, 종이낙엽버섯)
2) 박완희, **균학회지**, 1993, 67, 273 (한국산 야생 식용 버섯의 무기 성분에 관한 연구－뽕나무버섯, 뽕나무버섯부치, 벚꽃버섯, 민자주방망이버섯, 자주방망이버섯아재비, 붉은산무명버섯의 미량금속원소)
3) 이지열, **균학회지**, 2005, 33(1), 54 〔한국 기록종 버섯 추가 목록(2001-2004)〕
4) 이지열, **한국버섯도감**, 아카데미서적, 서울, 1988, 84 (자주방망이버섯아재비)
5) 이태수, 이지열, **한국기록종 버섯 재정리 목록**, 임업연구원, 2000
6) 中國本草圖錄編輯委員會編, **中國本草圖錄**, 鼎談出版社, 1992
7) 한국 균학회, **버섯 이름, 한국명 통일안**, 2000, 176
8) Chang, S.T., Miles, P.G., **Edible Mushroom and their Cultivation**, CRC Press, New York, USA, 1989
9) Cheung, L. M., Cheung Peter, C. K., Ooi Vincent, E. C., **Food Chem.**, 2003, 81, 249 (Antioxidant activity and total phenolics of edible mushroom extracts)
10) Hui, Y. F., Den, E. S., Chi, T. H., **J. Food Lipids**, 2002, 9, 35 (Antioxidant and free radical scavenging activities of edible mushrooms)
11) Kabir, Y., Kimura, S., **J. Nutr. Sci. Vitaminol.**, 1989, 35, 91 (Dietary mushrooms reduce blood pressure in spontaneously hypertensive rats)
12) Lee, G. D., Chang, H. G., Kim, H. K., **Kor. J. Food Sci. Technol.**, 1997, 29, 432 (Antioxidative and nitric-scavenging activities of edible mushrooms)
13) Mau, J. L., Lin, H. C., Song, S. F., **Food Res. Int.**, 2002, 35, 519 (Antioxidant properties of several special mushrooms)
14) McDonnell, J. E. W., Esselen, W. B. Jr., **Food Res.**, 1947, 12, 118 (Carbohydrates in Cultivated mushrooms)
15) Mizuno, T., **Food Res. Int.**, 1995, 11, 7 (Bioactive biomolecules of mushrooms: Food function and medicinal effect of mushroom fungi)
16) Pegler, D. N., **The Concise Illustrated Book of Mushrooms and Other Fungi**, Gallery Books, New York, USA, 1989

Laccaria amethystea (Bull.) Murr.

자주졸각버섯 20

송이과 (Tricholomataceae)

- 중국명 | 紫蠟蘑
- 분포 | 한국, 중국, 일본, 북반구일대
- 용도 | 자실체(식용)

✲ 식물학적 특성

여름과 가을에 길가, 침엽수림, 활엽수림, 잡목림 내 땅 위에 군생, 갓은 지름 1.5~3㎝로 처음에는 평반구형 후에 오목편평형, 표면은 농자주색. 주름살은 끝붙은형 성기고 자색. 대는 2~7×0.2~0.3㎝로 위아래 굵기가 같고, 표면은 섬유상, 갓과 같은 색. 포자는 지름 7.5~9㎛로 구형, 표면은 길이 0.9~1.3㎛의 작은 돌기가 있고, 포자문은 백색이다.

동속 식용 버섯에는 졸각버섯(*L. laccata*)과 밀졸각버섯(*L. tortilis*) 등이 있다.

✲ 성분

1) 특수 성분

자주졸각버섯에서 Lectin와 Polysaccharide가 분리되었고, 유리 아미노산 23종과 미량금속원소 7종도 확인되었다.

✲ 생리 활성

항암 효과 : 자주졸각버섯은 sarcoma 180(mouse)에 대하여 억제율은 70~

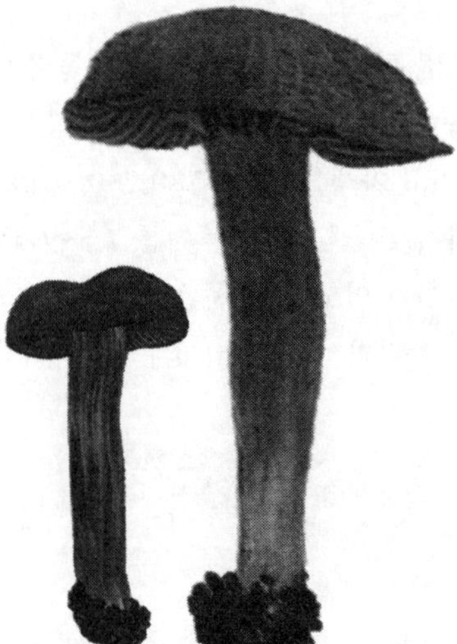

자주졸각버섯

80%의 antitumor activity가 있다.

용혈 활성 검색 : 한국산 야생 버섯 22종의 용혈 독성을 조사하고자, 버섯의 냉침액을 만들어 검색한 결과, 밀버섯(*Collybia confluence*), 조개껍질버섯(*Lenzites betulina*), 색시졸각버섯(*Laccaris vinaceoavellanea*) 3종이 mouse와 rat 적혈구 용혈 작용이 강력하였고, 색시졸각버섯은 100℃ 수욕상에서 30분간 가열하여도 mouse 적혈구 용혈 활성이 80% 유지되어 열에 매우 안정하였다.

렉틴 성분의 림프구 응집 효과 : 젖버섯, 그물버섯, 영지, 비늘버섯, 쓴송이, 자주싸리버섯 등 20종에 대하여 적혈구(사람)와 비장(mouse)에서 얻은 림프구로 lectin 성분을 검색하고자 응집 현상을 시험한 결과, 그물버섯, 젖버섯, 자주 싸리버섯, 비늘버섯, 영지 등 8종에서만 나타났다.

무기질 성분 : 야생졸각버섯, 색시졸각버섯, 자주졸각버섯, 밀졸각버섯의 무기 성분 함량은 분석 결과, K가 가장 많았고, 다음 Fe, Zn, Na, Cu, Mn, Ca 순이며, K, Na, Ca, Fe, Mn, Zn, Cu의 무기 성분이 많이 함유한 버섯은 밀졸각버섯〉색시졸각버섯〉졸각버섯〉자주졸각버섯 순이었다. 각 버섯에 함유된 무기 성분은 밀졸각버섯은 K, Fe, Na, Zn, Cu, Mn, 색시졸각버섯은 K, Fe, Na, Zn, Cu, Mn, 졸각버섯은 K, Fe, Zn, Na, Cu, Mn 순이었다.

송이 발생림 주변 외생균류 : 송이 발생림(홍천)에서 외생균 근성 버섯을 조사(1995~97)한 결과, 송이 균환은 자실체 발생 위치에 다른 외생 근성 버섯을 조사한 결과, 무당버섯, 회갈색무당버섯, 푸른주름무당버섯, 애기꾀꼬리버섯이 각각 16.0%, 12.8%, 12.4%, 7.0%의 발생 빈도 였고, 연구대상 지역이 송이 생산량 감소 지역이며, 또한 마귀광대버섯, 황소비단그물버섯, 다박싸리버섯 및 졸각버섯은 송이 균환 주변에 많이 출현, 송이 생산성 감소 상태에 있음을 나타내고 있다.

일반 성분 : 자주졸각버섯을 분석한 결과, 유리 아미노산 23종및 미량 무기질 7종, polysaccharide 등이 분리되었다.

기타 연구 : lectin은 혈액형 특이성 혈액 응고 억제 물질이다.

❊ 효능과 이용

1) 식용 : 식용 버섯.

2) 약용 : 항종양.

참고문헌

1) 金三純, 金養燮, **韓國産 버섯 圖鑑**, 裕豊出版社, 서울, 1990
2) 農村振興廳 農業技術硏究所編, **韓國産 버섯類 原色圖鑑(I)**, 서울, 1987
3) 卯曉嵐, 莊長坪, 歐株次旺, **西藏大型經濟眞菌**, 北京科學技術出版社, 1991
4) 朴婉熙, 李虎得, **한국의 버섯**, 교학사, 서울, 1991, 69 (자주졸각버섯)
5) 박완희, **균학회지**, 1988, 16(4), 242 (한국산 버섯류의 무기 성분에 관한 연구 I , 졸각버섯, 자주졸각버섯, 밀졸각버섯, 색시졸각버섯의 무기 성분)
6) 박현, 가강현, 류천인, 김교수, 김현중, **균학회지**, 1998, 26(3), 306 (송이 발생림의 송이 균환주변에 출현하는 외생균 근성균류-졸각버섯, 황소비단그물버섯, 무당버섯, 꾀꼬리버섯)
7) 심미자, **균학회지**, 1981, 9(2), 49 (한국산 고등 균류의 성분 및 배양에 관한 연구)
8) 應建浙, 卯曉嵐, 馬啓明, 宗毓臣, 文華安, **中國藥用眞菌圖鑑**, 科學出版社, 1987
9) 李址烈, **韓國버섯圖鑑**, 아카데미서적, 서울, 1988, 73 (자주졸각버섯)
10) 이지열, **균학회지**, 2005, 33(1), 54 〔한국 기록종 버섯 추가 목록(2001-2004)〕
11) 전경희, 김무경, 정시련, **약학회지**, 1987, 31(4), 213 (버섯류의 렉틴 성분 개발 연구(II), 야생 버섯류의 생리 활성 물질, 렉틴 성분 검색-그물버섯, 젖버섯, 큰비단그물버섯, 영지, 싸리, 쓴송이)
12) 정경수, 이지선, 조문수, **균학회지**, 2000, 28(2), 123 (한국산 야생 버섯의 용혈작용에 대한 연구, 제2보, 색시졸각버섯, 밀버섯, 조개껍질버섯 등 22종의 in vitro 용혈 활성 검색)
13) 한국 균학회, **버섯 이름, 한국명 통일안**, 2000, 176
14) Chang, S.T., Miles, P.G., **Edible Mushroom and their Cultivation**, CRC

Press, New York, USA, 1989

15) Cheung, L. M., Cheung Peter, C. K., Ooi Vincent, E. C., **Food Chem.**, 2003, 81, 249 (Antioxidant activity and total phenolics of edible mushroom extracts)

16) Chung, K. S., Choi, E. C., Kim, B. K., Kim, Y. S., Park, Y. W., **Arch. Pharm. Res.**, 1982, 5(1), 17 (Studies on the Constituents and Culture of Korean Basidiomycetes, Antitumor polysaccharide from the cultured of some basidiomycetes)

17) David, G. S., Barry, H. R., **Mushroom Poisoning,** CRC Press, USA, 1994

18) Dickinson, H., Lucas, J., **The Encyclopedia of Mushrooms,** Crescent Books, New York, USA, 1983

19) Guillot, J., Genaud, L., Damez, M., **Biochemistry,** 1983, 22, 5365 (Purification and properties of two hemagglutinins of mushroom *Laccaria amethystea*)

20) Hui, Y. F., Den, E. S., Chi, T. H., **J. Food Lipids,** 2002, 9, 35 (Antioxidant and free radical scavenging activities of edible mushrooms)

21) Imazeki, R., Otani, Y. Hongo, T., **Color Illustration Mushrooms of Japan,** Yama-Kei Publisher Co. Ltd., Tokyo, Japan, 1988

22) Kabir, Y., Kimura, S., **J. Nutr. Sci. Vitaminol.**, 1989, 35, 91 (Dietary mushrooms reduce blood pressure in spontaneously hypertensive rats)

23) Liu, F., Ooi, V. E. C., Chang, S. T., **Life Sci.**, 1997, 60, 763 (Free radical scavenging activities of mushroom polysaccharide extracts)

24) McDonnell, J. E. W., Esselen, W. B. Jr., **Food Res.**, 1947, 12, 118 (Carbohydrates in Cultivated mushrooms)

25) Pegler, D. N., **The Concise Illustrated Book of Mushrooms and Other Fungi,** Gallery Books, New York, USA, 1989

26) Ying, J., Mao, X., Ma, Q. Zang, Y., Wen, H., **Icons of Medicinal Fungi from China,** Science Press, Beijing, China, 1989, 243

잔나비걸상

Elfvingia applanata (Pers.) Karst.
Fomes applanatus (Pers.) Gillet
Ganoderma applanatum (Pers.) Pat.

잔나비걸상 21

불로초과 (Ganodermataceae)

• 중국명, 생약명 | 樹舌(수설)
• 분포 | 한국, 일본, 중국, 호주 등 전 세계
• 용도 | 자실체(약용)

✻ 식물학적 특성

갓의 너비 5~50㎝, 두께 5~15㎝에 달하며, 반원형~말굽형, 갓 표면은 각피로 덮여 있고, 평활, 환문과 방사상 주름이 있고, 회갈색~회백색, 종종 적갈색 포자에 덮여 있다. 갓 둘레는 생장 중 백색, 성숙하면 회갈색, 조직은 두께 1~5㎝, 흑자색 코르크질, 자실층은 황백색~백색, 각 층의 두께는 1㎝, 포자는 난형, 구조는 불로초형, 포자문은 담갈색이다.

동속 식물에는 불로초(*G. lucidum*)가 있다.

✻ 성분

1) 특수 성분

잔나비걸상에서 Applanoxidic acid A, B(E-00944), C, D(E-00624), Campesta-7, 22-diene-3-one(E-01430), Furanoganoderic acid(F-00588), Ganoderenic acid F, G, H, I(D-02867), Ganoderic acid A, P(T-02675) 등이, 동속 식물에서 24(31)-Dehydrocarboxyacetyl quercinic acid(Q-00015) 31-Hydroxycarboxyacetyl quercinic acid(Q-00015), Ergosta-4, 6, 8(14), 22-tetraen-3-one(E-01487), Ergosta-7, 22-dien-3β-ol(E-01481), Ergosta-7, 22-dien-3-one

(E-01478), 24(S)-24-Methyl-5α-cholest-7-en-3β-ol(E-01478), (24S)-24-Methyl-5α-cholest-7,17-dien-3β-ol(E-01478), Ergosterol peroxide (E-01487), Arabitol (A-02631), Mannitol(M-00209), Fructose (F-00454), Glucose(G-00494), Trehalose(T-01623), α-Glucan(L-00533), β-Glucan, Heterogalactan(S-01194), Heteromannan, Mannogalactan(S-01194) 등이 분리되었다.

✲ 생리 활성

항Virus 작용① : 잔나비걸상 자실체의 수용성 물질 EA의 vesicular stomatitis virus 〔New Jersey serotype, VSV(NJ)〕에 대한 항virus 효과를 plaque reduction assay 한 결과, 시료는 용량 의존적으로 plaque 형성을 억제하였으며, EC_{50}은 2.10㎎/㎖이었다. 단백질성 항virus제인 interferon(IFN)과 EA와의 병용 시험 결과, f(a)가 0.50~0.70의 유효 농도 범위에서 상가 효과가 있었다.

항바이러스 효과② : 잔나비걸상 자실체의 수용성 물질(EA)의 vesicular somatitis virus〔Indiana serotype, VSV(IND)〕에 대한 항virus 효과를 plaque reductin assay로 실험한 결과, EA는 용량 의존적으로 plaque 형성을 억제하였고, EC_{50}은 104.02㎍/㎖, SI는 36.46으로 우수한 효과를 보였다. EA는 단백질성 항virus제인 IFN-α 및 γ와의 병용 실험 결과, f(a)가 0.50에서 0.90인 유효 농도에서 IFN-α는 combination index(CI)가 0.38~0.45를, IFN-γ는 0.43~0.52로 상승 효과가 있었다.

항Virus 작용③ : 잔나비걸상 자실체의 수용성 성분 EA의 *Varicella zoster* virus(OKa strain : VZV/oka, 수두)에 대하여 plaque reduction assay 결과, EA 용량 의존적 plaque 형성을 억제하였고, EC_{50} 464.14㎍/㎖이었다. EA와 단백성 항virus제 interferon(IFN)-α 및 INF-γ와 병용 실험 결과, 단독과 병용 사용시 m(slope) value가 서로 유사한 값을 보여, 이들은 상호 배타적인 약물(mutually exclusive drug)임을 알 수 있었고, IFN-α와 병용 시 combination index는 f(a)가 0.50~0.90 유효 범위 내에서 0.83~1.09의 값을 보여 부분적 상승 또는 상가(相加)효과가 있었으며, IFN-γ와 병용 시 1.20~1.24

를 보여 길항 효과를 보였으므로, IFN-α와 병용이 IFN-γ와의 병용보다 더 우수한 병용 효과를 보였다.

항바이러스 효과[④] : 잔나비걸상(EA)은 5종의 시험 virus에 대하여 용량 의존적으로 plaque 형성을 억제하였으며, VSV에 대한 EC_{50}은 0.464㎎/㎖, SI는 12.7로써 비교적 우수한 항virus 효과가 있었다. EA와 Vero 세포의 전 배양 시험 결과, virus 증식은 억제되지 않았으나, PE group은 EA의 농도 증가에 따라 용량 의존적으로 plaque 수가 감소하였다. 살(殺) virus 시험에서 virus의 양이 EA의 농도에 비례하여 유의성 감소는 없었다.

항Virus 작용과 Interferon 병용[⑤] : 잔나비걸상(*Elfvingia applanata*) 자실체의 수용성 물질 EA의 encephalomycarditis(EMC) virus에 대한 항virus 효과를 plague reduction assay에 따라 실험한 결과, EA는 용량 의존적으로 plague 형성을 억제하였고, EC_{50}는 2.12㎎/㎖를 나타내었다. EA와 단백질성 항virus제인 IFN-α 및 IFN-γ와의 병용 시험 결과, f(a)가 0.50에서 0.90인 유효 농도 범위에서 IFN-α는 combination index(CI)가 0.40~0.60을 IFN-α는 2.16~2.83을 나타내어 IFN-α와 병용 시 우수한 효과를 얻었다.

항인플루엔자 작용과 Interferon 병용 효과[⑥] : 잔나비걸상 *Elfvingia applanata* 자실체의 수용성 물질 EA의 flu A에 대한 항virus 효과를 plaque reduction assay에 따라 실험한 결과, EA는 용량의존적으로 plaque 형성을 억제하였고, EC_{50}은 1.50㎎/㎖이었다. EA와 IFN-α 및 IFN-γ와의 병용 시험 결과, 단독 처리 시와 병용 처리 시에 m(slop) value가 서로 유사한 값을 보였으므로 이들은 상호 배타적 약물이며, f(a)가 0.5에서 0.90의 유효 농도 범위 내에서 IFN-α는 combination index(CI)가 0.50~0.52를 IFN-γ는 0.82~0.99를 나타내었으므로 IFN-α와 병용시 더 우수한 상승 효과를 보였다.

항생 물질의 항균력과 병용 효과[①] : 잔나비걸상 수침엑스의 항균력 시험에서 gram(+)균 *Staplylococcus aureus*와 gram(-)균 *Proteus vulgaris*에 대한 MIC가 각각 1.750㎎/㎖, 1.250㎎/㎖로 가장 우수하였고, 전체적으로는 gram(-)보다 gram(+)균에 항균력이 우수하였다. 병용 시험에서는 길항 효과는 없었으며, ampicillin과의 병용 시 *Bacillus subtilis*와 *Micrococcus luteus*에 대하

여, oxytetracycline과의 병용 시 *Staphyloeoccus aureus*에 대하여 각각 FICI가 0.50으로 가장 우수한 상승 효과를 보였다.

항균력과 Naringenin② : 담자균류 잔나비걸상 자실체 수성 엑스의 항세균, 항진균(액체 배지, 희석법) 실험을 하고, naringenin과 병용 시험을 Checkerboard assay법으로 평가한 결과, 전반적으로 gram 음성보다 양성균에 비교적 양호한 항균력을 보였으나, gram(-)균 *Proteus vulgaris* 78615는 가장 양호한 항균성(MIC 1.125㎎/㎖)을 보였다. 11종 균중 항진균 시험 결과, *Candida albicans*, *Fusarium* spp. *Trichophyton mentagraphytes*(MIC 7.5㎎/㎖)에 타 항진균보다 2배 강하였다. naringenin과 병용 시험 결과, *Staphylococcus arueus* ATCC25923에 부분적 상승 효과를 보였고, *Klebsiella pneumoniae* ATCC 10031과 *Salmonella typhi* ATCC 6229 두 균에서 상가 효과가 있었다. *Bacillus subtilis* ATCC 6633을 비롯한 7종의 균주에서 무관 효과를 나타냈으나 길항성을 없었다.

항암 효과 : 잔나비걸상은 sarcoma 180(mouse)에서 억제율 64.9%이었고, 생명 연장 효과도 있었다.

원형질체 융합 균주의 항암 활성과 성분 : 영지버섯과 잔나비걸상버섯의 원형질체 융합 균주 5개 중 항암성이 강한 융합 균주 F-2를 선발, 이를 액내 배양하고, 열수 추출로 얻은 단백 다당체를 DEAE-cellulose와 sepharose CL-4B gel 여과, 5가지 분획을 얻어, 모균주와 분리, 각 성분 20㎎/kg/day를 mouse 복강 내 투여 시 sarcoma 180 고형암에 모균주보다 융합체 성분(분획 2)의 종양 억제율이 최고 1.5배 증가하였고, mouse의 면역에 미치는 항암 성분을 연구한 결과, 대조군보다 대식 세포 활성화로 분비되는 superoxide anion의 양을 1.2배, 비장 세포 중 용혈반 형성 세포 수를 4.3배 증가시켰다. 이 항암 성분은 glucose, galactose, mannose, fucose와 xylose의 다당체 85.2%, 15종 amino acid로 구성된 단백질이 0.39%, hexosamine이 0.39%로 구성되었으며, 분자량은 5.6×10^4dalton이었다.

F-D-P의 면역 작용 : 잔나비걸상의 열수 추출물을 DEAE-cellulose ion exchange column으로 정제한 F-D-P는 sarcoma 180(in mice)에 20㎎/kg을 10

일 투여한 결과, 88.3% 억제 효과를 보였고, F-D-P는 65.3%의 다당체와 6.5%의 단백질을 함유하며, 다당체는 glucose 89.1%, mannose 10.6%를 함유하고 있다. F-D-P는 lymphocytes 증식 효과와 NK cell 증식 효과가 관찰되었다(in vitro). 또한 F-D-P는 총 lymphocyte와 B-cell 유사 분열을 촉진시켰으나, 휴지기의 lymphocyte 배지에 F-D-P를 가했을 때 NK cell 활성은 증가되지 않았다. 이 결과는 F-D-P는 체액성 면역 효과를 근본적으로 조절하는 것으로 나타났다.

자실체의 성분과 Aldose reductase 저해 활성 : 잔나비걸상의 자실체에서 8종의 물질을 분리하였다. 즉, 2-methoxy fatty acid(1), 5-dihydroxyergosterol(2), ergosterol peroxide(3), 3*β*, 7*β*, 20, 23 ε-tetrahydroxy-11, 15-dioxolanosta-8-en-26-oic acid(4), 7*β*, 20, 23 ε-trihydroxy-3,11,15-trioxolanosta-8-en-26-oic acid(5), cerevisterol(6), 7*β*, 23 ε-dihydroay-3,11,15-trioxolanosta-8, 20E(22)-dien-26-oic acid(7), and 7*β*-hydroxy-3,11,15,23-tetraoxo-lanosta-8, 20E(22)-dien-26-oic acid metylester(8)가 동정되었다. 이 자실체에서 이들이 처음으로 분리되었으며, 이 8종의 물질에 대해 aldose reductase 저해 활성을 측정한 결과, (3)물질이 작용 물질로 IC_{50}은 15.4㎍/㎖이었다.

잔나비불로초의 균사체와 수용성 다당체 특성 : 4종의 생물 반응기 형태별 균사체 생장 특성과 다당체 생산량을 비교한 결과, 균사체 생산량은 기포 통기형 생물 반응기(7g/*l*)〉풍선형(6.2g/*l*)〉교반형(6g/*l*)〉컬럼형(5g/*l*) 순이었으며, 기포 통기형 생물반응기에서 가장 높은 세포의 다당체(1g/*l*)와 세포 내 다당체(2.7%)를 생산하여 이 반응기가 가장 적합한 것으로 나타났다. 세포의 다당체의 분자량은 형태별로 달랐으며, 기포 통기형 생물반응기에서 가장 높은 분자량을 보였다. 기포 통기형 반응기에서 적정공기공급율은 0.05~0.1vvm이었고, 특히 잔나비 불로초 균사체 배양에서 배지의 점도가 높아져 점차 공기 공급량을 높여 주는 것이 좋은 것으로 판단되었다.

잔나비걸상과 만가닥버섯의 융합 : 야생형 만가닥버섯 ASI 8007에서 분리한 분열자와 잔나비걸상 영양 요구로 *Ganoderma applanatum* ASI 7-18(Cys met)의 원형질체로 polyethylene glycol 로 융합, 융합주를 얻어 Ganoderma complete medium에서 양친 균종이 혼합된 형태였으나, 3회 계대 배양되면서 만가닥버섯 균층으로 변해 균사에는 클램프 연결체와 분열자를 지녔고, 만가닥과 거의 유사한 자실체를 형성하였다. 균사체로 esterase 동위효소를 분석한 결과, 만가닥이 1개 밴드, 잔나비걸상이 2개, 융합주는 양친의 3개와 새로운 band 2개가 있었다. 이들 융합주는 균종 형태, 생장 속도, esterase 동위효소, 자실체 특성에 거의 차이가 없어 양친의 유전 물질을 보유하였다.

β-Glucan 파운드 케이크 특성: β-glucan은 곡류(보리, 귀리, 호밀), 버섯 균사체와 자실체에 존재하며 생리 활성은, 혈당 강하, 담즙산과 지질 흡수 제한, cholesterol 합성 제한, 체지방 축적 억제, 면역 세포의 기능 활성화로 암 세포 증식 억제, 항균성, 항virus성, 항염증, 피부 노화 방지 등이 있다. β-glucan 0, 3, 6, 9% 첨가 파운드 케이크를 만들어 품질 특성을 조사한 결과, β-glucan 첨가 농도 의존적으로 부드러움 유지가 길어 보존성이 증가하였고, L값, b(황색도)는 차이가 없었으나 적색도는 저장 기간의 연장에 따라 증가, TPA 조직감 중 경도는 저장 6일에 대조군은 제조 직후 165%까지 증가, β-glucan 6과 9%구는 경도가 유지, β-glucan 첨가 케이크는 노화가 지연되었고, 전체적 기호도는 6%구가 가장 우수하였으며, 저장 7일째 β-glucan 첨가구가 기호도가 높았고, 특히 3과 6% 첨가구가 높았다.

✻ 효능과 이용

1) 효능 : 청열(清熱), 소적(消積), 화담(化痰), 지통(止痛), 지혈, 건위.
2) 식용 : 분말을 만들어 떡이나 빵 등의 식품 부재료로 기능성을 추구하며, 다려서 복방차로도 이용한다.
3) 약용 : 신경쇠약, 류머티즘, 폐결핵, 심장병, 신장병, 중풍, 뇌졸중, B형 간염 등에 쓰며 중국과 일본에서는 식도암, 위암에 민간약으로 이용된다.

참고문헌

1) 공원식, **건국대학교 대학원학술논문집,** 1995, 42, 352 〔잔나비걸상(*Elfvingia aplanata*) 균주의 RAPD에 의한 유형 분석〕
2) 김성훈, 이주노, 김선희, 오세종, 안상욱, 이진하, 박영식, 정을권, 이현용, **생물공학회지,** 1998, 26, 331 (잔나비걸상버섯 자실체 및 균사체의 생리 활성 탐색)
3) 김병각, 황성현, 최응칠, 권창호, **생화학회지,** 1974, 7(1), 39 (한국산 고등 균류의 성분 연구)
4) 김영소, 어성국, 이영남, 한성순, **균학회지,** 1999, 27(3), 175 〔잔나비 걸상 수용성 물질의 *Vesicular stomatitis* virus(New Jersey Serotype)에 대한 항 virus 작용과 Interferon과의 병용 효과〕
5) 김영소, 어성국, 이영남, 한성순, **균학회지,** 1999, 27(3), 237 (잔나비 걸상 수용성 성분의 항 *Varicella zoster* Virus 작용과 Interferon과의 병용 효과)
6) 김영소, 어성국, 한성순, **생약학회지,** 1999, 30(3), 244 (잔나비 걸상 수용성 성분의 항-*Varicella zoster* Virus 작용과 Interferon 과의 병용 효과)
7) 김영소, 임교환, 이종길, 한성순, **약학회지,** 1994, 38(6), 742 (*Elfvingia applanata* 엑스가 수종 항생물질의 항균력에 미치는 병용 효과)
8) 김영소, 강종구, 이종길, 한성순, **약학회지,** 1994, 38(6), 756 (잔나비걸상 엑스의 생쥐 급성독성에 미치는 영향)
9) 김준희, 어성국, 김영소, 한성순, **약학회지,** 1999, 43(4), 464 (*Elfvingia applanata* 수용성 물질의 항엔세파로미오카디티스 바이러스 작용과 인터페론과의 병용 효과)
10) 박영도, 유영복, 신평균, 유창현, 차동열, 박용환, 이재성, **균학회지,** 1988, 16(2), 79 (잔나비걸상버섯과 영지의 종간 원형질체 융합과 자실체 형성에 관한 연구)
11) 박영도, 유영복, 차동열, 장무웅, 이재성, **산업미생물학회지,** 1987, 15(4), 230 (*Ganoderma applanatum*의 영양 요구성 균주 분리)
12) 박영도, 유영복, 차동열, 장무웅, 이재성, **산업미생물학회지,** 1987, 15(4), 234 (*Ganoderma applanatum*의 원형질 형성과 재생)

13) 신유미, 양윤형, 김미경, 조한영, 김미리, **조리과학회지**, 2005, 21(6), 950 (β-Glucan 첨가 파운드 케이크의 저장 중 품질 특성)
14) 유영복, **균학회지,** 1989, 17(4), 197 (잔나비걸설상버섯 원형질체와 만가닥버섯 분열자의 융합)
15) 유영복, 송문태, 고승주, 유창현, 차동열, 박용환, 장권열, **균학회지,** 1989, 17(3), 119 (느타리와 잔나비걸상버섯과의 이목간 원형질체 융합)
16) 이위영, 박영기, 안진권, 박소영, **균학회지,** 2006, 34(1), 1 〔생물반응기 유형에 따른 잔나비불로초(*Ganoderma applanatum*)의 균사체 및 수용성 다당체 생산특성〕
17) 임교환, 어성국, 김영소, 임재윤, 한성순, **균학회지,** 1999, 27(2), 175 〔잔나비걸상 수용성 물질의 *Vesicular stomatitis* virus(New Jersey Serotype)에 대한 항 Virus 작용과 Interferon 과의 병용 효과〕
18) 임교환, 어성국, 김영소, 이종길, 한성순, **생약학회지,** 1999, 30(1), 25 (잔나비걸상버섯 수용성 물질의 항 바이러스 효과)
19) 정기호, 박원봉, 김하원, 최응칠, 김병각, **균학회지,** 1992, 20(4), 324 (영지와 잔나비걸상버섯의 원형질체 융합균주의 항암성분에 관한 연구)
20) 정선식, 어성국, 김영소, 한성순, **약학회지,** 1999, 43(4), 469 (잔나비걸상버섯 수용성 물질의 항인플루엔자 바이러스 작용과 인터페론과의 병용 효과)
21) 천준희, 이순옥, 임교환, 어성국, 이종길, 한성순, **균학회지,** 1995, 23(2), 153 〔*Elfvingia applanata*(잔나비 걸상) 엑스의 항균력 및 Naringenin 과의 병용 효과〕
22) 卯曉嵐, 莊長坪, 歐株次旺, **西藏大型經濟眞菌,** 北京科學技術出版社, 1991
23) 應建浙, 卯曉嵐, 馬啓明, 宗毓臣, 文華安, **中國藥用眞菌圖鑑,** 科學出版社, 1987
24) 中國本草圖錄編輯委員會編, **中國本草圖錄,** 鼎談出版社, 1992
25) Adam, H. K. et al., **Tetrahedron Lett.**, 1967, 1461 (isol, Quercinic acid)
26) Bergmann, W. et al., **J. Org. Chem.**, 1945, 10, 570 (isol. Ergost-22-en-3-ol)
27) Birch, G., **Adv. Carbohydr. Chem.**, 1963, 18, 201 (rev. Trehalose, Sweet taste)
28) Chang, S .T., Miles, P.G., **Edible Mushroom and their Cultivation,** CRC

Press, New York, USA, 1989

29) Chang, S. T., **Carbohydr. Res.**, 1983, 115, 273 (Isolation and characterization of Antitumor active β-D-glucans from the fruit bodies of *Ganoderma applanatum*)

30) Chairul, et al., **Phytochemistry**, 1991, 30, 4105 (Applanoxidic acid A, B, C, D, isol)

31) Chen, M. et al., **Adv. Carbohydr. Chem. Biochem.**, 1977, 34, 286 (rev. metab, Fructose)

32) **Gilardi, G. et al., Acta Crystallogr. Set. C.**, 1987, 43, 806 (Cryst. Structure, Heterogalactan)

33) Hama, T., Watanabe, R., Iigima, S., **Trans. Mycol. Soc.**, Japan, 1979, 20, 401 (Artificial fruiting of *Ganoderma applanatum* using felled rogs.)

34) Ham, S. S., Baik, S. R., **J. Pharm. Sci.**, 1998, 3, 44 (Studies on inorganic constitueuts and antimicrobiol activity *Elfvingia applata* krast)

35) Hirota, A. et al., **Agric. Biol. Chem.**, 1991, 55, 1187 (isol. Paecilospirone)

36) Hough, L. et al., **Pure Appl. Chem.**, 1977, 49, 1069 (rev. Trehalose, Sweet taste)

37) Kabir, Y., Kimura, S., **J. Nutr. Sci. Vitaminol.**, 1989, 35, 91 (Dietary mushrooms reduce blood pressure in spontaneously hypertensive rats)

38) Kato, A. et al., **J. Antibiot., Ser. A,** 1969, 22, 419 (isol. Paecilospirone)

39) Kim, Y. S., Ryu, K. H., Mo, Y. K., Lee, C. K., Han, S. S., **Kor. J. Pharmacogn.**, 1994a, 25, 348 (Effects of the antitumor component, F-D-P, isolated from *Elfvingia applanta* on the immune response)

40) Lee, S., Shim, S. H., Kim, J. S., Shin, K. H., Kang, S. S., **Biol. Pharm. Bull.**, 2005, 28, 1103 (Aldolase reductase inhibitors from the fruiting bodies of *Ganodorma applanatum*)

41) Lee, S. H., Shim, S. H.,, Kim, J. S., Kang, S. S., **Arch. Pharm. Res.**, 2006, 29(6), 479 (Constituents from the fruiting Bodies of *Ganoderma applanatum* and their Aldose Reductase Inhibitory activity)

42) Lindberg, B. et al., **Acta Chem. Scand.**, 1954, 8, 985 [isol, struct, β-D-(1→6) glucan]

43) Makkee, M. et al., **Starch /Staerke**, 1985, 37, 136 (rev. synth. Mannitol)

44) McDonnell, J. E. W., Esselen, W. B. Jr., **Food Res.**, 1947, 12, 118 (Carbohydrates in Cultivated mushrooms)

45) Ming, D., Chilton, J., Fogarty, F., Towers, G. H. N., **Fitoterapia**, 2002, 73, 147 (Chemical constituents of *Ganoderma applanatum* of British Columbia forests)

46) Mizuno, T., Hayashi, K., Arakawa, M., Shinkai, K., Shimizu, M., Tanaka, M., **Bull. Fac. Agric., Shizuoka Univ.**, 1981, 31, 49 (Host-mediated antitumor polysaccharides Ⅲ. Fractionation, Chemical structure, and antitumor activity of water-soluble homoglucans isolated from Kofukisaruno Koshikake, the fruit body of *Ganoderma applanatum*)

47) Mizuno, T., Hayashi, K., Iwasaki, Y., Shitano, A., Arakawa, M., Shinkai, K., Shimizu, M., Tanaka, M., **Bull. Fac. Agric., Shizuoka Univ.**, 1981, 31, 65 (Host-mediated antitumor polysaccharides Ⅳ. Fractionation, structural study and antitumor activity of heterogalactans isolated from the fruit bodies of *Ganoderma applanatum*)

48) Mizuno, T., Ushiyama, M., Usui, T., Arakawa, M., Shinkai, Shimizu, M., **Bull. Fac. Agr., Shizuoka Univ.**, 1982, 32, 42 (Studies on the host-mediated antitumor polysaccharide. part Ⅵ. Fractionation, isolation and characterization of antitumor active β-D-glucan from mycelial cells of *Ganoderma applanatum*)

49) Nakashima, S., Umeda, Y., Kanada, T., **Microbiol Immunol.**, 1979, 23(6), 501 (Effect of polysaccharides from *Ganoderma applanatum* on immune responses Ⅰ. Enhancing effect on the induction of delayed hypersensitivity in mice)

50) Nishitoba, T., Goto, S., Sato, H., Sakamura, S., **Phytochemistry**, 1988, 28(1), 193 (Bitter triterpenoids from the fungus *Ganoderma applanatum*,

Furanoganoderic acid, Ganoderic acid A, P, Ganoderenic acid F, G, H, I)

51) Patterson, G. W. et al., **Phytochemistry,** 1974, 13, 191 (Ergost-7, 3-ol, Fungisterol)

52) Peng, Y., Zhang, L., Zeng, F., Kennedy, J.F., **Carbohydr. Polymer.,** 2005, 59, 385 (Structure and antitumor activities of the water-soluble polysaccharides from *Ganoderma tsugae* mycelium)

53) Protiva, J., Skorkovska, H., Urban, J., Vystrcil, A., **Coll. Czech. Chem. Commun.,** 1980, 45, 2710 (Triterpenes LXIII, Triterpenes and steroids from *Ganoderma applanatum*)

54) Ripperger, H., Budzikiewicz, H., **Phytochemistry,** 1975, 14(10), 2297 (Steroids from *Ganoderma applanatum*)

55) Ryu, K. H., Eo, S. K., Kim, Y. S., Lee, C. K., Han, S. S., **Kor. J. Pharmacogn.,** 1999, 30(1), 25 (Antiviral activity of water Soluble substance from *Elfvingia applanata*)

56) Shibata, S., **J. Natl. Sci. Counc. Sri Lanka,** 1973, 1, 183 (rev. β-Glucan)

57) Shim, S. H., Ryu, J., Kim, J. S., Kang, S. S., Xa, Y., Jang, S. H., Lee, Y. S., Lee, S., Shim, K. H., **J. Nat. Prod.,** 2004, 67, 1110 (New lanostane-type triterpenoids from *Ganoderma applanatum*)

58) Svridonov, V. N., Strigina, L. I., **Khim. Prir. Soedin,** 1976, 5, 669 (Isolation and identification of ergosterol peroxide from *Cetraria richardsonii* and *Ganoderma applanatum*)

59) Taichih, U., Yoshino, I., Takashi, M., **Carbohydr. Res.,** 1983, 115, 273 (Isolation and characterization of antitumor active β-D-glucans from the fruit bodies of *Ganoderma applanatum*)

60) Takahashi, R. et al., **Phytochemistry,** 1972, 11, 1850 (isol. Ergosterol peroxide)

61) Usui, T., Iwasaki, Y., Mizuno, T., Tanaka, M., Shinkai, K., Arakawa, M., **Carbohydr. Res.,** 1983, 115(1), 273 (Isolation and characterization of antitumor active β-D-glucan from the fruit bodies of *Ganoderma applanatum*)

62) Usui, T., Iwasaki, Y., Hayashi, K., Mizuno, T., Tanaka, M., Shinkai, K., Arakawa, M., **Agric. Biol. Chem.**, 1981, 45(1), 323 (Antitumor activity of water soluble β-D-glucan elaborated by *Ganoderma applanatum*)

63) Yamada, Y., Hsu, C. S., Iguchi, K., Suzuki, M., **Ann. Rep. of Tohoku College of Pharmacy**, 1973, 23, 290 (Chemical Constituents of fungi II, Coenzyme Q_9 from *Ganoderma applanatum*)

64) Ying, I., Mao, X., Ma, Q., Zong, Y., Wen, H., **Icones of Medicinal Fungi from China**, Science Press, Beijing, China, 1989, 143

65) Yoshikawa, K., Nishimura, N., Bando, S., Arihara, S., Mastsumura, E., Katayama, S., **J. Nat. Prod.**, 2002, 65, 548 (New lanostanoids elfvingic acids A-H, from the fruit body of *Elfvingia applanata*)

Lentinus lepideus (Fr. ex Fr.) Fr.
Panus lepideus (Fr. ex Fr.) Corner
Neolentinus lepideus (Fr. ex Fr.) Redhead & Ginns

잣버섯 22

느타리와 (Pleurotaceae)

- 중국명 | 豹皮香菇
- 분포 | 북반구 일대
- 용도 | 자실체(식용)

✻ 식물학적 특성

이른 여름부터 가을까지 침엽수의 그루터기, 고목, 생나무에 단생 또는 속생하는 목재 갈색 부후성 버섯. 갓지름 5~15(25)㎝, 초기에는 평반구형, 차차 편평형. 갓 표면은 백색~담황갈색. 황갈색의 인피, 때로는 갓이 찢어져 백색 조직이 보임. 주름살은 홈형. 약간 빽빽. 백색. 주름살은 톱니형. 대의 표면은 백색~담황색. 황갈색의 인피가 있고, 기부는 비늘 모양, 인피로 덮여 있음. 상부에는 솜모양의 인피, 주름살에 이어짐. 포자는 장타원형. 표면은 평활하고 포자는 백색이다.

동속 식물에는 표고버섯(*L. edodes*) 등이 있고 식용한다.

✻ 성분

1) 영양 성분

① **잣버섯(말린것 7025)** 가식부 100g 중 열량 298.0㎉, 단백질 11.5g, 지질 3.1g, 당질 69.5g, 조섬유 3.9g, Ca 32.0㎎, P 235.0㎎, Fe 6.70㎎, Zn 9.8㎎, vitamin B_1 0.46㎎, B_2 1.69㎎, B_6 0.35㎎, niacin 11.6㎎, C 0.0㎎, 엽산 285.0㎍,

잣버섯

E 1.47mg.

2) 특수 성분

잣버섯에서 Ergosterol(E-01487), Lentinamycin A, B, Anisic acid methyl (항균 성분, M-00647), Bismethylsulfonylmethyl disulfide(항진균, D-03095), β-1, 3-Glucanase(L-00533), 10-Hydroxylentideusether(E-00373), Eburicoic acid, 3-(4-Hydroxyphenyl)-2-propenoic acid; Me ester, Me ether(H-02875), Isolentideusether(E-00374), Lentideusether(E-00373) 등이 확인되었다.

동속 식물에서 *Coprinin(H-02317) 등이 분리되었다.

✻ 생리 활성

항암 활성 : Sarcoma 180(mouse)에 억제율이 60%, Ehrlich 복수암(mouse)에 억제율 70%의 antitumor activity가 있다.

항균 효과 : 성분중 coprinin은 gram positive bacteria와 fungus에 antibiotic effect가, anisic acid methyl은 antibacterial activity가 있고, lentinamycin A, B 및 bis-methylsulfonylmethyldisulfide는 antifungal activity가 있다.

생리 활성 : 면역증강 및 저항력 증진 효과와 인체 조절 효과가 있다.

지방산 : 잣 버섯의 지방산 분획을 GC로 분석한 결과, 포화 지방산의 6 peak는 dodecanoic(C_{12}), tridecanoic(C_{13}), tetradecanoic(C_{14}), pentadecanoic (C_{15}), hexadecanoic(C_{16}), octadecanoic acid(C_{18})였고, C_{14}인 myristic acid가 많았으며, 불포화지방산은 6 peak 중 4종은 hexadecadienoic($C_{16:2}$), oleic ($C_{18:1}$), linoleic($C_{18:2}$), inolenic acid($C_{18:3}$) 등이 확인되었다. 특히 oleic(C_{18}:1)과 linoleic acid($C_{18:2}$)가 많았다.

Sterol 성분 : 잣 버섯의 $CHCl_3$-MeOH(2:1) 추출액의 비검화 분획을 GC로 분석한 결과, 4종의 물질이 검색되었고, 그중 하나가 ergosterol임을 동정 하였다.

균사 배양 조건 : 잣버섯 액체 배양시 최적 배지는 GPB 배지 그대로 균사 생

육이 196㎎/21일로 가장 양호 하였고, 최적 온도는 25℃, pH는 4.2에서 균사 생육이 좋았다. 액체 배양 시 최적 탄소원은 단당류인 galactose에서 631㎎/21일로 가장 많았으며, 이당류인 maltose에서 486㎎/21일이었다. 최적 질소원은 복합 질소인 peptone에서 752㎎/21일로 균체량이 가장 많았고, 그 외 질소원은 균사 생육이 정지 또는 억제되었다. vitamin류는 전체적으로 균사 생육이 양호하나, pyridoxine에서 596㎎/21일로 가장 좋았으며, 유기산류에는 citric acid가 506㎎/21일로 균체량이 가장 많았고, acetic acid에서 균사 생육이 정지되었다.

필수 아미노산 : 필수 아미노산의 총량은 갓버섯 0.640㎎/g, 민그물버섯 2.712㎎/g, 쓴맛그물버섯 1.305㎎/g, 뿔버섯 0. 646㎎/g, 잣버섯 4.102㎎/g, 애기무당버섯 0.485㎎/g, 굴털이버섯 0. 190㎎/g, 밤버섯 0.184㎎/g 순이었다.

영양 성분 : 잣버섯을 분석한 결과, 유리 아미노산 26종, 미량 무기질 8종, ergosterol, 포화 지방산 6종, 불포화 지방산 4종이 분리 확인되었다.

✻ 효능과 이용

1) 효능 : 신체 기능 조절, 건강 증진, 항질병.
2) 식용 : 감초와 아니스 향이 있는 식용 버섯이다.
3) 약용 : 건강증진, 면역증강, 항균 등에 응용된다.

※ 식용이나 가벼운 중독 증상이 생길 수 있다.

참고문헌

1) 김성원, **균학회지,** 1979, 7(1), 9 〔잣 버섯(*Lentinus lepideus* Fr.)의 성분 연구(1)〕
2) 김한경, 박정식, 차동열, 김양섭, 문병주, **균학회지,** 1994, 22(2), 145 〔잣 버섯 인공 재배에 관한 연구(1)−균사 배양 조건에 관하여〕
3) 박완희, 양기숙, 노일협, **숙명여대 약학연구소논문집,** 1989, 5, 107 (한국산 버섯류의 무기 성분에 관한 연구 II−잣버섯의 무기 성분)

4) 이정옥, 김성훈, 김창율, 김성원, 최응칠, 김병각, **균학회지,** 1981, 9(2), 99 〔한국산 고등 균류의 성분 연구(제 31보), 잣 버섯의 지방산〕
5) 이지열, **균학회지,** 2005, 33(1), 54 〔한국 기록종 버섯 추가 목록(2001-2004)〕
6) 이태수, 이지열, **한국기록종 버섯 재정리 목록,** 임업연구원, 2000
7) 정광교, 한영환, **동국논집,** 1997, 16(2), 143 (잣버섯(*Lentinus lepideus* DGUM 25050)의 균사생육을 위한 배지조성의 최적화)
8) 정규선, **약학회지,** 1979, 23(3,4), 153 (한국산 고등균류의 성분에 관한 연구 −아미노산 - 잣버섯, 갓버섯, 밤버섯, 민그물버섯, 굴털이버섯)
9) 진미림, **서울대학교 대학원논문집,** 1996, 1-121 (잣 버섯 성분의 면역 세포 및 전사인자의 활성화 작용에 관한 연구)
10) 진미림, 정규선, **숙명여대 약학논문집,** 1998, 15, 49 (잣버섯으로부터 분리한 성분의 분석 및 Protein kinase C를 경유하는 NF-κB 활성화 작용)
11) 진미림, 정규선, **약학회지,** 1999, 43(5), 635 (잣버섯 균사체로부터 분리한 수용성 단백 다당체 Lepidan의 면역 증가 작용)
12) 한국 균학회, **버섯 이름, 한국명 통일안,** 2000, 176
13) Abraham, W. R. et al., **Z. Naturforsch., C,** 1988, 43, 24 (Novel sesquiterpene ethers(10-hydroxy lentideusether, iso-lentideusether, lentideusether) from liquid cultures of the wood-rotting fungus *Letinus lepidus*)
14) Chang, S. T., Miles, P.G., **Edible Mushroom and their Cultivation,** CRC Press, New York, USA, 1989
15) Cheung, L. M., Cheung Peter, C. K., Ooi Vincent, E. C., **Food Chem.,** 2003, 81, 249 (Antioxidant activity and total phenolics of edible mushroom extracts)
16) Farrard, J. C. et al., **J. Org. Chem.,** 1971, 36, 3606 (deriv, Against Gram(+) bacteria, Fungi, Coprinin)
17) Hui, Y. F., Den, E. S., Chi, T. H., **J. Food Lipids,** 2002, 9, 35 (Antioxidant and free radical scavenging activities of edible mushrooms)
18) Ikekawa, T., Uehara, N., Maeda, Y., Nakanishi, M., Fukoka, F., **Cancer**

Res., 1969, 29, 734 (Antitumor activity of aqueous extracts of edible mushrooms)

19) Kabir, Y., Kimura, S., **J. Nutr. Sci. Vitaminol.**, 1989, 35, 91 (Dietary mushrooms reduce blood pressure in spontaneously hypertensive rats)

20) Klein, E. et al., **J. Agric. Food. Chem.**, 1971, 19, 1115 (faint odour, struct, 3-(4-Hydroxyphenyl)-2-propenoic acid; Me ester)

21) Lee, G. D., Chang, H. G., Kim, H. K., **Kor. J. Food Sci. Technol.**, 1997, 29, 432 (Antioxidative and nitric-scavenging activities of edible mushrooms)

22) Mau, J. L., Lin, H. C., Song, S. F., **Food Res. Int.**, 2002, 35, 519 (Antioxidant properties of several specialty mushrooms)

23) McDonnell, J. E.W., Esselen, W. B. Jr., **Food Res.**, 1947, 12, 118 (Carbohydrates in Cultivated mushrooms)

24) Pegler, D. N., **The Concise Illustrated Book of Mushrooms and Other Fungi**, Gallery Books, New York, USA, 1989

25) Rossel, A., **Justus Liebigs Ann. Chem.**, 1969, 151, 25 (bibl, needles, Anisic acid methyl)

26) Shibata, S., **J. Natl. Sci. Conuc. Sri Lanka**, 1973, 1, 183 (rev, β-Glucan)

27) Wood, W. F. et al., **J. Chem. Ecol.**, 1991, 17, 1415 (occurs, Bismethylsulfonylmethyldisulfide)

28) Ying, I., Mao, X., Ma, Q., Zong, Y., Wen, H., **Icones of Medicinal Fungi from China**, Science Press, Beijing, China, 1989, 251

29) Yokoyama, A. et al., **Chem. Pharm. Bull.**, 1974, 22, 877 (isol, Eburicoic acid)

Fomitopsis rosea (A. et S. ex Fr.) Karst.
Polyporus roseus A. et S. ex Fr.
Fomes rosea (A. et S. ex Fr.) Cke.

장미잔나비버섯 23

구멍장이버섯과 (Polyporaceae)

- 중국명 | 紅擬層孔菌
- 분포 | 한국, 일본, 중국, 유럽, 북아메리카
- 용도 | 자실체(식용, 약용)

✲ 식물학적 특성

여름~가을에 침엽수의 고목, 죽은 가지, 그루터기 위에 발생하는 다년생 부후성 버섯으로 자실체는 너비 2~10㎝, 두께 1~3㎝로 반원형~선반형~말굽형이고, 표면은 회홍색, 자홍색 또는 회흑색이며, 동심상의 환구가 있다. 조직은 목질이고, 담홍색이다. 자실층은 담자색으로 관공은 길이 0.5~ 0.7㎝, 관공구는 원형~타원형, 포자는 원통형, 표면은 평활하고, 내부에는 1~2개의 유구(油球)가 있고, 포자문은 백색이다.

동속 식물에는 소나무잔나비버섯(*Fomitopsis pinicola*)이 있다.

✲ 성분

1) 특수 성분

*Polyporus*속 식물에서 Dehydrotumulosic acid(D-00342), 22, 23-Dihydroergosterol(E-01416), α-Dihydroergosterol(E-01422), *2,5-Dihydroxy-3, 6-diphenyl-1,4-benzoquinone(D-01754), Eburicoic acid(E-00007), Tumulosic acid(T-03040) 등이 분리되었다.

장미잔나비버섯

Fomitopsis rosea (A. et S. ex Fr.) Karst.
Polyporus roseus A. et S. ex Fr.
Fomes rosea (A. et S. ex Fr.) Cke.

장미잔나비버섯 23

구멍장이버섯과 (Polyporaceae)

- 중국명 | 紅擬層孔菌
- 분포 | 한국, 일본, 중국, 유럽, 북아메리카
- 용도 | 자실체(식용, 약용)

✲ 식물학적 특성

여름~가을에 침엽수의 고목, 죽은 가지, 그루터기 위에 발생하는 다년생 부후성 버섯으로 자실체는 너비 2~10㎝, 두께 1~3㎝로 반원형~선반형~말굽형이고, 표면은 회홍색, 자홍색 또는 회흑색이며, 동심상의 환구가 있다. 조직은 목질이고, 담홍색이다. 자실층은 담자색으로 관공은 길이 0.5~ 0.7㎝, 관공구는 원형~타원형, 포자는 원통형, 표면은 평활하고, 내부에는 1~2개의 유구(油球)가 있고, 포자문은 백색이다.

동속 식물에는 소나무잔나비버섯(*Fomitopsis pinicola*)이 있다.

✲ 성분

1) 특수 성분

*Polyporus*속 식물에서 Dehydrotumulosic acid(D-00342), 22, 23-Dihydroergosterol(E-01416), α-Dihydroergosterol(E-01422), *2,5-Dihydroxy-3, 6-diphenyl-1,4-benzoquinone(D-01754), Eburicoic acid(E-00007), Tumulosic acid(T-03040) 등이 분리되었다.

장미잔나비버섯

✲ 생리 활성

항종양 효과 : 장미잔나비버섯은 sarcoma 180(mouse)에 70~80% 억제 효과가 있고, Ehrlich 복수암(mouse)에 60% 억제 효과가 있다.

생리 활성 : 동속버섯, 잔나비버섯 자실체를 열수 추출로 얻은 고분자 분획(HF)과 저분자 분획(LF)의 특성과 생리 활성을 살펴본 결과, HF와 LF의 당과 단백질 및 소량의 hexosamine을 포함, 구성당은 glucose, galactose, mannose, 소량의 xylose, fructose, ribose, arabinose이었다. 당과 단백질 결합에 serine 과 threonine을 다량 함유하고 있고, HF 분자량은 10kD, 항보체 활성은 HF에서 높았고, 항체 생성능은 대조군보다 약간 증가하였다. 탐색능, NO(Nitric oxide)와 TNF-α생성능은 상관성이 있었으며, 효소적 및 비효소적 지질과산화에는 HF와 LF 모두 억제능이 있었다. 이들 HF와 LF는 면역 활성 및 지질 과산화 억제 효과가 있었다.

항산화 활성 : 63종의 버섯 자실체를 80% EtOH ex를 각각 만들어 지질과산화 반응, AO 및 SOD의 활성도에 미치는 영향을 관찰한 결과, 데미로버섯(*D. dickinsii*), 뽕나무버섯, 아카시재목버섯(*F. fraxinea*) 추출물이 간 조직 microsome의 지질과산화 반응을 억제, 뽕나무버섯, 데미로버섯, 아카시재목버섯, 삼색도장버섯, 송편버섯, 옷솔버섯, 제주쓴맛그물버섯, 노란그물버섯 및 산그물버섯 추출물은 간 세포질 내의 초산화 ion 생성 효소 AO활성을 크게 억제시켰다. 삼색도장버섯, 뽕나무버섯, 데미로버섯, 아카시재목버섯 추출물은 간 세포질의 SOD 활성을 증가시켰다. 이로써 뽕나무버섯, 데미로버섯, 아카시재목버섯의 추출물이 항산화 활성이 인정되었다.

혈전 용해 효소 활성 : 칠갑산에 자생하는 야생 버섯 67종의 fibrin 분해 활성을 검색한 결과, *Marasmius pulcherripes*(종이꽃낙엽버섯)은 plasmin 0.75 units의 112% fibrin 분해 활성을, *Helvella elastica*(긴대안장버섯)은 60%, *Psathyrella* sp.는 49%, *Fomitella fraxinea*(장수버섯)은 40%, *Leucoagaricus rubrotinctus*(돌여우버섯)은 39%, *Lepista sordida*(자주방망이버섯아재비)와 *Oudemansiella* sp는 각각 41%, 26%의 fibrin 분해 활성을 보였다. 그러

나 광대버섯과, 그물버섯과, 끈적버섯과, 난버섯과, 무당버섯과, 귀신그물버섯과, 독청버섯과, 꾀꼬리버섯과, 불로초과, 소나무비늘버섯과, 바구니버섯과, 말뚝버섯과, 어리알버섯과, 붉은목이과 및 술산버섯과의 버섯은 모두 활성이 없었다.

✻ 효능과 이용

1) 효능 : 거풍제습(祛風除濕), 활혈(活血).
2) 약용 : 풍습비통(風濕痹痛)에 쓴다.

참고문헌

1) 김준호, 유관희, 석순자, 김양섭, **균학회지,** 2005, 33(1), 18 (칠갑산 야생 버섯 추출물로부터 혈전 용해 효소의 활성 검색-종이낙엽버섯, 긴안장대버섯, 장수버섯, 그물버섯, 말뚝버섯, 자주방망이버섯아재비)
2) 卯曉嵐, 莊長坪, 歐株次旺, **西藏大型經濟眞菌,** 北京科學技術出版社, 1991
3) 박상선, 유국현, 민태진, **균학회지,** 1998, 26(1), 69 (버섯 추출물의 항산화 활성에 관한 연구-뽕나무버섯, 산그물버섯, 데미로버섯, 아카시재목버섯, 삼색도장버섯)
4) 박완희, 이호득, **한국약용버섯도감,** 교학사, 서울, 1999, 496 (장미잔나비버섯)
5) 박완희, 이호득, **한국의 버섯,** 교학사, 서울, 1991, 373 (장미잔나비버섯)
6) 이지열, **균학회지,** 2005, 33(1), 54 〔한국 기록종 버섯 추가 목록(2001-2004)〕
7) 이태수, 이지열, **한국기록종 버섯 재정리 목록,** 임업연구원, 2000
8) 정학성, **균학회지,** 1994, 22(1), 62 〔한국산 목재 부후균류의 분포상에 대한 연구(II), 담자균류 민주름버섯목의 분포에 대하여〕
9) 정호권, 이준우, **식품과학회지,** 2001, 33(1), 122 (잔나비버섯 자실체로부터 분리한 물질의 특성 및 생리 활성)

10) 中國本草圖錄編輯委員會編, **中國本草圖錄,** 鼎談出版社, 1992

11) 한국 균학회, **버섯 이름, 한국명 통일안,** 2000, 176

12) Bycroft, B. W. et al., **Helv. Chim Acta,** 1964, 47, 1147 (isol, Eburicoic acid, Alkaloid)

13) Chang, S. T., Miles, P.G., **Edible Mushroom and their Cultivation,** CRC Press, New York, USA, 1989

14) Hall, E. A. et al., **Antibiot. Chemother.** (Washington, D. C.), 1951, 1, 369 (Antibacterial, Antitumor activity, 2, 4-Dihydroxy-3,6-diphenyl-1, 4-benzoquinone)

15) Kabir, Y., Kimura, S., **J. Nutr. Sci. Vitaminol.,** 1989, 35, 91 (Dietary mushrooms reduce blood pressure in spontaneously hypertensive rats)

16) Liu, F., Ooi, V. E. C., Chang, S. T., **Life Sci.,** 1997, 60, 763 (Free radical scavenging activities of mushroom polysaccharide extracts)

17) McDonnell, J. E.W., Esselen, W. B. Jr., **Food Res.,** 1947, 12, 118 (Carbohydrates in Cultivated mushrooms)

18) Mau, J. L., Lin, H. C., Song, S. F., **Food Res. Int.,** 2002, 35, 519 (Antioxidant properties of several specialty mushrooms)

19) Mizuno, T., **Food Res. Int.,** 1995, 11, 7 (Bioactive biomolecules of mushrooms: Food function and medicinal effect of mushroom fungi)

20) Nakanishi, S. et al., **Yakagaku Zasshi,** 1939, 59, 725 (deriv, Tumulosic acid, Dehydrotumulosic acid)

21) Pegler, D. N., **The Concise Illustrated Book of Mushrooms and Other Fungi,** Gallery Books, New York, USA, 1989

22) Wasser, S. P., Weiss, A. L., **Crit. Rev. Immunol.,** 1999, 19, 65 (Therapeutic effects of substances occurring in higher Basidiomycetes mushroom: a modern perspective)

23) Ying, J., Mao, X., Ma, Q. Zang, Y. Wen, H., **Icons of Medicinal Fungi China,** Science Press, Beijing, China, 1989, 139

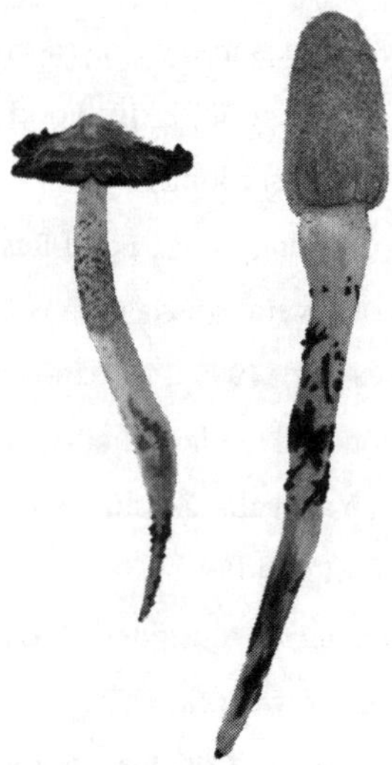

재먹물버섯

Coprinus cinereus (Schaeff. ex Fr.) S. F. Gray
Coprinus macrorhizus (Pers. ex Fr.) Rea
Coprinus fimetarius (L.) Fr.

재먹물버섯 24

먹물버섯과 (Coprinaceae)

- 분포 | 한국, 일본 등 전 세계
- 용도 | 어린버섯(식용)

✻ 식물학적 특성

봄~가을에 퇴비 더미, 쇠똥, 말똥 위에 군생, 갓 지름 2~5㎝, 초기에 난형~장난형. 차차 종형. 갓 끝은 위로 말림. 표면은 어린 것은 백색~갈색. 솜모양~섬유상 피막. 생장하면 탈락. 회갈색 바탕이 나타남. 주름살은 끝붙은형. 빽빽. 성숙하면 흑색 후 액화 시작. 대는 가늘고 근부는 약간 굵으며 표면은 백색. 포자는 난형~타원형. 표면은 평활. 포자문은 흑색이다.

동속 식용 버섯에는 먹물버섯(*C. comatus*)과 갈색먹물버섯(*C. micaceus*)이 있다.

✻ 성분

1) 특수 성분

재먹물버섯에서 Hydroxylagopodin B(L-00202), C-AMP(A-00446), Chitin (C-00924), Tryptamine(T-02986) 등과 효소 Synthetase, Peroxidase, Lipoprotein synthetase 등도 분리되었고, 유리 아미노산 30종과 지방산 8종 미량금속원소 8종 및 polysaccharide도 검색되었다.

✻ 생리 활성

간 보호 효과 : 재먹물버섯과 발효한 찰현미의 MeOH ex를 흰쥐 사료에 0.5, 1.0과 2.0g/day를 14일간 투여하고, CCl_4로 간을 손상시켜, 혈중 AST, ALT, ALP, LDH, r-GTP를 측정하고, 혈중 총 단백질, albumin, TG 및 총 cholesterol과 HDL-cholesterol을 측정한 결과, 간 보호 효과가 있었다.

이형 유전자 발현 : *Coprinus cinereus*(재먹물버섯)에서 tryptophan 생합성에 관여하는 trp-2유전자의 이종 버섯에서의 발현 여부를 조사한 결과, 유전자 상동성을 확인키 위해 *C. cinereus* trp 2 유전자 함유 재조합 DNA인 pH IONA 8을 probe로 사용, southern blot한 결과, *Shizophyllum commune*(치마버섯) 1-71의 tryptophan 생합성 유전자와 상당한 homology가 있었다. pH IONA8 DNA를 이용, *S. commune* T_1(tryptophan 영양요구주)의 상보성 검증에서는 petri-dish당 약 50개의 형질 전환체가 나타났으며, 이들 형질 전환체는 다른 *S. commune*의 다른 화합성 균주와의 교배 실험에서 clamp cell의 유도와 동시에 약 2~3주만에 자실체를 관찰할 수 있었다.

생리 활성 : 재먹물버섯 성분 중 cyclic AMP는 버섯 발생을 촉진시키며, tryptamine은 hypotensive effect 물질이다.

참고문헌

1) 박동석, 고승주, 김양섭, 석순자, 송재경, 여윤수, 류진창, 성재모, **균학회지,** 1999, 27(1), 27 〔먹물버섯류(*Coprinus* spp.)의 ITS II 영역 염기서열에 의한 유연 관계 분석〕

2) 박동석, 고승주, 김양섭, 석순자, 송재경, 여윤수, 류진창, 성재모, **균학회지,** 1999, 27(4), 274 (먹물버섯속과 눈물버섯속의 ITS 영역 염기서열의 계통학적 유연관계)

3) 박동철, 김현정, 김옥미, 배준태, 박선희, 이병훈, 이갑랑, **균학회지,** 1998, 26(1), 103 (치마 버섯에서 이형 유전자 발현에 관한 연구－치마버섯, 재먹

물버섯)
4) 심재영, 최형태, 윤권상, **강원대 생명과학연구논총**, 1994, 12, 96 (*Coprinus cinereus*에서 Validamycin 저항성 균주의 세포학적 변화)
5) 심재영, 최형태, 윤권상, **균학회지**, 1994, 68, 31 (*Coprinus cinereus*에서 Validamycin 저항성 균주의 세포학적 변화)
6) 이정명, 엄태진, **펄프종이기술**, 1999, 83, 12(Enzymatic Deinking of Old Newsprint with Alkalophilic Enzymes from *Coprinus cinereus* 2249)
7) Austin, P. R. et al., **Science** (Washington. D.C.), 1981, 212, 749 (rev, Chitin)
8) Benninger, D. M., Skrzynia, C., Pukklia. P. J., Casselton, L. A., **EMBO J.**, 1987, 6, 835 (DNA-mediated trans formation of the basidiomycetes *Coprinus cinereus*)
9) Chang, S. T., Miles, P.G., **Edible Mushroom and their Cultivation**, CRC Press, New York, USA, 1989
10) Cimino, G. et al., **Comp. Biochem. Physiol., C; Comp. Pharmacol.**, 1978, 61, 361 (isol, Hypotensive Tryptamine)
11) Classelton, L, A,, de La Fuente Herce, A,, **Curr, Genet,**, 1989, 16, 35 (Heterologus gene expression in the basidiomycete fungus *Coprinus cinereus*)
12) Durand, R., Furuya, M., **Plant Cell Physiol.**, 1985, 26, 1175 (Action spectra for stimulatory and inhibitory effects of UV and blue light on fruit body formation in *Coprinus congregatus*)
13) Kabir, Y., Kimura, S., **J. Nutr. Sci. Vitaminol.**, 1989, 35, 91 (Dietary mushrooms reduce blood pressure in spontaneously hypertensive rats)
14) Kiguchi, T., Yanagi, S. O., **Appl. Microbiol. Biotech.**, 1985, 22, 121 (Intraspecific heterokaryon and fruit body formation in *Coprinus macrorhizus* by protoplast fusion of auxotrophic mutants)
15) Lee, J. M., Eom, T. J., **J. Korea TAPPI**, 1999, 31(5), 12 (Enzymatic deinking of old newsprint with alkalophilic enzymes from *Coprinus*

cinereus 2249)

16) Lee, K. A., Lee, J. S., Yoon, J. D., Chung, M. W., Ha, H. C., Lee, J. S., **Food Sci. Biotechnol.**, 2004, 13(2), 230 (Hepatoprotecteve Effects of Waxy Brown Rice Fermented with *Coprinus cinereus*)

17) May, G., Le Cheranton, L., Pukkila, P. J., **Genetics**, 1991, 128, 529 (Molecular analysis of *Coprinus cinereus* mating type A factor demonstrates an unexpectedly complex structure)

18) McDonnell, J. E.W., Esselen, W. B. Jr., **Food Res.**, 1947, 12, 118 (Carbohydrates in Cultivated mushrooms)

19) Mellon, F. M., Little, P. F. R., Casselton, L. A., **Mol. Gen. Genet.**, 1987, 210, 352 [Gene cloning and transformation in the basidiomycetes fungus *Coprinus cinereus*: Isolation and expression of the isocitrate lyase gene (acu-7)]

20) Moore, D., **Trans. Br. Mycol. Soc.**, 1975, 65, 134 (Production of *Coprinus* protoplasts by use of chitinase of helicase)

21) Pegler, D. N., **The Concise Illustrated Book of Mushrooms and Other Fungi**, Gallery Books, New York, USA, 1989

22) Pukkila, P. J., Yashar, B. M., Binninger, D. M., **Symp. Soc. Exp. Biol.**, 1984, 38, 177 (Analysis of meiotic development in *Coprinus cinereus*. In Controlling Events in Meiosis)

23) Reijnders, A. F. M., **Persoonia**, 1979, 10. 383 (Developmental anatomy of *Coprinus*)

24) Takemaru, T., Kamada, T., **Rept. Tottori Mycol. Inst.**, Japan, 1971, 9(1), 21 (English abstract : Gene control of basidiocarp development in *Coprinus macrorhizus*)

25) Takemaru, T., Kamada, T., **Bot. Mag.**, Tokyo, 1972, 85(1), 51 (Basidiocarp development in *Coprinus macrorhizus* Ⅰ. Induction of developmental variation)

26) Tsusue, Y. M., **Grow. Different**, 1969, 11, 164 (Experimental control of

fruiting body formation in *Coprinus macrorhizus*)

27) Yanagi, S. O., Kawasumi, T., Takebe, I., Takemaru, T., **Agric. Biol. Chem.**, 1988, 52, 281 (Genetic analysis of *Coprinus cinereus* strains derived through intra specific protoplast fusion)

28) Yanagi, S. O., Takebe, I., **Appl. Microbiol. Biotechnol.**, 1984, 19(1), 58 (An efficient method for the isolation of Mycelial protoplasts from *Coprinus macrorhizus* and other basidiomycetes)

29) Yanagi, S. O., Takebe, I., **Protoplast 1983 Poster proceeding,** Basel, Brikhause Verlag. Basel, Swiss, 1983, pp. 295-96 (Efficient protoplast isolation from *Coprinus macrorhizus* and mycelial protoplasts other basidiomycetes)

30) Ying, I., Mao, X., Ma, Q., Zong, Y., Wen, H., **Icones of Medicinal Fungi from China,** Science Press, Beijing, China, 1987

31) Zolan, M. E., Pukkila, P. J., **Mol. Cell. Biol.**, 1986, 6, 195 (Inheritance of DNA methylation in *Coprinus cinereus*)

잿빛만가닥버섯

Lyophyllum decastes (Fr. ex Fr.) Sing.
Clitocybe decastes (Fr. ex Fr.) Kummer
Tricholoma aggregatum (Schaeff.) Constantin et Dufour

잿빛만가닥버섯 25

송이과 (Tricholomataceae)

- 일명 | Hatakeshimeji
- 분포 | 한국 · 일본 · 북반구 온대
- 용도 | 자실체(식용)

✲ 식물학적 특성

갓은 직경 4~12㎝. 처음에는 둥글다가 나중에는 펴진다. 표면은 회갈색. 다소 향이 있고 주름은 잘고 백색. 대는 회백색. 지름은 1㎝ 내외. 길이 3~8㎝. 단단. 갓도 단단. 전체 모습은 땅만가닥버섯과 비슷하나 이 버섯은 장마철에서 가을까지 밭, 길바닥에 밀집해서 난다. 땅에 직접 나기 때문에 주름 속에 있는 흙을 잘 털어서 조리해야 한다. 꼭 닮은 독버섯에 구사우라베니버섯이 있다. 주름이 살색과 같기 때문에 자세히 보면 가려낼 수 있다.

동속 식용 버섯에는 모래꽃만가닥버섯(*L. semitale*)과 만가닥버섯(*L. cinerascens*) 등이 있다.

✲ 성분

1) 특수 성분

동속 버섯 *Lyophyllum connatum*(흰주름만가닥버섯)에서 Connatin(S, C-01722), *N'-Hydroxy-N', N'-dimethylurea(H-01576), Lyophyllan A, *Lyophyllin (L-00953), Vitamin D(S-00425, S-00404) 등이 분리되었다.

✻ 생리 활성

항암 효과①: 버섯균사체를 배양하여 얻은 항암성 단백 다당체를 분리한 lyophyllan A는 86% 다당체와 2.0%의 단백질로 구성되었고, 단당류는 glucose 48.1%, mannose 30.8%, galactose, xylose 및 fucose가 있었다. lyopllan A 등 항종양 다당체는 sarcoma 180(mouse)에 대해 65.4% 억제율의 antitumor activity가 있고, 항체 생성 활성 등 면역 세포 활성이 있었다.

배양 균사체 중 항암 성분②: 잿빛만가닥버섯의 배양 균사체에서 분리된 항암물질을 sarcoma 180(ICR mice) 시험 결과, 65.4% 억제 효과가 있었고, 이는 단백 다당체로, DEAE sephadex A-50 ion exchange chromatography로 정제한 Fr. D는 75.7%의 항암성을 보였으며, 복강 내에서 대식 세포 증식 효과와 비장 세포의 plaque 형성을 증강시켰으며, lyophyllan으로 명명하였다.

항암 성분의 배양③: *L. decastes* 균주의 배양 최적 조건은 pH 5.0, 진탕 배양 시 우수하였고, 탄소원은 glucose, 질소원은 peptone과 corn syrup liquor 혼합 시 우수하였다. 배지 중 glucose 농도는 5%, C/N비는 1.17~2.20이, 5% 이상의 배지 농도에서 우수하였다. 항암 활성은 sarcoma 180에 강력한 종양 억제가 있었고, 단백 다당체를 균사에서 분리 정제하여 lyophyllan A로 명명하였다. 이는 분석 결과, 86% 다당체와 2%의 단백질, 다당체는 glucose가 주가 된 5종 단당류로 구성된 heteroglycan이며, 단백질은 lysine 이외 18종의 아미노산으로 이루어졌다.

균체 생산: 재빛 만가닥 버섯의 균체 생산의 최적 온도와 pH는 각각 25℃, pH 7.5이었고, 배양 기간은 15일이 가장 좋았으며, 균체 생산에 가장 우수한 탄소원은 glucose와 CMC, glucose의 최적 농도는 3%, CMC는 6%이었다. 유기태 질소원은 proteose peptone이 가장 좋았고, 최적 농도는 0.5%이었으며, 무기태 질소는 $(NH_4)_2HPO_4$로 최적 농도는 0.1%이었다. 균체 생산에 가장 좋은 C/N 비는 glucose : proteose peptone이 1 : 10으로 질소가 많았다. 균체 생산에 K_2HPO_4, $MgSO_4$, $CaCl_2$의 최적 농도는 각각 0.2, 0.06, 0.01%이며, 각종 bioextract 중 균체 생산이 가장 양호한 것은 yeast extract,

최적 농도는 1.5%이었다. 균체 성분은 총 당 34.8%, 조단백질 28.35%, 조지방 2.5%, 회분 7.57%, 조섬유 11.99%로 영양가가 높았다.

Cellulase 생산 조건 : *L. decastes*(잿빛만가닥버섯)의 발효사료 제조를 위한 cellulase 생산은 30℃, pH 6.0, 수분 60~70%에서 15일 배양이 좋았다. 부원료 미강 30~40%, $(NH_4)_2HPO_4$ 0.72% 첨가, 볏짚을 4% alkaline peroxidase로 전처리하면, cellulase 생산은 증가하였다. 볏짚에 *L. decastes*를 40일 발효할 때, lingnan은 19.9% 분해되었고, 총 질소는 대조구의 1.1%에서 1.6% 증가되었다. 발효 진행에 따라 볏짚의 in vitro 소화율은 증가하여 35일 발효 후, 대조구에 비해 21.1% 증가하였다.

Cellulase 분해와 과산화 수소 및 탄산 소다의 영향 : 볏짚의 H_2O_2 처리는 첨가 농도와 pH에 따라 비소화성 물질의 분해에 영향이 있고, 볏짚입자가 작을수록 현저하였다. $2NaCO_3 \cdot 3H_2O_2$는 pH 조절이 필요 없었으나, pH 11.5에서 H_2O_2 처리에 비해 낮았다. alkaline peroxide 처리로 lignin과 hemicellulose의 감소가 현저하였다. alkaline peroxide 전처리 볏짚의 발효로 총 질소와 회분이 증가, NDF, hemicellulose, lignin은 분해로 감소하였고, ADF와 cellulose는 저농도 처리에서 감소하였다. 볏짚의 소화율은 alkaline peroxidase 농도 증가에 따라 향상되어 대조구의 31.0%에 비해 pH를 11.5, 12% H_2O_2, 12% $2Na_2CO_3 \cdot 3H_2O_2$ 처리시 각각 89.4%, 76.8%로 상승되었다. alkaline peroxide 전처리 볏짚의 발효 소화율의 상승은 저농도에서 효과적이었다. 4% H_2O 반건식 처리로 ADF와 cellulose는 감소, 소화율은 57.5%이었고, 전처리 볏짚의 발효로 대조구의 33.4% 보다 63.4%로 상승하였다.

기타 연구 : 잿빛만가닥버섯 성분 중 lyophillin과 N'-hydroxy-N,N'-dimethylurea은 mutagenic effect 물질로 연구되었다.

※ 효능과 이용

1) 효능 : 면역, 항암.

2) 식용 : 쫄깃쫄깃한 독특한 씹힘이 있고 맛과 향기가 좋다. 국물이 맛있게

우러난다. 가을이 제철. 느타리나 표고버섯같이 된장국, 맑은 장국, 잡탕밥, 데쳐 부침. 조림, 찌개, 그라탕, 피자, 중국풍의 튀김 등에 응용하며 인공 재배가 가능한 맛좋은 식용 버섯이다.

3) 약용 : 항종양, 면역세포 활성, 항체 생성활성

참고문헌

1) 金三純, 金養燮, **韓國産 버섯 圖鑑,** 裕豐出版社, 서울, 1990

2) 김병각, 현진원, 박성미, 최응칠, **농업산학협동편,** 1990, 33, 101 (버들송이 및 만가닥 버섯의 특성 및 약리 작용)

3) 農村振興廳 農業技術研究所編, **韓國産 버섯類 原色圖鑑**(I), 1987

4) 卯曉嵐, 莊長坪, 歐株次旺, **西藏大型經濟眞菌,** 北京科學技術出版社, 1991 (생리 활성)

5) 朴婉熙, 李虎得, **한국약용버섯도감,** 교학사, 서울, 1999, 194 (잿빛만가닥버섯)

6) 복진우, 김종필, 진미림, 최응칠, 김병각, **균학회지,** 1994, 22(2), 130 〔*Lyophyllum-decastes*(재빛 만가닥 버섯)의 원형질체 분리와 재생에 관한 연구〕

7) 應建浙, 卯曉嵐, 馬啓明, 宗毓臣, 文華安, **中國藥用眞菌圖鑑,** 科學出版社, 1987

8) 이정옥, 김형수, 최응칠, 김병각, **생약학회지,** 1982, 17(1), 23 〔잿빛만가닥 버섯(*Lyophyllum decastes*)의 항암 성분 및 배양〕

9) 이정옥, 김형수, 최응칠, 김병각, **생약학회지,** 1986, 17(1), 23 〔한국산 고등 균류의 성분 및 배양에 관한 연구(제55보), *Lyophyllum decastes*의 항암 성분 및 배양〕

10) 이정옥, 최응칠, 김병각, **약학회지,** 1987, 31(3), 70 (*Lyophyllum decastes* 항암 성분의 면역학적 연구)

11) 이지열, **균학회지,** 2005, 33(1), 54 〔한국 기록종 버섯 추가 목록(2001-2004)〕

12) 李址烈, **韓國 버섯 圖鑑,** 아카데미서적, 서울, 1988, 69 (잿빛만가닥버섯)

13) 이태수, 이지열, **한국기록종 버섯 재정리 목록,** 임업연구원, 2000

14) 中國本草圖錄編輯委員會編, **中國 本草 圖錄,** 鼎談出版社, 1992

15) 한국 균학회, **버섯 이름, 한국명 통일안,** 2000, 176

16) 홍재식, **균학회지,** 1988, 16, 128 (*Lyophyllum decastes*를 이용한 볏짚의 발효사료에 관한 연구 ; Cellulase 생산조건 및 배양 기간의 영향)

17) 홍재식, 김동한, 김명곤, 이극로, 김영수, 김명숙, **균학회지,** 1988, 16(3), 135 〔*Lyophyllum decastes*를 이용한 볏짚의 발효사료에 관한 연구 (1). Cellulase 생산 조건 및 배양 기간의 영향〕

18) 홍재식, 김동한, 이극로, 김명곤, 김명수, 여규영, **균학회지,** 1988, 16(3), 135 〔*Lyophyllum decastes*를 이용한 볏짚의 발효사료에 관한 연구 (2). 과산화 수소 및 과탄산소다 처리 영향〕

19) 홍재식, 이지열, 김명숙, 김동한, **균학회지,** 1986, 14(2), 131 〔*Lyophyllum decastes*(재빛 만가닥버섯)의 심부 배양에 의한 균체 생산에 관한 연구〕

20) Chang, S. T., Miles, P.G., **Edible Mushroom and their Cultivation,** CRC Press, New York, USA, 1989

21) Cheung, L. M., Cheung Peter, C. K., Ooi Vincent, E. C., **Food Chem.,** 2003, 81, 249 (Antioxidant activity and total phenolics of edible mushroom extracts)

22) David, G. S., Barry, H. R., **Mushroom Poisoning,** CRC Press, USA, 1994

23) Dickinson, H., Lucas, J., **The Encyclopedia of Mushrooms,** Crescent Books, New York, USA, 1983

24) Fugmann, B. et al., **Angew. Chem., Int. Ed. Engl.,** 1984, 23, 72 (isol, tox, *Lyophyllin, **N*-Hydroxy, *N, N*-dimethylurea, struct, Connatin)

25) Gerhardt, E., **Pilze,** BLV Handbook, 1995

26) Hui, Y. F., Den, E. S., Chi, T. H., **J. Food Lipids,** 2002, 9, 35 (Antioxidant and free radical scavenging activities of edible mushrooms)

27) Imazeki, R., Otani, Y. Hongo, T., **Color Illustration Mushrooms of Japan,** Yama-Kei Publisher Co., Ltd., Tokyo, Japan, 1988

28) Kabir, Y., Kimura, S., **J. Nutr. Sci. Vitaminol.,** 1989, 35, 91 (Dietary mushrooms reduce blood pressure in spontaneously hypertensive rats)

29) Kim, B. K., Choi, E. C., Chung, K. S., Park, H. J., Kim, H. R., Kim, Y. S.,

Park, Y. H., Shim, M. J., **Arch. Pharm. Res.**, 1983, 6(2), 141 〔Korean Basidiomycetes(L), Antitumor components, extracted from cultured mycelia several basidiomycetes〕

30) Kim, H. R., Shim, M. J., Kim, J. W., Kim, H. W., **Kor. J. Pharmacogn.**, 1984, 15(2), 61 (Antitumor components extracted from the cultured mycelia of *Lyophyllum decastes*)

31) Lee, G. D., Chang, H. G., Kim, H. K., **Kor. J. Food Sci. Technol.**, 1997, 29, 432 (Antioxidative and nitric-scavenging activities of edible mushrooms)

32) McDonnell, J. E. W., Esselen, W. B. Jr., **Food Res.**, 1947, 12, 118 (Carbohydrates in Cultivated mushrooms)

33) Pegler, D. N., **The Concise Illustrated Book of Mushrooms and Other Fungi,** Gallery Books, New York, USA, 1989

35) Ukawa, Y., Ito, H., Hisamatsu, M., **J. Biosci. Bioeng.**, 2000, 90, 98 〔Antitumor effects of (1→3)-β-D-glucan and (1→6)-β-D-glucan purified from newly cultivated mushroom, Hatakeshimeji (*Lyphyllum decastes* Sing.)〕

Grifola umbellata (Pers. ex Fr.) Pilát.
Dendropolyporus umbellatus (Pers. ex Fr.) Jülich
Polyporus umbellatus Pers. ex Fr.

저령 26

구멍장이버섯과 (Polyporaceae)

- 중국명, 생약명 | 猪苓
- 일명 | Choreimaitake
- 분포 | 한국, 중국, 일본, 유럽, 북아메리카
- 용도 | 자실체(식용, 약용)

✲ 식물학적 특성

가을에 활엽수, 특히 오리나무, 참나무류 등의 뿌리에 기생, 땅속에 흑색의 균핵(저령)을 형성. 자실체는 균핵에서 발생한 지상생. 자실체는 1개의 대기부에서 몇 개의 대가 다시 여러 번 분지, 대상부에 갓이 있어 꽃다발형. 전체 지름 10~30㎝, 높이 10~20㎝, 갓지름 1~4㎝, 두께 0.2~0.5㎝, 편평원추형~깔때기형. 표면은 황백색~갈회색. 가는 거스러미가 있고, 조직은 백색의 육질. 하면의 관공은 내린형, 관공구는 원형, 백색. 대는 백색. 포자는 난형~타원형. 표면은 평활. 포자문은 백색. 균사는 2균사형. 지하에 검은 생강모양의 균핵(菌核)을 만든다. 균핵은 10×5㎝, 표면은 흑색. 내부는 백색이며 충실하다.

동속 식용 버섯은 잎새버섯(*G. frondosa*)과 다박잎새버섯(*G. albicans*) 등이 있다.

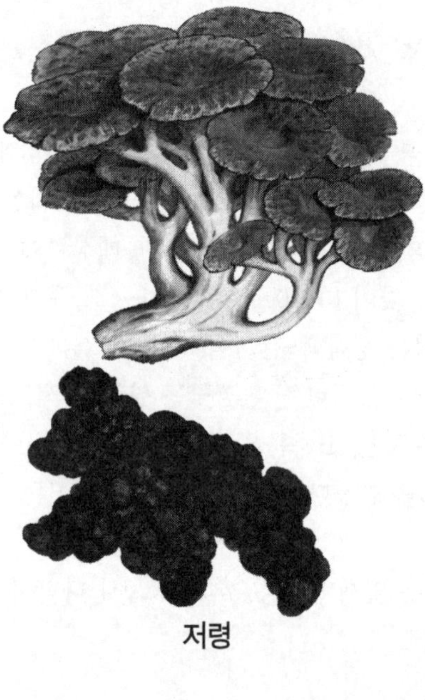

저령

✲ 성분

1) 특수 성분

저령버섯에서 Polyporusterone A(P-00495), B(P-00494), *Polyporusterone C(E-01197), E(E-01245), B(P-00494), F(T-00712), G(T-00709), D(T-00708), Ergosterol(E-01484), Ergosta-4,6,8(14),22-tetraen-3-one(E-01445), α-Glucan (L-00533), β-Glucan(P-02216), 2-Hydroxytetracosanic acid(H-03059), Grifolin(G-00759), Bithion 등이 분리되었다.

✲ 생리 활성

다당체의 항종양 및 항돌연변이 효과①: 저령버섯에서 추출된 다당체는 78.2%의 당류, 16.8%의 단백질, 4%의 회분으로 구성되었다. 다당체 20~160㎎/kg/day로 3주 투여 시 ICR mouse sarcoma 180에 항종양 효과를 보였고, 다당체 50~400㎍/㎖ 투여 시 백혈암 세포 L-1210과 K-562에 대조군에 비해 52.6%, 55.0% 성장하였으나, 세포 사멸의 생화학적 증거인 DNA 분절 현상은 없었다. 25~10.0%의 다당체는 *Salmonella typhimurium* TA 100과 TA 98에서 2-nitrofluoren과 sodium azide 유도 돌연변이를 56% 억제시켰다. 이로써 저령 다당체는 항종양, 암 세포 성장 억제 및 항돌연변이 효과가 있는 것으로 밝혀졌다.

암 세포 증식 억제②: 저령의 EtOAc 추출물의 4개의 분획에서 백혈병 세포 K-562, L-1210, HL-60 및 U-937 세포 생존 억제 효능을 관찰한 결과, 분획 2는 L-1210, HL-60에 억제가 미비하였으나, 분획 3은 4종의 백혈병 세포에 모두 세포 생존 억제능이 있었다. 이 효능은 L-1210에 특히 강하였다. 세포 사멸인 DNA 분절 현상은 L-1210에서 분획 3이 30㎍/㎖, 100㎍/㎖에서만 DNA 분절현상이 보였다. DNA 합성 억제능은 분획 3에서 [H^3]thimidine incorporation test로 관찰한 결과, 50㎍/㎖, 100㎍/㎖에서만 저하되었다. 이로써 저령은 백혈병 세포 L-1210과 HL-60 세포 생존 억제 성분이, 특히 L-1210에 가장 강하였고, 분획 3은 L-1210에 DNA 합성 저해능이 있으며, 이 세포 생존 억제능은 계획된 세포 사멸 현상인 apoptosis에 의한 것으로 사료되었다.

암 세포의 감수성③ : 시료의 암 세포 감수성을 분석한 결과, 시료의 농도가 높아질수록 P815 세포 군락 형성을 더욱 억제하였으며, 50%이상 억제시킨 고감수성 약제는 7종으로 어성초, 지유, 형개, 금은화, 저령 순이었으며, 저령은 100㎍/㎖에서 48.2%를 억제하였다.

항암, 항산화 및 항균 효과④ : 저령을 80% MeOH ex를 EtOAc와 물로 분획하고, 각 분획물에 대하여 SNU 668(인체 위암 세포)의 성장 저해 효과와 항산화 및 각종 위장 질환의 원인균 *H. pylori*에 항균성을 조사한 결과, SNU 668 저해 효과는 MeOH ex 1㎎/㎖에서 가장 강한 암 세포 저해 활성을 보였고, 물 분획 1㎎/㎖에서 43.9% 저해활성을 보였으나, EtOAc 분획에서는 23.7%로 저해율이 낮았다. 성인 남성 임파구는 모든 분획에서 90% 이상으로 생존율이 높았다. 항산화 효과는 생존율 75.2%의 MeOH ex에서 물 분획(43.7%)보다 높았고, EtOAc 항균성을 보였으며, 그중 물 분획이 12㎜ inhibition zone을 형성, 가장 우수한 항균성을 보였고, MeOH ex와 EtOAc 분획은 각각 11과 9.5㎜의 inhibition zone을 형성하였다. *H. pylori*에서 분리한 urease 활성은 urea broth에서 흡광도와 pH 변화를 조사한 결과, 23℃에서 반응 1시간 동안 560㎚에서의 흡광도가 0에서 0.93까지 증가하였고, pH는 7.0에서 8.1까지 증가하였다. *H. pylori*에서 분리한 urease의 활성은 80% MeOH ex와 모든 분획에서 억제되었으며, 각 분획물의 억제능은 항균 실험 결과와 유사, 10㎎/㎖에서 1시간 후, 55% 억제를 보인 물 분획의 억제능이 가장 컸다.

면역활성과 항암 효과⑤ : 저령균핵을 중성염 용액, 열수 및 MeOH로 추출 분리하여, 세포 독성을 실험한 결과, 중성염 용액 추출물은 0~2,000㎍/㎖ 3T3, sarcoma 180, MCF-7에 세포 독성은 없었으나, MeOH 추출물 1,000㎍/㎖ 이상에서 독성을 보였다. sarcoma 180 복수암에 대한 항암 효과는 중성염 용액 추출물이 66.74%의 생명 연장을 보였고, 암 세포의 생세포를 54.2% 감소시켰다. 중성염 용액 추출물은 항보체 활성을 85.05~88.73%, B-임파구의

alkaline phosphatase 활성을 6배 이상 증가시켜 면역 활성을 향상시켰다. 또 중성염 용액 추출물 50㎎/㎏(body weight)을 복강 내(mouse) 투여 후, 대조군보다 복강 세포 수가 1.7배 증가하였고, 혈액 내 백혈구수 또한 3.6배 증가하였다. 간, 비장 및 흉선 등 면역 관련 장기도 대조군보다 증가하였으며, 혈액 검사 결과, 대조군과 유사하였다. 중성염 용액 추출물의 총 다당체와 단백질의 함량은 각각 98.25%, 1.44%이었다.

mAch R-M_1와 Ligand의 결합 저해 효과 : 치매 및 퇴행성 뇌질환에 중요한 대뇌 중추의 cholinergic receptor와 ligand [^{3}H] N-methyl scopolamine과의 결합을 저해 하는 효과의 지표로 muscarine성 acetylcholine 수용체와의 결합을 저해하는 효과를 82종 생약 추출액에 대하여 조사한 결과, 500㎍/㎖에서 50% 이상 저해활성을 보인 생약은 계지(육계), 상황버섯, 인진(사철 쑥), 저령(*Polyporus*) 및 포공영(민들레)이었다.

균사 생장과 배양 조건 : 저령 균사 생장은 20℃, pH 4에서 가장 양호하였으며, Hoppkins 배지에서 생장이 가장 양호하였다. 탄소원은 glucose, fructose 및 mannitol이, 질소원은 valine도 저령 균사 생장을 촉진하였다. 배지에 탄소원을 1% 첨가시킨 후, C/N 비를 30:1일 때, 균사 생장이 가장 양호하였다. 유기산은 lactic acid가, vitamin은 thiamin-HCl이 생상에 양호하였고, 무기질은 $FeSO_4$와 $MgSO_4$가 생장을 촉진시켰다. $FeSO_4$ 0.01%, $MgSO_4$ 0.1%가 최적 생장 농도였다. 처리된 4종의 식물 추출 배지 중 쌀 추출물과 번데기 가루 혼합 처리 배지가 저령 균사 생장이 양호하였다.

β-Glucan 파운드 케이크 특성 : β-glucan은 곡류(보리, 귀리, 호밀), 버섯 균사체와 자실체에 존재하며 생리 활성은, 혈당 강하, 담즙산과 지질 흡수 제한, cholesterol 합성 제한, 체지방 축적 억제, 면역 세포의 기능 활성화로 암 세포 증식 억제, 항균성, 항virus성, 항염증, 피부노화방지 등이 있다. β-glucan 0, 3, 6, 9% 첨가 파운드 케이크를 만들어 품질 특성을 조사한 결과, β-glucan 첨가 농도 의존적으로 부드러움 유지가 길어 보존성이 증가하였고, L값, b(황색도)는 차이가 없었으나 적색도는 저장 기간의 증가에 따라 증가하였고, TPA 조직감 중 경도는 저장 6일에 대조군은 제조직 후 165%까지 증가,

β-glucan 6과 9%구는 경도가 유지되어 β-glucan 첨가 케이크 노화가 지연되었다. 전체적 기호도는 6%구가 가장 우수하였으며, 저장 7일째 β-glucan 첨가구가 기호도가 높았고, 특히 3과 6%첨가구가 높았다.

기타 연구 : 저령은 sarcoma 180(mouse)에 억제율은 70%의 antitumor activity가 있고, antibacterial activity도 있다. compliment와 macrophage 활성이 있으며, diuretic, antipyretic, antidiarrhea effect도 있다.

✻ 효능과 이용

1) **효능** : 이뇨, 소종(消腫), 청열(淸熱), 혈소판 응고.

2) **식용** : 인공 재배가 가능한 식용 버섯.

3) **약용** : 신장질환(신염, 부종), 간질환(간경화, 황달), 구갈, 각기, 설사, 백색대하, 해열 등에 응용.

참고문헌

1) 강윤호, 김병운, 하윤문, 박재경, 남상윤, 최규철, 최용묵, **생약학회지,** 1987, 18(2), 118〔수종의 생약에 대한 항암 효과의 실험적 연구(Ⅰ). 백서의 자연살해 세포활성에 미치는 영향－봉출, 인삼, 백출, 저령〕

2) 김병각, 김낙두, 최남주, 이영남, **약학회지,** 1970, 14(1,2), 15 (한국의 고등균류의 성분연구(Ⅰ), Alkaloid 검색)

3) 김영섭, 김정섭, 김성기, 허정희, 이병의, 유시용, **생약학회지,** 2001, 32(3), 219〔수종 생약추출물의 muscarine성 (M_1 type) acetylcholine 수용체(mAchR-M_1)에 대한 친화력 검색－계지, 상황, 인진, 저령〕

4) 손서규, 박동규, 반기원, 가강현, 심재욱, 이윤수, 이상선, 이태수, 김광포, 이민웅, **균학회지,** 1998, 26(3), 396 (인공 접종된 원목에서 저령의 균핵 형성)

5) 신유미, 양윤형, 김미경, 조한영, 김미리, **조리과학회지,** 2005, 21 (6), 950 (β-Glucan 첨가 파운드 케이크의 저장 중 품질 특성)

6) 신유진, 김봉선, 서용준, 조덕제, 최원일, 이용규, **식품영양과학회지,** 2004, 33(6), 1074 (저령의 암 세포 증식억제 효능)
7) 심재욱, 손서규, 김영호, **균학회지**, 1997, 25(3), 209 (The Cultural Conditions Affecting the Mycelial Growth of *Grifola umbellata*: 저령의 균사생장에 영향을 미치는 배양 조건)
8) 오윤희, 이우윤, 이민웅, 심미자, 이태수, **균학회지,** 2004, 32(1), 23 〔저령(*Grifola umbellata*)의 균핵에서 추출한 조 다당체의 면역활성 및 항암 효과〕
9) 유병규, 박준철, **방사선기술학회지,** 2000, 23(1), 77 (저령 추출물이 감마선에 조사된 생쥐에 미치는 방사선 방호효과)
10) 이정화, 신유진, 조덕제, 임희진, 최원일, 이용규, **식품영양과학회지,** 2004, 33(3), 475 (저령 다당체의 항종양 및 항 돌연변이 효능)
11) 임재훈, 우홍정, 김병운, 하윤문, 이승훈, 남상윤, 최용묵, **생약학회지,** 1987, 18(2), 127 〔수종의 생약에 대한 항암 효과의 실험적 연구(II). 약물에 대한 암 세포의 감수성 분석-저령(100㎍/㎖ 48%)〕
12) 최경달, **균학회지**, 2002, 30(2), 65 (Sclerotial Development of *Grifola umbellata*)
13) 하영득, **식품저장유통학회지,** 2001, 8(4), 481 (저령 추출물의 항암, 항산화 및 항균 효과)
14) 허준, **동의보감,** 남산당, 서울, 1968.
15) Chang, S. T., Miles, P.G., **Edible Mushroom and their Cultivation,** CRC Press, New York, USA, 1989
16) Chang, Y. F., Liu, Y. Y., Yun, S. C., **Intergrated J. Chin. Western Med.,** 1991, 11, 225 (Effect of *Polyporus umbellatus* polysaccharides on macrophages of liver damage mice)
17) Ha, Y. D., **Kor. J. Posthavest Sci. Technol.,** 2001, 8, 481 (Antitumoral antioxidant and antimicroviral activities of solvent fractions from *Grifola umbellatus*)
18) Ishida, H., Inaoka, Y., Shibatani, J., Fukushima, M., Tsuji, K., **Biol. Pharm. Bull.,** 1999, 22, 1189 (Studies of the active substances in herbs used for hair

treatment II. Isolation of hair growth substances a cerosyringone and polyporusterone A and B from *Polyporus umbellatus* fries)

19) Ishida, H., **Chem. Pharm. Bull.**, 1999, 47, 2059 (Studies of active substances in herbs used for hair treatment IV. The structure of the hair growth substance, polyporusterone A from *Polyporus umbellatus* fries)

20) Kabir, Y., Kimura, S., **J. Nutr. Sci. Vitaminol.**, 1989, 35, 91 (Dietary mushrooms reduce blood pressure in spontaneously hypertensive rats)

21) Kennedy, T. et al., **J. Chem. Soc.**, 1939, 250 (struct, fungal steroid, Ergosterol)

22) Kobayashi, M. et al., **Chem. Pharm. Bull.**, 1992, 40, 72 〔isol, oil, Ergosta-4,6,8(14),22-tetraen-3-one〕

23) Lee, W. Y., Park, Y. K., Ahn, J. K., Park, S. Y., Lee, H. J., **Bull. Kor. Chem. Soc.**, 2005, 26, 1464 〔Cytotoxic activity of ergosta-4,6,8(14), 22-tetraen-3-one from the sclerotia of *Polyporus umbellatus*〕

24) Li, X.,. Rong, J., Wu, M., Zeng, X., **Zhong Yao Cai**, 2003, 26, 31 (Antitumor effect of polysaccharide from *Grifola frondosa* and its influence on immunological function)

25) McDonnell, J. E. W., Esselen, W. B. Jr., **Food Res.**, 1947, 12, 118 (Carbohydrates in Cultivated mushrooms)

26) May, L., Yun, S. C., **J. Trad. Chin. Med.**, 1990, 3, 168 (Therapeutic investigation of *Polyporus umbellatus* polysaccharide on the children with pure immunity)

27) Miyazaki, T., Oikawa, N., **Chem. Pharm. Bull.**, 1973, 21, 2545 (Studies on fungal polysaccharide XII. Water-soluble polysaccharide of *Grifola umbellata*)

28) Miyazaki, T., Oikawa, N., Yamada, H., Yamada, T., **Carbohydr. Res.**, 1978, 65, 235 (Structural examination of antitumor, water-soluble glycans from *Grifola umbellata* by use of four types of glucanase)

29) Miyazaki, T., Oikawa, N., Yadomae, T., Yamada, H., Yamada, Y., **Carbohydr. Res.**, 1979, 69, 165 (Relationship between the chemical struc-

ture and antitumor activity of glycans prepared from *Grifola umbellata*)

30) Ohsawa, T. et al., **Chem. Pharm. Bull.**, 1992, 40, 143 (Studies on constituents of fruit body by *Polyporus umbellatus* and their cytotoxic activity, Polyporusterone A, B, C, D, E, F)

31) Pegler, D. N., **The Concise Illustrated Book of Mushrooms and Other Fungi,** Gallery Books, New York, USA, 1989

32) Sato, K., Osawa, M., Suzuki, Y., Oikawa, S., **Trans. Mycol. Soc. Jpn.**, 1984, 25, 205 (Difference in fruiting capability of stocks in *Grifola frondosa* and its allied species)

33) Sone, Y., Okuda, R., Wada, N., Kishida, E., Misaki, A., **Agric. Biol. Chem.**, 1985, 49, 2641 (Structure and Antitumor activities of the polysaccharide of *Grifola umbellata*)

34) Takatomi, O., Masae, Y., Chusei, T., Mitsuo, M., Hideo. B., **Chem. Pharm. Bull.**, 1992, 40, 143 (Studies on constituents of furit body of *Polyporus umbellatus* and their cytotoxic activity)

35) Ueno, Y., Okamoto, Y., Yamauchi, R., Kato, K., **Carbohydr. Res.**, 1982, 101, 160 [An Antitumor activity of the alkali-soluble polysaccharide(and its derivatives) obtained from the sclerotia of *Grifola umbellata*]

36) Ward, K. Jr. et al., **The Carbohydrates,** Academic Press., 1970, 2A, 413 (β-Glucan)

37) Wang, D. C., Lee, P. Y., Wan, Y. C., **Chinese Herb Med.**, 1983, 14, 267 (Some pharmacological actions of *Polyporus umbellatus*)

38) Wei, Q., Wu, C., Nie, I. C., **Acta Pharmacol. Sinica,** 1983, 4, 141 (Effect of *Polyporus umbellauts* polysaccharide on storage, enzyme activities in glyconeogenesis and glycogenolysis of liver in mice bearing hepatoma H22)

39) Xiong, L. L., **Cheih Ho Tsa Chih,** 1993, 13, 516 (Therapeutics effect of combined theraphy of *Salvia miltiorrhizae* and *Polyporus umbellatus* polysaccharide in the treatment of chronic hepatitis B)

40) Yoo, B. G., Park, J. C., **J. Kor. Radiolo. Technol.**, 2000, 23(1), 77 (Radioprotective Effects of *Grifola umbellata* extracts on γ-irradiated mice)

41) You J., Hau, D., Chen, K., Huang, H., **Am. J. Chin. Med.**, 1994, 22, 19 [Combined effects of chulling(*Polyporus umbellatus*) extract and nitromycin C of experimental liver cancer]

42) You, J. S., Chen, D. M., Son, F. C., **Natl. Sci.**, 1990, 12, 293 (Effect of *Polyporus umbellatus* on the leukocyte count in γ-ray irradiated mice)

43) Zhang, Y., Liu, Y., Yan, S. C., **Ceih Ho Tsa Chih**, 1991, 11, 211 [Effect of *Polyporus umbellatus*(*Grifola umbellata*) polysaccharide on function of macrophages in the peritoneal cavities of mice with lesions]

44) Yanagi, S. O., Takebe, I., **Protoplast 1983 Poster proceeding**, Basel, Brikhause Verlag, Basel, Swiss, 1989, p. 201 (*Polyporus umbellatus*)

Collybia maculata (Alb. et Schw. ex Fr.) Quél.

점박이 애기버섯 27

송이과 (Tricholomataceae)

- 중국명 | 班金錢菌
- 분포 | 북반구 온대
- 용도 | 자실체(식용)

✲ 식물학적 특성

여름과 가을에 침엽수림, 활엽수림 내 땅 위에 단생 또는 군생, 때때로 균륜을 형성. 갓은 지름 3.5~11.5㎝ 평반구형, 표면은 평활, 흡수성. 백색~담홍색 후에 적갈색의 반점이 생기고, 갓 끝은 말린형. 조직은 육질, 백색. 주름살은 홈형 또는 떨어진 형. 빽빽. 백색·담황색·담홍색, 때때로 적갈색 반점이 있다. 대는 속이 비었고 질기며, 표면은 섬유상 세로줄이 있고 백색이나 적갈색의 반점. 포자는 유구형~광타원형. 표면은 평활, 포자문은 담황홍색. 균사에는 부리상 돌기가 있다.

동속 식용 버섯에는 밀버섯(*Collybia confluens*)이 있다.

✲ 성분

1) 특수 성분

점박이애기버섯에서 Collybolide(C-01662), Chitin(C-00924), Isocollybolide (C-01662)가 분리되었고, 동속 식물 *C. impudica*에서 Epilentinic acid(L-00418) 등이 분리되었다.

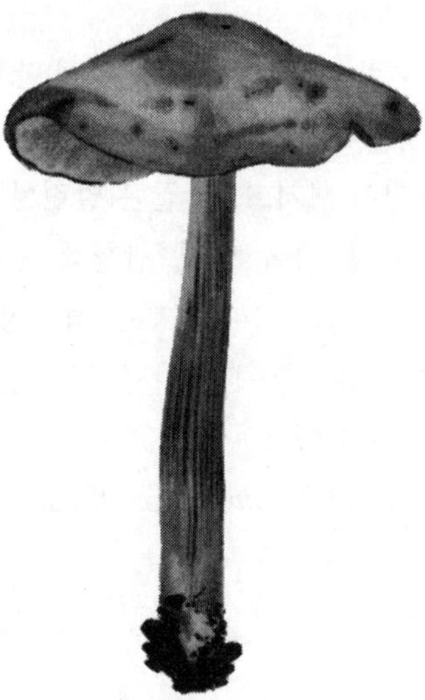

점박이애기버섯

✲ 생리 활성

Fibrin 분해 활성 : 치악산에 자생하는 야생 버섯 65종에서 fibrin 분해 활성을 검색한 결과, 9종의 버섯에서 분해 활성을 보였다. 그중 먹물버섯(*Coprinus comatus*)은 plasmin 1.5unit의 56~58%의 분해 활성을, 점박이애기버섯(*Collybia maculata*)도 거의 유사한 활성을 보였으며, 뽕나무버섯(*Armillariella mellea*)와 *Calocybe* sp. (밤버섯 속)와 민자주방망이버섯(*Lepista nuda*)와 *Trichaptum abietinum*는 plasmin 1.5unit의 약 2배 fibrin 분해 활성을 나타내었다.

일반 성분 : 점박이애기버섯에서 유리 아미노산 27종이 분리되었다.

✲ 효능과 이용

1) 식용 : 식용 버섯.

참고문헌

1) 金三純, 金養燮, **韓國産 버섯 圖鑑,** 裕豐出版社, 서울, 1990
2) 김준호, 이호용, 유관희, 김양선, 석순자, 김양섭, **균학회지,** 1998, 26(4), 589 (치악산버섯 추출물로부터 Fibrin 분해 활성 검색 - 먹물버섯, 밤버섯, 점박이애기버섯, 뽕나무버섯, 민자주방망이버섯 등)
3) 農村振興廳 農業技術研究所編, **韓國産 버섯類 原色圖鑑**(I), 1987
4) 卯曉嵐, 莊長坪, 歐株次旺, **西藏大型經濟眞菌,** 北京科學技術出版社, 1991
5) 朴婉熙, 李虎得, **한국의 버섯,** 교학사, 서울, 1991, 91(점박이애기버섯)
6) 應建浙, 卯曉嵐, 馬啓明, 宗毓臣, 文華安, **中國藥用眞菌圖鑑,** 科學出版社, 1987
7) 이지열, **균학회지,** 2005, 33(1), 54 〔한국 기록종 버섯 추가 목록(2001-2004)〕
8) 李址烈, **韓國 버섯 圖鑑,** 아카데미서적, 서울, 1988, 82(점박이애기버섯)
9) 이태수, 이지열, **한국기록종 버섯 재정리 목록,** 임업연구원, 2000

10) 한국 균학회, **버섯 이름, 한국명 통일안,** 2000, 176

11) Austin, P. R. et al., **Science** (Washington. D.C.), 1981, 212, 749 (rev, Chitin)

12) Bui, A. M. et al., **Tetrahedron,** 1974, 30, 1327 (isol, struct, cryst, Collybolide)

13) Chang, S. T., Miles, P.G., **Edible Mushroom and their Cultivation,** CRC Press, New York, USA, 1989

14) Cheung, L. M., Cheung Peter, C. K., Ooi Vincent, E. C., **Food Chem.,** 2003, 81, 249 (Antioxidant activity and total phenolics of edible mushroom extracts)

15) Gmelin, R. et al., **Phytochemistry,** 1980, 19, 553 (Epilentinic acid)

16) Hui, Y. F., Den, E. S., Chi, T. H., **J. Food Lipids,** 2002, 9, 35 (Antioxidant and free radical scavenging activities of edible mushrooms)

17) Imazeki, R., Otani, Y., Hongo, T., **Color Illustration Mushrooms of Japan,** Yama-Kei Publisher Co. Ltd., Tokyo, Japan, 1988

18) Kabir, Y., Kimura, S., **J. Nutr. Sci. Vitaminol.,** 1989, 35, 91 (Dietary mushrooms reduce blood pressure in spontaneously hypertensive rats)

19) Lee, G. D., Chang, H. G., Kim, H. K., **Kor. J. Food Sci. Technol.,** 1997, 29, 432 (Antioxidative and nitric-scavenging activities of edible mushrooms)

20) McDonnell, J. E. W., Esselen, W. B. Jr., **Food Res.,** 1947, 12, 118 (Carbohydrates in Cultivated mushrooms)

21) Mizuno, T., **Food Res. Int.,** 1995, 11, 7 (Bioactive biomolecules of mushrooms: Food function and medicinal effect of mushroom fungi)

22) Pascard-Billy, C., **Acta Crystrallogr., Sect C,** 1972, 28, 331 (cryst, isol, Isocollybolide)

23) Wasser, S. P., Weiss, A. L., **Crit. Rev. Immunol.,** 1999, 19, 65 (Therapeutic effects of substances occurring in higher Basidiomycetes mushroom: a modern perspective)

Lactarius volemus (Fr.) Fr.

젖버섯 28

무당버섯과 (Russulaceae)

- 중국명 | 多汁乳菇, 乳耳
- 별명 | 배젖버섯
- 분포 | 한국, 중국, 일본 등 북반구
- 용도 | 자실체 (식용)

✻ 식물학적 특성

여름과 가을에 활엽수림 내 땅 위에 단생, 갓은 지름 3.5~10㎝로 처음에는 평반구형, 차차 오목편평형. 갓 표면은 평활하고 담황적갈색~등황갈색, 분말상. 주름살은 완전붙은형 또는 내린형, 빽빽하고 백색 후에 담갈색. 상처가 나면 백색 유액이 분비, 갈색으로 변한다. 대는 2.5~6×1~2㎝로 위아래 굵기가 같고, 표면은 갓과 같은 색, 이따금 적갈색으로 얼룩진다. 포자는 지름 7~10㎛로 구형, 표면은 날개 모양 또는 망목상, 포자문은 백색이다.

동속 식용 버섯에는 호박젖버섯(*L. laeticolorus*)과 넓은갓젖버섯(*L. hygrophoroides*) 등이 있다.

✻ 성분

1) 특수 성분

동속 식물에서 3,8-Dihydroxylactariusfuran(D-02187), 4,8-Dihydroxylactariusfuran(D-02188), *Isovelleral(I-00904), Lactarolide A(L-00173);

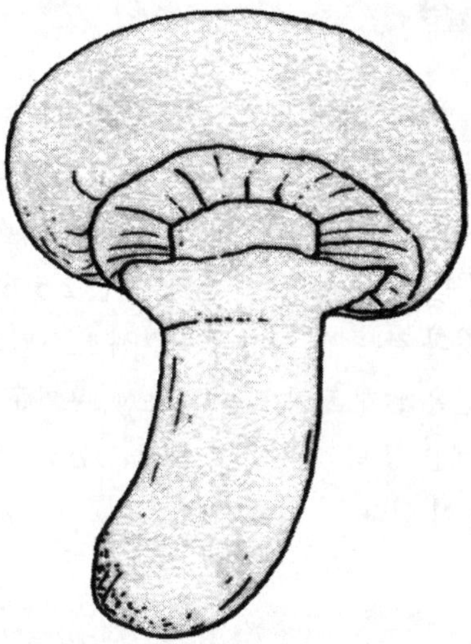

젖버섯

3-Et ether; 14-ketone, 5ξ-alcohol(L-00173), Lactarolide B(L-00173), Steroylvelutinal(V-00105), Velutinal(V-00105), *L. deliciosus*에서 Lactarofulvene(L-00172), *L. camphoratus*에서 6,7-Epoxy-3(15)-caryophyllen-12-ol(E-00379), *L. volemus*에서 D-Glycero-D-manno-heptitol(H-00427) 등이 분리 되었다.

✻ 생리 활성

생리 활성 : 젖버섯은 sarcoma 180(mouse)에 억제율 80%, Ehrlich 복수암(mouse)에 억제율 90%의 antitumor activity이다. gram 음성균 *Pseudomonas aerouginosa*(폐혈증균)에 antibacterial activity과 *Collectotrichum graminicola*(잔디탄저균병)에 antifungal activity가 있다.

렉틴 성분의 림프구 응집 효과 : 젖버섯, 그물버섯, 영지, 비늘버섯, 쓴송이, 자주싸리버섯 등 20종에 대하여 적혈구(사람)와 비장(mouse)에서 얻은 림프구로 lectin 성분을 검색하고자 응집 현상을 시험한 결과, 그물버섯, 젖버섯, 자주 싸리버섯, 비늘버섯, 영지 등 8종에서만 나타났다.

지방질 성분 : 젖버섯 100g당 총 지방은 390㎎, neutral lipid 125㎎(32.1%), glycolipid 88㎎(22.6%), phospholipid 177㎎(45.3%), neutral lipid 중 sterol ester 17.5%, TG 29.2%, FFA 8.8%, free sterol 21.9%, DG 8.6%, MG 4.8%, glycolipid 중 esterified steryl glycoside 23.9%, monogalactosyl DG 21.4%, steryl glycoside 15.6%, digalactosyl DG 10.3%, phospholipid는 phosphatidyl(P) ethanolamine 28.4%, P-choline와 serine 36.7%, P-inositol 24.3%, lysophosphatidyl choline 10.6%, 총 지방 중 지방산 함량은 lauric 0.3%, myristic 0.2%, pentadecanoic 0.4%, palmitic 19.4%, heptadecanoic 0.9%, stearic 7.9%, oleic 24.6%, linoleic 45.2%, linolenic acid 1.1%이었다.

식용 야생 버섯 : 식용 야생 버섯을 조사한 결과, 송이, 목이, 팽나무버섯, 노루궁뎅이버섯, 꽃잎버섯, 그물버섯, 비단그물버섯, 구름버섯, 애기무당버섯, 기와버섯, 국수버섯, 나팔버섯, 젖버섯, 굴털이, 향버섯(능이), 갓버섯, 들버

섯, 주름버섯, 싸리버섯, 붉은싸리버섯, 말뚝버섯, 알버섯, 긴대안장버섯, 말불버섯, 곰보버섯, 망태버섯, 덕다리버섯, 흰가시버섯 등이 있었다.

✻ 효능과 이용

1) 효능 : 건위, 해열, 청폐(淸肺).
2) 식용 : 여름과 가을이 제철. 유액이 많은 것은 데쳐 조리한다. 약한 생선향이 있고 육질이 단단하며, 푸석푸석하나 감칠맛이 있으므로 먹을 만하다. 중식, 한식, 양식, 일식 등에 쓰이며 고기 요리와 잘 어울린다. 독특한 감미가 있어, 버섯 우동 등에 적합. 건조시키면 강한 건청어 냄새가 난다.
3) 약용 : 만성기관지염, 소화불량증에 응용한다.

참고문헌

1) 卯曉嵐, 莊長坪, 歐株次旺, **西藏大型經濟眞菌,** 北京科學技術出版社, 1991
2) 민태진, 이미애, 박상신, **균학회지,** 1993, 21(3), 157 (버섯 중 철이온에 활성화된 광감응성 mitochondrial ATPase에 관한 연구)
3) 박완희, 이호득, **한국의 버섯,** 교학사, 서울, 1991, 186 (젖버섯)
4) 應建浙, 卯曉嵐, 馬啓明, 宗毓臣, 文華安, **中國藥用眞菌圖鑑,** 科學出版社, 1987
5) 이지열, **균학회지,** 1975, 3(1), 40 (야생 버섯을 식용하자, 젖버섯 등)
6) 이지열, **균학회지,** 2005, 33(1), 54 〔한국 기록종 버섯 추가 목록(2001-2004)〕
7) 이태수, 이지열, **한국기록종 버섯 재정리 목록,** 임업연구원, 2000
8) 전경희, 김무경, 정시련, **약학회지,** 1987, 31(4), 213 (버섯류의 렉틴 성분 개발 연구(II), 야생 버섯류의 생리 활성 물질, 렉틴 성분 검색—그물버섯, 젖버섯, 큰비단그물버섯, 영지, 싸리, 쓴송이)
9) 中國本草圖錄編輯委員會編, **中國本草圖錄,** 鼎談出版社, 1992
10) 한국 균학회, **버섯 이름, 한국명 통일안,** 2000, 176

11) 홍재식, 김영회, 김명곤, 김태영, 김금재, **식문화학회지,** 1990, 5(4), 437 (한국산 식용 버섯의 지방질 성분에 관한 연구 - 느타리, 여름 느타리, 싸리버섯, 젖버섯)

12) Adams, G. A. et al., **Can. J. Microbiol.**, 1967, 13, 1605 (isol, GLC, D-Glycero-D-mannoheptitol)

13) Andina, D. et al., **Phytochemistry,** 1980, 19, 93 (isol, solid, Lactarolide A; 3-Et ether; 14-ketone, 5ξ-alcohol, Lactarolide B)

14) Betelli, D. J. et al., **Tetrahedron**, 1968, 24, 2079 (unstable orange liq, Lactarofulvene)

15) Chang, S. T., Miles, P.G., **Edible Mushroom and their Cultivation,** CRC Press, New York, USA, 1989

16) Cheung, L. M., Cheung Peter, C. K., Ooi Vincent, E. C., **Food Chem.**, 2003, 81, 249 (Antioxidant activity and total phenolics of edible mushroom extracts)

17) Danieski, W. M. et al., **Pol. J. Chem.** (Rocz. Chem.), 1983, 57, 483 (oil, 3,8-Dihydroxylactariusfuran)

18) Danieski, W. M. et al., **Phytochemistry**, 1991, 30, 1326 (isol, cryst, 2,6,8-Lactaratrien-5,14-olide)

19) Hui, Y. F., Den, E. S., Chi, T. H., **J. Food Lipids,** 2002, 9, 35 (Antioxidant and free radical scavenging activities of edible mushrooms)

20) Kabir, Y., Kimura, S., **J. Nutr. Sci. Vitaminol.**, 1989, 35, 91 (Dietary mushrooms reduce blood pressure in spontaneously hypertensive rats)

21) Lee, G. D., Chang, H. G., Kim, H. K., **Kor. J. Food Sci. Technol.**, 1997, 29, 432 (Antioxidative and nitric-scavenging activities of edible mushrooms)

22) Mau, J. L., Lin, H. C., Song, S. F., **Food Res. Int.**, 2002, 35, 519 (Antioxidant properties of several specialty mushrooms)

23) Maclay, W. D. et al., **J. Org. Chem.**, 1944, 9, 239 (occur, D-Glycero-D-mannoheptitol)

24) Magnusson, G. et al., **Tetrahedron Lett.**, 1972, 1105 (isol, struct, Antibiotic, *Isocelleral)

25) Manzi, P., Gambelli, L., Marconi, S., Vivanti, V., Pizzoferrato, L., **Food Chem.**, 1999, 65, 477 (Nutrients in edible mushrooms : an inter-species comparative study)

26) McDonnell, J. E. W., Esselen, W. B. Jr., **Food Res.**, 1947, 12, 118 (Carbohydrates in Cultivated mushrooms)

27) Pegler, D. N., **The Concise Illustrated Book of Mushrooms and Other Fungi,** Gallery Books, New York, USA, 1989

28) Sterner, O. et al., **Acta. Chem. Scand., Ser. B.**, 1988, 42, 43 (oil, 4,8 - Dihydroxylactariusfuran)

29) Sterner, O. et al., **J. Nat. Prod.** (Lloydia), 1985, 48, 279 (isol, Steroylvelutinol)

30) Thompson, S. K. et al., **J. Org. Chem.**, 1992, 57, 5979 (cryst, Velutinal)

31) Ying, I., Mao, X., Ma, Q., Zong, Y., Wen, H., **Icones of Medicinal Fungi from China,** Science Press, Beijing, China, 1989, 412

Lactarius hatsudake Tanaka

젖버섯아재비 29

무당버섯과 (Russulaceae)

• 중국명 | 紅汁乳菇, 初茸
• 분포 | 한국, 중국, 일본
• 용도 | 자실체(식용)

✲ 식물학적 특성

여름과 가을에 적송림 내 땅 위에 군생 또는 단생. 갓은 지름 4~12㎝, 처음에는 평반구형, 차차 얕은 깔때기형, 갓 표면은 담적갈색, 짙은색의 환문이 있고 습하면 다소 점성이 있다. 상처가 난 자리는 청록색으로 얼룩진다. 주름살은 완전붙은형. 내린형. 빽빽하고, 담적갈색 상처가 나면 암홍색의 유액이 다소 분비, 곧 청람색으로 변한다. 대는 2~6×0.6~2㎝로 위아래 굵기가 같고, 속은 차차 해면상이 되며, 표면은 갓보다 옅은색. 포자는 6.7~8.7×5.6~6.8㎛로 광타원형, 표면은 망목상, 포자문은 담암황색이다.

동속 식용 버섯에는 넓은갓젖버섯(*L. hygrophoroides*)과 누룩젖버섯(*L. flavidulus*)이 있다.

✲ 성분

1) 특수 성분

젖버섯아재비에서 5'-CMP, 5'-AMP(A-00446), 5'-GMP(T-00873), 5'-IMP, 5'-UMP(U-00125) 등이 확인되었고, Vitamin B_2, C, D_2, Niacin(P-02276), Ergosterol(E-01484), Glycerol (G-00542), Mannitol (M-00209), Trehalose

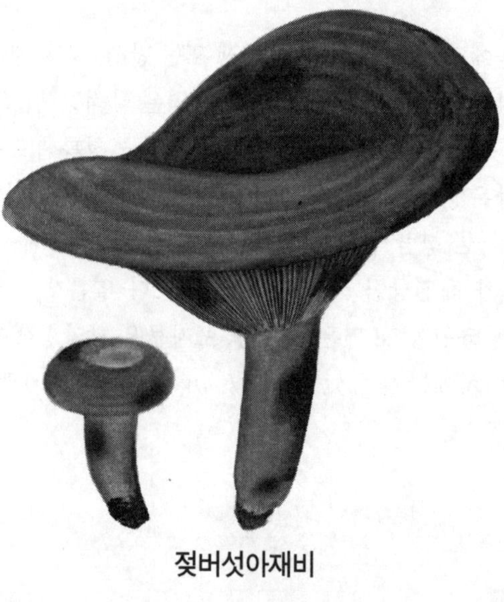

젖버섯아재비

(T-01623), Pectin, Cellulose (C-00659), Hemicellulose, Lignin(P-00459), 유리 아미노산 27종 등이 분리되었다.

동속 버섯에서 3,8-Dihydroxylactariusfuran(D-02187), 4,8-Dihydroxylactariusfuran(D-02188), Isovelleral(I-00904), Lactarolide A(L-00173); 3-Etether, 14-Ketone(L-00173); B(L-00173), Steroylvelutinal(V-00105), Velutinal(V-00105) 등이 분리되었다.

✲ 생리 활성

항암 활성 : 젖버섯아재비는 sarcoma 180(mouse)에 억제율이 100%, Ehrlich 복수암(mouse)에 억제율 90%의 antitumor activity가 있다.

렉틴 성분의 림프구 응집 효과 : 젖버섯, 그물버섯, 영지, 비늘버섯, 쓴송이, 자주싸리버섯 등 20종에 대하여 적혈구(사람)와 비장(mouse)에서 얻은 림프구로 lectin 성분을 검색하고자 응집 현상을 시험한 결과, 그물버섯, 젖버섯, 자주 싸리버섯, 비늘버섯, 영지 등 8종에서만 나타났다.

맛 성분 : 젖버섯아재비의 맛 성분은 5'-AMP, 5'-GMP, 5'-IMP 및 5'-UMP으로 핵산 정미(呈味) 성분이 버섯의 맛을 나타낸다.

일반 성분 : 젖버섯아재비의 일반 성분을 분석한 결과, vitamin B_2 0.261㎎, C 7.22㎎, D_2 0.189㎎, niacin, ergosterol, glycerol, mannitol, trehalose, pectin, cellulose, hemicellulose, lignin 및 유리 아미노산 27종 등이 분리되었다.

식용 야생 버섯 : 식용 야생 버섯을 조사한 결과, 송이, 목이, 팽나무버섯, 노루궁뎅이버섯, 꽃잎버섯, 그물버섯, 비단그물버섯, 구름버섯, 애기무당버섯, 기와버섯, 국수버섯, 나팔버섯, 젖버섯, 굴털이, 향버섯(능이), 갓버섯, 들버섯, 주름버섯, 싸리버섯, 붉은싸리버섯, 말뚝버섯, 알버섯, 긴대안장버섯, 말불버섯, 곰보버섯, 망태버섯, 덕다리버섯, 흰가시버섯 등이 있었다.

✲ 효능과 이용

1) 식용 : 초가을이 제철. 송이버섯과 함께 즐겨먹는 버섯으로, 흠집을 내면 빨간 유액이 나와 녹청색으로 변한다. 특히 향이 좋아 일본에서 여러 음식 재료로 많이 쓰인다. 피클, 구이, 잡탕 밥 등에 응용된다.

2) 약용 : 항암, 항종양.

참고문헌

1) 金三純, 金養燮, **韓國產 버섯 圖鑑,** 裕豐出版社, 서울, 1990

2) 農村振興廳 農業技術硏究所編, **韓國產 버섯類 原色圖鑑**(I), 1987

3) 卯曉嵐, 莊長坪, 歐株次旺, **西藏大型經濟眞菌,** 北京科學技術出版社, 1991

4) 朴婉熙, 李虎得, **한국의 버섯,** 교학사, 1991, 191 (젖버섯아재비)

5) 박완희, 이호득, **한국약용버섯도감,** 교학사, 서울, 1999, 340 (젖버섯아재비)

6) 應建浙, 卯曉嵐, 馬啓明, 宗毓臣, 文華安, **中國藥用眞菌圖鑑,** 科學出版社, 1987

7) 이지열, **균학회지,** 1975, 3(1), 40 (야생 버섯을 식용하자 — 젖버섯 아재비 등)

8) 李址烈, **韓國 버섯 圖鑑,** 아카데미서적, 1988, 195 (젖버섯아재비)

9) 이지열, **균학회지,** 2005, 33(1), 54 〔한국 기록종 버섯 추가 목록(2001-2004)〕

10) 이태수, 이지열, **한국기록종 버섯 재정리 목록,** 임업연구원, 2000

11) 전경희, 김무경, 정시련, **약학회지,** 1987, 31(4), 213 (버섯류의 렉틴 성분 개발 연구(II), 야생 버섯류의 생리 활성 물질, 렉틴 성분 검색—그물버섯, 젖버섯, 큰비단그물버섯, 영지, 싸리, 쓴송이)

12) 한국 균학회, **버섯 이름, 한국명 통일안,** 2000, 176

13) Andina, D. et al., **Phytochemistry,** 1980, 19, 93 (isol, Lactarolide A; 3-Et.ether, 14-Ketone; B)

14) Birch, G., **Adv. Carbohydr. Chem.,** 1963, 18, 201 (rev, Trehalose)

15) Brimacombe, J. S. et al., **The Carbohydrate,** Academic Press, 1972, 1A, 479 (Needles, Mannitol)

16) Chang, S.T., Miles, P.G., **Edible Mushroom and their Cultivation,** CRC Press, New York, USA, 1989

17) Cheung, L. M., Cheung Peter, C. K., Ooi Vincent, E. C., **Food Chem.,** 2003, 81, 249 (Antioxidant activity and total phenolics of edible mushroom extracts)

18) David, G. S., Barry, H. R., **Mushroom Poisoning,** CRC Press, USA, 1994

19) Dickinson, H., Lucas, J. **The Encyclopedia of Mushrooms,** Crescent Books, New York, USA, 1983

20) Gerhardt, E., **Pilze,** BLV Handbook, 1995

21) Hampton, A. et al., **J. Med. Chem.,** 1976, 19, 1029 (muscle, 5'-AMP)

22) Hui, Y. F., Den, E. S., Chi, T. H., **J. Food Lipids,** 2002, 9, 35 (Antioxidant and free radical scavenging activities of edible mushrooms)

23) Imazeki, R., Otani, Y., Hongo, T., **Color Illustration Mushrooms of Japan,** Yama-Kei Publisher Co., Ltd., Tokyo, Japan, 1988

24) Kabir, Y., Kimura, S., **J. Nutr. Sci. Vitaminol.,** 1989, 35, 91 (Dietary mushrooms reduce blood pressure in spontaneously hypertensive rats)

25) Lee, G. D., Chang, H. G., Kim, H. K., **Kor. J. Food Sci. Technol.,** 1997, 29, 432 (Antioxidative and nitric-scavenging activities of edible mushrooms)

26) Lindberg, B. et al., **Acta Chem. Scand.,** 1953, 7, 591 (occur, Arabitol)

27) Magnusson, G. et al., **Tetrahedron Lett.,** 1972, 1105 (isol, struct, Isovelleral)

28) McDonnell, J. E. W., Esselen, W. B. Jr., **Food Res.,** 1947, 12, 118 (Carbohydrates in Cultivated mushrooms)

29) Mizuno, T., **Food Res. Int.,** 1995, 11, 7 (Bioactive biomolecules of mushrooms: Food function and medicinal effect of mushroom fungi)

30) Nozoe, S. et al., **Tetrahedron Lett.,** 1971, 3125 (isol, struct, 3, 8-Dihydroxylactariusfuran)

31) Pegler, D. N., **The Concise Illustrated Book of Mushrooms and Other Fungi,** Gallery Books, New York, USA, 1989

32) Sterner, O. et al., **Acta Chem. Scand., Ser. B.**, 1988, 42, 43 (oil, 4, 8-Dihydroxylactarius furan)

33) Sterner, O. et al., **J. Nat. Prod.** (Lloydia), 1985, 48, 279 (isol, Velutinal)

34) Shefter, E. et al., **Acta Crystallogr.**, 1965, 18, 1069 (cryst, 5'-UMP, struct)

35) Thompson, S. K. et al., **J. Org. Chem.**, 1992, 57, 5979 (synth, Steroylvelutinal)

36) Tener, G. M., **J. Am. Chem. Soc.**, 1961, 83, 159 (5'-GMP)

37) Wasser, S. P., Weiss, A. L., **Crit. Rev. Immunol.**, 1999, 19, 65 (Therapeutic effects of substances occurring in higher Basidiomycetes mushroom: a modern perspective)

38) Wong, C. -H. et al, **J. Am. Chem. Soc.**, 1983, 105, 115 (isol, 5'-UMP)

39) Ying, I., Mao, X., Ma, Q., Zong, Y., Wen, H., **Icones of Medicinal Fungi from China,** Science Press, Beijing, China, 1989, 405.

Suillus granulatus
(L. ex Fr.) O. Kuntze
Boletus granulatus L. ex Fr.

젖비단 그물버섯 30

그물버섯과 (Boletaceae)

• 중국명 | 點柄粘蓋牛肝菌
• 분포 | 한국, 중국, 일본 등 북반구 온대 이북, 호주
• 용도 | 자실체(식용)

✲ 식물학적 특성

여름부터 가을까지 송림 혼합림 내 땅 위에 산생 또는 군생하는 외성 균근성 버섯. 갓지름 4~10㎝, 초기에 반구형이 평반구형. 갓 표면은 점성, 황갈색 또는 갈흑색 조직은 황백색, 관공은 내린형, 방사상으로 배열. 초기에 황색 후에 황갈색, 대는 황색~황백색 바탕에 적갈색 반점, 상부는 유액반점, 포자는 타원형, 표면은 평활. 포자문은 황갈색이다.

동속 식용 버섯에는 비난그물버섯(*S. luteus*)와 황소비단그물버섯(*S. bovinus*) 등이 있다.

✲ 성분

1) 특수 성분

젖비단그물버섯에서 Grevillin B(등색색소, G-00755) 등과, 황소비단그물버섯에서 Amitenone(A-01584), 큰비단그물버섯에서 Grevilline A, B, C, D(G-00755), Thelephoric acid(T-01317), 3',4,4'-Trihydroxypulvinone(T-02649), 3-(3,4 -Dihydroxyphenyl)-2,7,8-trihydroxydibenzofuran -1, 4-dione(D-02678), 동속 버섯에서 Suillin(S-01529) 등이 분리되었다.

젖비단그물버섯

✲ 생리 활성

항암 효과 : 젖비단그물버섯은 sarcoma 180(mouse, 80%)와 Ehrlich 복수암(mouse, 70%)에 대하여 antitumor activity가 있다.

저분자화합물 분리, 동정 : 젖비단그물버섯(*Suillus granulatus*)의 MeOH ex의 $CHCl_3$와 EtOAc 분획을 각각 silica gel 및 sephadex LH-20 colum chromatography하고, 다시 TLC 및 HPLC로 분리한 결과, 9종의 화합물을 얻어, 정제하여 기기 분석 결과, 4-hydroxyphenylacetic acid, 4-hydroxybenzaldehyde, 2,5-dihydroxybenzoic acid methylester, 5'-deoxy-5'-methylthioadenosine, indole-3-caboxylic acid methyl ester, indole-3-carboxaldehyde, 1,3,5-trihydroxy-7-methyl anthraquinone, nicotinamide, 3-geranylgeranyl-4-hydroxybenzoic acid로 동정되었다.

렉틴 성분의 림프구 응집 효과 : 젖버섯, 그물버섯, 영지, 비늘버섯, 쓴송이, 자주싸리버섯 등 20종에 대하여 적혈구(사람)와 비장(mouse)에서 얻은 림프구로 lectin 성분을 검색하고자 응집 현상을 시험한 결과, 그물버섯, 젖버섯, 자주 싸리버섯, 비늘버섯, 영지 등 8종에서만 나타났다.

Kashin-Beck disease에 응용 : 중국 북부, 시베리아 동부의 풍토성 골관절 질환이며, 10대, 20대의 흔한 질병으로 손가락이 대칭적으로 뻣뻣하고 부풀며, 뼈 마디에 통증이 있다. 원인은 무기질의 불균형, 푸자륨(mycotoxin) 독성 및 Se 결핍으로 추측. Se과 vitamin E 투여로 호전되었다는 보고가 있고, 비단그물버섯 복용으로 치료 효과가 나타났다.

식용 야생 버섯 : 식용 야생 버섯을 조사한 결과, 송이, 목이, 팽나무버섯, 노루궁뎅이버섯, 꽃잎버섯, 그물버섯, 비단그물버섯, 구름버섯, 애기무당버섯, 기와버섯, 국수버섯, 나팔버섯, 젖버섯, 굴털이, 향버섯(능이), 갓버섯, 들버섯, 주름버섯, 싸리버섯, 붉은싸리버섯, 말뚝버섯, 알버섯, 긴대안장버섯, 말불버섯, 곰보버섯, 망태버섯, 덕다리버섯, 흰가시버섯 등이 있었다.

일반 성분 : 젖비단그물버섯의 아미노산을 분석한 결과, 유리 아미노산 23종이 분리되었다.

✲ 효능과 이용

1) 식용 : 과일 향기가 있고 육질이 많은 식용 버섯, 유럽 고급요리에 이용.

2) 약용 : Kashin-Beck 병에 응용되고 있다.

※ 가벼운 중독이 일어날 수 있다. 송마정(松蘑酊)의 주요 버섯 원료.

참고문헌

1) 강희철, 윤봉식, 유승헌, 유익동, **산업미생물학회지,** 2001, 29(3), 149〔젖비단그물버섯(*Suillus granulatus*)으로부터 분리한 저분자 화합물〕

2) 金三純, 金養燮, **韓國產 버섯 圖鑑,** 裕豐出版社, 서울, 1990

3) 農村振興廳 農業技術研究所編, **韓國產 버섯類 原色圖鑑**(I), 1987

4) 卯曉嵐, 莊長坪, 歐株次旺, **西藏大型經濟眞菌,** 北京科學技術出版社, 1991

5) 朴婉熙, **한국의 버섯,** 교학사, 서울, 1991, 284 (젖비단그물버섯)

6) 박완희, 이호득, **한국 약용버섯도감,** 교학사, 서울, 1999, 292 (젖비단그물버섯)

7) 應建浙, 卵曉嵐, 馬啓明, 宗毓臣, 文華安, **中國藥用眞菌圖鑑,** 科學出版社, 1987

8) 이지열, **균학회지,** 1975, 3(1), 40 (야생 버섯을 식용하자—비단그물버섯 등)

9) 이지열, **균학회지,** 2005, 33(1), 54〔한국 기록종 버섯 추가 목록(2001-2004)〕

10) 李址烈, **韓國 버섯 圖鑑,** 아카데미서적, 서울, 1988, 161 (젖비단그물버섯)

11) 이태수, 이지열, **한국기록종 버섯 재정리 목록,** 임업연구원, 2000

12) 日本特許公報, 2(4)-19(202), 17161-17171, 2(4)-28(256), 31957, 1976, 2(1)-38, 44601, 1977, 2(4)-39(267), 45738-45799, 1977 (Kashin-Beck disease에 응용)

13) 전경희, 김무경, 정시련, **약학회지,** 1987, 31(4), 213 (버섯류의 렉틴 성분 개발 연구(II), 야생 버섯류의 생리 활성 물질, 렉틴 성분 검색—그물버섯, 젖버섯, 큰비단그물버섯, 영지, 싸리, 쓴송이)

14) 한국 균학회, **버섯 이름, 한국명 통일안,** 2000, 176

15) Besl, H. et al., **Z. Naturforsch., C,** 1974, 29, 784 (isol, struct, Grevillin B)

16) Chang, S. T., Miles, P. G., **Edible Mushroom and their Cultivation,** CRC

Press, New York, USA, 1989

17) Cheung, L. M., Cheung Peter, C. K., Ooi Vincent, E. C., **Food Chem.**, 2003, 81, 249 (Antioxidant activity and total phenolics of edible mushroom extracts)

18) David, G. S., Barry, H. R., **Mushroom Poisoning,** CRC Press, USA, 1994

19) Dickinson, H., Lucas, J., **The Encyclopedia of Mushrooms,** Crescent Books, New York, USA, 1983

20) Gerhardt, E., **Pilze,** BLV Handbook, 1995

21) Hui, Y. F., Den, E. S., Chi, T. H., **J. Food Lipids,** 2002, 9, 35 (Antioxidant and free radical scavenging activities of edible mushrooms)

22) Imazeki, R., Otani, Y., Hongo, T., **Color Illustration Mushrooms of Japan,** Yama-Kei Publisher Co. Ltd., Tokyo, Japan, 1988

23) Jägers, E. et al., **Z. Naturforsch., B,** 1986, 41, 645 (isol, suillin)

24) Kabir, Y., Kimura, S., **J. Nutr. Sci. Vitaminol.**, 1989, 35, 91 (Dietary mushrooms reduce blood pressure in spontaneously hypertensive rats)

25) Lee, G. D., Chang, H. G., Kim, H. K., **Kor. J. Food Sci. Technol.**, 1997, 29, 432 (Antioxidative and nitric-scavenging activities of edible mushrooms)

26) Mau, J. L., Lim, H. C., Song, S. F., **Food Res. Int.**, 2002, 35, 519 (Antioxidant properties of several specialty mushroom)

27) McDonnell, J. E. W., Esselen, W. B. Jr., **Food Res.**, 1947, 12, 118 (Carbohydrates in Cultivated mushrooms)

28) Pegler, D. N., **The Concise Illustrated Book of Mushrooms and Other Fungi,** Gallery Books, New York, USA, 1989

29) Wasser, S. P., Weiss, A. L., **Crit. Rev. Immunol.**, 1999, 19, 65 (Therapeutic effects of substances occurring in higher Basidiomycetes mushroom: a modern perspective)

조개껍질버섯

Lenzites betulina
(L. ex Fr.) Fr.

조개껍질버섯 31

구멍장이버섯과 (Polyporaceae)

• 중국명 | 樺褶孔菌 (화습공균)
• 분포 | 한국, 일본, 중국 등 전 세계
• 용도 | 자실체(약용)

✲ 식물학적 특성

여름~가을에 활엽수, 침엽수의 고목이나 그루터기, 나무 토막 위에 군생하는 1년생 목재 백색 부후성 버섯, 갓은 지름 2~10㎝, 두께 0.5~1.0㎝, 조개껍질 모양, 표면에는 짧은 털이 빽빽이 나 있고, 회황색, 회갈색, 회백색 등의 동심상 환문이 많다. 표면의 모피 밑에 하피(下皮)가 있으며, 조직은 두께 0.1~0.2㎝로 가죽질. 백색. 자실층은 주름살 모양 백색, 황백색, 회색 등 다양, 대는 없는 갓 일부가 기주에 부착되어 있고, 포자문은 백색이다.

✲ 성분

1) 특수 성분

조개껍질버섯에서 2,5-Dimethoxy-3,6-diphenyl-1,4-benzoquinone(항균성분), Polysaccharide, Carboxymethylcellulose, Protease 등이, *L. thermophila* 에서 Dosponol(O-00444), Thermophillin(D-01547), *L. trabea*(작은조개버섯)에서 3.15-Dihydroxylanosta-8, 24-dien-21-oic acid(3*β*, 15*α*, D-02190)이 분리되었고, *Lenzites* 속 식물에서 Eburicoic acid(E-00007), *Dosponel (0-00444) 가 분리되었다.

✲ 생리 활성

용혈 활성 검색 : 한국산 야생 버섯 22종의 용혈 독성을 조사하고자, 버섯의 냉침액을 만들어 검색한 결과, 밀버섯(*Collybia confluence*), 조개껍질버섯(*Lenzites betulina*), 색시졸각버섯(*Laccaris vinaceoavellanea*) 3종이 mouse와 rat 적혈구 용혈 작용이 강력하였고, 색시졸각버섯은 100℃ 수욕상에서 30분간 가열하여도 mouse 적혈구 용혈 활성이 80% 유지되어 열에 매우 안정하였다.

섬유소 분해 효소 : 조개껍질버섯〔*Lenzites betulina* (Fr.)〕에서 효소 분획을 추출하여 carboxymethyl cellulose에 대한 분해 작용을 실험하였다. carboxymethyl cellulase의 활성도는 1.65 unit/㎖이었다.

항암 효과 : 조개껍질버섯은 실험 결과, mouse sarcoma 180에 억제율 71.5%로 나타났다.

식물 병원성 곰팡이에 대한 항균 활성① : 한국산 흰주름버섯 외 50종 버섯을 채집, 석유 ether, 80% EtOH 및 멸균 증류수로 각각 추출, 153종의 추출물을 얻어 식물 병원성 곰팡이에 대한 항균 활성을 검색한 결과, *A. alternata*에 항균 활성은 독우산관대버섯(H_2O ex), MPC-3버섯(EtOH ex), 큰낙엽버섯 및 *Xanthoconium affine*(석유 ether ex)은 활성을 보였고, 잔디탄저병균, *C. graminicola*에는 애광대버섯, 노란길민그물버섯, 흰둘레무당버섯(석유 ether ex), 해면버섯, MPC-3버섯, 주걱송편버섯(EtOH ex), 조개껍질버섯(H_2O ex)이 각각 항균 활성을 보였다. 인삼뿌리썩음병균, *C. destructans*에는 애광대버섯, 수원그물버섯, 해면버섯, MPC-3버섯, 주걱송편버섯, 띠미로버섯, 외대버섯(EtOH ex), 애광대 버섯, 흰둘레무당버섯, 향버섯, 큰낙엽버섯(석유 ether ex)이 각각 항균성을 보였다. 오이덩굴쪼갬병균, *F. O. cucumerium*에는 MPC-3 버섯(EtOH ex)이 항균성을, 감자시듦병균, *F1. Solani*에 진갈색주름버섯(H_2O ex), 무변색무당버섯(EtOH ex)이 각각 항균성을 보였다. 잔디탄저병균, *I. bolleyie*에는 진갈색주름버섯(H_2O ex), MPC-3버섯(EtOH ex)이 항균 활성을 보였다.

항균 효과②: 조개껍질버섯 성분 중 2,5-dimethoxy-3,6-diphenyl-1,4-benzoquinone은 *Xanthomonas citri*(감귤궤양병 곰팡이), *Pyricularia oryzae*(도열병균), *Fusarium oxysporum*(채소시듦병), *Collectotrichum gaminicola*(잔디탄저병균)에 항균 효과가 있었다.

✲ 효능과 이용

1) 효능 : 추풍산한(追風散寒), 서근활락(舒筋活絡).
2) 약용 : 수족 마비, 풍습성 관절염, 요퇴동통(腰腿疼痛).
3) 기타 : 공업용으로 날염, 탈색, 도료 제조 등에도 이용된다.

참고문헌

1) 金三純, 金養燮, **韓國產 버섯 圖鑑,** 裕豐出版社, 서울, 1990
2) 김병각, 김낙두, 최남주, 이영남, **약학회지,** 1970, 14(1,2), 15 〔한국 고등균류의 성분연구(I), Alkaloid 검색〕
3) 김병각, **약학회지,** 1978, 22(2) 91 (한국산 고등균류의 분류학적 연구 V)
4) 農村振興廳 農業技術研究所編, **韓國產 버섯類 原色圖鑑**(I), 1987
5) 卯曉嵐, 莊長坪, 歐株次旺, **西藏大型經濟眞菌,** 北京科學技術出版社, 1991
6) 민지영, 김은미, 민태진, **균학회지,** 1997, 25(4), 354 〔버섯 중 항균 활성 물질 개발, 버섯 중의 식물 병원성 곰팡이에 대한 항균 활성 물질 검색(I), 외대버섯, 조개껍질버섯, 수원그물버섯, 진갈색주름버섯, 띠미로버섯, 능이〕
7) 박완희, 이호득, **한국 약용버섯도감,** 교학사, 서울, 1999, 512 (조개껍질버섯)
8) 박완희, 김태희, 노일협, **균학회지,** 1986, 14(3), 225 〔한국산 고등균류의 효소에 관한 연구 (2), 목재 부후균인 조개껍질버섯의 섬유소 분해 효소 확인〕
9) 應建浙, 卯曉嵐, 馬啓明, 宗毓臣, 文華安, **中國藥用眞菌圖鑑,** 科學出版社, 1987
10) 이지열, **균학회지,** 2005, 33(1), 54 〔한국 기록종 버섯 추가 목록(2001-2004)〕
11) 李址烈, **韓國 버섯 圖鑑,** 아카데미서적, 서울, 1988, 243 (조개껍질버섯)

12) 이태수, 이지열, **한국기록종 버섯 재정리 목록**, 임업연구원, 2000

13) 정경수, 이지선, 조문수, **균학회지**, 2000, 28(2), 123 (한국산 야생 버섯의 용혈 작용에 대한 연구, 제2보, 색시졸각버섯, 밀버섯, 조개껍질버섯등 22종의 in vitro 용혈 활성 검색).

14) 정학성, **균학회지**, 1994, 22(1), 62 〔한국산 목재 부후균류의 분포상에 대한 연구(II), 담자균류 민주름버섯목의 분포에 대하여〕

15) 조수묵, 유승헌, 신관철, **균학회지**, 1996, 24(1), 17 (목재 부후성 담자균류 배양 균사체의 생물 활성 연구, 항균 활성, 식물 생장 조절 활성, 항암 활성, 효소 활성)

16) 中國本草圖錄編輯委員會編, **中國本草圖錄**, 鼎談出版社, 1992

17) 한국 균학회, **버섯 이름, 한국명 통일안**, 2000, 176

18) Batey, I. L. et al., **Aust. J. Chem.**, 1972, 25, 2511 (isol. 3, 15-Dihydroxylanosta-8,24-dien-21-oic acid, *L. trabea, Polyporus cretaceous*)

19) Chang, S. T., Miles, P. G., **Edible Mushroom and their Cultivation**, CRC Press, New York, USA, 1989

20) Cheung, L. M., Cheung Peter, C. K., Ooi Vincent, E. C., **Food Chem.**, 2003, 81, 249 (Antioxidant activity and total phenolics of edible mushroom extracts)

21) David, G. S., Barry, H. R., **Mushroom Poisoning**, CRC Press, USA, 1994

22) Dickinson, H., Lucas, J., **The Encyclopedia of Mushrooms**, Crescent Books, New York, USA, 1983

23) Gerhardt, E., **Pilze**, BLV Handbook, 1995

24) Hui, Y. F., Den, E. S., Chi, T. H., **J. Food Lipids**, 2002, 9, 35 (Antioxidant and free radical scavenging activities of edible mushrooms)

25) Imazeki, R., Otani, Y., Hongo, T., **Color Illustration Mushrooms of Japan**, Yama-Kei Publisher Co. Ltd., Tokyo, Japan, 1988

26) Kabir, Y., Kimura, S., **J. Nutr. Sci. Vitaminol.**, 1989, 35, 91 (Dietary mushrooms reduce blood pressure in spontaneously hypertensive rats)

27) Kitanaka, S. et al., **Yakugaku Zasshi**, 1986, 106, 302 (isol; Thermophillin)

28) Lawirie, W. et al., **J. Chem. Soc. C,** 1967, 1776 (isol, Dihydroxylanosta-8, 24-dien-21-oic acid from *L. trabea, Polyporus cretaceous*)

29) Lee, G. D., Chang, H. G., Kim, H. K., **Kor. J. Food Sci. Technol.**, 1997, 29, 432 (Antioxidative and nitric-scavenging activities of edible mushrooms)

30) Liu, F., Ooi, V. E. C., Chang, S. T., **Life Sci.**, 1997, 60, 763 (Free radical scavenging activities of mushroom polysaccharide extracts)

31) McDonnell, J. E. W., Esselen, W. B. Jr., **Food Res.**, 1947, 12, 118 (Carbohydrates in Cultivated mushrooms)

32) Mizuno, T., **Food Res. Int.**, 1995, 11, 7 (Bioactive biomolecules of mushrooms: Food function and medicinal effect of mushroom fungi)

33) Pegler, D. N., **The Concise Illustrated Book of Mushrooms and Other Fungi,** Gallery Books, New York, USA, 1989

34) Singhal, S. P. et al., **Anal Chim. Acta,** 1966, 35, 195 (use; Thermophillin)

35) Waki, I. et al., **Jpn. J. Pharmacol.**, 1981, 31, 627 (Props, Oosponol, Strong antifungal activity Dopamine β-hydroxylase inhibitor, Needles, from *Lenzites* spp., *Gloeophyllum* spp.)

36) Yokoyama, A., Natori, S. **Chem. Pharm. Bull.**, 1974, 22(4), 877 (Triterpenoids of lanostane group from fruit bodies of nine basidimycetous species)

주름버섯

Agaricus campestris L. ex Fr.
Psalliota campestris (L. ex Fr.) Quél.

주름버섯 32

주름버섯과 (Agaricaceae)

- 중국명 | 蘑菇
- 별명 | 들버섯
- 분포 | 전 세계
- 용도 | 자실체(식용)

✲ 식물학적 특성

봄부터 가을에 비옥한 풀밭, 목장, 잔디밭, 밭 등에 군생하며, 균륜을 형성한다. 갓은 지름 3~10㎝로 처음에는 구형, 후에 편평형. 갓표면은 평활하고 섬유상 인편이 있고 처음에는 백색, 차차 담적갈색. 건조하면 비단 같은 광택이 있고, 조직은 백색이나 상처가 나면 적색으로 변한다. 주름살은 떨어진형. 빽빽하고 처음에는 백색. 차차 담적갈색~자갈색으로 변한다. 대는 백색. 상처가 나면 담홍색~갈변, 대 위쪽에는 막질의 흰 턱받이가 있다. 포자는 타원형~난형, 표면은 평활, 포자문은 자갈색이다.

동속 식물에는 흰주름버섯(*A. arvensis*), 주름버섯아재비(*A. placomyces*), 숲주름버섯(*A. silvaticus*) 등이 있고 식용한다.

✲ 성분

1) 영양 성분

유리 아미노산 22종, 미량금속 9종, vitamin B_1, C가 있다.

2) 특수 성분

주름버섯(*A. campestris*)에서 Campestrin(C-00189), Agartinal(A-00542), Agaritine(A-00542), γ-Glutamyl-4-hydroxyalanine(G-00507), Lectin, γ-Glutamyl-3,4-dihydroxy alanine(G-00507), 1-Octan-3-ol(O-00126), Agaridoxin (S, A-00541), 9-Hydroxyldecanoic acid(H-01473), Xylitol(X-00097) 등이 분리.

숲주름버섯(*A. silvaticus*)에서 Ethanediamine(N-Nitro-, E-01620), 3-(Nitroamino)-alanine(D-00659)이 분리되었다.

✲ 생리 활성

항암, 항균 효과 : sarcoma 180(mouse)에 대하여 억제율은 64.1%와 80%, Ehrlich 복수암(mouse)에 대하여 억제율이 80%, gram 양성균인 *Bacillus licheniformis*(위장염균)과 *Mycobacterium fortiutum*(피부염균)에 대하여 항균 작용이, 또 gram 음성균에 대하여도 항균 효과가 있고, 면역 증강 효과도 있다. compestrin은 항균 성분, agarital은 독 성분, polysaccharide 항종양 효과가 있고, lectin은 혈액형 비특이성 항혈전 성분이며, 1-octan-3-ol은 sweet, nutty, aniseed, fungal odour 등의 향미 성분이 있다.

항암 성분 : 들버섯(주름버섯, *A. campestris*) 배양 균사체에서 추출한 단백다당체는 sarcoma 180 이식 mouse에서 유효한 항암성을 보였다. DEAE-sephadex A-50으로 정제, 4 분획을 얻었고, 이 중 항암성이 큰 분획 C는 45%의 다당체와 18% 단백질로 되어 있었다. 다당체의 구성 단당류는 mannose (42.0%), glucose (25.5%), xylose(16.6%), fucose(11.1%), galactose(4.8%) 이었고, 단백질은 17종의 amino acid로 구성되었다. 본 항암 성분은 mouse 복강 내에 있는 macrophage 수를 현저히 증가시켰으며, 비장 내의 용혈반 형성 세포 수도 증가시켜 면역 증강에 의한 항암 효과로 생각되었다.

항보체 활성 버섯 : 국내 자생 61주의 고등 균류의 면역 증강 효과를 검색하고자, 이들 성분을 분리하여 항보체 활성을 측정한 결과, Krestin의 보체 활성도는 20.6%보다 우수한 보체 활성 효과를 보인 균주는 11주이었으며, 이 중

영지(*Ganoderma lucidum*) 5주, 표고(*Lentinus edodes*) 3주, 동충하초류(*Cordyceps sp.*) 3주, 주름버섯(*Agaricus campetries*) 1주 이었다.

식물 병원성 곰팡이에 대한 항균 활성① : 한국산 흰주름버섯 외 50종 버섯을 채집, 석유 ether, 80% EtOH 및 멸균 증류수로 각각 추출, 153종의 추출물을 얻어 식물 병원성 곰팡이에 대한 항균 활성을 검색한 결과, *A. alternata*에 항균 활성은 독우산관대버섯(H_2O ex), MPC-3버섯(EtOH ex), 큰낙엽버섯 및 *Xanthoconium affine*(석유 ether ex)은 활성을 보였고, 잔디탄저병균, *C. graminicola*에는 애광대버섯, 노란길민그물버섯, 흰둘레무당버섯(석유 ether ex), 해면버섯, MPC-3버섯, 주걱송편버섯(EtOH ex), 조개껍질버섯(H_2O ex)이 각각 항균 활성을 보였다. 인삼뿌리썩음병균, *C. destructans*에는 애광대버섯, 수원그물버섯, 해면버섯, MPC-3버섯, 주걱송편버섯, 띠미로버섯, 외대버섯(EtOH ex), 애광대 버섯, 흰둘레무당버섯, 향버섯, 큰낙엽버섯(석유 ether ex)이 각각 항균성을 보였다. 오이덩굴쪼갬 병균, *F. O. cucumerium*에는 MPC-3 버섯(EtOH ex)이 항균성을, 감자시듦 병균, *F1. Solani*에 진갈색주름버섯(H_2O ex), 무변색무당버섯(EtOH ex)이 각각 항균성을 보였다. 잔디탄저병균, *I. bolleyie*에는 진갈색주름버섯(H_2O ex), MPC-3버섯(EtOH ex)이 항균 활성을 보였다.

울릉도의 균류분포 : 1989.10~1991.9까지 98점의 주름버섯류를 채집하여, 분류한 결과, 주름버섯목 10과, 22속, 30종으로 확인, 그중 3종은 미기록 종으로 귀신버섯과의 땅귀버섯(*Grepidotus geophilus*)과, 송이과의 긴대애주름버섯(*Mycena elegans*) 및 큰 애주름버섯(*M. carolinensis*)이었다. 동정된 균주는 느타리(*P. ostreatus*), 졸각버섯(*Laccaria laccata*), 뽕나무버섯(*Armillariella mellea*), 긴대애주름버섯(*Mycena elegans*), 갈색먹물버섯(*Coprinus micaceus*)등 5종이었다. 많은 종류의 주름버섯이 땅에 자라고 있었으나, 너도밤나무와 마가목은 느타리속, 귀신버섯속, 부채버섯속, 먹물버섯속 및 개암버섯속, 혹은 뽕나무버섯속 같은 목재서식주름버섯이 가장 좋은 숙주이며, 우산 고로쇠나무와 소나무도 먹물버섯속, 무당버섯속, 비단그물버섯속 같은 토양 서식 주름버섯의 가장 좋은 숙주였다.

일반 성분 : 주름버섯의 성분을 분석한 결과, vitamin B_1, C, 유리 아미노산 22종, 미량 무기질 9종, polysaccharide가 있었다.

식용 야생 버섯 : 식용 야생 버섯을 조사한 결과, 송이, 목이, 팽나무버섯, 노루궁뎅이버섯, 꽃잎버섯, 그물버섯, 비단그물버섯, 구름버섯, 애기무당버섯, 기와버섯, 국수버섯, 나팔버섯, 젖버섯, 굴털이, 향버섯(능이), 갓버섯, 들버섯, 주름버섯, 싸리버섯, 붉은싸리버섯, 말뚝버섯, 알버섯, 긴대안장버섯, 말불버섯, 곰보버섯, 망태버섯, 덕다리버섯, 흰가시버섯 등이 있었다.

아미노산 분석[1] : 주름버섯(*A. campestris*)의 아미노산을 TLC로 분석한 결과, glycine, alanine, valine, isoleucine, leucine, proline, phenylalanine, tyrosine, serine, threonine, cysteine, methionine, lysine, arginine, aspartic acid, glutamic acid, histidine 등이 분리되었다.

Amino acids[2] : 주름버섯(들버섯)의 유리 아미노산을 분석한 결과, aspartic acid(0.94㎎/g), threonine(0.67), serine(0.83), glutamic acid(1.93), proline (11.16), glycine(0.25), alanine(4.87), valine(0.84), cysteine (0.10), methionine (trace), isoleucine(0.88), leucine(1.35), tyrosine(trace), phenylalanine(0.50), lysine(0.78), arginine(0.22)이었다.

✲ 효능과 이용

1) 효능 : 익기(益氣), 건위.
2) 식용 : 유럽인이 선호하는 버섯. 인공 재배가 가능한 버섯이다.
3) 약용 : 식욕 부진, 소화불량, 유즙 부족, 피로, 각기, 장내 출혈, 빈혈 등에 응용한다.

참고문헌

1) 김양섭, 차동열, 박용환, **균학회지**, 1982, 10(4), 207 (한국산 주름 버섯 목에 대한 보고)

2) 노일협, **숙명여자대학교 논문집,** 1976, 16, 427 (식용 버섯의 아미노산 규명)
3) 노일협, **숙명여자대학교 논문집,** 1981, 21, 141 (한국산 식용 버섯의 아미노산 규명)
4) 민지영, 김은미, 민태진, **균학회지,** 1997, 25(4), 354 〔버섯 중 항균 활성 물질 개발, 버섯 중의 식물 병원성 곰팡이에 대한 항균 활성 물질 검색(I)－외대버섯, 조개껍질버섯, 수원그물버섯, 진갈색주름버섯, 띠미로버섯, 능이〕
5) 민태진, 김은미, 유선호, **균학회지,** 1996, 24(1), 15 (한국산 버섯 추출물의 항진균 및 항세균 활성 검색)
6) 박동석, 고승주, 류진창, **균학회지,** 1999, 27(6), 406 (ITS 영역의 염기 서열을 이용한 먹물 버섯류 및 주름 버섯 유사 복균류와의 계통적 유연관계)
7) 박완희, **생약학회지,** 1982, 13(1), 43 〔버섯의 성분연구 I , TLC에 의한 아미노산 분석－송이, 표고, 싸리, 목이, 흰목이, 주름버섯*(A. campestris)*〕
8) 박완희, **숙명여자대학교 약학연구소논문집,** 1984, 1, 39 (한국산 고등균류와 생약의 효소에 관한 연구)
9) 박완희, 이호득, **한국약용버섯도감,** 교학사, 서울, 1999, 20 (주름버섯)
10) 박희주, 김하원, 우낙식, 심미자, 박완희, 최응칠, 김병각, **균학회지,** 1985, 13(3), 131 (한국 고등균류의 성분 연구, 제 47보, *A. campestris* 배양 균사의 항암 성분)
11) 정학성, **균학회지,** 1993, 21(1), 64 〔울릉도의 균류상(4), 수종 주름 버섯에 대하여〕
12) 정훈, 이준우, 이권행, **균학회지,** 1990, 18(3), 145 (한국산 고등균류의 항보체 활성 효과－영지, 표고, 동충하초, 주름버섯)
13) 표명윤, 노일협, **영양학회지,** 1975, 8(1), 47 (식용 버섯류의 아미노산에 관한 연구)
14) Anke, T. et al., **J. Antibiot.,** 1980, 33(5), 463 (Antibiotics from basidiomycetes X, scorodonin)
15) Blackie, J. J., **Pharm. J.,** 1937, 138, 102 (Pyrrolizidine, Campestrin)
16) Bloom, M. S. et al., **J. Am. Chem. Soc.,** 1945, 67, 539 (deriv. Ethanediamine)
17) Bose, S. R., **Anal. Biochem.,** 1995, 72, 248 (A rapid and sensitive method

for the quantitation of microgram quantities of protein utilizing the principle of protein-dye binding)

18) Bose, S. R., **Nature,** 1955, 175, 468 (Campestrin, the antibiotics of *Psalliota campetris*)

19) Chilton, W. S. et al., **Phytochemistry,** 1975, 14, 2291 (derivs, Amino acid, alanine)

20) Gray, A. M., Flatt, P. R., **J. Endocrinol.**, 1998, 157, 259 〔Insulin-releasing and insulin-like activity of *Agaricus campestris* (mushroom)〕

21) Humfeld, H., **Science,** 1948, 107, 373 〔The production of mushroom mycelium(*Agaricus campestris*) in submerged culture〕

22) Humfeld, H., Sugihara, T. F., **Mycologia,** 1952, 44, 605 (The nutrients requirements of *Agaricus campestris* growth in Submerged Culture)

23) Kanchukh, A. A., **CA,** 1955, 49, 1142 (isol, Bacterial lipid, 1-Octan-3-ol)

24) Kawagishi, H., Katsumi, R., Sazawa, T., Mizuno, T., Hagiwara, T., Nakamura, T., **Phytochemistry,** 1988, 27, 2777 (Cytotoxic steroids from the mushroom *Agaricus campestris*)

25) Kim, B. K. et al., **Arch. Pharm. Res.**, 1983, 6(2), 141 〔Korean Basidiomycetes (L), Antitumor components〕

25) Kim, Y. S., Park, Y. H., Shin, K. C., Hongo, T., **Kor. J. Mycol.** 1978, 6(2), 37 〔Notes on Korean agaricales(II)〕

26) Levenberg, B., **J. Biol. Chem.**, 1964, 239, 2267 (isol, struct, Agaritine, Agaritinal)

27) May, B., Royse, D. J., **Biochem. Genetics,** 1982, 20, 1165 (Genetic variation and Joint segregation of biochemical loci in the common meadow mushroom, *Agaricus campestris*)

28) Moore, B. P. et al., **Aust. J. Chem.**, 1976, 29, 1365 (isol, 9-Hydroxyldecanoic acid)

29) Morris, C. J. et al., **J. Biol. Chem.**, 1964, 239, 1833 (isol, cryst, γ-Glutamyl-4-hydroxyalanine)

30) Morris, C. J. et al., **J. Biol. Chem.**, 1964, 239, 1833 (isol, cryst, γ-Glutamyl-3,4-dihydroxy alanine)

31) Moustafa, A. M., **Appl. Microbiol.**, 1960, 8, 63 (Nutrition and development of mushroom flavor in *Agaricus campestris* mycelium)

32) Sage, H. J., Vazguez, J. J., **J. Biol. Chem.**, 1967, 242, 120 (Studies on a hema-glutinin from the mushroom *Agaricus campestris*)

33) Szent, Gyorgyi, A., **J. Org. Chem.**, 1976, 41, 1603 (Graywhite powder, Agaridoxin)

34) Tressl, R., Bahri, D., Engel, K. H., **J. Agric. Food Chem.**, 1982, 30, 89 [Formation of C_8 and C_{10} components in mushroom (*Agaricus campestris*)]

34) Ying, I., Mao, X., Ma, Q., Zong, Y., Wen, H., **Icones of Medicinal Fungi from China,** Science Press, Beijing, China, 1989, 309

Inonotus obliquus (Ach. ex Pers.) Pilat

차가버섯 33

소나무비늘버섯과 (Hymenochaetaceae)

- 영명 | Chaga fungus, Shelf fungus
- 분포 | 한랭 지역
- 용도 | 자실체(약용)

✻ 식물학적 특성

러시아를 비롯한 한랭 지역에 자생하는 자작나무, 오리나무, 물푸레나무 등에 기생하는 균핵으로 표면은 검고, 내부는 황갈색을 띄며, 직경이 10~20cm인 이 버섯은 약용으로 이용되고 있다.

동속 식물에는 황갈색시루뻔버섯(*I. mikadoi, I. cuticularis*), 기와층버섯(*I. xeranticus*) 등이 우리나라에 있다.

✻ 성분

1) 특수 성분

차가버섯에서 Butulin, 3,22-Dihydroxylanosta-8,24-dien-7-one(3β,22R, D-02193), 3-Hydroxylanosta-8,24-dien-21-al(L-00242), 21-Hydroxylanosterol(L-00242), Inotodiol(L-00243), Lanosta-8,23-diene-3, 22, 25-triol(3β,22ϵ, 23E, L-00247), Lanosta-7,9(11), 24-triene-3,22-diol(3β,22ϵ, L-00252), Trametenolic acid(H-02169), 3β-Hydroxy-8,24-dien-lanosta-21,23-lactone 등이 분리되었다.

✲ 생리 활성

항암 작용①: 차가버섯 추출물, 다당체에서 A549(인간 폐암 세포주)와 MCF-7(유방암 세포주)에 비교적 강한 암 세포 성장 억제 효과를 보였다. 이러한 항암 활성은 암 세포에 직접 공격하지 않고, 숙주의 면역계에 작용, 생체 방어력 증강에 의한다. 차가버섯의 inotodiol, lanosterol, ergosterol, butulin 같은 triterpene류의 MCF-7과 혈액암 세포주 P388에 세포 독성이 있다. 차가 버섯 발효 조성물이 정상 세포에는 거의 영향이 없었으나, 위암, 대장암 세포 생육을 억제하였다.

대장암 세포 생육 억제 효과②: 녹차 분말 포함 차가 버섯의 수용성 추출물(시료)은 위암 세포 AGS 및 대장암 세포 HCT-15, mouse 정상 세포 NIH 3T3 -fibroblast의 세포 생육 효과를 세포 수 측정법과 MTT assay법으로 측정한 결과, 시료는 인체 대장암 세포주 HCT-15와 위암 세포주 AGS의 생육을 억제하였으나, 동일 조건에서 mouse 정상 세포 NIH_3T_3은 80% 이상의 생존율을 보였다. 이로써 시료는 정상 세포에는 독성을 나타내지 않았으나, 위암과 대장암 세포에 높은 생육 억제 효과를 보였다.

소화기계 암 세포와 Caspase-3 활성③: 차가버섯의 열수 추출물을 인체 대장암 세포 HT-29와 한국인 위암 세포 SNU 484에 첨가 후, 세포 증식과 자가 사멸 유도 caspase-3 활성을 조사한 결과, HT-29에는 세포가 감소하였고, 농도 의존적 증식이 억제되었다. 배양 시간에 따른 세포 증식 억제 효과는 시간 경과에 따라 HT-29 증식이 억제되었다. caspase-3 활성은 1.5㎎/*ml* 첨가에서 대조군의 1.5배, 12.0㎎/*ml* 첨가에서 2배로 증가, 소량에서도 caspase-3 활성이 증가, 첨가량이 많아도 증가 속도는 완만하였다(1.5㎎/*ml*). 위암 세포 SNU484에서도 시료 추출물의 첨가량 증가에 따라 증식이 억제되었고, HT-29에 비해 증식 억제 효과가 더 뚜렷하였다. caspase-3 활성도 시료 추출물 1.5㎎/*ml* 첨가에서 활성이 2배, 12.0㎎/*ml* 첨가에서 4배, 18.0㎎/*ml* 첨가에서 약 5배 증가하였다.

대장암 세포 증식억제 및 Apoptosis 유도기전④: 차가버섯은 한랭한 산림지대의 자작나무에 자생하며, 항종양 및 항돌연변이 활성이 보고되었으나, 항암기전에 대해 밝혀진 바 없어 본연구에서는 인체 대장암 세포 HT-29를 이용, 차가버섯 물 추출물을 냉동 건조하여 0~100㎎/㎖를 첨가, 세포에 미치는 영향을 조사하였다. 물 추출물을 HT-29 세포에 투여한 결과, 시료의 농도 의존적으로 세포 증식이 현저히 감소하였고, DNA 합성도 감소하였으나 apoptotic cell 수는 현저히 증가하였다. apoptosis의 주요 조절 인자인 BCI-2family 단백질은 시료에 의해 변화가 없었으나, cleaved caspase-8, -9, -3의 활성이 시료에 의해 증가하였다. caspase-3의 표적단백질로 세포생존에 결적정인 PARP 단백질의 분해도 시료에 의해 현저히 증가하였다. 이 결과로 차가버섯 물 추출물이 DNA 합성을 억제하고, apoptosis를 유도, 대장암 세포 증식을 억제하며, caspase 경로 활성을 증가시켜 apoptosis를 유도함으로써 시료가 대장암의 예방이나 치료의 가능성을 보였다.

항돌연변이 및 성장 억제 효과 : 차가버섯 EtOH ex와 EtOAc 및 물 분획, 수용성 다당과 불용성 다당 Ⅰ과 Ⅱ의 항돌연변이 원성과 암 세포 성장 억제 실험을 행한 결과, 각 시료에서 돌연변이 원성은 없는 것으로 나타났으며, 직접 변이원인 MNNG와 4NQO, 간접변이원인 B(α)P와 Trp-P-1 모두에서 시료 50㎍/plate에서 불용성 다당 Ⅱ가 90% 이상의 강한 억제 효과를 보였고, 암 세포 성장 억제 실험에서 EtOAc 분획물에서 다른 분획이나 시료보다 시료 4 ㎎/㎖ 에서 A549, AGS, MCF-7 세포에 대해 각각 90.8%, 94.3%, 83.5%의 강한 암 세포 성장 억제 효과를 보였다.

NF-KB 활성 억제 및 항산화 효과 : 생리 활성이 다양한 천연물 AGI-1120, 차가버섯 추출물, 차가버섯 균사체 추출물의 인체 피부조직 세포에서 NF-KB 활성의 조절 효과와 시료의 지질 과산화물 생성 억제 및 radical 소거 활성과 관련된 항산화적 활성을 조사한 결과, 모든 시료는 세포 독성이 없는 농도에서 NF-KB 활성을 억제하였다. 균사체 추출물은 vitamin C(12mM)의 NF-KB 억제 효과(53%)보다 낮았으나, 약 35%의 억제 효과를 보였다($p<.05$). AGI-1120과 시료 추출물은 DPPH test에서 약 0.5㎎ radical 소거활성이 상대적으로 높았다. NO test에서 시료 추출물의 SC_{50}값이 47㎍으로 radical 소거 활성이 높았으며, 이는

vitamin C의 활성(SC_{50} 77㎍)보다 높았다. 그러나 NF-KB 활성 억제의 균사체 추출물은 지질과산화물 생성 억제에 전혀 효과가 없었으며, DPPH 및 NO test에서도 낮은 radical 소거 활성을 보였다.

항산화 활성과 유전독성 억제 : 차가버섯에서 조다당, 불용성 조다당 I과 II를 추출, 그 여액에서 저분자 물질과 EtOAc와 H_2O 분획을 얻어, 이들을 DPPH free radical 소거능을 측정, 항산화 활성을 조사하였고, mouse로 소핵 실험을 하여 유전 독성 억제 효과를 검토하였다. 실험 결과, EtOAc 분획의 RC_{50}이 46.5㎍으로, 물 분획과 수용성 다당도 각각 78.3㎍, 77.4㎍으로 타 분획보다 항산화 효과가 높았다. 유전 독성 억제 효과는 양성 대조군보다 최고 농도 80㎎/㎏에서 저분자 물질과 EtOAc 분획, 물 분획, 수용성 다당, 불용성 다당 I과 II에서 각각 63.9%, 72.2%, 63.9%, 88.9%, 80.6%, 81.5%의 소핵 생성 억제 효과를 보였으며, 다당 분획들이 80% 이상의 강한 억제 활성을 보였다.

물 추출물의 항산화 활성 : 차가버섯의 항산화 활성 성분을 최대로 얻기 위해 온도별로 물 추출을 시도한 결과, 차가버섯 건조 분말을 80℃에서 8시간 추출-1차 추출물, 1차 추출잔사에 물을 첨가, 100℃에서 8시간 추출물-2차 추출물, 2차 추출 잔사에 120℃에서 8시간 추출-3차 추출물로 하여 DPPH 자유 라디칼에 대한 전자 공여능은 ABTST radical 양이온 소거능, linoleic acid 자동산화 저해 효과로 항산화를 측정한 결과, 1차 추출물이 항산화능이 낮았고, 3차 추출물이 가장 높았으며, 3차 추출물의 phenol 화합물과 flavonoid 물질이 1차, 2차 추출물보다 많았고, phenol 물질은 radical 소거능 및 linoleic acid 자동산화 저해 효과와 상관성이 높았다. 각 온도에서 추출한 것을 혼합하여 지방 산화 촉진 인자인 3종의 활성산소 종(KO_2, H_2O_2, -OH)과 금속 ion (Fe^{2+}, Cu^{2+}) 존재하에서 항산화 효과는 TBARS값을 낮추었으며, 특히 -OH와 Fe^{2+} ion에 탁월한 항산화능을 보였다. 이와 같이 지방산화물에 3차 추출물이 매우 효과적 항산화 효과를 보였다.

발효 차가 버섯의 Hypolipidemia와 Hepatoprotection 효과 : OLETF rat에 차가버섯 분말(CM)을 50g/㎏이나, 발효 차가버섯 분말(FCM)을 50g/㎏을 8주간

(26~34주령) 당뇨 쥐와 정상쥐에 투여한 결과, 정상쥐는 ALT 활성이 LETO 쥐보다 높았으나, CM 투여 쥐는 현저히 감소하였고, LETO와 OLETF-FCM 투여군에서는 별차이가 없었다. 또한 간의 조직 병리학적 변화도 없었으나, OLETF-CM에 비하여 간 세포에 지방 축적이 현저하였고, OLEF-CM군은 지방이 거의 없었다. FCM의 경구 투여에서 비만 관련 당뇨(NIDDM)에 효과적이었다.

✲ 효능과 이용

1) 효능 : 황갈색 시루뻰버섯은 지혈, 풍제거.
2) 약용 : 항암 효과 및 위병, 복부 팽만에 이용.

참고문헌

1) 김성윤, 이재윤, 김기영, 박재민, 김문옥, 이태호, 이재동, **균학회지,** 2004, 32(2), 152 (ITS 염기 서열에 기초한 차가버섯과 근연속간 유연관계 분석)
2) 김성윤, 이재윤, 김기영, 이기원, 박재민, 김문옥, 이태호, 이재동, **균학회지,** 2003, 31, 121 (Phylotye에 의한 수종의 *Phellinus* 속이 분류 체계 확립 및 종간 구별을 위한 신속 동정법 개발)
3) 김은지, 이용진, 신현중, 유정한, **식품영양과학회지,** 2006, 35(5), 516 (차가버섯 물 추출물의 대장암 세포 증식억제 및 Apoptosis 유도기전 연구)
4) 송희순, 이영종, 김승균, 문원극, 김동우, 김영식, 문기영, **생약학회지,** 2004, 35(1), 15 (AGI-1120과 차가버섯의 NF-KB 활성화 억제 및 항산화 효과)
5) 이상옥, 김민정, 김동균, 최현주, **식품영양과학회지,** 2005, 34(2), 139 (차가버섯의 온도 단계별 물 추출물의 항산화성 비교)
6) 차재영, 전병삼, 문재철, 유지현, 조영수, **식품영양과학회지,** 2004, 33(4), 633 (대장암 세포암종 HCT-15 세포 및 위암 세포암종 AGS 세포에서 차가버섯 조성물에 의한 세포 생육 억제 작용)

7) 차재영, 전병삼, 박정원, 문재철, 조영수, **응용생명화학회지**, 2004, 47(2), 200 (차가버섯 발효 조성물의 항 종양 활성)

8) 함승시, 오상화, 김영균, 신광순, 장현유, 정국훈, **식품영양과학회지**, 2003, 32(7), 1071 (차가버섯 분획물의 항산화 활성 및 유전 독성 억제 효과)

9) 함승시, 오상화, 김영윤, 신광순, 장현유, 정국훈, **식품영양과학회지**, 2003, 32(7), 1088 (차가버섯 분획물의 항 돌연변이 활성 및 암 세포 성장 억제 효과)

10) Awadh Ali, N. A., Mothana, R. A. A., Lesnan, A., Pilgrim, H., Lindequist, U., **Fitoterapia**, 2003, 74, 483 (Antiviral activity of *Inonotus obliquus*)

11) Burczyk, J., Gawron, A., Slotwinska, M., Smietana, B., Terminska, K., **Boll. Chim. Farm.**, 1996, 135, 306 (Antimitotic activity of Aqueous extract of *Inonotus obliquus*)

12) Cha. J. Y., Jun. B. S., Lee. C. H., Yu, G. S., Moon, J. C., Cho, Y. S., **J. Life Sci.**, 2005, 15, 809 〔Hypoglycemic and antioxidant effects of fermented Chaga mushroom *(Inonotus obliquus)* on Streptozotocin- induced diabetic rats〕

13) Cha, J. Y., Jun. B. S., Yoo, K. S., Hahm, J. Y., Cho, Y. S., **Food Sci. Biotech.**, 2006, 15(1), 122 〔Fermented Chaga mushroom (*Inonotus obliquus*) Effect on Hypolipidemia and Hepatoprotection Otuka Long--Evans Tokushima Fatty (OLETF) Rats〕

14) Chang, S. T., Miles, P. G., **Edible Mushroom and their Cultivation**, CRC Press, New York, USA, 1989

15) Cui, Y., Kim, D. S., Park, K. C., **J. Ethnopharmacol.**, 2005, 96, 79 (Antioxidant effect of *Inonotus obliquus*)

16) Ham, S. S., Oh, S. W., Kim, Y. K., Shin, K. S., Chang, K. Y., Chung. G. H., **J. Kor. Soc. Food. Sci. Nutr.**, 2003, 32, 1038 (Antimutagenic and cytotoxic effects of ethanol extract from *Inonotus obliquus*)

17) Hwang, Y. J., Noh, G. W., Kim, S. H., **Kor. J. Nutr.**, 2003, 36, 18 (Effect of *Inonotus obliquus* extracts on proliferation and caspase-3 activity in human gastrointestinal cancer cell lines)

19) Jarosz, A., Skorska, M., Rzymowaka, J., Kochmanska-Rdest, J., Malarczyk, E., **Acta Biochim. Pol.**, 1990, 37, 149 (Effect of the extracts from fungus *Inonotus obliquus* on Catalase level on HeLa and Nocardia cells)

20) Kabir, Y., Kimura, S., **J. Nutr. Sci. Vitaminol.**, 1989, 35, 91 (Dietary mushrooms reduce blood pressure in spontaneously hypertensive rats)

21) Kahlos, T., Zhuangas, L., Hitunen, R., **Acta Pharm. Fenn.**, 1987, 96, 33 (Antitumor activity of some compounds and fractions from an hexane extract of *Inonotus obliquus*)

22) Kahlos, K., **Biotechnol. Agric. Forestry**, 1994, 26, 179 [XII *Inonotus obliquus* (Chaga fungus): In vitro culture and the production of inotodiol, sterols and other secondary metabolites]

23) Kahlos, K., Hitunen, R., **Acta Pharm. Fenn.**, 1983, 92, 220 (Identification of some lanostane type triterpenes from *Inonotus obliquus*)

24) Kahlos, K., Kangas, L., Hitunen, R., **Acta Pharm. Fenn.**, 1987, 96, 33 (Antitumor activity of some compounds and fractions from an n-butane of *Inonotus obliquus*)

25) Kahlos, K., **Appl. Microbiol. Biot.**, 1994, 3, 339 (Antifungal activity of Cysteine, its effect on C-21 oxygenated lanosterol derivatives and other lipid in *Inonotus obliquus* in vitro)

26) Kahlos, K., Lesenau, A., Lange, W., **Fitoterapia**, 1996, XVII, 4, (Preliminary tests of antiviral activity of two *Inonotus obliquus* strains)

27) Kim, Y. O., Han, S. B., Lee, H. W., Ahn, H. J., Yoon, Y. D., Jung, J. K., Kim, H. M., Shin, C. S., **Life Sci.**, 2005, 77, 2438 (Immuno-stimulating effect of the endo-polysaccharide produced by submerged culture of *Inonotus obliquus*)

28) Kim, Y. O., Park, H. W., Kim, J. H., Lee, J. Y., Moon, S. H., Shin, C. S., **Life Sci.**, 2006, 79, 72 (Anticancer effect and structural characterization of endo-polysaccharide from cultivated mycelia of *Inonotus obliquus*)

29) Lee, M. J., Lee, J. H., **Food. Sci. Biotechnol.**, 2007, 16(1), 154 (Moisture

sorption Isotherm Chracteristics of Chaga mushroom powder an Influenced by particle size)

30) Loviagina, E. V., Shivrina, A. N., **Biobimiga.**, 1962, 27, 794 (On steroid compound of chaga fungus)

31) Ludwiczak, R. S., Wrzeciono, U., **Ergosterol Rocz. Chem.**, 1975, 34, 1701 (Forschungen ueber die chemischen Bestandteil de *Inonotus obliquus* VI)

32) Mau, J. L., Lin, H. C., Song, S. F., **Food Res. Int.**, 2002, 35, 519 (Antioxidant properties of several Specialty mushrooms)

33) McDonnell, J. E. W., Esselen, W. B. Jr., **Food Res.**, 1947, 12, 118 (Carbohydrates in Cultivated mushrooms)

34) Mizuno, T., **Int. J. Med. Mushroom.**, 1999, 1, 9 (The extraction and development of antitumor-active polysaccharides from medicinal mushrooms in Japan)

35) Mizuno, T., Zhuang, C., Abe, K., Okamoto, H., Kiho, T., Ukai, S., Leclerc, S., Meijer, L., **Int. J. Med. Mushrooms,** 1999, 1, 301 〔Antitumor and hypoglycemic activies of polysaccharides from the Sclerotia and Mycelia of *Inonotus obliquus* (Aphyllophoromycetideae)〕

36) Reid, D. A., **J. Brit. Mycol. Soc.**, 1976. 67. 329 〔*Inonotus obliquus*(Pers. ex Fr. pilat in Britain〕

37) Rzymowska, J., **Bull. Chim. Farm.**, 1998, 137, 13 (The effect of aqueous extracts from *Inonotus obliquus* on the mitotic index and enzyme activities)

38) Shivrina, A. N., **CA,** 1979, 66, 17271z (Chemical characteristics of compounds extracted from *Inonotus obliquus*)

40) Tobis, W., Michael, F., **Mycol.**, 2001, 94(6), 998 (Proceedings towards a natural classification of the worldwide taxa *Phellinus* S. T. and *Inonotus* S. I., and phytogenetic relationships of allied genera)

41) Vinogradov, E., Wasser, S. P., **Carbohydr. Res.**, 2005, 340, 2821 〔The

structure of a polysaccharide isolated from *Inonotus levis* P. Karst. mushroom(heterobasidiomycetes)]

42) Wasser, S. P., **Appl. Microbiol. Biotechnol.**, 2002, 60, 258 (Medicinal mushrooms as a source of antitumor and immunomodulating polysaccharides)

43) Wasser, S. P., Weis, A. L., **Crit. Rev. Immunol.**, 1999, 19, 65 (Therapeutic effects of substances occurring in higher Basidiomycetes mushrooms: a modern perspective)

43) Ying, I., Mao, X., Ma, Q., Zong, Y., Wen, H., **Icones of Medicinal Fungi from China**, Science Press, Beijing, China, 1989, 169

Panus rudis Fr.
Lentinus lecomtei Fr.
Lentinus strigosus (Schw.) Fr.

참버섯 34

느타리과 (Pleurotaceae)

• 중국명 | 革耳
• 별명 | 애참버섯
• 분포 | 한국, 중국, 일본 등 전 세계
• 용도 | 자실체(식용)

✻ 식물학적 특성

초여름과 가을에 각종 활엽수의 그루터기, 죽은 나무 위에 속생 또는 군생하는 목재 해면성 갈색 부후성 버섯. 목이, 털목이, 표고 재배목에도 발생. 갓 지름 1.5~5㎝, 깔때기형 또한 한쪽이 터진 깔때기형. 갓 표면에는 거친 털이 빽빽. 초기에 지갈색. 치치 담황갈색. 조직은 육질~가죽질. 담자갈색. 주름살은 내린형. 약간 빽빽. 초기에는 백색, 차차 담황갈색. 대는 동심형, 또는 편심형. 표면에 거친 털이 있고, 갓과 같은색. 포자는 타원형. 표면은 평활. 포자문은 백색이다.

동속 식용 버섯에는 털참버섯(*P. tigrinus*)이 있다.

✻ 성분

1) 특수 성분

참버섯에서 7-Deoxypanepoxydol(D-00502), 3,4-Dihydro-3,4-dihydroxy-2,2-dimethyl-6-methoxy-2H-1-benzopyran(3R*, 4R*, D-01146), 3,4-Dihydro-3,4-dihydroxy-2,2-dimethyl-6-methoxy-2H-1-benzopyran(3RS,

참버섯

4SR, D-01146), Neopanepoxydone(N-00247) 등이 분리되었다.

동속 식물에서 Panepoxydione(P-00121), Panepoxydone(P-00121), Ergosterol(E-01484), Stigmasterol(S-01344), β-Sitosterol(S-01368)이 확인되었다.

✻ 생리 활성

항암 효과 : 참버섯은 sarcoma 180(mouse)에 억제율이 60%, Ehrlich 복수암(mouse)에 억제율 70%의 antitumor activity가 있다.

인공 재배 가능성 검토 : 우리 나라에 자생하는 야생 버섯 중, 영지(*G. lucidum*), 느타리(*Pleoteus* sp.), 참버섯(*Panus rudis*), 검은비늘버섯(*Pheliota adiposa*)의 인공 재배 가능성을 검토한 결과, 영지는 균사 생장에 알맞은 배지는 MES, 온도는 25~30℃, pH 4~5, 수분 75%(w/w), 톱밥의 충진 시 가비중은 0.12g/㎖, 배지는 포플러 톱밥이며, 참버섯의 균사 생장 배지는 MHS, 온도 30~35℃, pH는 5.0, 수분은 75%(w/w) 톱밥 충진 시 가비중은 0.12g/㎖, 종균 제조 시 참나무 톱밥 배지가 적합하였다. 검은비늘버섯 균사 생장은 MSDS와 MHS, 온도 25~30℃, pH 4~5, 수분 함량 75~80%(w/w), 가비중은 0.12~0.13g/㎎, 종균 제조 시 밀 배지가 우수하였다. 느타리속 균사 생상은 MSDS, MHS 배지, 온노 30~35℃, pH 4~5 수분 함량은 75~80%(w/w), 가비중은 0.12g/㎖, 종균 제조 시 포플러 톱밥 배지가 좋았다. 공시 균주 중 영지와 검은비늘버섯, 느타리속은 포플러 톱밥 배지에서 자실체를 얻을 수 있고, 참버섯은 참나무 톱밥 배지에서 자실체를 얻을 수 있으나, 육질이 질겼다.

✻ 효능과 이용

1) 효능 : 항암, 상처 치료.
2) 식용 : 어린 자실체를 식용하며, 특히 중국에서는 참버섯과 치마버섯 건조품을 가루내어 조미료로 쓴다.
3) 약용 : 민간에서는 창절창가(瘡癤瘡痂)에 다린 물로 씻어 효과를 본다.

참고문헌

1) 김삼순, 김기주, **산업미생물학회지,** 1981, 9(3), 109 (야생 버섯의 인공 재배 가능성 검토-영지, 느타리, 참버섯, 검은 비늘 버섯)

2) 박완희, 이호득, **한국 약용버섯도감,** 교학사, 서울, 1999, 394 (참버섯)

3) 이지열, **균학회지,** 2005, 33(1), 54 〔한국 기록종 버섯 추가 목록(2001-2004)〕

4) 이태수, 이지열, **한국기록종 버섯 재정리 목록,** 임업연구원, 2000

5) 한국 균학회, **버섯 이름, 한국명 통일안,** 2000, 176

6) Chang, S. T., Miles, P.G., **Edible Mushroom and their Cultivation,** CRC Press, New York, USA, 1989

7) Cheung, L. M., Cheung Peter, C. K., Ooi Vincent, E. C., **Food Chem.,** 2003, 81, 249 (Antioxidant activity and total phenolics of edible mushroom extracts)

8) Closse, A. et al., **Helv. Chim. Acta,** 1970, 53, 1577 (cryst, 3RS, 4SR, 3,4-Dihydro-3,4-dihydroxy-2,2-dimethyl-6-methoxy-2H-1-benzopyran)

9) Hui, Y. F., Den, E. S., Chi, T. H., **J. Food Lipids,** 2002, 9, 35 (Antioxidant and free radical scavenging activities of edible mushrooms)

10) Kabir, Y., Kimura, S., **J. Nutr. Sci. Vitaminol.,** 1989, 35, 91 (Dietary mushrooms reduce blood pressure in spontaneously hypertensive rats)

11) Kennedy, T. et al., **J. Chem. Soc.,** 1939, 250 (struct, Ergosterol)

12) Kis, Z. et al., **Helv. Chim. Acta,** 1970, 53, 1577 (cryst, Neopanepoxydone)

13) Kis, Z. et al., **Helv. Chim. Acta,** 1970, 53, 1577 (cryst, 7-Deoxypanepoxydol)

14) Kis, Z. et al., **Helv. Chim. Acta,** 1970, 53, 1577 (oil, Panepoxydone, Panepoxydione)

15) Lee, G. D., Chang, H. G., Kim, H. K., **Kor. J. Food Sci. Technol.,** 1997, 29, 432 (Antioxidative and nitric-scavenging activities of edible mushrooms)

16) McDonnell, J. E.W., Esselen, W. B. Jr., **Food Res.,** 1947, 12, 118 (Carbohydrates in Cultivated mushrooms)

17) Mau, J. L., Lin, H. C., Song, S. F., **Food Res. Int.,** 2002, 35, 519 (Antioxidant

properties of several specialty mushrooms)

18) Mizuno, T., **Food Res. Int.**, 1995, 11, 7 (Bioactive biomolecules of mushrooms: Food function and medicinal effect of mushroom fungi)

19) Osman, A. M. et al., **Aust. J. Chem.**, 1975, 28, 217 (isol, Antilipidemic, β-Sitosterol)

20) Pegler, D. N., **The Concise Illustrated Book of Mushrooms and Other Fungi,** Gallery Books, New York, USA, 1989

21) Rubinstein, I. et al., **Phytochemistry,** 1976, 15, 195 (synth, Stigmasterol)

22) Ying, I., Mao, X., Ma, Q., Zong, Y., Wen, H., **Icones of Medicinal Fungi from China,** Science Press, Beijing, China, 1989, 275

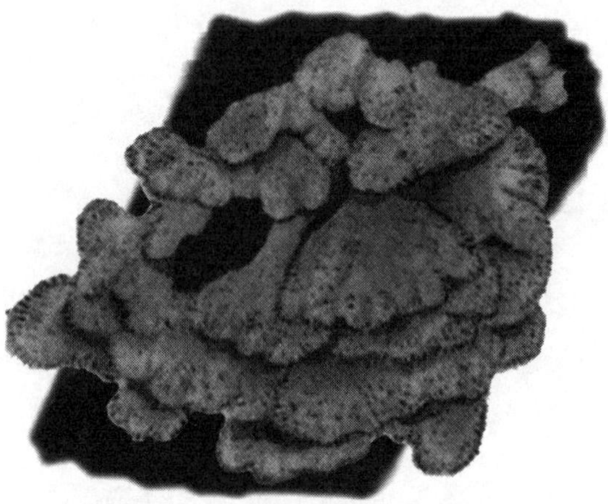

치마버섯

Schizophyllum commune Fr. ex Fr.

치마버섯 35

치마버섯과 (Schizophyllaceae)

• 중국명 | 裂褶菌

• 분포 | 한국, 중국, 일본 등 전 세계

• 용도 | 자실체(식용, 약용)

✲ 식물학적 특성

봄~가을에 활엽수(느릅나무, 버드나무), 침엽수의 고목, 나무토막, 용재, 그루터기 위에 속생 또는 군생하는 목재 백색 부후성 버섯. 갓 지름은 1~3㎝, 부채형~조개형, 갓 표면에 백색, 회색 또는 회갈색 털이 빽빽. 갓 둘레는 불규칙하게 갈라짐. 조직은 유백색, 가죽질, 주름살은 백색, 회색, 또 담자갈색. 주름살은 부드럽고 작은 털, 대는 없고, 갓의 일부가 기부에 붙음. 자실체가 마르면 수축. 물에 불리면 원래 모양으로 되며, 포자는 원통형, 표면은 평활, 포자문은 백색이다.

✲ 성분

1) 특수 성분

치마버섯에서 Ergosterol(E-01484), Cerebroside(자실체 발생 유도 촉진, C-00769), L-Malic acid(H-01327), Schizophyllan(β-D-Glucan, S-00309), Indirubin(I-00114), Isatin(L-00255), Shizofuran(S-00309), Indole-3-acetic acid (식물 Hormone, I-00122) 등이 분리되었고, 효소 Carboxymethylcellulase, Cellulase, Semicellulase, Cholesteroloxidase, Dehydrogenase, Glucosaminase,

Phosphoglucomutase, Protease, Serineprotease, Xylanase, Xylase, 산성 Phosphatase 등도 분리되었다.

✻ 생리 활성

항암 효과와 성분① : 시료 버섯에서 분리한 다당체의 항암 효과는 치마버섯의 10㎎/kg/day와 목이버섯 100kg/㎎/day는 100% regression된 동물 8마리 중 5마리로 강한 항암 작용이 있다. 목이버섯은 8마리가 모두 생존하였고, 저지율도 높았고, 치마버섯과 목이버섯 100㎎/kg/day 모두 100% regression 된 마리 수와 생존 수로 보아 항암 효과가 있었다. 추출 성분 분석 결과, 치마버섯은 주로 다당체와 단백질이, 점성이 많은 목이버섯은 단백질이 소량이었다. 이들 다당체는 거의 포도당이며, 소량의 mannose, galactose, xylose, 단백부는 lysine, arginine, histidine과 같은 염기성 amino acid가 소량 검출되었고, methionine, cysteine 등 함황 amino acid은 검출되지 않았다. 단백질의 등전점은 산성 쪽이었다.

항암 활성② : 치마버섯에서 추출된 schizophyllan(β-D-Glucan)은 antitumor 및 면역 활성 성분이며, 또한 이 버섯은 sarcoma 180(mouse)에 억제율100%, sarcoma 37(mouse)과 Yoshida 육종(mouse)에 억제율 70~100%의 antitumor activity가 있다.

Isozyme Patterns : 영지, 치마버섯, 동충하초의 isozyme pattern을 비교한 결과, 자생 지역이 다른 영지의 동위효소 pattern은 IY003, IY004, IY005 및 IY008 균주 사이 70% 이상이 유사하였으나, IY009와 IY010은 차이가 많았고, 치마버섯 IY803과 IY805의 유사 지수는 57%로 가장 유연성이 높았고, 동충하초는 나방이에서 분류된 IY901과 IY904의 유사도 지수 67%, 풍뎅이와 나방이류에서 분리된 IY903과 IY904 사이 역시 67%의 유연성을 보였으며, 애벌레류로 분류된 IY905와 IY909의 유사도 지수는 42%로 균종 간 유연관계가 높았으나, 나머지는 12~43%로 낮았다.

Sterol 성분 : 치마버섯(*Schizophillum commune* Fr.)의 $CHCl_3$-MeOH 추출

액의 비검화 분획에서 ergosterol을 확인하였다.

이형 유전자 발현 : *Coprinus cinereus*(재먹물버섯)에서 tryptophan 생합성에 관여하는 trp-2유전자의 이종 버섯에서의 발현 여부를 조사한 결과, 유전자 상동성을 확인하기 위해 *C. cinereus* trp 2 유전자 함유 재조합 DNA 인 pH IONA 8을 probe로 사용, southern blot한 결과, *Shizophyllum commune* 1-71의 tryptophan 생합성 유전자와 상당한 homology가 있었다. pH, IONA8, DNA를 이용, *S. commune* T_1(tryptophan 영양요구주)의 상보성 검증에서는 petri-dish당 약 50개의 형질 전환체가 나타났으며, 이들 형질 전환체는 다른 *S. commune*의 다른 화합성 균주와의 교배 실험에서 clamp cell의 유도와 동시에 약 2~3주만의 자실체를 관찰하였다.

β-Glucan 파운드 케이크 특성 : β-glucan은 곡류(보리, 귀리, 호밀), 버섯 균사체와 자실체에 존재하며 생리 활성은 혈당 강하, 담즙산과 지질 흡수 제한, cholesterol 합성 제한, 체지방 축적 억제, 면역 세포의 기능 활성화로 암 세포 증식 억제, 항균성, 항virus성, 항염증, 피부노화방지 등이 있다. β-glucan 0, 3, 6, 9% 첨가 파운드 케이크를 만들어 품질 특성을 조사한 결과, β-glucan 첨가 농도 의존적으로 부드러움 유지가 길어 보존성이 증가하였고, L값, b(황색도)는 차이가 없었으나, 적색도는 저장 기간의 증가에 따라 증가, TPA 조직감 중 경도는 저장 6일에 대조군은 제조직 후 165%까지 증가, β-glucan 6과 9%구는 경도가 유지, β-glucan 첨가 케이크 노화가 지연되었고, 전체적 기호도는 6%구가 가장 우수하였으며, 저장 7일째 β-glucan 첨가구가 기호도가 높았고, 특히 3, 6%첨가구가 높았다.

기타 연구 : 치마버섯 성분 중 cerebroside는 자실체 발생유도 촉진 물질이며, indole-3-acetic acid는 식물 hormone, stereoisomer인 scleroglucan은 noncaloric, stable gelling agent로 식품가공에서 응용된다.

✲ 효능과 이용

1) 효능 : 자보(滋補), 강신(强身).

2) 식용 : 향기와 맛이 좋은 식용 버섯, 인공 재배가 가능 (재배와 균사체 심층 발효 배양이 개발).

3) 약용 : 민간에서는 백대하에 응용하고 자양강장에 탕제로 응용하며, 항암물질이 포함되어 있다. 중국에서는 건강에 매우 좋다 하여 백삼(白蔘)이라 한다.

※ 항종양제 "Schizophyllan"(분자량 45×10^4)라는 정맥주사제가 있다.

참고문헌

1) 卯曉嵐, 莊長坪, 歐株次旺, **西藏大型經濟眞菌**, 北京科學技術出版社, 1991

2) 박동철, Novotny, C. P., Ullich, R. C., 이갑득, 이갑량, **균학회지,** 1994, 22(3), 247 〔치마버섯(*Schizophyllum commune*)으로부터 Aa mating locus의 분리 및 특성〕

3) 박동철, 이상선, 이인선, **균학회지,** 2000, 28(1), 22 (북미자생 치마버섯의 Mating Locus의 염기서열)

4) 박동철, 김현정, 김옥미, 배준태, 박선희, 이병훈, 이갑량, **균학회지,** 1998, 26(1), 103 (치마버섯에서 이형 유전자 발현에 관한 연구)

5) 신유미, 양윤형, 김미경, 조한영, 김미리, **조리과학회지,** 2005, 21 (6), 950 (β-Glucan 첨가 파운드 케이크의 저장 중 품질 특성)

6) 應建浙, 卯曉嵐, 馬啓明, 宗毓臣, 文華安, **中國藥用眞菌圖鑑,** 科學出版社, 1987

7) 이송애, 김병각, **균학회지,** 1980, 8(3), 176 〔한국산 고등 균류의 성분 연구(27), 치마버섯과 목이버섯의 항암 성분〕

8) 이송애, 민홍기, 정경수, 김병각, **균학회지,** 1979, 7(2), 87 〔한국산 고등 균주의 성분 연구 (12), 치마버섯의 Sterol 성분〕

9) 이송애, 정경수, 심미자, 최응칠, 김병각, **균학회지,** 1981, 9(1), 25 〔한국산 담자 균류의 항암 성분에 관한 연구(2), 치마버섯과 목이버섯의 항암 성분〕

10) 이인선, 박동철, **생명과학회지,** 2002, 12(2), 173 (치마버섯의 비교분석)

11) 이준우, 이권행, **균학회지,** 1991, 19(2), 101 (Isozyme patterns 차이에 의한 영지, 치마버섯 및 동충하초의 계통 분류)

12) 정경수, **서울대 대학원,** 1983 (노랑치마아재비버섯의 항암 성분 및 배양에 관한 연구)

13) 정영기, **동의대학교 논문집,** 2002, 36, 321 (버섯 균사체 배양에 의한 혈행 개선체 생산의 검토)

14) 조덕현, 오세원, **광주보전 논문집,** 1985, 10, 49 (*Schizophyllum commune*의 ribosomal RNA의 생합성에 관한 연구)

15) 조덕현, **전주우석대 논문집,** 1986, 8, 35 (*Schizophyllum commune* Fr.의 균사배양동안 탄수화물 함량의 변화)

16) 조덕현, **전주우석대 논문집,** 1987, 9, 349 (*Schizophyllum commune*의 생활사중의 단백질 함량의 변화)

17) 조수묵, 유승헌, 신관철, **균학회지,** 1996, 24(1), 17 (목재 부후성 담자균류 배양 균사체의 생물활성연구, 항균 활성, 식물생장조절활성, 항암 활성효소, 효소활성탐색)

18) 中國本草圖錄編輯委員會編, **中國本草圖錄,** 鼎談出版社, 1992

19) Abe, H. et al., **Agric. Biol. Chem.,** 1972, 36, 2259 (isol, Indole-3-acetic acid)

20) Akima, K., Arika, T., Amemika, K., **Jpn. J. Cancer Res.,** 1985, 76, 541 (Purification, Physicochemical characterization and antitumor activity of a cancer-associated human serum protein that is increased by treatment with shizophyllan, an antitumor polysaccharides)

21) Alpegiani, M. et al., **J. Org. Chem.,** 1987, 52, 278 (bibl, Malic acid, Schizophyllan)

22) Asada, Y., Yue, C., Wu, J., Shen, G. P., Novotny, C. P., Ullrich, R. C., **Genetics,** 1997, 147(1), 117 (*Schizophyllum commune* Aα mating type proteins, Y and Z, from complexes in all combinations in vitro)

23) Bromberg, S. K., Schwalb, M. N., **Can. J. Genet. Cytol.,** 1977, 19, 477

(Isolation and characterization of temperature sporulationless mutants of the basidiomycete, *Schizophyllum commune*)

24) Chang, S. T., Miles, P. G., **Edible Mushroom and their Cultivation,** CRC Press, New York, USA, 1989

25) De Vries, O. M. H., Wassels, T. G. H., **J. Gen. Microbiol.**, 1972, 75, 13 (Release of protoplasts from *Schizophyllum commune* by a lytic enzyme preparation from *Trichoderma viridae*)

26) De Vries, O. M. H., Wassels, T. G. H., **J. Gen. Microbiol.**, 1973, 76, 319 (Release of protoplasts from *Schizophyllum commune* by combined action of purified α-1,3-glucanase and chitinase derived from *Trichoderma viride*)

27) De Vries, O. M. H., Kooistra, W. H. C. F., Wessels, J. G. H., **J. Gen. Microbiol.**, 1986, 89, 2817 (Formation of an extracellular laccase by *Shizophyllum commune* dicaryon)

28) Dones, J. J., Springer, J., Devries, S. C., Wessels, J. G. H., **J. Bacteriol.**, 1984, 157(3), 802 (Molecular cloning of gene abundantly expressed during body initiation *S. commune*)

29) Epstein, E. et al., **CA**, 1966, 66, 102443 (isol, Isatin)

30) Furue, H., **Med. Actual.**, 1987, 23, 335 (rev, Schizophyllan)

31) Giasson, L., Specht, C. A., Milgrim, C., Novotny, C. P., Ullrich, .R. C., **Mol. Gen. Genet.**, 1989, 218, 72 (Cloning and comparison of Aα mating-type alleles of the Basidiomycete *Shizophyllum commune*)

32) Hoge, J. H. C., Springer, J., Wessels, J. G. H., **Exp. Mycol.**, 1982, 6, 233 (Changes in complex RNA during fruit-body initiation in fungus *Schizophyllum commune*)

33) Kabir, Y., Kimura, S., **J. Nutr. Sci. Vitaminol.**, 1989, 35, 91 (Dietary mushrooms reduce blood pressure in spontaneously hypertensive rats)

34) Kawai, G. et al., **Biochem. Biophys. Acta,** 1982, 719, 612; 1983, 754, 243 (isol, deriv, Cerebroside)

35) Kennedy, T. et al., **J. Chem. Soc.**, 1939, 250 (struct, Ergosterol)

36) Koltin, Y., Raper, J. R., Simchen, G., **Pro. Natl. Acad. Sci.**, USA, 1967, 57, 55 (Genetic structure of the compatibility factors of *Schizophyllum commune* : The B factor)

37) Koltin, Y., **Mol. Gen. Genet.**, 1970, 106, 155 (Studies on mutations disruptive to nuclear migration in *Schizophyllum commune*)

38) Komatsu, N., Okubo, S., Kikumoto, S., Kimura, K., Saito, G., **Gann**, 1969, 60, 137 (isol, props, Schizophyllan, Host-mediated anititumor action of Shizophyllan, a glucan produced by *S. commune,* Antitumor, Shizofuran)

39) Leonard, T. J., **J. Bacteriol.**, 1971, 106(1), 162 (Phenol oxidase activity and fruiting body formation in *Shizophyllum commune*)

40) Matsuo, T., Akira, T., Mitani, M., Komatsu, N., **Drug Res.**, 1982, 32, 647 (Pharmacological and toxicological studies of a new antitumor polysaccharide, Schizophyllan)

41) McDonnell, J. E. W., Esselen, W. B. Jr., **Food Res.**, 1947, 12, 118 (Carbohydrates in Cultivated mushrooms)

42) Mulder, G. H., Wessels, J. G. H., **Exp. Mycol.**, 1986, 10, 214 (Molecular cloning of RNAs differentially expressed in monokaryons and dikaryons of *Schizophyllum commune* in relation to fruiting)

43) Muñoz-Rivas, A. M., Specht, C. A., Drummond, B. J., Froeliger, E., Novotny, C. P., Ullrich, R. C., **Mol. Gen. Genet.**, 1986, 205, 103 (Transformation of the basidiomycetes *Schizophyllum commune*)

44) Muñoz-Rivas, A. M., Specht, C. A., Ullrich, R. C., Novotny, C. P., **Curr. Genet.**, 1986B, 10, 909 (Isolation of the DNA sequence coding indole-3-glycerol phosphate synthetase and phosphoribosylanthranilate isomerase of *Schizophyllum commune*)

45) Okamura, K., Suzuki, M., Chihara, T., Fujiwara, A., Fukuda, T., Goto, S., Ichinohe, K., Jimi, S., Kasamatsu, T., Kawai, N., **Cancer**, 1986, 58, 865 (Clinical evaluation of *Schizophyllum* combined with irradiation in

patients with cervical cancer, A randomized controlled study)

46) Niederpruem, D. J., Marshall, C., Speth, J. L., **Sabouraudia,** 1977, 15, 283 (Control of extracellular slime accumulation in monokaryons and resultant dikaryons of *Schizophyllum commune*)

47) Paice, M. G., Jurasek, L., Carpenter, M. R., Smillie, L. B., **Appl. Environ. Microbiol.**, 1978, 36(6), 802 (Production, characterization and partial amino acid sequence of xylanase A from *Schizophyllum commune*)

48) Raper, C. A., **Advances in Plant Pathology,** 1988, 6, 511 (*Shizophyllum commune*, A model for genetic studies of the basidiomycetina)

49) Raper, C. A., **Exp. Mycol.**, 1985, 9, 149 (B-mating type genes influence survival of nuclei separated from heterokaryons of *Schizophyllum*)

50) Raper, J. R., Baxter, M. G., Ellingboe, A. H., **Proc. Nat. Acad. Sci.**, 1960, 46, 833 (The genetic structure of the incompatibility factors of *Schizophyllum commune*: the A-factor)

51) Raper, J. R., Hoffman, R. M., **Handbook of Genetics** (*Schizophyllum commune*), Plenum, New York, USA, 1974, pp. 597~626

52) Raudaskoski, M., Viitanen, H., **Trans. Br. Mycol. Soc.**, 1982, 78, 89 (Effect of aeration and light on the fruit body induction in *Schizophyllum commune*)

53) Raudaskoski, M., Yli-Mattila, T., **Trans. Br. Mycol. Soc.**, 1985, 85, 145 (Capacity for photo-induced fruiting in an dikaryon of *Schizophyllum commune*)

54) Ruiters, M. H. J., Wessels, J. G. H., **Exp. Mycol.**, 1989, 13, 212 (In situ localization of specific RNAs in developing fruit bodies of the basidiomycetes *Schizophyllum commune*)

55) Russo, P., Junti, T. J., Raudaskoski, M., **Gene,** 1992, 119, 175 (Cloning, sequence and expression of a β-tubulin encoding gene in the homobasidiomycetes *Schizophyllum commune*)

56) Sakagami, Y., Mizoguchi, Y., Shin, T., Seki, S., Kobayashi, K., Morisawa,

S., Yamamoto, S., **Biochem. Biophysic. Res. Commum.**, 1988, 155, 650 (Effect of an antitumor polysaccharide *Schizophyllum* on interferon-1 and interleukin-2 by peripheral blood mononuclear cells)

57) Schuren, F. H. J., Wessels, J. G. H., **Gene**, 1990, 90, 199 (Two genes specifically expressed in fruiting dikaryons of *Schizophyllum commune*: homologies with gene not regulated by mating-type genes)

58) Schuren, F. H. J., Van der Lende, T. R., Wessels, J. G. H., **Mycol. Res.**, 1993, 97(5), 538 (Fruiting genes of *Schizophyllum commune* are transcriptinally regulated)

59) Sen, A. K. et al., **Tetrahedron Lett.**, 1974, 609 〔isol, Lewis-lung carcinoma(mice), Walker 256 carcinosarcoma(mouse) Anticancer, Indirubin〕

60) Shen, G. P., Park, D. C., Ullich, R. C., Novotony, C. P., **Curr. Genet.**, 1996, 29, 136 (Cloning and characterization of a *Schizophyllum* gene with Aβ6 mating-type activity)

61) Siehr, D. J., **Can. J. Microbiol.**, 1976, 54, 130 (Studies on the cell wall of *Schizophyllum commune*: premethylation and enzymatic hydrolysis)

62) Sieta, J. R., Rast, D., Wessels, J. G. H., **J. Microbiol.**, 1977, 102, 385 (The effect of carbon dioxide on fruiting and on the degradation of a cell-wall glucan in *Schizophyllum commune*)

63) Specht, C. A., Muñoz-Rivas, A., Novotny, C. P., Ullich, R. C., **Exp. Mycol.**, 1988, 12, 357 (Transformation of *Schizophyllum commune*: an analysis of parameters for improving transformation frequencies)

64) Specht, C. A., Novotny, C. P., Ullrich, R. C., **Exp. Mycol.**, 1983, 7, 336 (Isolation and characterization on mitochondrial DNA from the basidiomycete *Schizophyllum commune*)

65) Specht, C. A., Stankis, M. M., Giasson, L., Novotny, C. P., Ullrich, R. C., **Pro. Natl. Acad. Sci.**, USA, 1992, 89, 7174 (Functional analysis of the homeodomain-related proteins of the Aα-locus of *Schizophyllum commune*)

66) Stankis, M. M., Specht, C. A., Giasson, L., **Sem. Dev. Biol.**, 1990, 1, 195

(Sexual incompatibility in *Schizophyllum commune* from classical genetics to a molecular view)

67) Stankis, M. M., Charles, A., Specht, C. A., Yang, H., Giasson, L., Ullrich, R. C., Novotny, C. P., **Proc. Natl. Acad. Sci.**, USA, 1992, 89, 7169 (The Aα mating locus of *Schizophyllum commune* encodes two dissimilar multi-allelic homeodomain proteins)

68) Suzuki, M., Arika, T., Amemiya, T., Fujiwara, M., **Jpn. J. Exp. Med.**, 1982, 50, 59 (Cooperative role of T-lympocytes and macrophages in antitumor activity of mice pretreated with schizophyllan)

69) Suzuki, W., Ikegawa, T., **J. Kokai, Tokyo, Koho,** 1978, 78, 106 (Anticancer substances and emitanin)

70) Tabata, K., Itoh, W., Kojima, I., Kawabata, S., Misaki, K., **Carbohydr. Res.**, 1981, 89, 121 (Ultrasonic degradation of Schizophyllan, an antitumor polysaccharide produced by *Shyizophyllum commune* FRIES)

71) Ullrich, R. C., **Genetics,** 1978, 88, 709 (On the regulation of gene expression ; incompatibility in *Schizophyllum*)

72) Ullrich, R. C., Drorms, K. A., Doyon, J. D., Specht, C. A., **Exp. Mycol.**, 1980, 4, 123 (Characterization of DNA from the basidiomycete *Schizophyllum commune*)

73) Wang, C. S., Raper, J. R., **Proc. Natl. Acad.**, 1969, 66, 882 (Protein specificity and sexual morphogenesis in *Schzophyllum commune*)

74) Wendlans, J., Vaillancourt, L. J., Hegner, J., Lengeler, K. B., Laddisons, K. J., Specht, C. A., Raper, C. A., Kothe, E., **EMBO. J.**, 1995, 14(21), 5271 (The mating-type locus B of *Schizophyllum commune* contains a pheromone receptor gene and putative pheromone gene)

75) Wessels, J. G. H., **J. Bacteriol.**, 1969, 98, 697 (Biochemistry of sexual morphogenesis in *Schizophyllum commune*: Effect of mutation affecting the incompatibility system on cell-wall metabolism)

76) Wessels, J. G. H., Mulder, G. H., Springer, J., **J. Microbiol.**, 1987, 133,

2557 (Expression of dikaryon-specific and non-specific mRNAs of *Schizophyllum commune* in relation to environmental conditions and fruiting)

77) Wessels, J. G. H., **Mycol. Res.**, 1992, 96(8), 609 (Gene expression during in *Schizophyllum commune*)

78) Wilson, R. W., Niederpruem, D. J., **Can. J. Microbiol.**, 1967, 13, 1009 (Control of β-glycosidase in *Schizophyllum commune*)

79) Yanaki, T., Itoh, W., Tabata, K., **Agric. Biol. Chem.**, 1986, 50, 2415 (Correlation between the antitumor activity of Schizophyllan and its triple helix)

80) Yang, H., Shen, G. P., Park, D. C., Novotny, C. P., Ullrich, R. C., **Exp. Mycol.**, 1995, 19, 16 (The Aα mating-type transcripts of *Schizophyllum commune*)

81) Yli-Mattila, T., **Physiol. Plant**, 1985, 65, 287 (Action spectrum for fruiting in the basidiomycete *Schizophyllum commune*)

82) Yli-Mattila, T., **Rep. Univ. Turky, Dept. Biol.**, 1990, 27, 1 (Photobiology of fruitbody formation in the basidiomycete *Schizophyllum commune*)

큰갓버섯

Macrolepiota procera (Scop. ex Fr.) Sing.
Lepiota procera (Scop. ex Fr.) S. F. Gray

큰갓버섯 36

주름버섯과 (Agaricaceae)

• 중국명 | 高環柄菇
• 별명 | 말똥버섯(제주도)
• 분포 | 한국, 일본, 중국 등 전 세계
• 용도 | 자실체(식용)

✲ 식물학적 특성

여름~가을에 산림, 대나무숲, 풀밭, 목장 등 땅 위에 단생 또는 군생하는 외생 균근성 버섯. 갓 지름 7~20㎝, 초기에 난형, 성숙 후 편평형, 표면은 담회색, 표피가 갈라져 생긴 적갈색. 거친 섬유상의 인편이 산재. 조직은 탄성의 솜 모양, 백색. 주름살은 떨어진 형, 빽빽. 대는 속이 빔. 표면은 갈색~회갈색. 표피가 갈라져 뱀 껍질 모양, 기부는 구근상, 대의 상부는 가동성 턱받이. 두껍고 상면은 백색. 하면은 회갈색. 포자는 난형~타원형. 표면은 평활. 발아공이 있고 위(僞)아밀로이드, 포자문은 백색이다.

✲ 성분

1) 특수 성분

동속 식물에서 5-Chloromethyl-5-hydroxy-3-methyl-2(5H)-furanone(C-01028), Lepiotan, Glucose, Mannitol(M-00209), Trehalose(T-01623, T-01624), Glycerol 등이 분리되었고, 큰갓버섯에서 Isoleucine, Leucine, Lysine, Methionine, Phenylalanine, Threonine, Tryptophan, Valine 등 Amino acid 20종이 분리 확인 되었다.

✻ 생리 활성

항암 성분① : 담자균류인 갓버섯의 균사를 배양하여 항암 단백성 다당체를 분리하였다. 이 성분을 DEAI-Sephadex A-50 ion 교환수지와 sepharose -4B gel filtration 으로 정제, Fraction C_1을 얻었고, 분석 결과, 단백질과 다당체로 구성되어 있었으며, 항암 효과는 10㎎/kg/day 투여에서 64% 저지율을 보였다. 이 항암 작용의 기전과 면역에 관한 영향을 실험한 결과, 이 단백 다당은 용혈반 형성 세포수를 증가시켰고, 저하된 지연성 과민 반응을 회복시킴과 동시에 carrageenan 투여로 억제된 면역능을 다시 증가시켰다. 이 결과로 이 버섯의 항암 작용이 세포 독성에 의함이 아니고, 종양에 대한 면역능 강화에 의함을 제시하였다.

항암 활성② : 큰갓버섯은 sarcoma 180(mouse)에 억제율 64%의 antitumor activity가 있고, *Serratia marcesens* gram 음성균에 대하여 항균 효과가 있었으며, alkaloids는 platelet aggregation inhibition, cytotoxic, DNA synthesis inhibition effect가 있었다.

항돌연변이원성 및 암 세포 성장 억제③ : 13종의 한국 야생 버섯 추출물의 항돌연변이 효과를 *S. typhimurium* TA98과 TA100의 Ames test한 결과, 직접 변이원 MNNG에 대해 산속그물버섯아재비와 구름버섯의 MeOH ex에 TA100에서 90~94%의 항변이원성을 보였고, 갓버섯과 구름버섯의 열수 추출물도 58~61%의 저해를 보였다. 간접변이원인 B(a)P에 대해 TA98과 TA100에서 구름버섯과 턱받이금버섯 MeOH ex가 가장 강한 저해를 보였고, 열수 추출물 중 잔피막흑주름버섯과 수원무당버섯은 TA98에서 60~70% 저해를, 갓버섯은 TA100에 45% 돌연변이를 억제하였다. 야생 버섯의 MeOH ex 0.5㎎/㎖ 투여 시 HT29(결장암)에 그물버섯, 산속그물버섯아재비, 방패외대버섯, 황소비단그물버섯, 구름버섯, 턱받이금버섯, 덕다리버섯에서 55~78% 이상 저해를 보였고, $HepG_2$(간암 세포)에 대해서 방패외대버섯 MeOH ex 1㎎/㎖에서만 58.4% 저해되었다. U937(혈액암 세포주)에 그물버섯, 산속그물버섯아재비, 수원무당버섯, 황소비단그물버섯, 밀버섯, 잔피막흑주름버섯, MeOH ex에서 60% 이상 저해 활성을 보였다. 구름버섯 열수 추출물의 $HepG_2$와 U937에 53~65% 저해를 보였다. 정상 임파구에 대해 야생 버섯추출물 0.5~1㎎/㎖에서 75~80% 이상의 생존율을 보여, 시료 추출물 1㎎/㎖ 처리에서 암 세포에는 높은 억제 효과를, 정상 세포에는 비교적 낮은 독성을 보였다.

렉틴 성분의 림프구 응집 효과 : 젖버섯, 그물버섯, 영지, 비늘버섯, 쓴송이, 자주싸리버섯 등 20종에 대하여 적혈구(사람)와 비장(mouse)에서 얻은 림프구로 lectin 성분을 검색하고자 응집 현상을 시험한 결과, 그물버섯, 젖버섯, 자주 싸리버섯, 비늘버섯, 영지 등 8종에서만 나타났다.

일반 성분 : 갓버섯의 성분을 분석한 결과, 당류는 glucose, mannitol, trehalose, glycerol 등이 있으며, amino acid는 isoleucine 225㎎, leucine 567㎎, lysine 824㎎, methionine 150㎎, phenylalanine 333㎎, threonine 391㎎, tryptophan 183㎎, valine 374㎎ 등 amino acid 20종이 분리되었다.

식용 야생 버섯 : 식용 야생 버섯을 조사한 결과, 송이, 목이, 팽나무버섯, 노루궁뎅이버섯, 꽃잎버섯, 그물버섯, 비단그물버섯, 구름버섯, 애기무당버섯, 기와버섯, 국수버섯, 나팔버섯, 젖버섯, 굴털이, 향버섯(능이), 갓버섯, 들버섯, 주름버섯, 싸리버섯, 붉은싸리버섯, 말뚝버섯, 알버섯, 긴대안장버섯, 말불버섯, 곰보버섯, 망태버섯, 덕다리버섯, 흰가시버섯 등이 있었다.

✻ 효능과 이용

1) 효능 : 소화(消化).
2) 식용 : 맛이 좋은 버섯으로 순화 재배가 가능하다.
3) 약용 : 구강 통증, 입술 통증, 소화 촉진 등에 응용. 민간에서는 볶아 건강증진에 복용한다.

※ 생식하면 위장 장애가 있을 수 있다.

참고문헌

1) 곽정훈, **동국대 대학원**, 2001 (Inhibitory effect of mycelial culture of *Macrolepiota procera* on mushroom tyrosinase)

2) 김병각, 심미자, 김옥남, 김하원, 최응칠, **식품위생안전성학회지**, 1989, 4(2), 109 (갓 버섯의 항암 성분)

3) 金三純, 金養燮, **韓國産 버섯 圖鑑**, 裕豊出版社 서울, 1990

4) 김현정, 이인선, **식품과학회지**, 2004, 36(4), 662 (한국산 야생 버섯 추출물의 항 돌연변이 원성 및 암 세포 성장 억제 효과－갓버섯, 구름버섯, 밀버섯, 황소비단그물버섯, 덕다리버섯, 그물버섯, 수원무당버섯, 턱받이금버섯, 방패외대버섯, 잔피막흑주름버섯)

5) 農村振興廳 農業技術硏究所編, **韓國産 버섯類 原色圖鑑**(Ⅰ), 1987

6) 卯曉嵐, 莊長坪, 歐株次旺, **西藏大型經濟眞菌**, 北京科學技術出版社, 1991

7) 민태진, 김은미, 유선호, **균학회지**, 1996, 24(1), 15 (한국산 버섯 추출물의 항진균 및 항세균 활성 검색)

8) 朴婉熙, 李虎得, **한국의 버섯**, 교학사, 서울, 1991, 209 (큰갓버섯)

8) 박완희, 이호득, **한국약용버섯도감**, 1999, 20 (큰갓버섯)

9) 應建浙, 卵曉嵐, 馬啓明, 宗毓臣, 文華安, **中國藥用眞菌圖鑑**, 科學出版社, 1987 (생리 활성)

10) 이지열, **균학회지**, 1975, 3(1), 40 (야생 버섯을 이용하자 - 갓버섯)

11) 이태수, 이지열, **한국기록종 버섯 재정리 목록**, 임업연구원, 2000

12) 전경희, 김무경, 정시련, **약학회지**, 1987, 31(4), 213 (버섯류의 렉틴 성분 개발 연구(II), 야생 버섯류의 생리 활성 물질, 렉틴 성분 검색－그물버섯, 젖버섯, 큰비단그물버섯, 영지, 싸리, 쓴송이, 갓버섯)

13) 정규선, **약학회지**, 1979, 23(3,4), 153 (한국산 고등균류의 성분에 관한 연구, 아미노산조성－갓버섯, 잣버섯, 밤버섯, 굴털이버섯, 민그물버섯)

14) 中國本草圖錄編輯委員會編, **中國本草圖錄**, 鼎談出版社, 1992

15) 한국 균학회, **버섯 이름, 한국명 통일안**, 2000, 176

16) Birch, G., **Adv. Carbohydr. Chem.**, 1963, 18, 201 (rev, Trehalose)

17) Brimacombe, J. S. et al., **The Carbohydrate**, Academic Press, USA, 1972,

1A, 479 (Needles, Mannitol)

18) Chang, S. T., Hayes, W. A., **The Biology and Cultivation of Edible Mushroom,** Academic press, New York, San Francisco, London, 1978 (Helps digestion, promotes health)

19) Cheung, L. M., Cheung Peter, C. K., Ooi Vincent, E. C., **Food Chem.**, 2003, 81, 249 (Antioxidant activity and total phenolics of edible mushroom extracts)

20) David, G. S., Barry, H. R., **Mushroom Poisoning,** CRC Press, USA, 1994

21) Dickinson, H., Lucas, J., **The Encyclopedia of Mushrooms,** Crescent Books, New York, USA, 1983

22) Dornberger, K. et al., **Z. Allg. Mikrobiol,** 1978, 18, 647

23) Gerhardt, E., **Pilze,** BLV Handbook, 1995

24) Gregory, F. J., Healy, E. M., Agerborg, H. P. K. Jr., Warren, G. H., **Mycologia,** 1966, 58, 80 (Studies on antitumor substances produces by Basidiomycetes)

25) Hui, Y. F., Den, E. S., Chi, T. H., **J. Food Lipids,** 2002, 9, 35 (Antioxidant and free radical scavenging activities of edible mushrooms)

26) Imazeki, R., Otani, Y., Hongo, T., **Color Illustration Mushrooms of Japan,** Yama-Kei Publisher Co. Ltd., Tokyo, Japan, 1988

27) Kabir, Y., Kimura, S., **J. Nutr. Sci. Vitaminol.**, 1989, 35, 91 (Dietary mushrooms reduce blood pressure in spontaneously hypertensive rats)

28) Kim, B. K. et al., **Kor. J. Pharmacog.**, 1971, 2, 31 (Platelet aggregation inhibition, Alkaloids)

29) Lee, G. D., Chang, H. G., Kim, H. K., **Kor. J. Food Sci. Technol.**, 1997, 29, 432 (Antioxidative and nitric-scavenging activities of edible mushrooms)

30) Liu, F., Ooi, V. E. C., Chang, S. T., **Life Sci.**, 1997, 60, 763 (Free radical scavenging activities of mushroom polysaccharide extracts)

31) McDonnell, J. E. W., Esselen, W. B. Jr., **Food Res.**, 1947, 12, 118 (Carbo-

hydrates in Cultivated mushrooms)

32) Mizuno, T., **Food Res. Int.**, 1995, 11, 7 (Bioactive biomolecules of mushrooms: Food function and medicinal effect of mushroom fungi)

33) Nair, M. S. R. et al., **Phytochemistry**, 1979, 18, 326 〔Antibiotic *Staphylococcus aureus*, 5-Chloromethyl-5-hydroxy-3-methyl-2(5H)-furanone〕

34) Pegler, D. N., **The Concise Illustrated Book of Mushrooms and Other Fungi**, Gallery Books, New York, USA, 1989

35) Pinto, A. et al., **J. Ethnopharmacol.**, 1988, 22(1), 91 (Alkaloid, cytotoxic activity)

36) Ying, I., Mao, X., Ma, Q., Zong, Y., Wen, H., **Icones of Medicinal Fungi from China**, Science Press, Beijing, China, 1989, 301

Phaeolepiota aurea (Matt. ex Fr.) Marie
Pholiota aurea (Matt. ex Fr.) Kummer
Pholiota vahlii (Schurm. ex Fr.) J. Lange

털받이 금버섯 37

주름버섯과 (Agaricaceae)

• 중국명 | 金蓋鱗傘
• 분포 | 한국, 중국, 일본, 유럽, 북아메리카
• 용도 | 자실체(식용)

✲ 식물학적 특성

여름~가을에 숲 속 길 옆, 밭, 들녘, 땅 위에 다수 무리져 군생하는 버섯. 갓 지름 5~15㎝, 초기에 반구형. 차차 평반구형. 편평형~볼록편평형, 갓 표면은 황갈색. 같은 색의 가루로 도포. 때때로 주름. 조직은 두껍고, 조밀하며, 담황색. 주름은 끝붙은형 혹은 떨어진형, 빽빽. 백색 후에 황갈색. 대의 위아래 크기가 같은 원주형이며, 황갈색 가루로 덮여 있음. 성숙하면 속은 빔. 턱받이는 막질로 위는 황색. 포자가 떨어지면 갈색, 포자는 방추형. 표면은 미세한 돌기, 포자문은 황갈색이다.

동속 버섯에는 나메코버섯(*P. nameko*)이 있고, 식용한다.

✲ 성분

1) 특수 성분

털박이금버섯에서 γ-Glutamyl-β-alanine이 분리되었다.

동속 식물에서 Emitanins(E-00220), Fasciculin A 및 B(F-00041)이 확인되었다.

턱받이금버섯

✲ 생리 활성

항돌연변이 원성 및 암 세포 성장 억제 : 13종의 야생 버섯 추출물을 항돌연변이 효과를 *S. typhymurium* TA98과 TA100로 실험한 결과, 직접 변이원인 MNNG에 대해 산속그물버섯아재비, 구름버섯의 MeOH ex가 TA 100에 90~94%의 강한 항변이 원성을, 갓버섯과 구름버섯의 열수 추출물도 58~61% 저해 효과를 보였다. 간접 변이원인 B(α)p에 대해서 TA98과 TA100에서 구름버섯과 턱받이금버섯 MeOH ex가 가장 강한 저해 효과를, 열수 추출물 중 잔피막흑주름버섯과 수원무당버섯은 TA98에서 60~70% 저해활성을, 갓 버섯은 TA100에 45% 돌연변이 억제를 보였으나, 그 외에는 없었다. 또 야생 버섯 MeOH ex 0.5㎎/㎖ 투여 시 결장암 세포 HT29에 대해 그물버섯, 산속그물버섯아재비, 방패외대버섯, 황소비단그물버섯, 구름버섯, 턱받이금버섯, 덕다리버섯에서 55~78% 이상 저해를 보였고, 1㎎/㎖에서 11종의 버섯에서 50% 이상 억제 효과를 보였다. 간암 세포 $HepG_2$에는 방패외대버섯 MeOH ex 1㎎/㎖에서만 58.4% 저해능을, 나머지 시료에서는 45% 낮은 저해를 보였다. 혈액암 세포주인 U937에는 그물버섯, 산속그물버섯아재비, 수원무당버섯, 황소비단그물비섯, 밀비섯, 잔피막흑주름 버섯, MeOH ex에서 60% 이상 저해 활성을, 구름버섯 열수 추출물은 $HepG_2$와 U937에 53~65% 저해를, 대부분의 버섯 열수 추출물은 40% 이하의 저해 활성을 보였다. 정상 임파구에서 야생 버섯 추출물 0.5~1㎎/㎖에서 75~80% 이상의 생존율을 보여 야생 버섯 추출물 1㎎/㎖에서 암 세포에 높은 억제 효과를, 정상 세포에는 비교적 독성이 낮았다.

항암 효과 : 턱받이금버섯은 sarcoma 180과 Ehrlich carcinoma에 100% anti-tumor activity가 있다.

Amino acid : 턱받이금버섯에서 아미노산 29종이 분리 확인되었다.

✻ 효능과 이용

1) 식용 : 땀 냄새 비슷한 독특한 향기의 좋은 식용 버섯. 일본에서 많이 애용되고 있다.

※ 중독 사례도 보고되어 주의가 필요하다.

참고문헌

1) 김현정, 이인선, **식품과학회지,** 2004, 36(4), 662 (한국산 야생 버섯 추출물의 항 돌연변이 원성 및 암 세포 성장 억제 효과 – 갓버섯, 구름버섯, 밀버섯, 황소비단그물버섯, 덕다리버섯, 그물버섯, 수원무당버섯, 턱받이금버섯, 방패외대버섯, 잔피막흑주름버섯.)

2) 박완희, 이호득, **한국약용버섯독감,** 교학사, 서울, 1999, 31 (턱받이금버섯)

3) 이지열, **원색 한국버섯도감,** 아카데미서적, 서울, 1988, 56 (턱받이금버섯)

4) 이지열, **균학회지,** 2005, 33(1), 54 〔한국 기록종 버섯 추가 목록(2001-2004)〕

5) 이태수, 이지열, **한국기록종 버섯 재정리 목록,** 임업연구원, 2000

6) **日本特許公報,** 2(4)-19(202) 17161-17171, 1976

7) 한국 균학회, **버섯 이름, 한국명 통일안,** 2000, 176

8) Chang, S.T., Miles, P.G., **Edible Mushroom and their Cultivation,** CRC Press, New York, USA, 1989

9) Cheung, L. M., Cheung Peter, C. K., Ooi Vincent, E. C., **Food Chem.,** 2003, 81, 249 (Antioxidant activity and total phenolics of edible mushroom extracts)

10) Gregory, F. J., Healy, E. M., Agerborg, H. P. K. Jr., Warren, G. H., **Mycologia,** 1966, 58, 80 (Studies on antitumor substances produces by Basidiomycetes)

11) Hui, Y. F., Den, E. S., Chi, T. H., **J. Food Lipids,** 2002, 9, 35 (Antioxidant and free radical scavenging activities of edible mushrooms)

12) Ikekawa, T., Uehara, N., Maeda, Y., Nakanishi, M., Fukoka, F., **Cancer**

Res., 1969, 29, 734 (Antitumor activity of aqueous extracts of edible mushrooms)

13) Kabir, Y., Kimura, S., **J. Nutr. Sci. Vitaminol.**, 1989, 35, 91 (Dietary mushrooms reduce blood pressure in spontaneously hypertensive rats)

14) Lee, G. D., Chang, H. G., Kim, H. K., **Kor. J. Food Sci. Technol.**, 1997, 29, 432 (Antioxidative and nitric-scavenging activities of edible mushrooms)

15) Liu, F., Ooi, V. E. C., Chang, S. T., **Life Sci.**, 1997, 60, 763 (Free radical scavenging activities of mushroom polysaccharide extracts)

16) McDonnell, J. E. W., Esselen, W. B. Jr., **Food Res.**, 1947, 12, 118 (Carbohydrates in Cultivated mushrooms)

17) Mizuno, T., **Food Res. Int.**, 1995, 11, 7 (Bioactive biomolecules of mushrooms: Food function and medicinal effect of mushroom fungi)

18) Pegler, D. N., **The Concise Illustrated Book of Mushrooms and Other Fungi,** Gallery Books, New York, USA, 1989

19) Wasser, S. P., Weis, A. L., **Crit. Rev. Immunol.**, 1999, 19, 65 (Therapeutic effects of substances occurring in higher Basidiomycetes mushroom: a modern perspective)

20) Ying, I., Mao, X., Ma, Q., Zong, Y., Wen, H., **Icones of Medicinal Fungi from China,** Science Press, Beijing, China, 1989, 329

털수염버섯

Hydnum repandum L. ex Fr.

턱수염버섯 38

턱수염버섯과 (Hydnaceae)

• 영명 | Hedgehog fungus
• 중국명 | 美味齒菌
• 분포 | 한국, 중국, 일본, 동남아, 북미, 유럽
• 용도 | 자실체(식용)

✲ 식물학적 특성

여름~가을에 침엽수림, 혼합림 내 땅 위에 군생. 균륜을 형성하는 균근성 버섯. 갓지름 1.5~8㎝, 초기에 평반구형 후에 오목편평형. 표면은 평활. 황갈색~등황색. 갓 둘레는 불규칙한 파도형. 조직은 백색. 갓 아래 자실층에 0.4~0.8㎝의 담황색 침상돌기가 있고, 대는 원주형. 기부가 약간 굵고 담황색. 포자는 구형~유구형. 표면은 평활하며, 포자문은 백색이다.

✲ 성분

1) 특수 성분

동속 버섯 *H. aurantiacum*에서 Polysaccharide와 Aurantiacin(D-01579)이 분리되었다.

✲ 생리 활성

항종양 활성과 성분 : 턱수염버섯(*Hydnum repandum*)에서 항암 성분, 단백성 다당체를 추출하여, 이를 sarcoma 180 이식한 ICR mouse에 투여한 결과, 54.3%의 종양 억제율을 보였다. 이 성분은 다당체 42%, 단백질 28%이었고, 다당체를 가수분해한 결과, glucose(57.8%), mannose(19.3%), galactose (10.8%), xylose(6.8%) 및 fucose(5.7%)를 함유하고 있었다.

항암 효과 : 턱수염버섯은 sarcoma 180(mouse)에 억제율 54.3%의 antitumor activity가 있고, polysaccharide가 antitumor effect 물질로 알려지고 있다.

✲ 효능과 이용

1) 식용 : 쌉쌀한 식용 버섯으로 맛이 매우 좋다고 한다.
2) 약용 : 항종양

참고문헌

1) 박완희, 이호득, **한국약용버섯도감**, 교학사, 서울, 1999, 446 (턱수염버섯)
2) 이지열, **균학회지,** 2005, 33(1), 54 〔한국 기록종 버섯 추가 목록(2001-2004)〕
3) 이태수, 이지열, **한국기록종 버섯 재정리 목록.** 임업연구원, 2000
4) 정학성, **균학회지,** 1994, 22(1), 62 〔한국산 목재 부후균류의 분포상에 관한 연구(II), 담자균류 민주름 버섯의 분포에 대하여〕
5) 정경수, 최응칠, 김병각, 김양섭, **균학회지,** 1983, 11(2), 91 (턱수염 버섯 배양 균사의 항 종양 성분)
6) 한국 균학회, **버섯 이름, 한국명 통일안,** 2000, 176
7) Chang, S.T., Miles, P.G., **Edible Mushroom and their Cultivation,** CRC Press, New York, USA, 1989
8) Cheung, L. M., Cheung Peter, C. K., Ooi Vincent, E. C., **Food Chem.,**

2003, 81, 249 (Antioxidant activity and total phenolics of edible mushroom extracts)

9) Chung, K. S., Choi, E. C., Kim, B. K., Kim, Y. S., Park, Y. W., **Arch. Pharm. Res.**, 1982, 5(1), 17 (Antitumor polysaccharide)
10) Chung, K. S., Choi, E. C., Kim, B. K., Kim, Y. S., **Kor. J. Mycol.**, 1983, 11(2), 91 (An Antitumor Constiuents of the cultured Mycelia of *Hydnum repandum*)
11) Hui, Y. F., Den, E. S., Chi, T. H., **J. Food Lipids**, 2002, 9, 35 (Antioxidant and free radical scavenging activities of edible mushrooms)
12) Kabir, Y., Kimura, S., **J. Nutr. Sci. Vitaminol.**, 1989, 35, 91 (Dietary mushrooms reduce blood pressure in spontaneously hypertensive rats)
13) Khanna, J. M. et al., **J. Pharm. Sci.**, 1965, 54, 1016 (isol, red needles, Aurantiacin)
14) Lee, G. D., Chang, H. G., Kim, H. K., **Kor. J. Food Sci. Technol.**, 1997, 29, 432 (Antioxidative and nitric-scavenging activities of edible mushrooms)
15) Mau, J. L., Lin, H. C., Song, S. F., **Food Res. Int.**, 2002, 35, 519 (Antioxidant properties of several specialty mushrooms)
16) McDonnell, J. E. W., Esselen, W. B. Jr., **Food Res.**, 1947, 12, 118 (Carbohydrates in Cultivated mushrooms)
17) Pegler, D. N., **The Concise Illustrated Book of Mushrooms and Other Fungi,** Gallery Books, New York, USA, 1989

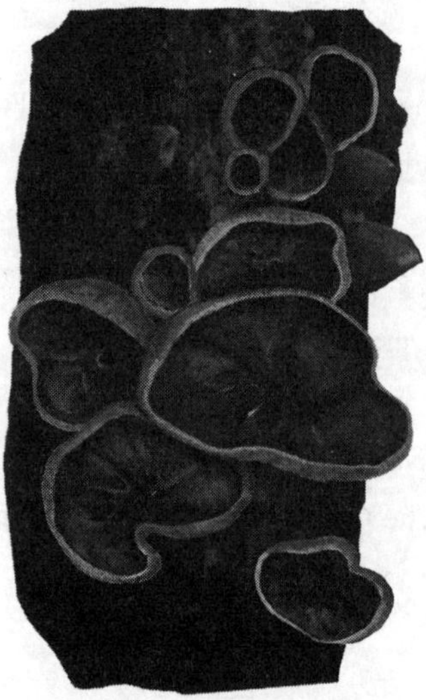

털목이

Auricularia polytricha (Mont.) Sacc.

털목이 39

목이과 (Auriculariaceae)

• 중국명 | 毛木耳
• 분포 | 한국, 중국, 일본, 남북아메리카
• 용도 | 식용(자실체)

✻ 식물학적 특성

봄~가을에 활엽수의 고목, 그루터기 위에 군생하는 버섯. 자실체는 지름 4~8㎝, 두께 0.2~0.3㎝, 귀 모양. 원반형 또는 역원추형. 젤라틴 질. 비자실층은 백갈색, 백색의 짧은 털이 빽빽하고, 자실층은 평활. 종종 돌기와 주름이 있고, 자갈색. 담자기는 원통형. 가로막에 의해 4실. 포자는 콩팥형(8~13×3~5㎛), 표면은 평활. 포자문은 백색이다.

동속 식용 버섯에는 목이(*A. auricula*)와 주름목이(*A. mesenterica*) 등이 있다.

✻ 성분

1) 특수 성분

털목이에서 Lectin(혈액형이 비특이성), Mannitol(M-00209), Arabitol (A-02631), Glycerol(G-00542), Fructose, Glucose(G-00494), Polysaccharide, Auratoxin(독 성분), Chitin(C-00924), Vitamin D 등이 분리되었다.

✲ 생리 활성

생리 활성 : 털목이버섯은 sarcoma 180(mouse, 억제율 90%)과 Ehrlich carcinoma (mouse, 억제율 80%)에 antitumor activity가 있고, cholesterol lowering 효과도 있다. lectin은 혈액 비특이성 항혈액 응고 작용이 있다.

영양 성분과 수화 특성 : 건조 털목이버섯의 영양 성분은 조 단백질 12.6%, 조지방 2.1%, 조섬유 6.7%, 조회분 6.2%, Ca, K. Mg 함량은 다른 무기질에 비해 많았으나, Mn, Ni는 매우 적었고, amino acid 중 aspartic acid, glutamic acid 함량이 가장 많았다. 수화 과정 시 침지 시간과 온도의 증가와 함께 가용성 물질의 용출율, pH, 갈색도 및 복원력은 증가하였고, 침지 후 핵산 관련 물질의 함량은 감소하였다. 5'GMP가 함량이 가장 많았고(158㎎%), 5'-AMP(89㎎%)〉5'-UMP(48㎎%)〉5'-CMP(24㎎%) 순이었다.

휘발성 향기 성분 : 건조 털목이버섯을 SDE 추출법으로 정유 성분을 분리한 후, GC/MS로 분석한 결과, 30개의 휘발성 향기 성분을 분리하였고, 그중 acid류 11종, alcohol류는 10종, aldehyde류 5종, ketone류 3종, 기타 1종 이었다. 주요 향기 성분은 hexadecanoic acid(16.74%), benzene ethanol (7.77%), pentadecanoic acid(7.59%), dihydro-5-pentyl-2(3H)-furanone (4.28%), tetradecanoic acid(3.37%), pentanoic acid (3.68%), 1-octen-3-ol(1.26%) 등이 확인되었다.

독성과 독성 물질 : 털목이 총 엑기스의 복강 및 경구 투여 시 LD_{50}은 각 1.25와 4.18g/㎏이었고, 건조 털목이 100g에는 650~700마리 mouse(20g)를 15~30분에 치사시킬 수 있는 양의 저분자 독성 물질이 함유되어 있었다. 털목이 총 엑기스와 정제 후 얻은 백색 결정의 mouse lethal unit은 각각 28.5와 12.0㎎/mouse이었다. 털목이의 저분자 독성 물질의 증상은 행동 둔화, 체모 기립, 전율, 두부 진동, 안구 돌출, 상하지 마비 등이었다.

독성 시험 : 건조 털목이버섯 자실체 50g을 열수 추출하고, 3배의 EtOH를 가해 침전물을 얻어, ICR mouse(20g, ♀)에 60㎎/㎏(0.1㎖)를 복강 내 주사, 급성 독성을 시행하였고, 또 건조 자실체 50g을 0.14M NaCl(pH4, 초산)로 추

출한 용액에 $(NH_4)_2SO_2$ 20, 40, 60, 80%로 포화시켜 각 침전물을 동일 방법으로 급성 독성을 시행한 결과, 20%와 40% 포화용액에서 급성 독성을 발현하였고, 20% 포화용액의 침전물은 단백질 7%, 다당체 78%, 40% 포화용액 침전물의 단백질 24%, 다당체 58% 이었다. 이들의 치사량은 LD_{50}은 60㎎/㎏이었다. 또 주사후 30~60분 후 약 10분간 경련이 일어났으며, 30~60분 후에는 모두 수면 상태가 되었다. 1일 후에는 전율, 코피, 눈물과잉 분비, 개안불능 등의 증상을 보이다가 사망하였다. 이들 물질을 각각 auratoxin Ⅰ 및 Ⅱ로 명명 하였다. (auratoxin : 다당류 93.3%, 단백질 6.8%)

식용 야생 버섯 : 식용 야생 버섯을 조사한 결과, 송이, 목이, 팽나무버섯, 노루궁뎅이버섯, 꽃잎버섯, 그물버섯, 비단그물버섯, 구름버섯, 애기무당버섯, 기와버섯, 국수버섯, 나팔버섯, 젖버섯, 굴털이, 향버섯(능이), 갓버섯, 들버섯, 주름버섯, 싸리버섯, 붉은싸리버섯, 말뚝버섯, 알버섯, 긴대안장버섯, 말불버섯, 곰보버섯, 망태버섯, 덕다리버섯, 흰가시버섯 등이 있었다.

일반 성분 : 털목이버섯에서 유리 아미노산 13종, 지방산 8종, vitamin D, 당류는 fructose, glucose, polysaccharide, 당 알코올은 mannitol, arabitol, glycerol 등이 분리되었다.

✲ 효능과 이용

1) 효능 : 보기윤폐(補氣潤肺), 지혈(止血), 강압(降壓).
2) 식용 : 재배 가능한 식용 버섯.
3) 약용 : 류머티즘성 동통, 수족 마비, 산후 허약, 고혈압, 자궁 출혈 등 목이버섯과 같은 용도에 응용한다.

참고문헌

1) 金三純, 金養燮, **韓國產 버섯 圖鑑,** 裕豊出版社, 1990
2) 김하원, 김제학, 최응칠, 김병각, **균학회지,** 1983, 11(4), 185 〔털목이버섯

(*Auricularia polytricha*)〕

3) 김하원, **생약학회지**, 1985, 16(4), 221 (털목이 버섯의 독성에 관한 연구, Auratoxin)

4) 김하원, **서울대학교 석사학위논문**, 1984, 49 (털목이버섯의 독성 성분과 혈소판 응집저해물질)

5) 김하원, 최응칠, 김병각, **균학회지**, 1986, 14(4), 265〔한국산 고등 균류의 성분 연구(제154보), 털목이의 독성 성분에 관한 연구〕

6) 農村振興廳 農業技術硏究所編, **韓國産 버섯類 原色圖鑑**(Ⅰ), 1987

7) 卯曉嵐, 莊長坪, 歐株次旺, **西藏大型經濟眞菌**, 北京科學技術出版社, 1991

8) 朴婉熙, 李虎得, **한국의 버섯**, 교학사, 서울, 1991, 35 (털목이버섯)

9) 應建浙, 卯曉嵐, 馬啓明, 宗毓臣, 文華安, **中國藥用眞菌圖鑑**, 科學出版社, 1987

10) 李址烈, **韓國 버섯 圖鑑**, 아카데미서적, 서울, 1988, 283 (털목이버섯)

11) 이종원, 이성계, 도재호, **식품과학회지**, 1995, 124, 724 (한국산 털목이버섯의 영양 성분과 수화조건에 따른 특성변화)

12) 이종원, 이재곤, 도재호, 성현순, **응용생명화학회지**, 1995, 38(6), 546 (한국산 털목이버섯의 휘발성 향기 성분)

13) 이지열, **균학회지**, 1975, 3(1), 40 (야생 버섯을 식용하자)

14) 이지열, **균학회지**, 2005, 33(1), 54〔한국 기록종 버섯 추가 목록(2001-2004)〕

15) 이태수, 이지열, **한국기록종 버섯 재정리 목록**, 임업연구원, 2000

16) 주명희, 김하원, 심미자, 복진우, 최응칠, 김병각, **서울대학교 약학논문집**, 1991, 16권 34〔한국산 고등균류의 성분 연구(제66보). *Auricularia polytricha*의 성분〕

17) 中國本草圖錄編輯委員會編, **中國本草圖錄**, 鼎談出版社, 1992

18) 한국 균학회, **버섯 이름, 한국명 통일안**, 2000, 176

19) Austin, P. R. et al., **Science** (Washington. D. C.), 1981, 212, 749 (rev, Chitin)

20) Birch, G., **Adv. Carbohydr. Chem.**, 1963, 18, 201 (rev, Trehalose)

21) Brimacombe, J. S. et al., **The Carbohydrate,** Academic Press, 1972, 1A, 479 (Needles, Mannitol)

22) Chang, S. T., Miles, P.G., **Edible Mushroom and their Cultivation,** CRC Press, New York, USA, 1989

23) Cheung, L. M., Cheung Peter, C. K., Ooi Vincent, E. C., **Food Chem.,** 2003, 81, 249 (Antioxidant activity and total phenolics of edible mushroom extracts)

24) David, G. S., Barry, H. R., **Mushroom Poisoning,** CRC Press, USA, 1994

25) Dickinson, H., Lucas, J., **The Encyclopedia of Mushrooms,** Crescent Books, New York, USA, 1983

26) Gerhardt, E., **Pilze,** BLV Handbook, 1995

27) Hui, Y. F., Den, E. S., Chi, T. H., **J. Food Lipids,** 2002, 9, 35 (Antioxidant and free radical scavenging activities of edible mushrooms)

28) Ikekawa, T., Uehara, N., Maeda, Y., Nankinishi, M., Fukoka, F., **Cancer Res.,** 1969, 29, 734 (Antitumor activity of aqueous extracts of edible mushrooms)

29) Imazeki, R., Otani, Y., Hongo, T., **Color Illustration Mushrooms of Japan,** Yama-Kei Publisher Co. Ltd., Tokyo, Japan, 1988

30) Kabir, Y., Kimura, S., **J. Nutr. Sci. Vitaminol.,** 1989, 35, 91 (Dietary mushrooms reduce blood pressure in spontaneously hypertensive rats)

31) Khan, S. M., Mirza, J, H., Khan, K. A., **Science and Cultivation of Edible Mushroom fungi,** 1991, 573~78 (Physiology and cultivation of wood's ear mushroom [*Auricularia polytricha* (Mont.) Sacc.])

32) Kim, H. W., **Arch. Pharm. Res.,** 1993, 16(1), 36 (Toxic components of *Auricularia polytricha*)

33) Kim, H. W., Choi, E. C., Kim, B. K., **Kor. J. Mycol.,** 1986 14(4), 265 [Studies on the Constituents of Higher Fungi of Korea(LIV). Studies on toxic component of *Auricularia polytricha*]

34) Komatsu, M., **Rept. Tottri Mycol. Inst.,** Japan, 1977, 15, 55 (English abstract) [Fruit bodies with white pilze of *Auricularia polytricha*(Mont.) Sacc.]

35) Lee, G. D., Chang, H. G., Kim, H. K., **Kor. J. Food Sci. Technol.**, 1997, 29, 432 (Antioxidative and nitric-scavenging activities of edible mushrooms)

36) Lingdberg, B. et al., **Acta Chem. Scand.**, 1953, 7, 591 (occur, Arabitol)

37) Mau, J. L., Lin, H. C., Song, S. F., **Food Res. Int.**, 2002, 35, 519 (Antioxidant properties of several specialty mushrooms)

38) McDonnell, J. E. W., Esselen, W. B. Jr., **Food Res.**, 1947, 12, 118 (Carbohydrates in Cultivated mushrooms)

39) Pegler, D. N., **The Concise Illustrated Book of Mushrooms and Other Fungi,** Gallery Books, New York, USA, 1989

40) Quimio, T. H., **Tropical mushrooms, Biological nature and Cultivation method,** Chang, S. T., Quimio, T. H., eds, The Chinese Univ. Press, Hong Kong, 1982, 397 (Physiological consideration of *Auricularia* spp.)

41) Ying, I., Mao, X., Ma, Q., Zong, Y., Wen, H., **Icones of Medicinal Fungi from China,** Science Press, Beijing, China, 1989, 65

Flammulina velutipes (Curt. ex Fr.) Sing.
Collybia velutipes (Curt. ex Fr.) Kummer
Agaricus velutipes Curt.

팽나무버섯 40

송이과 (Tricholomataceae)

- 영명 | Winter mushroom
- 중국명 | 冬菇
- 일명 | Enokitake
- 별명 | 팽이버섯
- 분포 | 일본, 중국 등 전 세계
- 용도 | 자실체(식용)

✻ 식물학적 특성

늦가을부터 이듬해 봄에 걸쳐 감나무, 뽕나무, 아카시아, 포플러 등 각종 활엽수의 고목이나 그루터기에 다수 속생, 눈이 쌓이는 겨울에도 발생하는 내한성균, 갓은 지름 2~3㎝로 평반구형~편평형, 표면은 점성이 강하고 황갈색, 갓 둘레는 옅은색. 주름살은 홈형, 약간 빽빽, 백색~담황색. 대는 2~9×0.2~0.8㎝로 표면은 짧은 털로 덮여 있고 비로드상을 이루며, 대 위쪽은 황색, 기부는 굵고 황갈색~암갈색. 포자는 4.5~7.5×3~4㎛로 타원형, 표면은 평활, 비(非)아밀로이드, 포자문은 백색이다.

✻ 성분

1) 영양 성분

① **팽이버섯(생것, 7026)** 가식부 100g 중 열량 32.0㎉, 단백질 2.9g, 지질 0.3g, 당질 6.3g, 조섬유 0.9g, Ca 2.0㎎, P 68.0㎎, Fe 1.0㎎, Zn 0.33㎎, vitamin B_1

팽나무버섯

0.28㎎, B_2 0.20㎎, B_6 0.12㎎, niacin 5.6㎎, C 2.0㎎, 엽산 47.0㎍.

② **팽이버섯(데친것, 7027)** 가식부 100g 중 열량 24.0㎉, 단백질 2.5g, 지질 0.1g, 당질 4.8g, 조섬유 1.0g, Ca 5.0㎎, P 46.0㎎, Fe 1.1㎎, Zn 0.33㎎, vitamin B_1 0.09㎎, B_2 0.07㎎, B_6 0.12㎎, niacin 5.4㎎, C 0.0㎎, 엽산 47.0㎍. 식이섬유 3.19g

2) 특수 성분

팽나무버섯에는 Emitanins(E-00220), Flammulin(mol. wt 24000 protein), Saccharopine(S-00003), Proflammin(=Peptidoglucan), Taurine(T-00130), Flammutoxin, Lectin 등이 있고, 효소로는 Cellulase, Galactolase, Laccase, Nuclease, Phosphodiesterase, Polyphenolase, Acidic protease, Ribonuclease, Tyrosinase 등이, 정미 성분은 5'-AMP(A-00446), 5'-CMP, 5'-GMP(G-00873), 5'-IMP, 5'-UMP(U-00125) 등이 분리되었다.

✲ 생리 활성

항암 성분과 효과① : 팽나무버섯(*Flammulina velutipes*)의 자실체에서 추출한 단백질-다당체가 mouse에 이식한 sarcoma 180에 대해 항암 효과를 확인하였다. 단백성 다당체 10㎎/1kg/day 씩 10일간 투여에서 62.3%의 저해율을 보였고, 10마리 중 3마리는 종양이 퇴행되었다. 항암 성분을 분석한 결과, 다당체 42.2%, 단백질 24. 5%이었고, 다당체를 분석한 결과, glucose, galactose mannose, xylose 및 fucose의 5종이었고, 단백질을 가수 분해한 결과, 16종의 amino acid를 확인하였다.

항암 성분과 액내 배양② : 팽나무버섯의 균사를 진탕 배양하였을 때 균사체의 성장이 양호하였으며, 이 균사체로부터 추출된 단백성 다당체는 sarcoma 180에 대해 항암 작용이 있었다. 즉, 균사 배양법으로 항암 성분을 생산할 수 있었다.

항암 작용과 항돌연변이 효과③ : 팽나무버섯의 물 추출물에서 sarcoma 180에 대하여 62.3~100% 항암 효과가 있다. flammutoxin은 O형 적혈구 용해 단백질, Ehrlich ascites(복수암) 억제율이 80%이고, Yoshida sarcoma(rats)에 성장 억제 효과가 있었으며(white mice), proflammin은 antitumor 성분이다. Lewis 폐암(mouse)과 B-16 melanoma(mouse), adenoma 775(mouse)에 대하여 생명 연장 효과가 있었고, *Salmonella typhimurium*(TA 98+89)에 대하여 antimutagenic effect가 있다.

혈전 분해 효소 활성 : 인공 재배 버섯의 배양액과 균사체의 혈전 분해 효소 활성을 조사한 결과, 조효소 추출물의 혈전 분해 활성은 활성이 매우 낮거나 없었으며, 장수, 만가닥, 영지, 느타리, 토끼털송편, 뽕나무버섯 균사체의 혈전 분해 활성이 0.42u 이상으로 높았고, 자실체의 혈전 용해 활성은 0.17~0.94u로 느타리, 새송이, 아위버섯의 활성이 0.54, 0.57, 0.94u로 매우 높았고 (모두 느타리과), 팽이, 양송이, 노루궁뎅이버섯의 활성은 0.23u 이하로 매우 낮았다.

7-Ketocholosterol-간 손상과 식용 버섯 다당체의 세포 변화 효과 : 7-ketocholesterol (7-KC) 손상 간 세포에 식용 버섯(팽이, 느타리, 표고, 버들송이, 신령버섯, 번데기 동충하초)의 다당체를 열수 ex의 알코올 침전 다당체를 만들어 7-KC 존재하에 정상 배아 간세포(BNLCLi2)에 대하여 세포 보호능을 조사한 결과, 7-KC 80㎍/㎖에서 독성이 강하나, 20시간 배양 후 98% 없어졌고, 각 다당체의 200㎎/㎖ 첨가에서 세포독성을 방어하였고 특히 팽이와 느타리만이 7-KC 유도 세포독성을 감소시켰다.

영양원과 항보체 활성다당의 생산 : 팽이버섯 중 항보체 활성 다당체 생산에 galactose, $NaNO_3$를 탄소원과 질소원으로 한 배지에서 23℃, pH 5.5에서 6일간 배양 시 최대의 생산을 보였고, 동 조건의 배양 상등액에서 조다당 FV-1을 분리, 정제, 활성이 우수한 FV-1-Ⅰ과 Ⅲ을 얻었다. FV-1-Ⅱ는 xylose, mannose, galactose 및 glucose가, FV-1-Ⅲ은 rhamnose, mannose, galactose가 주 구성당이었다. FV-1-Ⅲ은 Ca ion 부재 시 활성이 부분적으로 감소, Ca ion 부재 조건에서 정상인의 혈청과 반응 후, antihuman C_3로 2차원 면역 전기 영동을 행한 결과, C_3의 분해 산물을 관찰할 수 있었다. 이상의 결과로 팽이 버섯 다당의 보체 활성화 양식은 classical pathway와 alternative pathway 양

경로를 경유함을 알 수 있었다.

Lectin의 정제와 특성 : 팽이버섯에서 적혈구 응집능이 있는 lectin(FUL) FUL-1 FUL-2를 분리, 조사한 결과, 분자량은 FUL-1, 10.6 KDa, FUL-, 37kDa로 추정되었고, FUL-2는 인체 적혈구의 모든 혈액형에서 응집 현상을 보였으나, FUL-1은 O형에만 강한 활성을 보였다. lectin의 hemagglutination inhibition test 결과, FUL-1과 FUL-2 fetuin, bovine submaxillary mucin, asialo-fetuin, porcine stomach mucin에 적혈구 응집력이 저해되었다. FUL-1은 1.56 mM Cu^{+2}에 적혈구 응집력이 저해되었으며, Mg^{2+}, Mn^{2+}, Ca^{2+}, Fe^{2+}등에서도 저해되었다. 반면 FUL-2는 금속 ion에 저해가 나타나지 않았다. pH 안정성이 FUL-1은 pH 5~11에서, FUL-2는 pH4~7에서 안정하였고, FUL-1은 55℃, FUL-2는 45℃에서 안전하였다. FUL-1은 단백질이었고, FUL-2는 당단백질이었다.

Peroxidase의 불활성화 특성 : 팽이와 만가닥버섯에서 추출한 조효소액을 열처리했을 때, 팽이버섯은 75℃, 3분, 만가닥버섯은 80℃, 1분 이상의 온도, 시간에서 peroxidase의 불활성이 유발되었다. 이때의 peroxidase 활성화 에너지(Ea)는 59. 58 ㎉/mol, 43. 05 ㎉/mol, Z값은 9.0℃, 12. 4℃이었다. 반면 blanching에 의한 두 버섯의 peroxidase 활성화 에너지(Ea)와 Z값은 각각 7. 97 ㎉/mol, 6.55 ㎉/mol, 59.8℃, 74.1℃이었다. 이는 peroxidase 자체의 열적 특성과 blanching으로 유발된 peroxidase의 열적 특성이 다름을 보여주는 것이므로 blanching 시 버섯 자체와 버섯 성분에 의해 열에 저항성이 증대, Z값이 높아지고, 활성 에너지(Ea)가 감소하는 결과를 보였다.

Polyphenol oxidase : 팽나무버섯에서 polyphenol oxidase를 분리 정제한 효소의 비활성도는 199.1 units/㎎이며, 40KDa의 단일 polypeptide, 최적 반응은 pH와 온도는 6.0과 25℃, pH3~5와 pH8~10에서는 활성이 감소되거나 상실되었다. 이 효소는 L-DOPA와 caffeic acid 등의 *o*-diphenols류에 높은 활성을 나타냈으며, L-DOPA와 caffeic acid에 대한 Km값은 각각 3.97 mM와 1.78 mM이었다. 2-mercaptoethanol, L-ascorbic acid, Na_2SO_4, EDTA와 Mg^{2+}은 팽나무버섯 polyphenol oxidase의 효소 활성을 감소시켰으며, Cu^{+2},

Fe^{+2}, Zn^{+2}, Ni^{+2} 등은 활성을 촉진하는 인자로 알려졌다. 정제 효소는 -70℃에서 3개월, -20℃에서 1개월간 활성의 손실 없이 저장이 가능하였다.

Tyrosinase 활성 저해 물질 : 피부 노화 및 갈변화와 관련된 tyrosinase 활성 저해 유효성 물질을 표고버섯을 비롯한 8종(영지, 표고, 석이, 팽이, 양송이)의 식용 버섯에서 추출, 유효 성분을 분리 동정하였다. 8종의 버섯을 MeOH, n-hexane, $CHCl_3$, EtOAc, n-BuOH, 물로 추출한 후, 각 용매 추출물(1㎎/㎖)의 tyrosinase 활성 저해는 석이버섯 EtOAc 추출물, 영지 물 추출물, 양송이 물 추출물의 순서인 78.4%, 67.3%, 51.5%로 검색되었다. 가장 저해율이 높은 석이 EtOAc 추출물을 silica gel column으로 분획하였고, 100㎍/㎖에서 60.9%의 가장 강한 저해율을 보였다. 이를 TLC 하여 Rf치가 0.38, 0.27, 0.19의 band를 분리, 분취물의 저해율은 15.6%, 27.0%, 32.9%이었다. 석이버섯의 유효 성분을 여러 분석 기기로 얻은 data를 검토한 결과, orsellinate, methyl orsellinate, methyl lecanorate, methyl gyrophorate의 혼합 물질로 확인되었다.

Laccase의 생산과 특성① : 균사 접종 후 보리짚 배지에서 20일부터 나타나 36일째 최대의 활성치를 보이는 laccase는 팽이버섯의 laccase 생산 능력보다 못하였다. pH 안정성을 조사한 결과, pH 4.5~9.5에서 60분 방치에서 효소 활성은 안정하였고, 느타리의 laccase에 비해 pH 영역이 넓었다(pH 4.7~8.0), 열에 대한 안정성은 40℃까지 40분간은 95%, 50℃에서 78%의 활성이 유지되어 느타리 laccase보다 안정성이 높았다. 활성 저해 물질 Na-azide에 의해 100% 저해를 받았으나, 다시 acetone에 침전시킨 것은 활성이 높았다.

Laccase의 정제와 특성② : 영지 배양 여액에 $(NH_4)SO_4$를 가해 침전, 여과, ion exchange chromatography, DEAE-sephadex A-50으로 정제한 후, 특성을 조사한 결과, 최적 pH는 6.45로 느타리 laccase pH 5.94와 팽이버섯 laccase의 6.62와 차이가 있었고, pH 안전성은 5.0~9.0 사이였다. 열 안정성은 50℃에서 40분 후 58%가 잔유하여 비교적 열에 안정하였으며, 용매에 대하여는 MeOH에 42%, EtOH에 25% 저해가 있어 느타리와 팽이버섯의 laccase는 거의 저해가 없는 것과 차이가 있었다.

버섯 발효액의 품질과 생리 기능성 – 느타리, 표고, 팽이버섯 : 버섯 발효액의 품질 특성과 효소 활성 및 생리 기능성을 조사한 결과, 점도와 색상(L, a, b값)은 모두 3개월까지 급격히 감소한 후, 증가하였고, 관능 특성은 발효 기간이 증가함에 따라 고유의 냄새와 맛은 감소, 다른 맛과 냄새는 증가하는 경향이 있었으며, 전체적 기호도는 발효 3개월 버섯 발효액이 가장 우수하였다. 버섯 발효액 중 *α*-amylase 활성은 발효 1개월까지 급격히 증가, invertase와 cellulase는 대부분 활성이 낮거나 없었다. 항산화 활성은 발효 4개월에 가장 높았고(팽이〉표고〉느타리), 그 후 감소하였다. tyrosinase 저해 활성은 모든 시료에서 활성이 높았다(팽이〉느타리〉표고). 발효 기간의 경과에 따라 변화는 없었다. SOD 유사활성은 팽이 발효액에서 비교적 높았고(팽이〉표고〉느타리), 발효 기간에 큰 변화는 없었다. 이상의 실험에서 설탕을 이용한 버섯 발효액 제품 생산 시 최적 발효 기간은 3~4개월이 적합한 것으로 나타났다.

항산화 작용 : 팽이버섯의 crude extract와 녹차 extract(DGTE) 및 대구간유-catechin과 비교한 결과, 팽이 70%-acetone crude extract(ECE)는 대구간유의 안정성을 유지시켰고, ECE 0.38㎎/*ml*는 DGTE나 catechin보다 항산화 효과가 양호하였다.

엽산 함량 : 느타리 생것의 엽산 함량은 100.9± 3.18㎎/100g, 조리한 것 36.7㎎/100g으로 조리로 78%가 손실되며, 팽이 생것은 76.4±12.4㎎/100g과 조리한 것 62.7㎎/100g이 조리로 35%가 손실되고, 표고버섯 생것은 61.8± 9.9㎎/100g, 조리한 것 22.7㎎/100g이 조리로 57%가 손실된다.

버섯의 이화학적 특성비교 – 팽이, 양송이, 새송이, 표고, 느타리 : 큰느타리 자실체를 분석한 결과, 조단백질과 총 당이 많았으며, 무기 성분은 Mg〉Na〉Zn〉Fe〉Ca〉Cu 순이었고, 특히 느타리, 양송이, 표고, 팽이에는 Mg, Zn, Cu, Mn이 없었으나, 새송이에는 Mg 78.5㎎%, Zn 6.9㎎%, Cu 1.3㎎%, Mn 0.4㎎% 등이 있었다. 구성 아미노산은 arginine 509.03㎎%, lysine 410.53㎎%, glutamic acid 190.05㎎%, phenylalanine 150.63㎎%, histidine 139.12㎎% 순이었다. 유기산은 citric acid 26.60㎎%, oxalic acid 18.01㎎%, formic acid

10.50㎎%, malic acid 10.20㎎% 순이었고, 유리당은 glucose 2.040㎎%로 가장 많았고, fructose 1.846㎎%, galactose 1.076㎎%, lactose 1.020㎎%, arabinose 846㎎%, maltose 472㎎% 순이었다. 또한 vitamin C는 21.4㎎%로 느타리의 7배, 팽이버섯의 10배가 있었고, 조지방도 표고의 2배인 0.69㎎%를 함유하여 자연송이와 유사한 맛이 있었다.

영양 첨가 배지와 버섯의 성분 : 팽이버섯 재배 배지는 포플러 톱밥 10, 미강 3 혼합 처리구에서 팽이버섯 자실체 수율이 84. 4g(배지 280g)이 가장 많았고, 톱밥 10, 미강 3.2, 밀기울 3처리구에서 배지 전질소와 당류가 많았다. 톱밥 10, 미강 3 혼합 배지의 균사체 수분은 72%, 자실체 수분은 67%였으며, 전 재배 기간 중 cellulose는 11~14%, lignin은 3~4%로 톱밥에 첨가되는 미강량에 따른 차이는 없었으나, 당 함량은 증가되었고, 재배 전 기간 중 전질소량은 감소하였으나 극히 미량이었고, 아미노태 질소 및 acid hydrolyzable은 균사 생장과 자실체 발생 기간 중 감소하였다.

자실체 생산기질 개발 : 팽나무버섯 재배 기질을 개발하고자, 각종 임산 및 농산폐기물을 기질로 사용해 본 결과, 나왕, 미송, 혼합 톱밥, 커피박, 땅콩박이 가장 자실체 생산이 양호하였으며, 영양 첨가제로 사용된 미강, 맥주박, 옥수수박, 대두박 및 채종박 중 옥수수박에서 자실체 생산량이 높았다. 커피박과 옥수수박 4 : 1혼합비에서 자실체 생산이 129.38g/bottle로 최대치를 나타내었다.

계란 껍데기 첨가 배지와 자실체 성장 : 계란 껍데기 전탄소 20.7%, 전질소 0.81%, 인과 Ca 함량 2530ppm과 44. 27%로 톱밥 배지보다 많았다. 계란 껍데기 첨가 배지에서 균사 생장과 초발이 일수에는 대조구와 차이가 없었으나, 수율이 증가되었고, 특히 난각 15% 첨가 시 자실체 수량이 23% 증수되었으나 20%이상 난각 첨가 시 감소되었다. 팽이버섯 품질은 난각 5~15% 첨가 시 버섯 대길이 12.8㎝, 대직경 3㎜, 갓직경 9㎜로 무처리구와 비슷하였으나, 유효경(莖) 수는 11% 증수되었다. 톱밥 배지 제조 시 난각 15% 첨가 배지의 물리성이 개선되었고, P와 Ca 함량이 높아 자실체 수량과 품질이 향상되었다.

사과 가공 부산물 첨가 배지와 균사 생장 : 팽이버섯 병 재배에 사과 가공 부산물의 첨가가 톱밥보다 pH가 낮았으며, 총질소, P_2O_5, CaO, MgO는 비슷, 총 탄소는 사과 부산물이 다소 높았다. 톱밥+미강 배지에 사과 부산물 5~20% 구는 톱밥+미강 20%와 비슷하였으나, 사과 부산물 50%, 80% 처리구는 pH 5.1, 4.7로 산성이 높아 균사생장이 불량하였다. 초발이 소요 일수는 톱밥+미강 20%구는 사과 부산물 5~20%구의 10~20일과 비슷하였다. 배지별수량은 팽이버섯 재배에서 톱밥 사용량의 15%를 사과 부산물로 대체할 때 9% 증수되었다. 경제성 분석 결과, 톱밥 사용량의 15%를 사과 부산물로 대체할 때 소득 지수가 29% 상승되었다.

액체 종균 사용 효과 : 액체 종균의 전 배양 4일, 본 배양 6일 이하가 적당하였고, 톱밥 종균 사용 대조구와 비교에서 YPD 액체 종균의 배양 일수는 5~7일 빨랐고, 초발이 소요 일수는 비슷, 수량도 비슷(배지수분 65%, 50㎖ 접종)하거나 24% 증가하였다. PDB 액체 종균은 배양일수가 비슷하거나 2~4일 단축되었고, 초발이 소요 일수는 비슷하였으며, 수량성은 비슷하거나 23% 증가하였다. 미강 추출액 액체 종균의 경우, 배양일수와 초발이 소요 일수는 비슷하였으며 수량성은 3~38%까지 증가하였다.

버섯 세균성 병균 : *Pseudomonas agarici*와 *P. tolaasii* 버섯 세균이 팽이버섯 균사 생장과 자실체 형성에 미치는 영향을 실험한 결과, 팽이버섯균과 동시에 접종 또는 버섯 접종 5일 후 세균 접종 시, 세균 농도 의존적으로 균사 생장과 자실체 두 병원균의 팽이버섯 균사 생장 억제력은 *P. tolaasii*가 높았으며, 자실체 형성 억제력은 *P. agarici*가 높았다. 그러나 팽이버섯 접종 10일 후 병세균의 접종은 균사 생장이나 자실체 형성에는 영향이 없었다.

팽이버섯 첨가 김치의 특성 : 팽이버섯 첨가 김치를 만들어 숙성 중 품질 특성을 관찰한 결과, 5% 팽이 첨가구는 다른구에 비해 pH가 낮았고, 숙성 11일에 pH가 대조구보다 낮았으며, 적정 산도도 낮게 나타났다. 김치담근 직후 팽이버섯 첨가량이 많을수록 총 균수가 높았고, 숙성 중 총 균수와 유산균수는 5일에 최대값을 보여, $10^{8.3}$($2.0x10^8$)으로 팽이버섯 첨가구와 차이가 없었다. 숙성 5일까지는 팽이버섯 첨가구와 대조구의 유리 라디칼 소거능은 낮았으나, 숙성 11일 이후에는 시험구에서 대조구보다 소거능이 높았다. 숙성 15일부터 시험구에서 적색도가 높았으며, 관능 검사 결과, 팽이버섯 5% 첨가구에서 색과 맛의 평가가 가장 높은 점수를 얻었다.

팽이버섯 어묵의 품질 특성 : 항암성과 혈압 강하 효능이 있는 팽이버섯을 각각 0, 5, 10, 15, 20% 첨가, 튀김 어묵 제조 후, 색조, 물성, 관능적 특성을 조사한 결과, 팽이버섯 첨가량의 증가에 따라 어묵 색도는 L값은 감소, a와 b값은 증가하였고, 어묵의 유연성(절곡 검사)은 AA로 측정한 결과, 첨가량에 관계없이 우수하였다. 물성은 15% 팽이 첨가 어묵에서 강도, 경도, 탄성, 점성, 마쇄성이 가장 높았고, 관능 검사에서 색조와 향기는 팽이버섯 첨가 증가에 따라 선호도가 높았으며, 맛과 조직감, 전체적인 선호도는 5% 팽이버섯 첨가구가 가장 높았다.

Microwave 추출조건 최적화 : 팽이버섯 추출물의 수율 및 전자공여능, 총 polyphenol양, tyrosinase 저해능, 갈색도, 아질산염 소거능에 대해 반응 표면 분석에 의한 추출 조건은 최적화하였다. 추출물의 수율은 EtOH 농도에 가장 큰 영향을 받았고, 갈변도도 microwave power보다 EtOH 농도에 영향을 받았으며, 아질산 소거능은 EtOH에 농도 증가에 따라, microwave power 감소에 따라 증가하였다. 전자공여능은 EtOH 농도 증가에 따라 증가폭이 컸으며, 총 polyphenol은 EtOH 농도 증가와 microwave power 영향을 받아 power가 작을수록 그 값이 크게 측정되었다. 따라서 팽이버섯 최적 추출 조건은 microwave power가 작을수록 그 값이 크게 측정되었다. 따라서 팽이버섯 최적 추출 조건은 microwave power 47.21~76.05 watt, EtOH 농도는 10.25~43.56%, 추출 시간 5.72분으로 예측되었다.

화학합성 배지의 최적화 : 팽나무버섯의 탄소원과 질소원을 조사한 결과, mannitol과 glutamic acid, NH_4NO_3가 최대 균사체 생장을 보였으며, 최적 C/N ratio는 20:1, phosphate source는 KH_2PO_4가 우수하였고, $MgSO_4$와 thiamin-HCl이 균사체 생장을 촉진하였다. 이 결과로 최적 화학합성 배지 조성은 1.5% mannitol, 0.082% NH_4NO_3, 0.132% glutamic acid, 0.25% KH_2PO_4, 0.06% $MgSO_4 \cdot 7H_2O$, 0.3㎍/ l thiamin-HCl이 자실체와 균사체의

생장에 우수한 것으로 나타났다.

버섯 생장과 Natural oil : 팽이버섯 합성 배지에 첨가된 모든 식물성유들이 균사 생장을 촉진하여 2%(v/v)의 식물성유들의 균체량이 최저 2.7배, 최고 3.3배까지 증가하였으며, 3%의 미강유 첨가로 건조 균체량은 무첨가 시 보다 3.5배 증가되었다. 또한 균사체의 lipid 이용은 Ca^{2+}에 의해 촉진되어 1.0%(w/v)의 $CaCl_2$ 첨가로 균체량을 접종하여 생산된 자실체의 양은 각각 118.0g, 115.0g으로 큰 차이는 없었다.

자실체 형성과 환경특성 : 합성 배지에서 팽나무버섯의 균사 생육과 자실체 형성에 환경적 특성을 조사한 결과, 균사체는 광조사에 저해되었으나, 자실체 형성은 촉진되었고(최적 조도 100~1000 lux) 최적 시간은 매일 4~8시간, 균사생육과 자실체 형성의 최적 온도는 각각 25℃, 15℃, 최적 pH는 각각 5.0~7.5, 5.0~6.0이었다. 저온 처리로 자실체 형성은 15℃에서 12시간, 5℃와 19℃에는 48시간, 15℃에서 더 효과적이었다. 균사는 7~10일 배양이 자실체 형성과 수율이 좋았다.

정미 성분 : 팽나무버섯의 맛 성분을 분석한 결과, 5'-AMP, 5'-CMP, 5'-GMP, 5'-IMP, 5'-UMP 등 정미 성분이 있었다.

Microwave 추출물의 생리 활성 : 팽이버섯을 물, 50% EtOH, 99% EtOH로 추출하였으며, microwave의 power(EDA)와 시간에 따라 추출물의 총 polyphenol 함량, 전자공여 작용, tyrosinase 저해 작용, 아질산염 소거 작용의 차이를 관찰한 결과, EDA 60~120W로 증가에 따라 총 polyphenol량과 전자 공여능은 90W에서 평형이 변하지 않았다. tyrosinase 저해능은 증가하여, 추출 시간 10분, 5분에서 평형에 이르렀다. 용매별 추출물에서 아질산염 소거능은 EDA와 추출 시간의 증가에 따라 증가하였고, pH에 의존적인 소거율을 보였다.

버섯 수확 후 배지에서 단백 다당체 분리 : 버섯 수확 후 톱밥 배지에서 항암 효과가 뛰어난 단백 다당체를 열수 추출한 조 단백 다당체 CA 분획의 수율은 EtOH 95%에서 1.464g으로 0.366%이었고, CA의 당과 단백질 조성은 총 당 19.8%, 총 단백질 23.8%, CA 분획을 박막 여과하여 분획한 결과, 분자량 30만 이상의 A 분획이 44.6%로 주 성분이었다. A 분획을 DEAE-sephadex column chromatography한 결과, 3개의 분획이 A-15.8%, A-28.5%, A-313.2%의 수율을 얻었다. sepharose 2B gel로 정제한 결과, 순수한 단백 다당체의 peak를 얻었고, A-1-α의 수율은 20.9%, galactose, mannose, xylose 및 fucose의 5종이었고, 특히 neutral polysaccharide 분획인 A-1-α에서 glucose와 galactose 함량이 높았다.

팽이버섯 배지 사료와 육계의 질 : 버섯의 가축 사료화 가능성을 조사하여 친환경 농업 소재 개발의 기초 자료로 활용하고자 시험한 결과, 팽이버섯 탈병 배지를 육계 사료에 5~10% 첨가 시 사료 절감은 10~20%, 복강 지방 감소로 25~37% 및 육질 개선 효과가 있었다. 또한 팽이버섯 탈병 배지를 육계 사료에 5~10%를 첨가하여 사육한 닭고기는 아미노산 함량이 33~38% 증가하였으나 20% 이상 첨가 시는 오히려 감소하는 경향을 보였다.

각종 버섯의 β-Glucan의 수용성(새송이, 느타리, 장수버섯, 팽이, 신령, 표고, 운지, 석이) : 12종의 식용 버섯 중 수용성 β-glucan을 측정한 결과, 4.71~46.2.0%(in dry basis)이었고 석이(*Gyrophours esculenta*), 표고, 운지, 영지, 팽이버섯이 β-glucan을 많이 함유하였다. 수용성 β-glucan의 많은 버섯이 생리 활성이 강한 것으로 이들의 수용성 β-glucan은 2.12~19.66%이었고, 총 β-glucan의 42.55~73.35%이었다. 12종의 시료 중 총 glucan이 가장 많은 버섯은 석이 46.49±0.24%, α체 0.29±0.03%, β체 46.20±0.27%이었고, 불용성 glucan은 총 26.79±0.82%, α체는 0.25±0.01%, β체는 26.54± 0.82%이었다. 운지는 총 glucan 22.69±2.15%, β체는 22.24±1.84%, 불용성 glucan은 26.79± 0.82%, 11.62±1.22%, 영지의 총 glucan은 22.24±1.32%, β체는 21.61±1.39%, 불용성 glucan은 6.16±0.08%, β체는 5.76±0.16%이었다. 표고버섯의 glucan 함량은 33.99+0.65%이며 α체는 5.91±0.57%, β체는 28.08± 0.08%, 불용성 glucan은 총 13.78±0.16%, α체는 2.98±0.21%, β-10.83±0.04%이었다.

Flavonoid 함량 : 100여 종의 식용, 약용 식물의 총 flavonoid을 측정한 결과, 영지버섯, 표고버섯, 느타리, 팽이버섯은 2㎎이하였다.

일반 성분 : 팽이버섯의 성분을 분석한 결과, 유리 아미노산 26종과 당 알코올은 arabitol, mannitol이 있었고, 당류는 glucose, trehalose, polysaccharide, pectin, cellulose, hemicellulose, lignin 등이 분리되었다.

식용 야생 버섯 : 식용 야생 버섯을 조사한 결과, 송이, 목이, 팽나무버섯, 노루궁뎅이버섯, 꽃잎버섯, 그물버섯, 비단그물버섯, 구름버섯, 애기무당버섯, 기와버섯, 국수버섯, 나팔버섯, 젖버섯, 굴털이, 향버섯(능이), 갓버섯, 들버섯, 주름버섯, 싸리버섯, 붉은싸리버섯, 말뚝버섯, 알버섯, 긴대안장버섯, 말불버섯, 곰보버섯, 망태버섯, 덕다리버섯, 흰가시버섯 등이 있었다.

이용 실태 : 대구 지역 주부들의 버섯 이용 실태를 조사한 결과, 버섯은 대부분 (97.7%), 자연식품, 건강식품으로 인식하고 있었고, 인지도는 느타리, 건조표고, 영지, 양송이, 송이, 생표고, 싸리, 팽이 순이었으며, 소득이 높고, 교육 수준이 높을수록, 인지도가 높았다. 항암 효과에 대한 버섯은 영지, 운지, 송이, 건조 표고 순으로 약용 효과가 높다고 생각하였고, 기호도는 느타리, 송이, 양송이, 건조 표고 순이었으며, 선호 특성은 멋, 질감, 향기 순이었다. 느타리와 팽이버섯은 질감, 다른 버섯은 맛을 선호하였고, 느타리는 질감, 송이는 맛과 향기로 가장 선호도가 높았다. 이용상 문제점은 가격(61.3%), 조리법 (18.7%), 보관 · 저장(14.8%) 순이었다.

✤ 효능과 이용

1) 효능 : 간장병, 소화기 궤양, 체중 증가.
2) 식용 : 맛과 빛깔이 좋아 어느 요리에도 잘 어울리며, 맛과 색깔이 좋아 미국과 일본에서 인기 있고, 인공재배를 많이 한다.
3) 약용 : 간 질환, 소화기 궤양 등에 탕제로 장복하면 효과 있다. 상용하면 간 질환과 소화기계 질환 질병(위궤양 등)에 예방과 치료 효과가 있다.

※ Lysine이 풍부하여 체위 향상에 효과적이다.

참고문헌

1) 공원식, 김동현, 김영호, 김경수, 유창현, 변영옥, 김광호, **균학회지,** 1997, 25(2), 111 〔팽나무버섯(*Flammulina velutipes*) 단포자 분리주의 유전적 변이성〕

2) 구성근, 유연경, 황영만, 하정욱, 이승철, **식품영양과학회지**, 2001, 30(2), 288 (팽이버섯 함유 어묵의 물성 특성)

3) 권은숙, 김일낭, 권훈정, **식품과학회지,** 2007, 39(3), 348 (식물성 일반식품 자원〔두류, 엽채류, 버섯류(팽이, 표고) 에탄올 추출물이 염증효소계에 미치는 영향〕)

4) 김나미, 이종수, **균학회지,** 2003, 31(1), 28 (발효 기간이 버섯 발효액의 품질과 생리 기능성에 미치는 영향 - 느타리, 표고, 팽이버섯)

5) 김수민, 조영석, 성삼경, **식품과학회지,** 2001, 33(5), 626 (식물체 추출물의 항산화성 및 아질산염 소거 작용)

6) 김영호, 공원식, 김경수, 유창현, 김한경, 성재모, 류영진, 김광호, **균학회지,** 1998, 26(2), 187 (팽이버섯 분열자의 생성 원인 및 특성)

7) 김정숙, 한재숙, 이재성, **조리과학회지,** 1994, 10(3), 291 (버섯의 이용 실태에 관한 조사 연구 - 느타리, 양송이, 표고, 영지, 송이, 팽이, 운지, 싸리 등)

8) 김재용, 문광덕, 이상대, 조숙현, 강혜인, 이성대, 서권일, **식품저장유통학회지,** 2004, 11(3), 10 (큰느타리의 이화학적 특성 - 느타리, 양송이, 표고, 팽이와의 비교)

9) 김철재, 황순배, **숙명여대 생활과학연구소,** 1996, 167 (저장온도에 따른 진공포장 팽이버섯의 이화학적 성질변화)

10) 김한경, 석순자, 김광포, 문병주, Terashita, T., **균학회지,** 1999, 27(6), 415 〔*Cladobotryum varium*에 의한 팽이버섯 흰 곰팡이 병(가칭) 발생〕

11) 김현구, 김미옥, 최맑음, 김공환, **식품과학회지,** 2003, 35(2), 222 (반응표면 분석에 의한 팽이버섯의 microwave 추출조건 최적화)

12) 김현구, 최윤정, 김공환, **식품과학회지,** 2002, 34(6), 1013 (팽이버섯 Microwave 추출물의 기능적 특성)

13) 김형수, 홍재식, 김명곤, **응용생명화학회지,** 1984, 27(1), 34 (합성 배지를

이용한 팽나무버섯의 자실체 형성, 제 3보, 환경적 특성에 관하여)

14) 김형석, 손승렬, 황세영, **농화학회지,** 1999, 42(4), 304 (팽이버섯으로부터 Lectin의 정제와 특성)

15) 나재천, 장병귀, 김상호, 김지혁, 김성권, 강희설, 이덕수, 이상진, 정종천, 이진천, **가금학회지,** 2005, 32(2), 143 (팽이버섯 배지 부산물의 급여가 산란계의 생산성 및 난질에 미치는 영향)

16) 노일협, **숙명여자대학교 논문집,** 1981, 21, 141 (한국산 식용 버섯 중의 미량 금속 원소의 함유량에 관한 연구)

17) 류영현, 윤영석, 조우식, 박선도, 최부술, 김종국, **균학회지** 1998, 26(1), 20 (팽이버섯 재배시 액체종균 사용 효과)

18) 卯曉嵐, 莊長坪, 歐株次旺, **西藏大型經濟眞菌,** 北京科學技術出版社, 1991

19) 박영현, 장성근, **식품위생안전성학회지,** 1997, 12(3), 195 (한국산 식용 버섯의 Tyrosinase 활성 저해검색 및 그 유효 성분 분리 - 양송이, 팽이, 표고, 영지, 석이 등)

20) 박용환, 장학길, 고승주, 차동열, **농업기술편 농시연보,** 1978, 20, 129 (팽이버섯 병재배에 관한 연구)

21) 박우포, 이승철, 배성문, 김정한, 이미정, **식품영양과학회지,** 2001, 30(2), 210 (팽이버섯 첨가가 김치의 숙성 중 품질에 미치는 영향)

22) 변명옥, 공원식, 김영호, 유창현, 차동열, 이두형, **균학회지,** 1996, 24(4), 237 (팽이버섯 자실체 색택의 유전 연구)

23) 송치현, 이창호, 안장혁, 홍범식, 양한철, **균학회지,** 1995, 23(1), 53 (팽나무버섯 균사체 및 자실체 생산을 위한 화학합성 배지의 최적화)

24) 송치현, 이창호, 허태린, 안장혁, 양한철, **균학회지,** 1993, 21(3), 212 (팽나무버섯 자실체 생산을 위한 기질 개발)

25) 신관철, 박종성, 유영복, **충남대 생물공학연구지,** 1991, 1, 109 (팽이버섯 원형질체의 재생, 환원 및 영양요구성 균주선발)

26) 안장혁, 임왕진, 송치현, 양한철, **산업미생물학회지,** 1993, 21(4), 306 (팽이버섯 균사체 생장에 미치는 Natrual oil의 영향)

27) 여운형, **균학회지,** 1988, 45, 70 (팽이버섯의 원형질체 라출)

28) 연미영, 현태선, **영양학회지,** 2005, 38(7), 586 (한국인 상용식품의 엽산 함량 분석에 의한 식품 영양가표의 보완 - 팽이버섯)

29) 우낙식, **균학회지,** 1982, 10(4), 213 〔팽나무버섯의 항암 성분에 관한 연구(제1보). Sarcoma 180에 대한 항암 작용〕

30) 우명식 **균학회지,** 1982, 10(4), 2/2, 11(2), 69 〔팽나무버섯의 항암 성분에 관한 연구(제1보). Sarcoma 180에 대한 항암 작용〕

31) 우명식, **균학회지** 1983, 11(4), 147 〔팽나무버섯의 항암 성분에 관한 연구(제2보). 액내 배양에 의한 항암 성분의 동정〕

32) 윤정구, **충북대 논문집,** 1980, 20, 209 (*Flammulina velutipes*의 발육과 형태에 미치는 광의 영향)

33) 윤정구, **충북대학 논문집,** 1969, 3, 161 (팽이버섯의 인공 배지 배양에 관한 연구)

34) 윤정구, **충북대학 논문집,** 1971, 5, 143 〔*Collybia velutipes* 균의 인공 배지 배양에 관한 연구(2), 수종간의 톱밥배합량과 쌀겨 첨가량의 차이가 *Collybia velutipes* 균의 자실체 형성에 미치는 영향〕

35) 윤정구, **충북대학 논문집,** 1973, 7, 35 (톱밥 배지의 pH가 *Collybia velutipes* 균의 균사 발육과 자실체 형성에 미치는 영향)

36) 윤정구, **충북대학 논문집,** 1975, 9, 127 (활엽수재에 대한 *Flammulina velutipes* 균의 부후성 검정)

37) 윤정구, **충북대학 논문집,** 1978, 16, 125 (C/N율의 차이가 *Flammulina velutipes* 균의 균사 발육에 미치는 영향)

38) 應建浙, 卯曉嵐, 馬개明, 宗류臣, 文華安, **中國藥用眞菌圖鑑,** 科學出版社, 1987

39) 이균, 김공환, 김현구, **식품과학회,** 2002, 34(6), 1067 (팽이 및 만가닥버섯에서 추출한 Peroxidase의 열 불활성화 특성)

40) 이재성, 서달선, **균학회지,** 1985, 13(2), 111 〔*Flammulina velutipes*(팽이버섯)에 의한 Laccase의 생산과 효소적 특성〕

41) 이종미, 오상석, 한대석, 손은심, **식생활문화학회지,** 2001, 16(5), 504 (식물성 식품 중 총 플라보노이드 함량과 생리 활성 탐색－영지, 표고, 팽이, 느타리)

42) 이지열, **균학회지,** 1975, 3(1), 40 (야생 버섯을 식용하자－팽이 외)

43) 이현경, **고려대학교 석사학위논문,** 1993 (*Flammulina velutipes* 배양액 중 항보체 활성 다당의 정제 및 특성)

44) 이현경, 신광순, 송치현, 성하진, 양한철, **산업미생물학회지,** 1994, 22(4), 360 (*Flammulina velutipes* 항보체 활성 다당의 생산에 미치는 영양원의 효과)

45) 이현욱, 문병준, 이홍수, 차홍오, 조동진, 신원교, **균학회지,** 1998, 26(1), 60 (*Psendomonas agarici* 와 *P. tolaasii*의 접종시기 및 접종농도가 팽이버섯의 균사생장과 자실체 형성에 미치는 영향)

46) 장학길, **균학회지,** 1976, 4(1), 31 (톱밥 배지에 대한 영양첨가가 팽이버섯의 생장 및 배지의 화학적 성분변화에 미치는 영향)

47) 장학길, **논시연보,** 1975, 109(75농기연) (팽이버섯 재배에 관한 시험)

48) 정종천, 김광포, 김한경, 김영호, 차동열, 정봉구, **균학회지,** 1995, 23(3), 226 (계란 껍질 첨가 배지가 팽이버섯의 균사생장과 자실체에 미치는 영향)

49) 정종천, 전창성, 김승환, 장갑열, 박정식, 나재원, 전민현, **균학회지,** 2006, 34(1), 26 (팽이버섯 탈병배지의 사료첨가가 육계의 질 및 생산 비용에 미치는 영향)

50) 정환채, **균학회지,** 1982, 10(2), 96 (식용 버섯 균주의 장기 보존 방법에 관한 연구－표고버섯, 팽이버섯)

51) 조숙현, 이동선, 이상대, 김낙구, 류재산, **식품영양학회지,** 1998, 27(6), 1137 (팽이버섯의 선도유지를 위한 환경 기체 조절 포장)

52) 조숙현, 이상대, 이현욱, 김낙구, 류재산, 이동선, **식품저장유통학회지,** 1998, 5(3), 231 (팽이버섯의 톱밥 제거가 저장 중 품질에 미치는 영향)

53) 조우식, 윤영석, 유영현, 박선도, 최부술, **균학회지,** 1996. 24(3), 223 〔사과가공 부산물 첨가 배지가 팽이버섯(*Flammulina velutipes*)의 균사생장과 자실체 미치는 영향〕

54) 최낙식, 서승염, 김승호, **식품과학회지,** 1999, 31, 533 (혈전용해능을 갖은 버섯류의 탐색－만가닥, 영지, 느타리, 토끼털송편, 새송이, 송이, 노루궁뎅이, 팽이, 양송이, 장수버섯)

55) 최인영, 김규태, 최정식, 나종성, **자원식물학회**, 1998, 11(2), 131 (홍화, 황련, 세신, 배지첨가제가 팽이버섯 생육에 미치는 영향)

56) 최한석, 김명곤, 박효숙, 김재성, 심명화, 김성준, **식품과학회지**, 2005, 37(6), 1039 (인공 재배 버섯의 혈전분해 효소 활성검색－팽이, 새송이, 느타리, 양송이, 영지, 운지, 싸리버섯, 만가닥버섯, 장수, 뽕나무버섯, 노루궁뎅이버섯)

57) 표한종, 손대열, 이찬, **식품과학회지**, 2002, 34(4), 552 (팽나무버섯 Polyphenol Oxidase의 정제 및 특성)

58) 하효철, 박신, 박경숙, 이춘우, 정인창, 김선희, 권용일, 이재성, **생물공학회지**, 1995, 10(5), 589 (팽나무버섯 수확후의 톱밥 배지로부터 단백 다당체의 분리 및 정제)

59) 홍성준, 이원호, 신범수, 성재모, **균학회지**, 2003, 31(1), 22 (느타리, 팽나무버섯 재배에서 액체 종균 배양 및 접종 시스템 적용 방법의 구명)

60) 홍재식, **전북대학 논문집**, 1978, 9, 97 (*Flammulina velutipes*가 생산하는 효소, 조 Cellulase의 성질)

61) Aschan-Aberg, K., **Physiol. Plant.**, 1960, 13, 276 (The production of fruit bodies in *Collybia velutipes* Ⅲ. Influence of the quality of light)

62) Azuma, T., Harada, A., Kim, D. Y., Sakuma, Y., Kojima, Y., Miura, K., **Mokuzai Gakkaishi**, 1996, 42(7), 688 (Isolation of a gene specifically expressed during fruiting body differentiation in *Flammulina velutipes*)

63) Azuma, T., Yao, I., Kim, D. Y., Sakuma, Y., Kojima, Y., Miura, K., **Mokuzai Gakkaishi**, 1996, 42(7), 875 (Sequence and characterization of the genomic clone of the FDS gene from the basidiomycete *Flammulina velutipes*)

64) Byun, M. O., Yoo, Y.B., Go, S. J., You, C. H. Cha, D. Y., Park, Y. H., **Kor. J. Mycol.**, 1989, 17(1), 27(Transformation of the β-isopropylmalate dehydrogenase gene of *Flammulina velutipes* into *Pleurotus florida*)

65) Byun, M. O., Yoo, Y.B., Go, S. J., You, C. H. Cha, D. Y., Park, Y. H., **Kor. J. Mycol.** 1989, 17(1), 35 〔Cloning and expression of Leu 2 gene (β-

isopropylmalate dehydrogenase) from the basidiomycete *Flammulina velutipes* in *E. coli*〕
66) Chang, S. T., Miles, P. G., **Edible Mushrooms and Their Cultivation,** CRC press, Boca Raton, FL. USA, 1989
67) Fukushima, M., Ohashi, T., Fujiwara, Y., Sonoyama, K., Nakano, M., **Exp. Bio. Med.**(Maywood), 2001, 226, 758 〔Cholesterol-lowering effects of maitake (*Grifola frondosa*) fiber, Shitake (*Lentinus edodes*) fiber, and enokitake (*Flammulina velutipes*) fiber in rats〕
68) Garrilova, V. P., Falina, N. N., **Mikol. Fitopatol.,** 1975, 9, 431 (Russ) 〔Proteolytic enzyme isolated from a fungus, *Flammulina velutipes* (Fr.) Sing.〕
69) Gruen, H. E., **Can. J. Bot.,** 1976, 50, 1306 (Promotion of stipe elongation in isolated *Flammulina velutipes* by a diffusate from excised lamellae supplied with nutrients)
70) Gruen, H. E., Wu, S. H., **Can. J. Bot.,** 1972, 50, 803 (Production of stipe elongation in isolated *Flammulina velutipes* fruit bodies by carbohydrate, natural extracts and amino acid)
71) Ikekawa, T., Ikeda, Y., Yoshioka, Y., Nakanish, K., Yokoyama, E., Yamazaki, E., **J. Pharm. Dyn.,** 1982, 5, 576 (Studies on antitumor polysaccharids of *Flammulina velutipes* II. The Structure of EA3 and further purification of EA5)
72) Ingold, C. T., **Mycol. Res.,** 1991, 95(5), 636 (Dikaryon development in *Flammulina velutipes*)
73) Jang, M. S., Eun, J. B., Ushio, H., Ohshima, T., **Food Sci. Biotechol.,** 2004, 13, 215 (Antioxidative properties of mushroom *Flammulina velutipes* crude extract on the oxidation of cod liver oil in emulsion)
74) **Japan Pat.,** 79, 113, 495 (1979); **CA,** 92, 92699 (Antitumor, Emitanins)
75) **Japan Pat.,** 80, 68, 293 (1980); **CA,** 99, 148116 (Antitumor, Emitanins)
76) Kabir, Y., Kimura, S., **J. Nutr. Sci. Vitaminol.,** 1989, 35, 91 (Dietary mushrooms reduce blood pressure in spontaneously hypertensive rats)

77) Kim, D.Y., Azuma, T.-N., **Kor. J. Mycol.**, 1999, 27(3), 187(Cloning of a gene specifically expressed during early stage of fruiting body formation in *Flammulina velutipes*)

78) Kim, H. K., Choi, Y. S., Kim, K. H., **Food Sci. Technol.**, 2002, 34, 1013 (Functional activities of microwave-assisted extracts from *Flammulina velutipes*)

79) Kim, J. S., Chung, H.Y., Na, K., **Nutr. Res. Practice**, 2007, 1(3), 180 (Cytoprotective effect of polysaccharide isolated from different mushrooms against 7-Ketocholesterol induced damage in mouse liver cell line –동충하초, 신령버섯, 팽이, 느타리, 표고, 버들송이)

80) Kinugawa, K., **Genetics and Breeding of Edible Mushrooms,** ed Chang, S. T., Buswell, J. A., Miles, P. G., Gordon and Breach Science publishers, 1999, 87~109 (Physiology and breeding of *Flammulina velutips*)

81) Kinugawa, K., Hattori, M., **Mushroom Sci.**, 1974, 9(1), 771 (Probable genetic differentiation of dikaryons due to reciprocal crossing in *Collybia velutipes*)

82) Kinugawa, K., Nakagi, N., **Men. Fac. Agric. Kinki Univ.**, 1984, 17, 131 〔A breeding method of *Flammulina velutipes* (3). Genes regulating mycelial production〕

83) Kitamoto, Y., Nakamata, M., Masuda, P., **Genetics and Breeding of Edible Mushrooms,** ed. Chang, S. T., Buswell, J. A., Miles, P. G., Gordon and Breach Science publishers, 1993, 65~86 (Production of novel white *Flammulina velutipes* by breeding)

84) Komatsu, J., Terekawa, H., Nakanishi, K., Watanabe, Y., **J. Antibiot.**, Ser A, 1963, 16, 139 (Flammulin, a basic protein of *Flammulina velutipes.* with antitumor activities)

85) Lin, J. Y., Lin, Y. J., Chen, C. C., Wu, H. L., Shi., G. Y, Jeng, T. W., **Nature**(London), 1974, 252, 235 (Cardiotoxic protein from edible mushrooms)

86) Lindberg, B., **Acta. Chem. Scand.**, 1955, 9, 1093, 1323 (isol, deriv, Hypercholesterolemic, Taurine)

87) Masuda, P., Nogami, T., Mori, N., Kitamoto, Y., **Trans. Mycol. Soc. Japan,** 1995, 36, 158 (An emprical rule for breeding high-optimum temperature strains of *F. velutipes*)

88) Miura, K., Yokono, T., Kawaguchi, H., **Mokuzai Gakkaishi,** 1994, 40(8), 874 (Two-dimensional electrophoresis of *Flammulina velutipes*)

89) Nobuhiko, K., **J. Antibiotics,** 1963, 16, 139 (Flammulin, a basic protein of *Flammulina velutipes* with antitumor activities)

90) Ohkuma, T., Otagiri, K., Ikekawa, T., Tanaka, S., **J. Pharmacobiodyn.**, 1982, 5, 439 〔Augmentation of antitumor activity by combined cryo-destruction of sarcoma 180 and protein-bound polysaccharide, EA^6, isolated from *Flammulina velutipes* (Curt. ex Fr.) Sing. in ICR mice〕

91) Shin, H. H., Choi, H, S., **J. Microbiol.**, 1998, 36(1), 20 (Purification and Partial Characterization of a metalloprotease in *Flammulina velutipes*)

92) Takemaru, T., **Bot. Mag., Tokyo,** 1954, 67, 23 (Genetics of *Collybia velutipes,* Ⅰ. Mating type and barrage phenomenon)

93) Takemaru, T., **J. Okayama Univ.**, 1957, 3, 182 (Genetics of *Collybia velutipes* Ⅲ. Growth rate of certains)

94) Tonomura, H., **Biology and Cultivation of Edible Mushrooms,** Chang, S. T., Hayes, W. A., eds. Academic press, New York, USA, 1978, 140 (*Flammulina velutips*)

95) Tusda, M., **J. Biochem.**, 1979, 86, 1463 (Purification and characterization of a lectin from mushroom, *Flammulina velutipes*)

96) Wakita, S., **Agric. Chem. Soc., Japan**, 1955, 28(9), 707 (Biochemical studies on the velvet mushroom, *Collybia velutipes.* part 3. Effect of amino acids and vitamins in the growth of the mycelium)

97) Woo, M. S., **Kor. J. Mycol.**, 1983, 11, 69 (Studies on antitumor components *Flammulina velutipes* of Korea)

98) Yamada, O., Magai, Y., Kashiwagi, Y, Shiratori, T., Sasaki, T., **J. Japan. Soc. Food Sci. Technol.**, 1983, 30, 495 (Formation and regeneration of *Flammulina velutipes* and *Pleurotus ostreatus* protoplasts)

99) Yoshioka, Y., Sano, T., Ikekawa, T., **Chem. Pharm. Bull.**, 1973, 21, 1772 〔Studies on antitumor polysaccharide of *Flammulina velutipes* (Curt. ex Fr.) Sing. I〕

100) Ying, I., Mao, X., Ma, Q., Zong, Y., Wen, H., **Icones of Medicinal Fungi from China**, Science Press, Beijing, China, 1989, 245

Lentinus edodes (Berk.) Sing.
Lentinula edodes (Berk.) Pegler
Cortinellus edodes (Berk.) S. Ito et Imai
Armillaria edoes (Berk.) Sacc.

표고버섯 41

느타리과 (Pleurotaceae)

• 영명 | Oak mushroom
• 중국명 | 香菇
• 생약명 | 椎栮
• 일명 | Shiitake
• 분포 | 한·일·중, 동아시아, 뉴질랜드
• 용도 | 자실체(식용)

✲ 식물학적 특성

봄부터 가을에 걸쳐 참나무, 졸참나무, 너도 밤나무 등 활엽수의 나무 토막, 그루터기에 단생 또는 군생하는 목재백색 부후성 버섯. 갓은 지름 5~10(20)㎝, 반구형~콩팥형. 갓 표면은 담갈색, 농갈색의 섬유상 또는 비늘 모양의 인피가 덮여 있고, 표피는 구열상(龜裂狀). 주름살은 홈형, 빽빽하고 백색, 주름살 날은 톱니형. 대는 편심생 또는 중심생, 윗부분에 백색의 턱받이가 있다. 턱받이 위쪽은 백색, 평활하고, 아래쪽은 백색~담갈색 인피(鱗皮)가 있고, 포자는 타원형, 표면은 평활하고, 포자문은 백색이다.

동속 식용 버섯에는 잣버섯(*L. lepideus*)이 있다.

✲ 성분

1) 영양 성분

① **표고버섯, 리기다소나무**(7028) 가식부 100g 중 열량 261.0㎉, 단백질 17.3g,

표고버섯

지질 1.7g, 당질 57.9g, 조섬유 6.7g, Ca 20.0mg, P 206.0mg, Fe 3.6mg, Zn 0.36 mg, vitamin B_1 0.66mg, B_2 0.61mg, B_6 0.12mg, niacin 7.7mg, C 0.0mg, 엽산 47.0μg.

② **표고버섯, 물갬나무(7029)** 가식부 100g 중 열량 277.0kcal, 단백질 14.2g, 지질 2.7g, 당질 62.5g, 조섬유 6.5g, Ca 18.0mg, P 352.0mg, Fe 7.4mg, Zn 2.7mg, vitamin B_1 0.62mg, B_2 1.05mg, B_6 0.12mg, niacin 6.4mg, C 0.0mg, 엽산 47.0μg.

③ **표고버섯, 말린것(7030)** 가식부 100g 중 열량 282.0kcal, 단백질 18.5g, 지질 3.2g, 당질 58.8g, 조섬유 5.2g, Ca 13.0mg, P 296.0mg, Fe 4.2mg, Zn 0.42mg, vitamin B_1 0.42mg, B_2 1.1mg, B_6 0.08mg, niacin 20.0mg, C 0.0mg, 엽산 32.0μg.

④ **표고버섯, 신갈나무 말린것(7031)** 가식부 100g 중 열량 277.0kcal, 단백질 17.1g, 지질 2.5g, 당질 60.8g, 조섬유 7.0g, Ca 16.0mg, P 343.0mg, Fe 6.9mg, Zn 2.8mg, vitamin B_1 0.70mg, B_2 1.56mg, B_6 0.12mg, niacin 9.8mg, C 0.0mg, 엽산 47.0μg.

⑤ **표고버섯, 생것(7032)** 가식부 100g 중 열량 38.0kcal, 단백질 2.0g, 지질 0.3g, 당질 5.5g, 조섬유 0.7g, Ca 4.0mg, P 25.0mg, Fe 1.2mg, Zn 0.28mg, vitamin B_1 0.05mg, B_2 0.21mg, B_6 0.12mg, niacin 3.8mg, C 5.0mg, 엽산 47.0μg. 식이섬유 6.05g

⑥ **표고버섯, 참나무 생것(7033)** 가식부 100g 중 열량 27.0kcal, 단백질 2.0g, 지질 0.3g, 당질 5.4g, 조섬유 0.7g, Ca 6.0mg, P 28.0mg, Fe 0.6mg, Zn 0.28mg, vitamin B_1 0.08mg, B_2 0.23mg, B_6 0.12mg, niacin 4.0mg, 엽산 47.0μg.

⑦ **표고버섯, 참나무 삶은것(7034)** 가식부 100g 중 열량 26.0kcal, 단백질 2.4g, 지질 0.2g, 당질 5.3g, 조섬유 1.00g, Ca 7.0mg, P 45.0mg, Fe 0.6mg, Zn 0.28mg, vitamin B_1 0.08mg, B_2 0.21mg, B_6 0.12mg, niacin 3.0mg, C 0.0mg, 엽산 47.0μg.

⑧ **표고버섯, 참나무 말린것(7035)** 가식부 100g 중 열량 272.0kcal, 단백질 18.1g, 지질 3.1g, 당질 57.0g, 조섬유 6.7g, Ca 19.0mg, P 268.0mg, Fe 3.3mg, Zn 2.69mg, vitamin B_1 0.48mg, B_2 1.57mg, B_6 1.20mg, niacin 19.0mg, C 0.0mg, 엽산 483.0μg.

2) 특수 성분

표고버섯에서 6-Amino-9H-purine-9-propanoic acid(A-01554), Deoxyeritadenine(R, D-00459), Eritadenine(2R, 3R E-01508), Hexathiepane (H-00811), Lenthionine(P-00766), Lentinan(L-00416), Lentialexin(O-00240), 1,2,4-Trithiolane(D-03417, Trithiolaniacin), Lentysine(E-01508), Lentinic acid(L-00418), 2,3-Octadiene-5,7-diyn-1-ol(O-00176), 3,5,7-Octatriyn-1-ol (O-00234), 1,2,4,6-Tetrathiepane(T-01170), 효소로는 Aminopeptidase, Amylase, ATPase, Carboxyprotease, Catecholase, Cellulase, γ-Glutamyltranslase, Cresolase, Lignin peroxidase, 산성 Nucleosidase, Phosphatase, Polyphenolase, Prolineiminopeptidase, Ribonuclease, Acid protease, 금속 Protease, Antithiamin 성분은 Thiosulfanide 등이 분리되었다.

Volatile compound는 19종의 S-compound가 동정되었고, 그중 중요한 것은 Lenthionine, 1,2,4,6-Tetrathiepane, 1,2,4-Trithilane 등이 있다.
동속 식물에서 Taurine(T-00130), *Coprinin(H-02317), Cystathionine, Saccharopine, Nicotianin, γ-Glutamylhistidine, γ-Glutamyl-α-ornithine, γ-Glutamyl-α-lysine, γ-Glutamylglutamic acid, γ-Glutamylnicotianin, N, N'-Bis-γ-glutamylcystine, γ-glutamylcystine, N, N'-Bis-γ-glutamylcystinylglycine 등이 확인되었다.

✲ 생리 활성

황기-표고버섯 균사체 배양 추출물의 항암 효과 및 알레르기 억제 효과 : 황기에 표고 균사체를 접종, 배양한 추출물이 간암, 유방암, 자궁경부암 세포 및 고형암 증식에 미치는 영향을 조사한 결과, 황기 균사체(ALM)는 황기(A) 추출물보다 효과적이었고, ALM은 간암 세포에 3mg/*ml* 처리로 65.23%, 유방암 세포에 5mg/*ml* 처리로 69.42% 증식 억제가 있었으며, 자궁암 세포에 ALM을 3mg/*ml* 처리에 A처리 시보다 23.82% 증식 억제가 더 컸다. 특히 간암과 유방암 세포에서 ALM 처리 시 강력한 증식 억제 효과가 있었다. 고형암 세포에도 ALM 처리가 47% 억제 효과가 있어 A 처리 시보다 10% 더 많았다. histamine 유리 억제 효과는 compound 48/80 처리군에 비해 A는 7.6%, ALM 처리에서 44.6%의 histamine 분비 억제 효과가 있었다.

당과 Cholesterol 조절①: 시험군은 4군 (C: 대조 식이군, CD: 대조 당뇨군, M: 표고버섯 대조군, MD: 표고버섯 당뇨군)으로 나누어 5주간 사육하여 혈당, 지질농도, glutathione 효소계에 미치는 영향을 관찰한 결과, 당뇨 유도군은 대조군보다 체중이 유의적으로 감소, MD군은 CD군보다 체중 감소가 적었다(유의성 없음). 5주 후 MD군은 CD군보다 혈당이 감소하였고 또한 MD군과 M군에서 혈청 cholesterol이 유의적 감소를 보였다. CD군은 C군보다 혈청 중성 지질 농도가 높았으며 M군과 MD군은 낮았다. 혈청 HDL-cholesterol은 C군과 CD군은 M군과 MD군보다 높았고, LDL-cholesterol은 M군이 C군보다 낮았고 CD군이 C군보다 높았다. CD군에서 간의 G-6-Pase 활성이 증가하였으나, MD군에서 유의적 감소를 보였다. 간의 지질 과산화 함량도 당뇨 상태에서 증가하였으나 표고버섯에 의한 증가와 억제 효과는 없었다. 신장 GR 활성도는 MD군이 C군보다, CD군과 M군보다 유의적 감소를 보였고, GPx 활성도 대조 당뇨군보다 유의적으로 낮았으나, 간 조직에서는 유의적 차이는 없었다. CD군보다 MD군이 glutathione의 의존성 효소계의 활성이 낮았고, 간보다 신장에서 예민하였다. 이 결과로, 표고 섭취는 당뇨성 혈당과 혈청 cholesterol 증가를 억제하고, GSH 효소 활성의 증가 억제를 알 수 있었다.

당뇨쥐의 혈당 강하 효과②: STZ 유도 당뇨쥐에서 느타리와 표고버섯 단백 다당체를 14일 투여하고, 혈당과 지질을 관찰하였다. 체중 변화는 정상군에 비해 당뇨군이 감소되었고, 식이 섭취량은 정상군보다 당뇨쥐에 많았고, 장기 무게는 체중 100g당 비장은 표고버섯이 정상군과 같았고, 혈당은 당뇨 대조군이 계속적 증가를 보였으나, 표고버섯 추출군은 낮았다(P〈.05). 혈장 중 단백질과 cholesterol 함량은 정상군과 당뇨 대조군과는 큰 차이가 없었으나, 중성 지방은 표고버섯 추출군에서 낮았으며, 유리 지방산 함량도 낮았다(P〈.05). 혈청 aminotransferase 활성도는 표고버섯 추출군에서 당뇨 대조군에 비해 ALT와 AST활성도가 낮았다(P〈.05). 이상에서 당뇨 유발 흰쥐에서 표고버섯 단백 다당체 투여로 혈당 강하가 뚜렷함이 인정되었다.

β-Glucan과 당뇨쥐의 혈당 및 지질 성분[3]: 표고버섯과 보리에서 추출한 β-glucan(C500, B500)을 alloxan-유도 당뇨 6주령 FCR mouse에 10일간 경구 투여한 후 관찰한 결과, 당뇨쥐에서 B500군과 M500군은 정상 대조군에 비해 식이 섭취량이 약 2배였으나, 체중 변화는 실험군에서 당뇨 대조군과 정상 대조군보다 감소하였고($p<.05$), 혈당은 당뇨 대조군에서 실험 시초부터 끝까지 고혈당이 유지되었으나, B500군과 M500군은 당뇨 대조군에 비해 낮은 혈당치를 보였다($p<.05$), 혈중 중성 지방은 당뇨 대조군이 정상 대조군에 비해 약 1.7배 증가하였다. B500군은 당뇨 대조군에 비해 중성 지방의 농도가 감소하였으나, M500군은 차이가 없었다($p<.05$). 혈중 총 cholesterol과 LDL-cholesterol은 각 군에 차이가 없었다. 이상으로 표고버섯과 보리 β-glucan을 alloxan 유도 당뇨쥐에 투여 시 , 체중과 혈당이 감소되었고, 특히 β-glucan은 혈중 중성 지방을 감소시켰으므로 표고버섯과 보리 β-glucan은 당뇨병 개선 효과가 인정되었다.

혈당 강하 효과[4]: 당뇨 유발 흰쥐에 표고버섯 균사체를 7일간 급여 후, 혈장 glucose, total cholesterol, TG 및 ALT, AST 활성을 관찰하였고, 표고버섯 균사체 생장의 최적 배양 조건을 조사한 결과, 최적 조건은 pH 5, 30℃이었고, 발효조 배양이 최대 균사체 생장(8.13g/ l)이 진탕 배양보다 6일 단축되었다. hypoglycemic 효과는 혈장 glucose는 당뇨 유발군에서 표고버섯 균사체 급여군이 대조군보다 23.0% 감소, 혈장 total cholesterol과 TG는 20.3%, 27.1% 감소되었다. 또 혈장 ALT와 AST활성은 당뇨 대조군보다 표고버섯 균사체 급여군이 29.6%와 34.3% 낮은 활성을 보였다.

버섯 혼합 식이와 지질 대사[1]: 고cholesterol 흰쥐 간장의 지질 성분과 지방산 조성에 식용 버섯(표고, 목이, 영지)과 식용유지(들깨, 홍화) 혼합식의 영향을 알고자, SD계 숫쥐에 10% 돈지와 5% cellulose 식이군(대조군)과 영지, 표고, 목이 각 5%와 olive, 홍화유, 들깨유를 각각 10%씩 상호 혼합 식이를 3주간 투여 후, 간장의 지질 성분과 지방산 조성을 조사하였다. 간장의 총 cholesterol 농도는 3군(olive유 10%+표고 5%)과 6군(홍화유 10%+표고

5%)이 대조군 및 여타 실험군에 비해 유의적으로 낮았고, 중성 지질의 농도는 8군(들깨유 10%+영지5%) 및 9군(들깨유 10%+표고 5%)이 낮았으며, 인 지질은 3군, 5군(홍화유 10%+영지 5%), 6군, 7군(홍화유 10%+목이 5%), 8군, 9군, 및 10군(들깨유 10%+목이버섯 5%)이 대조군에 비해 유의적으로 낮았다. 간장 총 지질의 지방산 조성에서 MUFA의 함유율은 2군(olive유 10%+영지 5%), 3군 4군(olive유 10%+목이버섯 5%) 및 전 들깨유군에서 현저히 높았다. 간장 인 지질의 지방산 조성은 PUFA함량이 높았고, MUFA는 낮았으며, 중성 지질에서는 MUFA 함량이 SFA보다 좀 낮았고, cholesterol ester에서는 MUFA 함량이 현저히 높았다. 간장 지질 성분 모두 PUFA중 n-6계 LA의 함유 비율이 가장 높았으며, 인 지질 성분 중 n-3계 EPA함량이 현저히 높았다. 간장 지질 성분 모두 PUFA 중 n-6계 LA의 함유 비율이 가장 높았으며, 인 지질 성분 중 n-3계 EPA 함량이 월등히 높았다.

다당체와 발암원 급여 흰쥐의 지질 대사[②] : 표고버섯 열수 추출물(PS)과 발암원 butter yellow을 6주간 흰쥐에 급여한 후, 간과 혈장의 지질 성분을 분석, 또 간 기능을 관찰하였다. butter yellow (BO) 단독 투여군에서 대조군 (NO)보다 식욕 감퇴와 체중이 감소한 반면, PS 급여군인 NP군과 BP군에서 NO군과 BO군에 비해 증체량이 현저하였다. 간의 총 지질, 총 cholesterol, 중성 지질 및 인 지질은 PS 투여군이 대조군보다 현저히 낮았으나, BO 군은 NO 군보다 인 지질은 비슷, 총 지질 및 총 cholesterol은 유의적으로 높았다. 혈장의 중성 지질과 총 cholesterol 양 또한 BO군에서 지질이 높았고, PS 투여로 중성 지질과 총 cholesterol은 감소하였다. 이상의 결과로 PS는 BO 투여 시 나타나는 지질 대사 이상으로 인한 지질 상승을 방지, PS의 지질과산화에 대한 방어 또는 cholesterol 저하 작용으로 추측되며, 혈장과 간의 중성 지질 및 cholesterol 농도 상승 억제 물질은 동맥 경화 예방, 지질 과산화에 의한 지단백 변화에 방어 작용과 세포, 면역 등 부수적 효과도 있는 것으로 사료되며, PS 투여로 발암 물질 불투여 시와 유사한 결과를 보여 PS가 간장의 해독 기구에도 작용, 간 기능 활성화 또는 지방 축적 및 고지질화에 완만한 개선 작용을 보였다.

휘발성 향기 성분①: 표고버섯의 휘발성 향기 성분을 알고자 한 실험에서 한국산 신선한 표고버섯과 건조 표고버섯의 휘발성 향기 성분을 추출, GC와 GC/MS로 분석한 결과, 29개의 향기 성분이 확인되었고, 신선한 표고버섯에서 1-octen-3-ol이 전 향기 성분의 74.7%로, 건조 표고버섯에서 1,2,4-trithiolane이 약 66.3%였으며, 그 외에 C_8 화합물로 3-octanone, 1-octen-3-one, 3-octanol, cis-2-octenal, 3-octanol 및 cis-2-octenol, 함유황 화합물은 carbondisulfide, dimethyldisulfide, dimethyltrisulfide, 1-(methylthio)-dimethyldisulfide, 1,2,4,5-tetrathiane이 확인되었다. 신선한 표고버섯을 침지하였을 때, C_8 화합물은 pH 6.0~7.0에서, 함유황 화합물은 pH 8.0~9.0에서 많이 생성되었다.

향기 성분②: 표고버섯 생것과 가열한 것의 향기 성분을 GC, GC/MS로 분석한 결과, 생것의 향기 성분은 10종이 동정되었고, 이 중 1-octen-3-ol이 71.05%, ethyl acetate 1.17%, 2-octenol 1.22%, octylalcohol 1.05%로 전체 향기 성분 중 74.47%이며, 가열 중 향기 성분은 8종이 동정되었고, 1-octen-3-ol, 83.68%, ethyl acetate 2.24%, 2-octenol 1.55%, octyl alcohol 1.28%, 1, 2, 4-trithiolane 1.91%로 전체 향기 성분의 90.56%이었다. 1, 2, 4-trithiolane과 1, 2, 4, 5-tetrathiane은 유황 화합물의 향기 성분으로 표고 버섯 향기의 특징으로 인정되었다.

향미 관련 성분과 Ethylene oxide 및 γ-Energy③: 건조 표고의 고유 향미 성분에 대한 ethylene oxide(EO)와 γ-energy(5KGy) 처리의 영향을 검토한 결과, 휘발성 향기 성분 1-octen-3-ol(72.8%), 3-octanone(11.5%), dimethyl disulfide (6.7%) 등은 살균 살충 목적 EO 훈증 처리로 현저히 감소하였고, 동일 목적의 γ-energy에서도 변화되었다. 시료의 유리 amino acid와 당(manitol, arabitol, trehalose) 성분은 비교적 안정하였으나, 훈증 처리의 영향이 인정되었다. 그러나 전반적 향미는 관능 시험에서 대조군과 유의성 차이는 없었다.

항산화성(갈변 표고버섯)①: 갈변 표고버섯의 항산화성은 DPPH radical 전자 공여능과 SOD radical 및 hydroxy radical 소거 활성, linoleic acid 자동산화 반응 억제 활성으로 조사한 결과, 전자 공여능은 생표고버섯보다 높거나, 비슷하였고, SOD radical 소거활성도 DPPH에 대한 전자 공여능과 유사한 경향으로 갈변 표고버섯의 소거 활성은 생표고보다 2배 높았다. 갈변화에 따른 SOD radical 소거 활성의 증가는 직접적 radical 소거 작용을 제시하였다. hydroxy radical 소거 활성은 추출법과 관계없이 소거 활성은 갈변 표고〉 건조 표고〉 생표고버섯 순으로 낮았으며, SOD radical 소거 작용과 마찬가지로 시료가 직접적으로 hydroxy radical 소거 가능성이 암시되었다. linoleic acid 자동 산화 반응으로 지질 과산화 억제 활성을 측정한 결과, 전반적으로 70% EtOH ex의 활성이 열수 추출물보다 높았고, 억제 활성도 갈변표고〉건조표고〉생표고 순으로 낮았다. 이상으로 상품성 상실 갈변 표고 버섯이 건강 기능성 지향 가공 식품 개발에 적절한 소재임을 알 수 있었다.

항산화효과(Alcohol dehydrogenase)② : 약 200g의 Sprague-Dawley계 쥐를 정상군, 알코올 단독 투여군, 4가지 식물(콩나물, 솔잎, 표고버섯, 오가피) 추출물 투여군으로 나누어 각 식물 추출물을 알코올 주입전 8일간 200㎎/㎏ 1회/일 경구 투여하고, 모든 동물에 알코올을 주입하고 90분 후에 도살시켰다. 콩나물과 솔잎 추출물 투여군의 혈중 알코올 농도는 알코올 단독 투여군, 표고버섯, 오가피군보다 유의적으로 낮았다. 또한 콩나물과 솔잎 추출물 투여군의 alcohol dehydrogenase catalase 활성은 식물 추출물 투여군보다 다소 높았으나 유의성은 없었나. 이는 일회성 알코올 나량 두여 시 alcohol dehydrogenase가 catalase보다 우선적으로 alcohol 대사에 참여하는 것으로 사려된다. 또 모든 식물 추출물 투여군의 지질과산화와 glutathione peroxidase 활성은 알코올 단독 투여군보다 유의적으로 낮았다. 이는 식물 추출물이 알코올 산화에 대한 항산화에 관여하며 특히 콩나물과 솔잎 추출물이 alcohol dehydrogenase의 활성 증가와 항산화 효과가 큼을 보였다.

항산화 효과③ : 건조 표고버섯 MeOH, EtOH, $CHCl_3$, petroleum Et_2O 추출물의 POV(peroxide value)는 저장 14일 후에 1.02±0.06~1.43±0.01이었고, 56일 후에 98.49±9.49~3.92±0.03으로 시료 사이에 대단히 차이가 커, control보다 유지의 산패 억제 효과가 컸음을 알 수 있었고, TBA가는 POV와 유사한 경향이었다. 즉 14일 후에는 시료군별 큰 차이가 없었으나, 56일 후에는 큰 차이를 보였다. 특히 EtOH 추출물의 POV나 TBA가가 시료 중 낮았다. 그러므로 표고버섯의 용매 추출물을 혼입한 시료는 저장 중의 POV나 TBA의 증가 추세는 control보다 산패에 안정성을 보였다.

원적외선 건조와 표고버섯의 항산화 특성④ : 컨베어식 원적외선 건조기를 이용한 표고버섯의 항산화 성분과 항산화력 변화를 조사한 결과, 온도가 높고, 풍속이 증가할수록 건조 속도가 빨랐고, 열풍 건조에 비해 건조 시간을 3~6.5시간 단축이 가능하였다. 항산화성과 항산화력은 60℃:-0.6m/s, 60℃:-0.8m/s, 70℃:-0.6m/s 건조일 때만 열풍 건조때보다 손실률이 적었고, 그 이상에서는 열풍 건조보다 손실이 큰 것으로 나타나 원적외선 건조는 저온, 저속이 필수이었다.

보체계 활성과 항종양 효과① : 경기도 광주에서 채집한 표고버섯 자실체에서 분리한 *Lentinus edodes* IY105균을 배양하여 얻은 균사체를 알칼리로 추출, 이 물질의 생리 활성을 검색한 결과, 항보체 활성과 alternative complement hemolytic 활성이 있었고, carbon clearance 활성을 보여 망내계에 있는 macrophage를 활성화시켜 이 물질 탐식 기능 증가가 관찰되었다. 또한, 이 물질은 용혈반 형성 세포 수를 증가시켜(mouse), 항체 생산 자극 효과가 추정되었으며, sarcoma 180 이식 mouse의 암을 50% 억제 효과를 보였다. 이 물질의 성분을 분석한 결과, 당 17%, 단백질 42%의 단백 다당체가 주 성분으로, 16종의 amino acid와 5종의 단당류로 구성되었다.

항암 효과② : 표고버섯과 느타리 자실체, 균사체 및 폐상의 조단백 다당체 분만을 0, 5, 25㎎/㎏ 농도로 생리 식염수에 용해시켜 실험 마우스(DBA/2와 ICR)에 주사하여 L1210(백혈병), H_{22}(간암), sarcoma 180(mouse)에 대한 항암 효과와 면역기전에 관련된 장기 중량 변화, 용혈반 형성 세포 수 변화 등 조단백 다당이 면역에 미치는 영향, 세포독성(in vitro) 등을 관찰한 결과, 모든 조단백 다당체는 L1210에 항암 효과를 보였고, 그중 표고버섯 자실체 25㎎/㎏이 가장 강한 저지율(86%)을 보였다. H_{22}에 대한 항암 효과는 표고버섯 균사체 5㎎/㎏를 제외한 모든 시험군에서 저지 효과를 보였고, 그중 느타리 폐상 25㎎/㎏군이 가장 강한 저지율 (87.6%)를 보였으며, 표고버섯 자실체 25㎎/㎏군의 저지율(71%)순이었다. sarcoma 180에 대한 항암 효과는 표고버섯 균사체와 자실체 25㎎/㎏군에서 각각 30.9%, 33.9%의 저지율을 보였다. 세포 독성 검사(in vitro)에서 각 시료 농도 50, 100, 200, 400㎍/㎖ 에서 L1210에 유의적 세포사는 보이지 않았다. 면역 효과는 간장과 비장 무게는 농도 의존적 증가 경향이 있었으나, 현저한 차이는 없었다. 표고버섯 균사체와 자실체 처리시 항체 생성 능력을 지닌 용혈반 형성 세포 수는 대조군보다 현저히 높았다.

대장암 세포 증식 억제③ : 표고버섯과 새송이버섯을 열수 추출, 열 추출물(시료)을 인체 대장암 세포 HT-29, CACO-2와 위암 세포 SNU-484에 첨가한 후, 세포 증식과 세포 사멸을 이끄는 caspase-3 활성을 관찰한 결과, HT-29와 CACO-2는 대조군에 비해 세포 수가 감소하였고, 농도 의존적이었다. 시료를 HT-29에 첨가 배양한 결과, 배양 시간 경과에 따라 세포 증식이 억제되었으며, 특히 96시간 후에 HT-29의 증식 억제가 현저하였다. 세포의 caspase-3 활성을 측정한 결과, 표고와 새송이 48㎎/㎖ 이상 농도에서 2배 이상 활성이 증가하여, HT-29 세포 증식 억제는 세포 사멸 증가에 기인한 것으로 생각되었다. SNU-484에는 표고와 새송이를 첨가한 결과, 세포 증식 억제가 없었고, caspase-3 활성도 증가하지 않았다. 즉 위암에는 두 버섯 모두 효과가 없었으나, 대장암 세포 증식 억제 효과는 있었다.

항암 단백 다당체의 추출과 정제④ : 표고버섯 항암 단백 다당체의 추출과 정제를 위해, 한국산 표고버섯 산련 1호를 C/N비가 13.1인 버섯을 완전 액체 배지에서 배양하여, 균사체를 증식시킨 후, 생리 활성 당단백질을 추출하여 정제한 후 mouse의 leukemic cell P388에 억제 효과는 정제 정도에 따라 증가하였다. 당 단백질은 다당 함량이 46.1%로 구성 당은 glucose, galactose, xylose, mannose이었고, 단백질은 7.3%로 주로 proline과 glycine이 많았고, 무기질은 Na, K, Zn, Ca 등이 확인되었다.

항암 효과⑤ : 표고버섯의 직접적인 종양 세포주 성장 억제 효과를 인체 자궁경부암 virus 타입 16의 종양 유전자가 발현된 동물 종양 세포주(TC-1)에 여러 추출 용매 중 물 추출액에서 TC-1 세포주의 성장 억제 효과를 관찰하였다. 이 세포 성장 저해는 추출액 첨가 농도에 상응하며, IC_{50}은 800㎍/㎖로 계산되었다. 또한 표고버섯 물 추출물은 인체 자궁경부암 세포주(Caski and HeLa)에서도 유사한 세포 성장 억제 효과를 보였다. 첨가 농도가 1.5㎎/㎖에서 첨가 후 6시간에 완전히, 종양 세포주(TC-1) 성장 억제가 탐지되었다. 이들 추출물을 열 처리 시 종양 세포주 성장 억제가 소실되었으나, pH 변화에는 그대로 억제 효과가 있었다. Annexin V 및 propidiumiodide 염색에 의해 이들 TC 종양 세포주의 성장 억제 효과는 apoptosis에 의해 매개됨을 보였다. 동물 실험에서 표고물 추출물의 경구 투여 시 TC-1 유래 종양 성장 및 생성에 아무 효과가 없었으나, 형성된 종양에 직접 주사 시 종양 크기가 감소되었다. 이로써 표고 버섯 물 추출물에 있는 항암 물질은 열에는 민감하고, apoptosis에 인체 자궁 경부암 종양 유전자에 의해 종양화된 세포주의 세포 성장을 직접 억제하는 기능이 증명되었다.

암 세포 증식 억제⑥ : 인삼박에 상황, 영지, 운지, 표고버섯 균사체를 접종·배양하여 추출액의 전자 공여능 및 간암 세포(Hep 38)와 고형암(S-180)의 증식에 미치는 영향을 조사한 결과, 인삼박 균사체의 전자 공여능은 500~10,000ppm 범위에서 농도 의존적으로 나타났으며, 운지가 4종의 균사체 추출물 중 가장 강하였다. 간암 세포의 형태 변화 및 증식 억제는 EtOH 추출물이 물 추출물보다 효과적이었으며, 60% EtOH 추출물 5,000ppm에서 상황, 영지, 운지에 비해 99.1%로 가장 강한 세포 증식 억제 효과를 보였다. S-180 고형암 억제 효과는 대조군에 비해 운지가 65%로 가장 컸으며, 영지 61%, 표고 56%, 상황 59%의 고혈압 억제 효과를 보였다. 따라서 인삼박에서 배양된 버섯 균사체가 간암 세포와 고형암 증식 억제에 효과가 있어 항암 자원으로 활용이 기대되었다.

항암 성분 및 배양⑦ : 10개 계통의 표고 자실체를 분석한 결과, 다당체 함량이 가장 높았고, 7개의 계통 별 균사체를 진탕 액내 배양, MDW를 비교한 결과, 두 번째로 우수한 균주 *L. edodes* DMC_7(DMC_7)를 선택 실험한 결과, DMC_7 균사 생장 최적 pH 5.0~5.5, 탄소원은 glucose보다 starch가 효과적이었고, 배지에 15~20% 첨가가 우수하였으며, 질소원도 yeast extract가 효과적으로 yeast를 단독 또는 peptone과 1:1일 때, peptone 또는 malt extract 만 사용 시보다 100% MDW 증가를 보였다. DMC_7의 균사 생장에 적합한 배지의 최고 농도는 약 10%로 그 이상에서 저해되었다. DMC_7의 균주 생장은 배양 12일에 정점에 이르러 이때가 수확 시기로 보이며, GRAP의 첨가로 DMC_7의 균사 생장 자극 효과는 MDW가 배지 당 100㎖, 1,000㎎을 이내에서만 인정되었다.

항암 효과⑧ : 표고버섯의 수용성 다당체에서 sarcoma 180에 대하여 200㎎/kg/day 10일 투여후 80.7%의 억제 효과가 있었다(lentinan). 항암 및 항고혈압은 성분 6-amino-9H-purine, 9-propanoic acid, eritadenine에 의한 것으로 생각되었다.

배양 여액의 항암 성분⑨ : 한국산 담자균류에서 새로운 항종양 성분 균주인 표고(*Lentinus edodes* DMC_7)를 인공 배지에서 진탕 배양하여 그 균사 배양물을 얻었다. 그중 배양 여액에서 수용성 고분자 분획을 분리하여 LF-3이라 하였다. LF-3은 ICR mouse에 이식된 sarcoma 180 세포에 대해 항암 작용을 나타내었다.

융합체의 항암 활성⑩ : 표고와 영지의 원형질체 융합체들에 대해 sarcoma 180 고형암에 대해 항암력이 우수한 융합체 P22를 선발하고 P22의 배양 균사체 열수 추출 분획 Fr. 1을 DEAE-cellulose anion exchange chromatograhy로 Fr. Ⅲ, Ⅳ를 분리 정제, 추출잔사의 alkali 용성 분획 Fr. Ⅱ를 얻어 각 분획의 항암성을 sarcoma 180에 실험한 결과, Fr. Ⅳ가 62.99%로 가장 강하였으며, 동계 복수암에 대해 수명 연장 효과는 150%로 유의성을 보였다. Fr. Ⅳ는 다당체 69.12%, 단백질은 9.76% 및 hexosamine 1.20%의 단백 다당체로 분자량은 67KD이었다. Fr. Ⅳ 단당류는 glucose 53.9%, galactose 6.7%, mannose 29.3%, fucose 4.7%, xylose 5.4%이었다.

항암성과 향미 개선 버섯 메주 제조⑪ : 잎새버섯, 동충하초, 표고, 영지, 신령, 느타리, 상황버섯 균사체를 메주 무개의 10%를 접종, 25℃ 에서 4주간 배양한 버섯 균사체 메주 중 상황, 영지, 신령 버섯 균사체 메주가 항암성과 향미 완화기능이 우수하였다.

Cholesterol 저하 효과① : 고cholesterol 혈증(血症) 흰쥐에 버섯 시료를 투여한

결과, 혈중 총 cholesterol, LDL-cholesterol은 대조군보다 모든 실험군에서 저하되었고, 총 cholesterol은 6군(표고버섯 10%)이 가장 낮았고, HDL-cholesterol 농도는 대조군보다 모든 실험군이 높았으며, 그중 3군(표고버섯 5%)이 가장 높았다. 중성 지질, 인 지질, 유리 cholesterol, cholesterol ester는 대조군보다 모든 실험군이 낮았고, 중성 지질은 6군이 가장 낮았으며, 인 지질은 3군이 가장 낮았고, 유리 cholesterol 농도 또한 3군, ester은 6군이 가장 낮았다. chylomicron과 VLDL은 대조군보다 여타 실험군이 모두 낮았으며, chylomicron 군에서 VLDL은 6군에서 낮았다. 이 결과로 영지, 표고, 목이버섯은 cholesterol 혈중의 예방과 치료에 효력이 있는 것으로 나타났으며, 특히 표고버섯이 가장 유효하였다.

Cholesterol 저하 효과②: 0.5% cholesterol과 0.25% cholic acid-Na을 첨가한 식이와 choelsterol 식이에 4.0% 버섯 분말(표고 : 영지 : 느타리=5:3:2)첨가 식이를 SD계 흰쥐(♀)에 4주 투여 사육한 후, 조사한 결과, 혈청 cholesterol은 버섯 분말(시료) 첨가군에서 57% 감소하였고, 혈청 HDL-cholesterol은 230% 증가하여 동맥경화 지수가 68.4% 감소하였으므로, 버섯 분말에 항동맥경화 효과가 있는 것으로 나타났다. 간장 cholesterol은 cholesterol 식이 군에 비해 시료 첨가 식이에서 24.7% 감소하였으나, TG는 50% 증가를 보였다. 이로써 cholesterol 식이에 버섯 분말 첨가는 혈중 cholesterol 저하 효과와 동시에 항동맥경화 효과가 인정되었다.

지질 대사③: 표고버섯과 보리에서 추출한 β-glucan을 alloxan 유발 당뇨 마우스에 투여한 결과, 체중 및 혈중 포도당 농도가 감소되었고, 특히 보리 β-glucan은 혈중 중성지방 감소 효과가 있어, 표고버섯과 보리의 β-glucan이 당뇨병 개선 효과가 인정되어, 이들의 기능성 식품으로의 개발이 기대되었다.

표고 급여와 SHR 쥐의 혈압 및 혈청지질④: 표고의 부위별 분말을 SHR(고혈압 쥐)에 5% 식이로 8주간 사육한 결과, 고혈압 쥐의 수축기와 이완기 혈압 및 혈청 총 cholesterol이 감소하였고, 버섯의 부위별 차이는 보이지 않았으나, 급여량과 기간에 대해서는 연구가 필요하였다.

CCl_4 간 손상과 버섯 추출물①: 버섯 추출물 150㎎/㎏을 3일간 투여, 최종 투여

24시간 후, CCl_4을 복강 내에 투여하고, 혈장, 간 조직을 분석하였다. 체중 100g당 간 무게는 CCl_4 투여군에서 23.6% 증가, CCl_4 투여군보다 표고버섯 추출물 전 처리군은 혈장 ALT 및 AST 활성도는 각각 34.0%, 61.5% 감소하였고, 느타리 전 처리군은 혈청 AST 활성도가 2.0% 감소하였다. 표고버섯 추출물은 CCl_4로 증가된 ALT 활성도를 유의성 감소를 보였으나, 단백 함량은 유의성 변화는 없었다. 혈장 cholesterol은 모든 투여군에서 CCl_4투여군보다 낮았고, 혈중 중성 지방은 감소하였다. 이 실험에서 CCl_4로 상승된 혈장 ALT 및 AST 활성도와 지질량이 버섯 전 처리로 감소된 것으로 보아 버섯의 추출물은 CCl_4유도 간 손상 예방 효과가 있는 것으로 생각되었다.

간 보호 효과와 식물 추출물(표고, 콩나물, 솔잎, 인진쑥)[②] : 간 세포 배양에 식물 추출물(표고, 콩나물, 솔잎, 인진쑥 : 열수, EtOH)을 20㎎/*ml* 첨가 2시간 후, CCl_4 50*ml* 가한 후, AST와 ALT 활성을 조사한 결과, 솔잎은 EtOH ex와 열수 ex에서, 표고는 열수 ex에서 콩나물과 인진쑥 ex에서 유의성 감소를 보여 간 보호 효과가 있었다. 또한 솔잎과 콩나물 추출물은 항산화 관련 실험에서 탁월한 효과를 보였다.

7-Ketocholosterol-간 손상과 식용 버섯 다당체의 세포 변화 효과[③]: 7-ketocholesterol (7-KC) 손상 간 세포에 식용 버섯(팽이, 느타리, 표고, 버들송이, 신령버섯, 번데기 동충하초)의 다당체를 열수 ex를 만든 후, 알코올 침전 다당체를 만들어 7-KC존재하에 정상 배아 간세포(BNLCLi2)에 대하여 세포 보호능을 조사한 결과, 7-KC 80㎍/*ml* 에서 독성이 강하여, 20시간 배양 후 98%가 없어졌고, 각 다당체의 200㎎/*ml* 첨가에서 세포 독성을 방어하였으며, 특히 팽이와 느타리만이 7-KC 유도 세포 독성을 감소시켰다.

Prolyl Endopeptidase(PEP) 억제 : 상용 천연식품 곡류, 두류, 종실, 과실류, 채소, 버섯류 등의 PEP 활성 억제 효과를 실험한 결과, 도토리가 96.0%, 녹두 34.2%, 감자 25.0%, 양파 37.1%, 마늘 31.9%, 호박 30.7%, 산딸기 92.0%, 호두 73.0%, 가지 24.8%, 홍고추 29.2%, 호박잎 28.8%, 청고추가 28.4%, 녹차 56.1%, 영지 18.5%, 표고 8.0%, 다시마 12.0%등의 PEP 활성 억제 효과가 있었다. PEP 활성 억제는 치매 예방과 개선 효과로 알려지고 있다.

뇌의 신경 전달 물질 및 지질 과산화물 : KK 당뇨 마우스에 표고버섯(동고, 향신) 및 부위별(갓, 대) 분말로 8주간 사육 후, 치매 관련 뇌 신경 전달 물질 및 그 관련 효소를 조사하고, 활성산소에 의한 산화적 스트레스로 지질 과산화를 평가한 결과, 표고버섯의 대 부분보다 갓 부분이 AchE(Acetylcholine esterase) 효소의 활성을 저해, AchE를 증가시킬 뿐 아니라, MAO-B 효소와 활성 산소에 의한 산화적 스트레스를 효과적으로 억제하여 신경 전달 물질을 잘 보전함으로써 인지 능력 개선에 도움이 될 것으로 생각 되었다.

항보체 활성 버섯 : 국내 자생 61주의 고등 균류의 면역 증강 효과를 검색하고자, 이들 성분을 분리하여 항보체 활성을 측정한 결과, krestin의 보체 활성도는 20.6%보다 우수한 보체 활성 효과를 보인 균주는 11주였으며, 이 중 영지(*Ganoderma lucidum*) 5주, 표고(*Lentinus edodes*) 3주, 동충하초류(*Cordyceps sp.*) 3주, 주름버섯(*Agaricus campetries*) 1주였다.

렉틴의 적혈구 응집 활성 : 생리 활성이 다양한 렉틴(lectin)을 표고버섯에서 분리 정제하여 조성과 생리 활성을 조사한 결과, 신선한 버섯에서 lectin 단백질 추출이 용이, 균사가 균병보다 단백질이 2배 많았다. lectin은 40℃ 이하, 산성보다 알칼리성에서 안정하였고, 당 특이성은 galactose, fucose, glucosamine, lactose, N-acetyl D-galactosamine에 특이성이 나타났으며, 당 단백질이었다. lectin은 T-cell 자극 분열 효과 및 항종양 효과, 당 특이성 규명에도 유용하게 쓰이는 다양한 생리 활성이 있으며, 표고에서 분리한 lectin은 적혈구 응집 활성이 있는 것으로 나타났다.

혈액 응고 저해 활성 : Tissue thromboplastin(Tissue factor: TF)는 혈관 내피세포에 존재하는 막 단백질로 혈액 응고계의 외인성 및 내인성 경로를 활성화 시키는 혈액 응고 개시 인자이다. 식용 버섯인 표고, 영지, 양송이를 대상으로 TF에 대한 저해 활성을 측정한 결과(in vitro), 표고의 EtOAc 분획에서 강한 저해 활성이 확인되었고, 영지의 EtOAc 분획에서도 저해 활성이 있었으며, 영지와 표고의 EtOAc 분획의 IC_{50}은 각각 107㎍, 770㎍이며 표고의 EtOAc 분획에서 얻은 결정성 물질의 IC_{50}은 10.2㎍이었다.

유해 효소 감소 효과 : 생쥐의 장내 세균을 표고버섯 물 추출물 또는 LD 분획

함유 배지에서 배양 시 배지의 pH를 대조군보다 유의적 저하를 보였고, 유해 효소인 β-glucuronidase와 tryptophanase 활성을 저하시켰다. 또 버섯 추출물과 LD 분획을 경구 투여한 결과, 장내 pH를 저하시켰으나 유의성은 없었다. 장내 세균 기인성 유해 효소인 β-glucuronidase와 tryptophanase 활성은 버섯에 의해 유의성 감소를 보였고 LD 획분이 더 우수한 효과를 보였다.

목재 성분 분해 효소 : 표고균이 목재에서 생장 시 목재 분해 효소의 특징 및 생성 경향을 조사한 결과, 각 효소의 유도를 위한 배지로 각각 단일의 특정 탄소원을 첨가한 배지를 사용하였고, 이때 추출한 조 효소를 효소 용액으로 사용, 또 목재 구성 성분을 분해하는 기작을 알고자 복합 배지와 톱밥 배지 내에서의 각 효소의 생성 양상을 측정하였다. 이 균주가 목재 성분을 분해할 때 cellulose와 hemicellulose의 하나인 xylan을 초기에 분해, 이용하였고, 이후에 pectin질을 분해하였다.

Isoenzyme과 전기 영동 : 표고버섯 균사체의 Tris-HCl 완충액에 용해되는 세포 내 효소를 non denaturing polyacrylamide gel 전기 영동법으로 분리, peroxidase, esterase, superoxide dismutase, acid phosphatase, alkaline phophatase, alcohol dehydrogenase, α-amylase 효소 활성을 측정하였다. 표고는 peroxidase, esterase, superoxide dismutase, acid phosphatase 활성이 검출되었으며, 본 실험 사용 방법으로 alkaline phosphatase, alcohol dehydrogenase, α-amylase 효소 활성은 검출되지 않았다. 표고버섯의 peroxidase, esterase band는 배양 기간에 따라 큰 차이가 없이 안정하였으며, 동위효소는 표고의 유전적 연구 및 원형질체 융합후 융합체의 특성 연구에 중요하다.

ATPase 정제와 성질 : 표고버섯 중 adenosin -5'-triphosphase를 $(NH_4)_2SO_4$ 30% 포화로 분별 침전 및 sephadex G-200 gel 여과로 정제하고, 3종의 단백질 분획과, adenosine-5'-triphosphate 기질에 2종의 활성 분획 I ,II ,III,IV을 얻었다. 활성화 분획 II를 정제, 이 효소의 최적 pH와 온도는 각각 7.6, 58℃이었고, 열 안전성은 20~40℃ 에서 30분간 안정하였으며, Km 값은 1.81mM이었다.

ATPase의 금속 이온과 음이온의 효과 : 정제된 표고버섯의 ATPase는 Fe^{3+}, Fe^{2+}, Cd^{2+}, Mg^{2+}, K^{-}, Co^{2+} ion에 활성화되었으나, Zn^{2+}, Ca^{2+}, Cu^{2+}, Ni^{2+}ion에는 억제되었고, 2mM Fe^{3+}, 10mM Fe^{2+}, 1mM Cd^{2+}, 5mM Mg^{2+}, 5mM K^{+}, 5mM Co^{2+} ion에 활성을 각각 130, 65, 68, 105, 23% 증가시켰다. 10mM Zn^{2+}, 10mM Ca^{2+}, 0.5mM Cu^{2+}, 10mM Ni^{2+} ion은 이 효소 활성을 각각 18, 19, 27, 30% 억제시켰고, 10mM Co_3^{2-}, 20mM CN^-, 20mM CH_3COO^-, 20mM NO_3^-, 20mM NO_3^-의 음이온은 효소 활성을 각각 98, 95, 70, 50% 억제시켰으나, SO_4^{2-} ion은 농도 증가에 따라 활성화되었고, 20mM 용액에서 21% 활성을 증가시켜 최대치를 보였다.

Mitochondrial F_1-ATPase 활성과 금속 이온 : 표고 버섯 내의 mitochondrial F_1-ATPase는 실험 결과, 그 활성을 나타내는 데 있어, Fe^{3+} 및 Mg^{2+}을 필요로 하였고, 기질 ATP에 대한 효소의 Km 값은 1.67mM이나, 효소 활성화는 0.5mM Fe^{3+}과 0.05mM Mg^{2+}에서 가장 컸으며, 이때의 Km 값은 0.65mM로 기질 친화성이 증대되었다.

광감응성 Mitochondrial F_0F_1-ATPase의 철 ion 효과 : 표고버섯 중 광감응성 mitochondria(mito) ATP synthase는 0.1mM Fe^{2+}단독에 의해 활성이 대조구보다 102% 증가, Fe^{3+}와 Mg^{2+} ion은 효소 활성이 억제, 0.5mM Mg^{2+}하에 0.1mM Fe^{2+}에 의해 활성이 32% 증가, 0.5mM Mg^{2+}하에 Fe^{3+} 효과는 단독 Fe^{3+} 효과와 유사하게 활성을 억제하였다. 0.5mM Mg^{2+}와 0.1mM, 0.5mM 및 1.0mM Fe^{3+}공존하에 Fe^{2+}이 효소 활성이 모두 억제, 특히 0.5mM Mg^{2+}와 0.1mM Fe^{3+}공존하에 5.0mM Fe^{2+}에 의해 53%나 억제되었다. 따라서 표고의 광감응성 mito ATPsynthase의 활성은 Fe^{2+}에 의해 특이적으로 크게 증가, 이는 Mg^{2+}에 크게 영향이 없었으나, Fe^{3+}공존에서 이 효소의 최적 pH는 7.6, 최적 온도는 63℃, 또 이 효소는 금속 chelating agent 인 EDTA에 의해 효소 활성이 상실되어 metalloenzyme의 가능성을 제시하였다.

광감응성 Mito-ATPase 및 ATP synthase와 FAD 및 $FADH_2$: mito-ATPase와 ATP synthase의 활성도는 380㎚와 330㎚에서 각각 활성화되었고, 330㎚와 350㎚에서 각각 억제되었다. FAD 존재하에서 mito-ATP synthase는 활성화

파장 및 억제 파장의 조사에서도 활성화가 각각 증가되었으나, mito-ATPase의 활성도는 억제되었다. NADH 존재하에서 이들 파장 조사에 효소의 활성도 변화는 없었다. 이 두 효소는 활성화 파장과 억제 파장 조사에 따라 $FADH_2$를 FAD로 산화시키는 spectrum을 보였다. 이로써 이 두 효소는 빛 조사로 생체 내 산화 환원 반응의 산화제로 작용하였고, 특히 mito-ATP synthase의 활성화의 광 유발 물질은 mito 내의 flavin 또는 flavoprotein으로 추정되었다.

광감응성 Mitochondrial ATPase : 표고버섯의 mitochondria는 설탕 농도 44~50%에 분리 정제되었고, 파장 변화에 따른 mito-ATPase의 비활성도는 680㎚파장에서 가장 증가하였다. 680㎚에서 빛 조사 시간 변화에 따른 활성도는 5분간 조사 시 가장 증가하였고, 최적 광 조건(680㎚, 5분)에서 조사한 이 효소는 최적 pH 7.5 온도는 59℃ 였다. 최적 광 조건에서 얻은 이 효소는 Fe^{3+}, Fe^{2+} Mg^{2+}, K^{+} 및 Ca^{2+} ion에 활성화되었으나, Na^{+} ion에는 억제되었다.

Mitochondria-ATPase의 유기물 및 급속 유입 효과 : 표고버섯의 mitochondria는 설탕 밀도 선형 기울기 원심 분리법으로 정제, 광감응성 mito-ATPase의 유기물 효과, 광 증감제 효과 및 파장 변화에 따른 K^{+} ion 유입 효과를 실험하였다. 이 효소는 10 mM dithiothreitol 및 0.1mM quinacrine에 의해 각각 139, 128%의 활성도를 증가시켰다. 100㎍의 oligomiycin과 1mM phlorizin은 이 효소의 활성을 각각 48%, 45% 억제시켰다. 광증감제인 0.1mM phenazine methasulfate는 이 효소의 활성도를 36% 촉진시켰고, K^{+}ion 유입 효과의 최적 파장은 690㎚였고, 이때 최적 pH 7.2, 온도는 55℃ 이었다.

Tyrosinase 활성 저해 물질 : 피부 노화 및 갈변화와 관련된 tyrosinase 활성 저해 유효성 물질을 표고버섯을 비롯한 8종(영지, 표고, 석이, 팽이, 양송이)의 식용 버섯에서 추출, 유효 성분을 분리 동정하였다. 8종의 버섯을 MeOH, n-hexane, $CHCl_3$, EtOAc, n-BuOH, 물로 추출한 후, 각 용매 추출물(1㎎/㎖)의 tyrosinase 활성 저해는 석이버섯 EtOAc 추출물, 영지 물 추출물, 양송이 물 추출물의 순서로 78.4%, 67.3%, 51.5%로 검색되었다. 가장 저해율이 높은 석이 EtOAc 추출물을 silica gel column으로 분획하였고, 100㎍/㎖에서 60.9%의 가장 강한 저해율이 높았다. 이를 TLC하여 Rf치가 0.38, 0.27, 0.19

의 band를 분리, 분취물의 저해율은 15.6%, 27.0%, 32.9%이었다. 석이 버섯의 유효 성분을 여러 분석 기기로 얻은 data를 검토한 결과, orsellinate, methyl orsellinate, methyl lecanorate, methyl gyrophorate의 혼합물질로 확인되었다.

추출 조건 및 효소 처리의 품질 특성 : 표고버섯의 추출 온도에 따른 이화학적 특성은 20℃와 40℃에서 우수하였으나, 추출 시간 증가에 따라 품질 특성이 높아지는 경향으로 10시간 추출이 우수한 것으로 나타났다. 추출 용매비는 1:100의 용매비가 설정되었다. 이상과 같이 설정된 50℃, 2시간 및 용매비(1:100)에서 각각의 효소제를 처리하였다. 그 결과 protease 0.2%, cellulase 0.2%가 품질 특성이 가장 우수한 것으로 나타났다. 효소 처리에 따라 필수 아미노산 함량은 2배 증가하였으나, *β*-glucan 함량은 크지 않았다.

자실체의 영양 배양 : 표고버섯 자실체의 생장을 위해 액체 정치 배양에서 탄소원, 질소원, pH의 효과를 조사한 결과, dextrin, aspartic acid, pH 4.0에서 가장 높은 건물중(dry wt.)을 보였으며, 0.8% triacylglycerol 첨가 시 자실체 생장이 촉진되었다. 고체 배지 사용 시, 포플러, 백양나무, 참나무, 톱밥, coffee waste 중 coffee waste에서 가장 높은 자실체 건물중(重)을 얻었으며, 0.1% tannic acid 첨가 시 자실체 및 균사체 생장에 좋은 결과를 보였다.

영양 요구성과 약물 내성주의 분리 : 표고버섯 균사체 균질액에 자외선을 조사, 돌연변이 주를 유도, 선발하였다. 자외선 조사 시 생존율은 3분 조사 시 2.45%, 10분 조사 시 0.024%, 자외선 조사로 돌연변이주 선발률은 0.40%, ethidium bromide(EtBr) 농화법으로 glycerol 함유 배지에서 자라지 못하는 균주 34종을 선발하였다. 독립 영양형으로 되돌아가는 비율은 $4.81 \times 10^{-4} \sim 8.46 \times 10^{-4}$, 돌연변이주의 영양 요구성을 검정, 다양한 amino acid, nucleic acid, vitamin 요구성 균주를 선발하였다. 항진균성 약물의 MIC는 cyclohexamide 2.0㎍/㎖, *p*-fluorephenylalanine 1,000㎍/㎖, benomyl 2,000㎍/㎖이었다. *p*-fluorophyenylalnine 1,000㎍/㎖에 내성 균주 5종과 benomyl 1,000㎍/㎖에 내성 균주 8종을 선발하였다.

각종 버섯의 *β*-Glucan의 수용성(새송이, 느타리, 장수버섯, 팽이, 신령, 표고, 운

지, 석이) : 12종의 식용 버섯 중 수용성 β-glucan을 측정한 결과, 4.71~46.20% (in dry basis)이었고 석이(*Gyrophours esculenta*), 표고, 운지, 영지, 팽이버섯이 β-glucan을 많이 함유하였다. 수용성 β-glucan의 많은 버섯이 생리 활성이 강한 것으로 이들의 수용성 β-glucan은 2.12~19.66%이었고, 총 β-glucan의 42.55~73.35%이었다. 12종의 시료 중 총 glucan이 가장 많은 버섯은 석이 46.49±0.24%, α체 0.29±0.03%, β체 46.20±0.27%이었고, 불용성 glucan은 총 26.79±0.82%, α체는 0.25±0.01%, β체는 26.54± 0.82%이었다. 운지는 총 glucan 22.69±2.15%, β체는 22.24±1.84%, 불용성 glucan은 26.79± 0.82%, 11.62±1.22%, 영지의 총 glucan은 22.24±1.32%, β체는 21.61±1.39%, 불용성 glucan은 6.16±0.08%, β체는 5.76±0.16%이었다. 표고버섯의 glucan 함량은 33.99+0.65%이며 α체는 5.91±0.57%, β체는 28.08± 0.08%, 불용성 glucan은 총 13.78±0.16%, α체는 2.98±0.21%, β체는 10.83±0.04%이었다.

인동초 배양 표고의 항암 및 알레르기 억제 효과 : 인동초에 표고 균사체를 접종, 배양한 인동초 균사체 추출액의 유방암, 자궁경부암, 간암 세포, 고형암에 대한 영향을 조사한 결과, 간암과 유방암 세포에는 특이적 형태 변화가 관찰되었고, 특히 간암 세포에는 인동초 균사체가 인동초 추출물보다 효과적으로 간암 세포에 3mg/ml 처리 시 85.60%±4.66% 증식 억제를 보여, 인동초 처리보다 61.10%가 높았다. 유방암 세포에는 인동초나 인동초 균사체 추출물의 암 세포 증식억제가 비슷하였고, 자궁경부암에 대해서는 인동초나 인동초 균사체 추출물 모두 억제율이 미미하였다. 고형암에 대해서는 인동초 균사체 추출물이 61% 억제되었으며, 인동초 추출물보다 30% 억제율이 높았다. histamine 유리 억제 효과는 compound 48/80 처리에 비해 인동초 추출물은 9.07%, 인동초 균사체 추출물은 43.05% histamine 분비 억제 효과가 있었다.

감귤주스 착즙박에 재배한 버섯의 성분 : 감귤 착즙박을 주 성분으로 하는 버섯 배양 배지에 간버섯, 표고, 새송이, 산호침, 참부채 및 영지균을 접종, 균사체를 만들어 분석한 결과, 착즙박에 비하여 조회분은 증가하였으나, 총 산, 환원당, 조단백 및 조지방은 비슷하였거나 다소 감소하였다. 대부분의 버섯 균사체는 유기산이 비슷하거나 감소하였으나, 새송이는 착즙박의 2.7배 증가, fructose는 9.20~11.06% 증가, 새송이는 2.65%로 매우 감소하였고, 모든 균사체 glucose는 매우 감소하였다. 산호침과 참부채 버섯은 더욱 감소하였다. sucrose는 착즙박보다 감소, 간버섯과 새송이는 감소가 심하였다. narirutin은 448.67~932.98㎎%로 착즙박과 비슷하거나 감소하였으나 hesperidin은 3,019.94~4,980.94㎎%로 착즙박보다 17.81~52.61% 증가하였다(간버섯은 제외). 버섯 균사체의 TDF(총 식이섬유)는 38.87~51.49%, NDF는 11.94~17.67%, ADF는 11.00~14.99%로 착즙박과 비슷하거나 증가하였고, β-glucan은 9.43~20.28㎎%로 비슷하거나 감소하였다. 균사체의 EDF와 NSA는 새송이 균사체를 제외한 모든 균사체는 감소하였다.

골목과 성분 : 표고버섯의 조지방과 조단백은 밤나무에서 재배한 표고버섯(1.82%, 24.50%)이 오리나무(1.17%, 19.25%) 및 상수리나무(0.76%, 19.25%)에서 재배한 것보다 많았고, 회분은 밤나무에서 재배한 표고버섯에 가장 많았다(3.23%). 또 비가용성 질소분, 조섬유, 수분은 각각 골목의 종류에 따라 약간씩 차이가 있었다.

생리 활성화 물질의 효과 : 표고버섯 원목 재배에 있어 골목화 기간을 단축하여 유해균의 침입을 막고, 생산량 증대를 위해 생리 활성화 물질이 표고버섯 골목의 균사 만연도에 미치는 영향을 조사한 결과, 공시 첨가물 양파, 인삼, 맹종죽, 귤, 엿기름 중 양파와 엿기름 추출액 1%가 유효하였으며, 생리 활성화 물질에 효과가 높은 수종은 졸참나무와 서나무로 나타났다.

균사체 배양 특성 : *Lentinus edodes* 관련 1호의 최적 배양 조건을 TGY 배지로 조사한 결과, 최적 온도 25℃, 초기 pH 4.0, 교반 속도 300rpm, 접종량 10.0%, 산소 통기량 1.0v/v/m 이었고, 산업용 대량 생산 액체 배지의 최적 C/N 비는 13.1 : 1.7일 배양에서 건조 균사체량 18.8g/ *l* 를 얻었다. 식물 성장 호르몬 2,4-dichlorophenoxy acetic acid 0.5ppm 첨가 시 대조구보다 1.1% 수율이 증가하였으나, 6-benzylaminopurine 첨가 시에는 대조구보다 수율이 감소하였다.

영양 배지 조성과 배양 조건 : *C. versicolor*와 *L. edodes* 균사 최적 증식을 위해 배지를 연구한 결과, *C. versicolor*는 glucose 2.0%, yeast extract 0.6%, *L. edodes*는 glucose 2.0%, starch 2.0%, bacto-soytor 0.4%, yeast extract 0.6%, 무기 염류는 KH_2PO_4, 0.046%, K_2HPO_4 0.1%, $MgSO_4 \cdot 7H_2O$ 0.05% 첨가 배지에서 균사 성장이 양호하였다. 또한 최적 온도는 25~28℃, pH는 *C. versicolor*는 pH 5.2~5.6, *L. edodes*는 pH 5.75가 균사체 증식이 최적이었다.

조리법과 Vitamin D_2와 B_2 함량 : 표고, 느타리, 양송이를 물에 넣고 끓이는 조리법에 ergosterol 함량에 변화는 없었으나, riboflavin은 5분 가열에서 표고 11.72±0.50㎍/g(dry base)에서 2.35±0.07㎍/g, 느타리는 3.26±0.15㎍/g에서 1.44±0.07㎍/g, 양송이는 27.33±2.10㎍/g에서 18.68±1.5㎍/g로 감소하였고, 시간이 지남에 따라 더 많이 감소하였다. 소금물에 끓일 경우 소금 농도에 따라 ergocalciferol 함량은 표고와 느타리에 감소하였고, 모든 버섯에서 riboflavin은 감소하였다. 150℃, 200℃, 250℃ 오븐에서 15분 구우면 ergocalciferol은 표고와 느타리에서 감소하였으나, 양송이는 변화가 없었고, riboflavin은 가열 온도 상승에 따라 3개 버섯 모두 감소 경향이 나타났다. 저온에서 장시간 수침보다 고온에서 단시간 수침이 더 효과적이며, riboflavin은 수침 온도가 높을수록 감소하는 경향이었다.

버섯 된장의 생리 활성① : 표고버섯, 상황버섯 및 영지버섯을 첨가, 재래식 된장을 제조, 항산화, 항돌연변이 및 항암 효과를 관찰한 결과, DPPH 라디칼 소거능은 영지 된장의 IC_{50}가 245㎎/㎖로 일반 된장보다 약 2배 높았으나, 표고와 상황버섯 된장은 일반 된장 IC_{50}과 비슷하였다. Ames test 항돌연변이성은 된장 1㎎/plate와 5㎎/plate에서 *S. typhimurium* TA100에 MNNG 돌연변이 유발 저해는 없었으나, 간접 돌연변이 유발을 70% 억제하였다. 또한 SOS Chromo test에 의한 항돌연변이도 시료 0.5% 첨가에서 23~33% 활성을 보였고, 영지 된장이 가장 높았다. MTT 실험계에서 암 세포 생존 억제는 일반된장을 비롯 버섯 된장에서 강한 활성을 보였으며, 이 중 상황과 영지 된장은 100㎛/ass에서 첨가로 91~92% 암 세포 생존 억제를 보였다. 따라서 표고, 상황 및 영지 첨가 된장은 항산화, 돌연변이 유발 억제 및 암 세포 생존 억제 작용이 있는 것으로 평가되었다.

버섯 고추장의 특성② : 느타리와 표고버섯을 각각 9%를 첨가한 고추장에서 수분은 표고 첨가 고추장에, 알코올은 느타리 첨가 고추장에 많았고, 느타리 첨가량이 많을수록 알코올이 많았으나, 표고버섯은 그 반대였다. 아미노산 질소는 발효 진행에 따라 증가, 버섯 9% 첨가 고추장에서 높았다. 색도는 버섯 첨가에 관계없이 발효 기간 동안 a값의 감소폭이 가장 컸으며, 버섯 첨가량이 많을수록 L, a, b값이 대조구보다 높았다. 버섯 첨가 고추장에서는 세균 증식이 약간 지연되었고 버섯 종류에 따라 효모 증식 양상에서 차이가 있었으나, 발효 말기의 세균 수와 효모 수에는 차이가 없었다. 관능 평가에서 버섯 첨가 고추장의 평점이 높았으며, 느타리 첨가 고추장이 높은 점수를 얻었다.

표고 간장의 생리 활성③ : 표고버섯 첨가 담금한 간장 덧을 180일 숙성시키면서 특성을 조사한 결과, 총 아미노태 질소는 전체적으로 발효 진행에 따라 증가하였으며, 첨가 표고의 양은 총 질소에 별 영향이 없었고, 발효 중 간장 덧의 pH는 담금 초기에 5.5, 진행에 따라 감소하여 6개월 후에 4.7~4.9, 버섯이 함유된 것은 pH가 낮았다. 항산화능은 숙성 경과에 따라 감소하다가 90일 경에 다시 증가, 그 후 감소를 보였으나, 표고 첨가에 따른 차이는 별차이 없었다. 총 아미노산과 총 필수아미노산 함량은 6개월 숙성 후에 5% 버섯 첨가구에서 각각 31.74㎎/*dl*, 19.01㎎/*dl*이었다.

표고 된장의 생리 활성④ : 표고버섯 첨가에 따른 재래식 된장 발효 과정 중의 미생물, 효소활성 및 기능성의 변화. 재래식 된장에 표고버섯의 일정량을 첨가 발효한 결과, 표고버섯 첨가량에 관계없이 숙성 기간 내내 감소, 총산은 숙성 기간이 경과함에 따라 증가, NaCl은 숙성 30일까지 15.67~16.02% 증가, 이후 감소하였다. 아미노산은 버섯 첨가 농도가 높을수록 증가, 환원당 함량을 숙성 30~45일까지 증가, 총 당은 숙성 30일에 18.21~20.57% 증가, 버섯 첨가량 의존적 증가를 보였다. 총 균수는 숙성 45일에 최대 균수, 효모수는 숙성 3일까지 증가 후 감소, 숙성 중 amylase와 protease는 대두단백 분해에 중요 역할을 수행. amylase 활성은 버섯 농도와 반비례, protease 활성과 tyrosinase 저해 활성은 버섯 농도 의존적 증가. ACE 저해 활성은 숙성에 따라 증가, 버섯 첨가 된장에서 활성이 높았고, 항돌연변이 활성은 숙성 기간이 길어질수록 증가 경향이었으며, *S. typhimurium* TA100에 대한 변이원 MNNG와 NPD에 대한 항돌연변이 활성은 버섯 10% 첨가 시 각각 83.15%, 65.88%로 높았다. *S. thypi* TA98에 대한 변이원 4-NQO와 NPD에 대한 항돌연변이 활성은 *S. typhi.* TA100과 같이 숙성 기간에 따라 증가하였다. 4-NQO와 NPD에 대한 항돌연변이 활성은 표고버섯 10% 첨가 시 각각 54.59%, 55.0%로 활성이 높았다.

표고 어묵의 특성⑤ : 항암성 및 혈압 강하능이 있는 표고버섯을 각각 0, 5, 10, 15, 20%를 첨가, 튀김 어묵을 만들어 물성을 관찰한 결과, 색도 L값은 첨가량의 증가에 따라 감소하였으나, a, b 값은 증가하였고, 유연성 절곡 검사에서 모든 시료군에서 모두 AA로 측정하여 우수한 것으로 나타났다. 20% 표고 첨가 어묵에서 강도, 경도, 탄성, 껌성, 및 파쇄성이 가장 높았고, 5% 첨가군에서 색도, 향기에서 선호도가 높았으며, 맛과 조직감, 전체적인 선호도는 10% 첨가군이 가장 높았다.

표고 식빵의 특성⑥ : 표고버섯 가루를 밀가루에 0, 1, 2, 3, 4, 5% 첨가, 식빵을 제조한 후, 관능 검사를 실시한 결과, 색깔은 시료 첨가 4%, 5%, 3% 순으로 좋았고, 향기는 3%, 4%가 가장 좋았으며, 감촉은 첨가량이 많을수록 나빴다. 맛은 시료 3% 첨가군이 가장 좋았고, 종합적 평가도 3% 첨가군이 좋았다.

표고 가루 조청의 품질 특성⑦ : 표고버섯 가루를 밥에 첨가 조청을 제조, 일반 성분을 분석한 결과, 조단백질, 회분, 조지방 함량은 증가하였으나, 탄수화물은 감소하였다. 무기질과 유리당 함량은 버섯 첨가량에 비례하였고, 17종의 아미노산이 있었으며, glutamic acid 가 가장 많았다. 조청의 지방산은 시료 첨가에 변화가 없었으나, 환원당은 많아졌다. 점도와 고형분 함량은 무첨가구가, 각각 132×10^3 cps와 74.32%에서, 3% 첨가구는 51.4×10^3 cps와 65.18%로 첨가량에 따라 감소하였다. 색도는 L값, a 값, b값 모두 첨가량 증가에 따라 감소하였고, 2% 이상 첨가 시와 무첨가구 사이 현저한 차이를 보였다. 관능 검사 결과, 색과 향미는 1% 첨가구만이, chewiness는 2% 첨가구까지 단맛과 전반적 기호도는 1% 첨가구만이 무첨가구와 차이가 없었다. 이 결과로 표고버섯 가루 1~2% 첨가함이 조청의 특성을 살리는 비율로 생각되었다.

표고 버섯 추출액 조청의 특성⑧ : 표고버섯 추출액을 첨가한 조청의 일반 성분은 조단백질, 회분, 조지방 함량은 변화가 거의 없었으나, 탄수화물은 대조군보다 감소하였고, 무기질의 변화는 없었다. 시료 별 유리당 함량은 maltose〉 glucose 〉 fructose 순이었으며, 표고 추출액 첨가량의 증가에 따라 증가하였고, 17종의 amino acid가 분석되었으며, glutamic acid가 가장 많았다. 지방산은 무첨가구가 linoleic acid가 23.8%로 가장 많았고, palmitic acid(22.3%), oleic acid(19.0%), myristic acid(14.2%)와 caproic acid(9.4%) 순이었다. 포화 지방산과 불포화 지방산의 비율도 변화가 없었다. 조청 pH는 5.5~5.7, 환원당은 무첨가구가 40.38%, 7:3 시료에서 39.94%, 5:5 시료에서 44.70%, 점도와 고형분은 무첨가구가 각각 132×10^3 cps와 74.32%, 당화액과 추출액의 혼합비 7:3에서 27.6×10^3 cps와 64.96%, 5:5 첨가구가 25.6×10^3 cps와 60.90%, 3:7 첨가구가 각각 21.9×10^3 cps와 55.19%로 참가 증가에 두 항목 크게 감소하였다. 시료 증가에 따른 L, a, b 값이 감소, 관능 검사 결과 색, 씹힘성, 단맛은 무첨구와 첨가구에 대해 유의성 차이를 보였고, 향미와 전반적 기호도는 혼합비가 7:3인 시료가 대조구와 차이가 없었으므로 당화액과 추출액비가 3:7이 적당하였다.

표고버섯 강정의 품질 특성⑨ : 기능성 버섯의 하나인 표고버섯을 첨가한 강정의 특성을 조사한 결과, 일반 성분은 표고 첨가량 증가에 따라 수분, 조단백, 회분량이 증가, 탄수화물은 감소하였으나, 지방은 변화를 보이지 않았다. 색도는 L값은 시료첨가 증가에 따라 감소, b값은 감소하였으나 a값은 증가하였다. 강정의 특성은 gumminess, brittleness, cohesiveness, springiness는 대조구와 20, 30% 첨가구와 별차이 없었으나, 40% 첨가구에서 증가하였고, hardness는 40% 첨가구는 차이가 없었다. 시료별 관능 검사 결과, 색, 향미, 맛, 바삭바삭 정도와 전반적 기호도 등은 모든 항목에서 30% 첨가구가 양호하였으며, 40% 이상 첨가구에서는 감소하였다.

표고버섯과 변비 : 표고버섯 추출액을 10, 20, 40% 음용수에 섞어 30일간 투

여하고, 실험 28~30일에 loperamide(LD) (4㎎/㎏/day, S.C)로 변비를 유도한 뒤, 표고버섯 추출액의 변비예방 효과를 측정하였다. LD 단독 투여군은 정상군에 비해 변이 감소하였으며, 원위 결장에 변 잔류와 cecocolonic segment(CS) 무게가 증가하였다. 시료 및 LD 투여군은 LD 단독 투여군과 비교하면 변 무게가 증가하였고, 원위 결장 내 잔류변 및 CS 무게도 감소하여 표고버섯 추출액이 in vivo에서 변비 개선 효과를 보였다. 변의 수분 함량은 시험군 간 차이는 없었으나, LD 유도 변비 유발 시, 감소하였으며, 시료 투여군은 변수 분량이 감소가 다소 완화되었다. 한편 혈중 WBC, RBC, HGB, HCT, PLT, MCV, MCH, MCHC치 및 혈청 ALT, AST, ALP, BUN 및 creatine 수치는 정상군 LD군 및 표고 처리군 간의 차이는 없었다. In vitro에서 회장 적출 절편에 시료 동결 건조물(0.5㎎/㎖) 전 처리 시 LD에 의한 장력과 진폭 억제가 부분적으로 차단되었다. 이로써 표고 추출액의 변비 개선 효과가 장의 운동성 촉진과의 관련성이 시사되었다.

버섯 발효액의 품질과 생리 기능성—느타리, 표고, 팽이버섯 : 버섯 발효액의 품질 특성과 효소 활성 및 생리 기능성을 조사한 결과, 점도와 색상(L, a, b값)은 모두 3개월까지 급격히 감소한 후 증가하였고, 관능 특성은 발효 기간이 증가함에 따라 고유의 냄새, 맛은 감소, 다른 맛과 냄새는 증가하는 경향이 있었으며, 전체적 기호도는 발효 3개월 버섯 발효액이 가장 우수하였다. 버섯 발효액 중 α-amylase 활성은 발효 1개월까지 급격히 증가, invertase와 cellulase는 대부분 활성이 낮거나 없었다. 항산화 활성은 발효 4개월에 가장 높았고(팽이〉표고〉느타리) 그 후 감소하였다. tyrosinase 저해 활성은 모든 시료에서 활성이 높았다(팽이〉느타리〉표고). 발효 기간의 경과에 따라 변화가 없었다. SOD 유사 활성은 팽이 발효액에서 비교적 높았고(팽이〉표고〉느타리), 발효 기간에 큰 변화가 없었다. 이상의 실험에서 설탕을 이용한 버섯 발효액 제품 생산 시 최저 발효 기간은 3~4개월이 적합한 것으로 나타났다.

버섯의 성장 단계별 휘발성 향기 성분 : 표고 어린 것(P-1), 미성숙(P-2), 성숙(P-3), 노화된 것(P-4) 등 성장 단계에 따라 SDE로 n-pentane : Et_2O(1:1, v/v)

로 추출하여 GC/MS로 동정한 결과, 129, 129, 111, 120종 화합물이 성장 단계별로 분석되었고, 가장 많은 물질은 1-octen-3-ol, 3-octanol, 3-octanone P-1,2,3,4에서 비교적 많았고, 휘발성 물질로는 dimethyl disulfide, dimetyl trisulfied, 1,2,4-thiolane 등이 소량 함유되었다. 성장에 따라 1-octen-3-ol은 감소, 3-octanone은 증가하였다. 4-octen-3-ol은 감소하였으나, P-4에서 가장 많았다. 3-octanol은 점차 많아져 P-4에 많았고, C_8-compound는 70.91, 64.09, 64.29, 60.01% P1~P4에 차차 감소하였으나, S-compound는 P-3기에서 가장 많았다.

건조와 주요 성분 변화 : 생표고버섯의 갓과 자루의 성분을 비교한 결과, 갓 부위에 많았고, 건조 후에도 많았다. 생버섯의 유기산은 citric acid가 가장 많았고, oxalic acid, malic acid, malonic acid, pyroglutaric acid 순으로 많았다. 총 유리 amino acid는 갓(3,458,36㎎%)이 자루(2,298,04㎎%)보다 많았으며, 공통으로 serine, glutamic acid, histidine이 많았다. 총 amino acid도 갓(7,640,22㎎%)이 자루 (6,171,54㎎%)보다 많았고, 갓에 glutamic acid, aspartic acid, leucine 이 자루에 glutamic acid, histidine, leucine 등이 주 성분이었다. 회분과 유기산은 건조 온도에는 뚜렷한 변화는 없었으며, 조 지방은 40℃까지 증가하다가 그 이후 증가가 없었고, 갓 단백질은 온도에 따라 증가, 자루는 약간 감소하였다. 환원당은 갓과 자루가 30℃에서 감소하였다. 생 표고의 amino acid는 건조 온도 증가에 따라 감소하였으나, 생것보다 건조 표고에 많았다.

엽산 함량 : 상용버섯의 엽산을 분석한 결과, 느타리 생것의 엽산 함량은 100.9±3.18㎎/100g, 조리한 것 36.7㎎/100g으로 조리로 78%가 손실되며, 팽이 생것은 76.4±12.4㎎/100g 조리한 것은 62.7㎎/100g로 조리로 35%가 손실되었고, 표고버섯 생것은 61.8± 9.9㎎/100g, 조리한 것 22.7㎎/100g로 조리로 57%가 손실되었다.

저장 중 유리당과 당 알코올 : 저장 전 예냉, 무예냉 처리 후 60일간 저장, 유리당과 당 알코올 함량을 조사하였다. 일반적으로 glycerol과 5탄당 및 5탄당 알코올 arabitol, arabinose는 변화가 크지 않았으나, 6탄당인 β-rhamnose, fructose, glucose와 6탄당 알코올 mannitol, 이당 sucrose과 maltose는 저장 40일에 큰 폭으로 증가, 50일 후에 감소하였다. 특히 β-rhamnose는 -4℃ 저장에서 무 예냉 0.03㎜PE film 유무 처리 시 저장 50~60일에 각각 25.08%, 34.68%로 최대 함량을 보였다. mannitol은 저장 온도 1℃ 에서 40일부터 다소 크게 증가하였으나, 저장 -4℃ 에서는 변화가 없었다.

부위별 지질 성분 : 삿갓이 펴진 표고버섯의 삿갓 부위의 총 지질 함량은 4.58%, 자루 부위는 2.6%, 거의 대부분 중성 지질(46.7~48.8%), 인 지질(42.0~43.8%), 당 지질은 적었다(9.2~9.5%). 중성 지질의 주요 성분은 triacylglycerol이었고, 인 지질은 phosphatidyl ethanolamine이며, 지방산 조성은 각 지질 및 부위에 따라 현저한 차이를 보였으며, $C_{18:2}$, $C_{16:2}$ 및 $C_{18:1}$지방산 순으로 함유되어 있었다. 삿갓이 펴지지 않은 표고버섯의 총 지질 함량은 2.5%(자루), 3.7%(삿갓)이었고, 총 지질 함량, 과산화물가 및 carbonyl 가는 건조법에 따라 차이는 없었으며, 인 지질의 산가는 익힌 시료가 생시료 및 열풍 건조 시료보다 약간 낮았으나, 일건(日乾) 시료 중의 중성 지질 함량은 다른 시료보다 높았다. 가장 많은 중성 및 인 지질의 주요 성분이 삿갓이 완전히 펴진 표고버섯과 같았고, 당 지질은 digalactosyl diglycerol이었으며 일건(日乾) 시료의 인 지질 중 phosphatidyl ethanolamine과 phosphatidyl choline 양은 생시료와 열풍 건조 시료보다 낮았다. 모든 건조 시료의 지질 중 주요 지방산은 펴진 시료와 비슷하였고, 일건 시료에 $C_{18:2}$ 지방산이 많았고, $C_{16:2}$ 지방산은 적었다. 일건 시료 불포화 지방산량은 열풍 건조 시료 및 생시료 보다 낮았다.

Extract의 성분 : 표고버섯의 갓과 자루의 추출물은 추출 용매 및 추출 시간 변화에 따라 수율은 갓과 자루 모두 열수 추출 시 다소 높았고, 환원당은 열수 추출에서 당은 4시간에 488.18㎎%, 자루는 3시간에 452.12㎎% 유리 아미노산은 부위에 관계없이 2시간, 3시간 열수 추출 시 각각 528.46, 221.01㎎%로 가장 높았으며, 고미성 아미노산은 갓은 25% EtOH 5시간 추출 시 29%, 자루는 50% EtOH에서 37%이었고, 핵산 관련 물질은 자루보다 갓에 많았으며, 추출 용매 25% EtOH에서 부위에 관계없이 추출률이 가장 높았다.

Flavonoid 함량 : 100여 종의 식용, 약용 식물의 총 flavonoid를 측정한 결과, 영지버섯, 표고버섯, 느타리, 팽이버섯은 2mg이하였다.

무기 성분 : 널리 식용되고 있는 7종 버섯, 능이, 양송이, 밤버섯, 표고버섯, 싸리, 느타리, 송이버섯에 대해 20종의 무기 성분을 측정한 결과, 대부분 Fe, Na 및 Zn 함량이 다른 무기질보다 많았고, 유해 금속 Cd, Hg, Pb 및 As 등은 흔적만 있고, Sb, Se 및 Sn은 전 시료에서 없었다. 능이버섯에는 Na 73.634mg, Zn 58.171mg, P 2.388mg, Mn 2.105mg 순, 양송이에는 Na 56.997mg, Zn 43.273mg, Mn 2.875mg, P 228.8mg순, 밤버섯에는 Zn 43.835mg Na 16.727mg, Mn 5.732mg, Pb 1.676mg, 표고 버섯에는 Na 62.653mg, Zn 36.402mg, Mn 55.502mg, P 232.5mg, 싸리버섯에는 Zn 91.820mg, Na 91.763mg, Mn 10.214mg, P 232.5mg, 느타리에는 Na 170.350mg, Zn 64.222mg, Ni 0.872mg, Mn 0.702mg 송이버섯에는 Zn 56.708mg, Na 15.966mg, P 575.2mg, Pb 5.291mg이었다.

Amino acids① : 표고버섯의 아미노산을 TLC로 분리한 결과, glycine, alanine, valine, leucine, isoleucine, proline, phenylalanine, tyrosine, tryphtophane, serine, threonine, cysteine, methionine, glutamic acid, aspartic acid, lysine, arginine, histidine 등이 분석되었다.

Amino acids② : 표고버섯의 유리 아미노산을 분석한 결과, aspartic acid (2.86mg/g), threonine(3.92), serine(1.07), glutamic acid(1.92), proline(0.21), glycine(0.86), alanine(1.49), valine(0.01), methionine(0.02), isoleucine (0.06), leucine(0.37), tyrosine(0.14), phenylalanine(0.19), lysine(0.71), histidine(0.43), arginine(1.90)이었다.

일반 성분 : 유리 아미노산 27종, 미량 무기질 9종, 지방산은 linoleic acid, milistinic acid, stearic acid, 당류는 glucose, galactose, fructose, arabinose, trehalose, xylose, 당 알코올류는 arabitol, glycerol, mannitol, 다당체는 glucan, heteroglucan, heterogalactan, heteromannan, cellulose, hemicellulose, pectin, lignin 등이 분리.

식이섬유의 물리적 특성① : 표고버섯의 식이섬유와 일반 성분은 조 단백질

16.16%, 조지방 2.96%, 조회분 3.25%, 탄수화물 77.63, 총 식이섬유는 54.5%, 물리적 특성은 40mesh pass에서 보수성 7.39g water/g, 보유성은 2.03g oil/g, 40~80mesh에서 보수성은 평균 7.80g water/g, 보유성은 2.77g oil/g sample 이었다.

식이섬유의 특성② : 표고버섯 균사체 발효 후 생성되는 식이섬유의 물리적 특성을 검토한 결과, 일반 성분 중, 조 단백질 16.16%, 조지방 2.96%, 조회분 3.25%, 탄수화물 77.63%, 총 식이섬유 54.5%이었고, 물리적 특성은 40mesh pass에서 보수성은 7.39g water/g sample이며, 보유성은 2.03 oil/g sample이었다. 또 40~80 mesh에서 보수성은 평균 7.80g water/g sample이며 보유성은 2.77 oil/g sample이었다. 안정제로 사용되는 pectin 첨가후 점도 변화에서 식이 섬유의 입자 크기에는 관계없이 pectin 사용량이 증가할수록 점도가 증가하였다.

버섯의 이화학적 특성 비교 - 표고, 양송이, 새송이, 느타리, 팽이 : 큰느타리 자실체를 분석한 결과, 조단백질과 총당이 많았으며, 무기 성분은 Mg〉Na〉Zn〉Fe〉Ca〉Cu 순이었고, 특히 느타리, 양송이, 표고, 팽이에는 Mg, Zn, Cu, Mn이 없었으나, 새송이에는 Mg 78.5mg%, Zn 6.9mg%, Cu 1.3mg%, Mn 0.4mg% 등이 있었다. 구성 아미노산은 arginine 509.03mg%, lysine 410.53mg%, glutamic acid 190.05mg%, phenylalanine 150.63mg%, histidine 139.12mg% 순이었다. 유기산은 citric acid 26.60mg%, oxalic acid 18.01mg%, formic acid 10.50mg%, malic acid 10.20mg% 순이었으며, 유리당은 glucose 2.040mg%로 가장 많았고, fructose 1.846mg%, galactose 1.076mg%, lactose 1.020mg%, arabinose 846mg%, maltose 472mg% 순이었다. 또한 vitamin C는 21.4mg%로 느타리의 7배, 팽이버섯의 10배가 있었고 조지방도 표고의 2배인 0.69mg% 함유하여 자연송이와 유사한 맛이 있었다.

유기산 및 지방산 조성 : 느타리, 표고, 양송이 3종의 버섯에서 유기산은 lactic, fumaric, Succinic, malic, citric, pyroglutamic acid가 확인되었고, malic, citric, pyroglutamic acid가 많았다. 총 유기산 함량은 느타리(2.4~4.0%), 표고버섯(1.7~3.6%), 양송이(1.9~3.1%) 순이었고, 부위별 함량은 갓 부위가 자

루 부위보다 많았으며, 느타리는 oxalic과 pyroglutamic acid 가, 표고는 malic과 citric acid가, 양송이는 fumaric acid가 특히 많았다. 크기 별로는 클수록 총 유기산이 많았으며, 특히 citric acid의 감소가 컸다. 지방산은 linoleic, palmitic, oleic acid가 주이고, 부위와 크기별 함량에는 별 차이 없었다.

유리당과 당 알코올 조성 : 국내에서 인공 재배되고 있는 느타리, 표고, 양송이 3종의 버섯에서 trehalose, glucose, fructose, mannitol, arabitol 및 glycerol이 확인되었고, 유리당과 당 알코올 함량은 표고버섯(12.7~18.9%), 양송이(9.2~16.1%), 느타리(8.2~10.6%) 순이었고, 표고에는 mannitol과 arabitol, 양송이에는 mannitol, 느타리에는 trehalose와 mannitol이 많이 함유되었고, 부위별 함량은 느타리와 양송이는 자루보다 갓 부위에, 표고는 자루 부위에 많았으나, 크기별 함량은 클수록 유리당과 당 알코올이 감소하였다.

건조 특성 : 표고버섯은 건조 공기의 온도가 높고, 상대 습도가 낮을수록 건조가 빨랐고(30℃, 60℃), 상대 습도가 60% 이하일 때는 큰 변화 없었으나, 75%의 상대 습도에서 건조 속도가 현저히 감소하였다. 버섯의 외부색은 건조 온도와 상대 습도가 높을수록 흑갈색으로 변색이 심하였다.

방사선 검색 : 당근, 표고버섯, 파의 방사선을 검색한 결과, 당근, 표고버섯, 파의 건조물에 0, 1, 3, 5, 7KGy Co-60γ-선을 조사한 후, Bruker-EPR spectroscopy로 측정, 방사선의 증가량에 따라 free radical양도 비례적으로 증가하였다. 또한 저장 기간 12주 후에 EPR-sperctroscopy로 방사능을 측정한 결과, 방사선이 검색되어 방사선 조사 여부를 3개월 저장 기간에도 가능하였다.

버섯의 이용 실태 : 대구 지역 주부들의 버섯 이용 실태를 조사한 결과, 버섯은 대부분(97.7%), 자연식품, 건강식품으로 인식하고 있었고, 인지도는 느타리, 건조표고, 영지, 양송이, 송이, 생표고, 싸리, 팽이 순이었으며, 소득이 높고, 교육 수준이 높을수록, 인지도가 높았다. 항암 효과에 대한 버섯은 영지, 운지, 송이, 건조 표고 순으로 약용 효과가 높다고 생각하였고, 기호도는 느타리, 송이, 양송이, 건조 표고 순이었으며, 선호 특성은 맛, 질감, 향기 순이었다. 느타리와 팽이 버섯은 질감, 다른 버섯은 맛을 선호하였고, 느타리는 질감, 송이는 맛과 향기로 가장 선호도가 높았다. 이용상 문제점은 가격

(61.3%), 조리법(18.7%), 보관 · 저장(14.8%) 순이었다.

기타 연구① : 당뇨 유발 흰쥐의 혈당 강하 효과, 표고렉틴의 적혈구 응집 활성, 슬관절염 치료 효과(표고약침), 당단백질의 항암성, lentinan의 항종양성, 항산화 효과, hypocholesterolemic 및 sarcoma 180에 대한 항종양성, 1,2,4,6-tetrathiopane의 antimicrobial(*Cadida albicans*), coprinin의 antifungal effect에 대한 연구도 보고되었다.

기타 연구② : 항혈전 성분은 lentinan, deoxylentinan, 5'-AMP, 5'-GMP이 있고 cholesterol 저하 물질은 eritadenine(lentinacin, lentysine), deoxyeritadenine, 9-(3-carboxypropyl)adenine이며, antitumor 성분은 lentinan(β-1→6)-D-glucopyranoside 측쇄가 있고, β-(1→3)-D-glucan, β-(1→6)-D-glucan, mannanpeptide(KS-2)이다. antivirus 물질은 lentemin(Tabacco virus inhibitor), glucoprotein(AIDS antivirus) pentosepolysaccharide(myxovirus inhibitor) ds-DNA(influenza 치료 효과) 등이 있고, antifungal 물질은 lentinamycin A, B와 bis-methylsulfonyl-methyldisulfide가 있다. 자실체 형성촉진물질은 3'-AMP, 3', 5'-cyclic AMP, 1,2,4,6-tetradiepane, 1,2,3,4,5,6-hexadiepane, 세포 악화 저지 물질은 D-4-(6-aminopurine-9-yl)-2-hydroxybutyric acid(phytohaemagglutinin), mutagenic 성분은 agritine, gyromitrin, *p*-methylnitrosoaminobenzaldehyde 등이, 식물 hormone은 zeatin, zeatinriboside(갓 열림 촉진, virus 감염 저지), antithiamin 성분은 thiosulfanide, mutagenic, neoplastic 성분은 agaritine, gyromitrin, *p*-methylnitrosoaminobenzaldehyde, phytoalexin은 peptidoglucan 등이 있다.

✻ 효능과 이용

1) 효능 : 항암, 고혈압, 고지혈증, 이기거풍(理氣祛風).

2) 식용 : 9~10월에 난 것이 가장 맛이 좋다. 갓이 덜 핀 것이 향이 많고 맛있다. 살짝 석쇠에 구운 것이 가장 맛있고, 찜, 볶음 등 고급요리와 약선(藥膳) 요리의 재료로 이용된다. 향기 성분은 lenthionine

이며, provitamin D_3가 많아 골 건강에 좋은 식품으로 알려졌다.

3) 약용 : 소아마비, 종두후 발진, 수종, 위통, 두통, 현훈, 신체 허약에 응용. 구루병, 감기, 피부염, 혈관경화, 고혈압 등의 예방, 치료에는 장복. 요실금과 식중독을 다스린다.

※ lentinan 정맥 주사 : 항종양, 발암 억제, LEM은 균사체 배양 추출물, 면역 증강제

참고문헌

1) 강미영, 김설이, 윤혜정, 남석현, **식품과학회지,** 2004, 36(4), 648 〔시장성이 없는 품질의 갈변 표고 버섯(*Lentinus edodes*) 추출물의 항산화 활성〕

2) 강신주, 정선자, **가정학회지,** 1979, 7, 54 (표고 버섯의 수용성 유리 아미노산 정량 분석)

3) 권용주, **전남대학교 박사학위논문,** 1985 (양송이와 표고의 지질에 관한 연구)

4) 권중호, 변명우, 정신교, **연구논문집,** 1993, 20, 744 (표고버섯의 향미관련 성분에 대한 에틸렌옥시드와 감마에너지의 영향)

5) 권중호, 변명우, 정신교, 조한옥, **식품위생안전성 학회지,** 1992, 7(1), 7 (표고버섯의 향미관련 성분에 대한 ethylene oxide와 γ-energy의 영향)

6) 김건희, **덕성여대 자연과학논문집,** 1997, 3, 107 (표고버섯의 MA포장조건과 저장 중 풍미 성분)

7) 김건희, 한혜경, **식품영양과학회지,** 1998, 27(2), 326 〔버섯(느타리, 표고) 추출물이 사염화탄소유도 간 손상에 미치는 영향〕

8) 김군자, 김한수, 정승용, **식품영양과학회지,** 1992, 21(2), 131 (Cholesterol 혈중 유발 흰쥐에 있어서 버섯류가 지질 성분에 미치는 영향)

9) 김군자, 김한수, 김성희, 김희숙, 최윤정, 정승용, **영양학회지,** 1994, 23(5), 736 〔식용 버섯(영지, 표고, 목이)과 식물성유지(olive유, 홍화유, 들깨유)의 혼합급여가 흰쥐간장의 지질 성분 및 지방산 조성에 미치는 영향〕

10) 김나미, 이종수, **균학회지,** 2003, 31(1), 28 (발효 기간이 버섯 발효액의 품

질과 생리 기능성에 미치는 영향—느타리, 표고, 팽이버섯)

11) 김명화, 박무현, 김건희, **영양학회지,** 1997, 30(7), 747 (버섯 단백 다당체가 당뇨 유발 흰쥐의 혈당 수준과 에너지원 조성에 미치는 영향 : 표고 버섯)

12) 김병각, **균학회지,** 1975, 3(1), 39 (버섯의 식품학적 가치 및 약효)

13) 김병각, 박은규, **균학회지,** 1978, 6(2), 59 (한국산 버섯의 항암 성분—구름버섯, 표고, 느타리)

14) 김병각, 문철, 윤종명, 김채균, 김하원, 최응칠, **생약학회지,** 1996, 27(3), 224 〔원형질체 융합 및 핵전이에 의한 새로운 담자균류의 개발에 관한 연구 I). 융합 균사체의 항암 성분—영지, 표고〕

15) 김병각, 문철, 윤종명, 김채균, 심미자, 김하원, 최응칠, **생약학회지**, 1996, 27(3), 231 〔원형질체 융합 및 핵전이에 의한 새로운 담자균류의 개발에 관한 연구 II). 융합 균사체의 항암 성분이 생쥐의 면역 세포에 미치는 영향—영지, 표고〕

16) 김병규, 신갑균, 정병삼, 차재영, **식품영양과학회지,** 2001, 30(3), 510 (고지혈증 흰쥐에 있어서 버섯 분말의 cholesterol 저하 효과—느타리, 표고, 영지)

17) 김병삼, 남궁배, 김의웅, 김동천, **식품과학회지,** 1995, 27(6), 852 (진공예냉에 의한 표고 버섯의 선도 연장)

18) 김영숙, 박철우, 김석중, 박숙자, 류중호, 조현종, 김정옥, 임동길, 하영래, **식품영양과학회지,** 2002, 31(6), 986 (항암성과 향미개선된 재래식버섯 균사체 메주의 제조—표고, 영지, 신령버섯, 느타리, 상황, 잎새버섯, 동충하초)

19) 김영신, 임치환, 조남석, **균학회지,** 2002, 30(1), 31 (표고버섯에서 분리한 렉틴의 적혈구 응집활성)

20) 김영신, 조남석, **목재공학회**, 2001, 29(4), 79 (표고버섯 렉틴의 생화학적 특성)

21) 김영재, 김종군, 조한옥, 변명우, 권중호, **식품위생안정성학회지,** 1987, 2(1), 29 (γ-ray와 훈증 처리된 건조 표고버섯의 저장성 및 조리 적성)

22) 김용두, 김경제, 조덕봉, **식품저장유통학회지,** 2003, 10(1), 89 〔표고버섯 (*Lentinus edodes*) 추출물의 항균 활성〕

23) 김은미, 민지영, 민태진, **균학회지,** 1998, 26(2), 119 (표고버섯의 mitochodrial NADH 탈수소 효소의 특성)

24) 김정숙, 한재숙, 이재성, **조리과학회지,** 1994, 10(3), 291 (버섯의 이용 실태에 관한 조사 연구－느타리, 양송이, 표고, 영지, 송이, 팽이, 운지, 싸리)

25) 김재용, 문광덕, 이상대, 조숙현, 강혜인, 이성대, 서현일, **식품저장유통학회지,** 2004, 11(3), 10 (큰느타리의 이화학적 특성－느타리, 양송이, 표고, 팽이와 비교)

26) 김채균, 심미자, 최웅칠, 김병각, **균학회지,** 1996, 24(2), 135 (표고버섯의 영양 요구성 및 약물 내성주의 분리)

27) 김채균, 김병각, **균학회지,** 1997, 25(2), 85 (표고 버섯 영양 요구성 변이주의 전기 영동법에 의한 Isoenzyme 비교)

28) 김태홍 외 저, **목재공학,** 2002, 116(3), 109 (Pretreatments of Softwood Sawdust for Mycelial Growth of *Lentinus edodes*)

29) 김하원, 민홍기, 김창율, 김병각, **균학회지,** 1980, 8(1), 21 〔한국산 고등 균류의 성분 연구(22), 골목에 따른 표고버섯의 성분 비교〕

30) 남궁배, 김병삼, 김의웅, 정진웅, 김동철, **응용생명화학회지,** 1995, 38(4), 345 (진공 예냉 처리가 포장 저장 중 표고 버섯의 품질에 미치는 영향)

31) 남궁배, 정문철, 이준호, 임정호, **식품저장유통학회지,** 2001, 8(1), 47 (기공필름과 광물질 연입 필름 포장한 표고버섯의 MAP 효과)

32) 노삼현, **조리학회지,** 2000, 6(3), 281 (표고 버섯 가루를 활용한 식빵의 제품 개발에 관한 연구)

33) 노일협, **숙명여자대학교 논문집,** 1981, 21, 141 (한국산 식용 버섯중의 미량 금속 원소의 함유량에 관한 연구－능이, 양송이, 밤버섯, 표고, 싸리, 느타리, 송이)

34) 리혁, 최용민, 이준수, 박종수, 연광석, 한충수, **식품영양과학회지,** 2007, 36(2), 250 (컨베이어 원적외선 건조기를 이용한 표고버섯의 건조 및 항산화 특성)

35) 마상조, **식품과학회지,** 1983, 15(2), 128 (건조 표고 버섯의 각종 용매 추출물의 항산화 효과)

36) 마상조, **식품과학회지,** 1983, 15(2), 150 (건조표고버섯의 각종 용매추출물의 항산화 작용의 효과)
37) 문익재, 정시련, 전경희, **약학회지,** 1995, 39(3), 260 (표고버섯 렉틴의 림프구 자극 분열 및 암 세포 응집 효과)
38) 민태진, **균학회지,** 1993, 66, 165 (담자균류의 효소에 관한 연구 Ⅰ. 표고버섯 중의 광감응성 Mitochondrial F0F1-ATPase의 철이온 효과)
39) 민태진, 김은미, 이선정, 배강규, **균학회지,** 1995, 23(1), 14 (버섯 중 항균물질의 검색 및 개발에 관한 연구, 버섯 중 항진균 활성 물질의 검색(1)〕
40) 민태진, 박혜련, **균학회지,** 1991, 19(3), 214 〔버섯의 ATPase에 관한 연구, (1), 표고버섯 중 F_1-ATPase의 정제 및 그 성질〕
41) 민태진, 박혜련, **균학회지,** 1991, 19(3), 220 〔버섯의 ATPase에 관한 연구, (2), 표고버섯 중 F_1-ATPase의 금속 이온과 음이온의 효과〕
42) 민태진, 이미애, **동국대 자연과학연구소논문집,** 1989, 9, 47 (표고버섯 중의 광감응성 Mitochondrial Fe^{3+}+, Mg^{2+}+, -ATPase에 관한 연구)
43) 민태진, 이미애, **동국대 자연과학연구소논문집,** 1989, 9, 53 (표고버섯 중의 광감응성 Mitochondrial Fe^{2+}-ATP synthase에 관한 연구)
44) 민태진, 이미애, 박상신, **균학회지,** 1993, 21(3), 157 (버섯 중 철이온에 활성화된 광감응성 Mitochondria ATPase에 관한 연구)
45) 민태진, 이미애, 배강규, **균학회지,** 1993, 21(3), 165 〔담자균류의 효소에 관한 연구(1), 표고버섯 중 광 감응성 Mitochondrial F_0F_1-ATPase의 철 이온 효과〕
46) 민태진, 이완기, 박상신, **균학회지,** 1989, 17(2), 91 〔무흡광색소 생물의 감광수용체 개발 연구(3), 표고 버섯중의 광 감응성 Mitochondrial ATP synthase〕
47) 민태진, 조석우, 김영순, 김재웅, 민태익, **균학회지,** 1987, 15(4), 224 ; 1989, 17(2), 99 〔무흡광색소 식물의 감광 수용체 개발 연구(2), 표고버섯중의 광감응성 Mitochondrial ATPase의 유기물 및 금속 ion 유입 효과〕
48) 민태진, 조석우, 박상신, **균학회지,** 1987, 15(4), 217 ; 1989, 17(2), 91 〔무흡광 색소 식품의 감광 수용체 개발연구(1), 표고 버섯 중의 광감응성 Mitochondrial ATPase)

49) 민태진, 이완기, 김재웅, 민태익, **균학회지,** 1989, 17(2), 99 〔무흡광 색소 식품의 감광 수용체 개발 연구(4), 표고 버섯 중의 광감응성 mitochondrial ATPase의 유기물 및 금속 이온 유입 효과〕
50) 박경숙, 이재성, **생물공학회지,** 1991, 6(1), 91 (*Coriolus versicolor*와 *Lentinus edodes* 영양 배지 조성 및 배양 조건의 최적화)
51) 박기문, 이병우, **식품과학회지,** 1998, 39(5), 1236 (표고버섯 항암 단백 다당체의 추출과 정제)
52) 박난영, 정용진, **식품영양과학회지,** 2006, 35(9), 1273 〔표고버섯(*Lentinus deodes*)의 추출조건 및 효소처리에 다른 품질 특성〕
53) 박동우, 김병각, **균학회지,** 1980, 8(1), 76 〔한국산 고등 균류의 성분 연구(17), *Lentinus edodes*(Berk.)Sing.의 다당체 성분〕
54) 박동우, 심미자, 김병각, **서울대학교 약학논문집,** 1979, 제 4권, 〔한국산 고등 균류의 성분 연구(XVII), 표고 버섯의 액내 배양에 의한 항암 성분의 생성〕
55) 박무현, 오국용, 이병우, **식품과학회지,** 1998, 140, 702 (표고버섯과 느타리의 항암 효과)
56) 박민정, 진영건, 김동건, 진주연, 이영재, **식품과학회지,** 2007, 39(1), 88 (표고버섯 추출액이 loperamide로 유도된 변비에 미치는 영향)
57) 박상신, **동국대 자연과학연구논문집,** 1997, 2, 129 (Production and Properties of Phenol oxidase from *Lentinus edodes*)
58) 박상신, 민태진, **균학회지,** 1989, 17(3), 161 〔무흡광 색소 생물의 감광 수용체 개발 연구(5), 표고버섯 중의 광감응성 mitochondrial ATPase 및 ATP synthase에 대한 FAD 및 $FADH_2$의 효과〕
59) 박상신, 민태진, **균학회지,** 1994, 22(2), 122 (표고버섯 Mitochondrial F_1-ATPase 활성과 금속 이온의 역할에 관한 연구)
60) 박상신, 이갑득, 민태진, **균학회지,** 1995, 23(1), 28 〔버섯 중 항균 물질의 검색 및 개발에 관한 연구, 그람 양성균에 대한 항균 물질의 검색(1보)〕
61) 박상신, 이갑득, 민태진, **균학회지,** 1995, 23(2), 176 〔버섯 중 항균 물질의 검색 및 개발에 관한 연구, 그람 음성균에 대한 항균 물질의 검색(2보)〕
62) 박영현, 장성근, **식품위생안전성학회지,** 1997, 12(3), 195 (한국산 식용 버

섯의 Tyrosinase 활성저해 검색 및 그 유효 성분 분리−양송이, 표고, 영지, 석이, 팽이)
63) 박완희, **생약학회지,** 1982, 13(1), 43 〔버섯의 성분연구(I), TLC에 의한 아미노산 분석−느타리, 송이, 양송이, 싸리, 목이, 표고, 나도팽나무 버섯〕
64) 박원목, 고한규, 박노조, 홍기성, 김규현, **균학회지,** 1997, 25(3), 176 (Isozyme polymorphism 및 Randon Amplified polymorphic DNA(RAPD) pattern에 의한 표고 버섯 품종간 비교)
65) 박원목, 송치현, 현재욱, **균학회지,** 1992, 20(1), 77 〔표고버섯 (*L. edodes*)의 영양생리 및 기질 개발〕
66) 박원철 외, **산림청임업 연구소,** 1996, 54, 1 (표고 톱밥 재배 適合品種育成 및 發生處理에 關한 硏究)
67) 박은규, **균학회지,** 1977, 5(2), 33 (항암성 버섯 성분)
68) 박은미, 김수정, 예은주, 배만종, 조경철, **식품영양과학회지,** 2005, 34(3), 323 (인삼박으로 배양된 버섯 균사체 추출물이 암 세포 증식에 미치는 영향−상황, 영지, 운지, 표고 버섯)
69) 박정민, 이성현, 김정옥, 박홍주, 박재복, 신정임, **식품과학회지,** 2004, 36(1), 141 (자궁 경부암 동물 세포에서 표고 버섯의 in vitro 및 in vivo 항암 효과−Apoptosis에 의한 종양 세포주의 성장 억제)
70) 박정숙, 나환식, **식품과학회지,** 2005, 37(5), 768 (표고 버섯 가루를 이용한 조청의 품질 특성)
71) 박정숙, 나환식, **식품영양과학회지,** 2005, 34(7), 1082 (표고 버섯 추출액을 이용한 조청의 품질 특성)
72) 박정숙, 나환식, **식품영양과학회지,** 2007, 36(2), 241 (표고버섯을 첨가하여 제조한 강정의 품질 특성)
73) 박홍주, 김대익, 이성현, 이영민, 정현진, 조수묵, 전혜경, Lilleho, H. S., **식품영양과학회지,** 2005, 34(8), 1182 (채취 시기 및 부위가 다른 표고 버섯의 급여가 당뇨 마우스 뇌조직의 신경 전달 물질 및 지질과산화물 수준에 미치는 영향)
74) 박희옥, 오혜숙, 윤선, **식생활문화학회지,** 2001, 16(5), 463 (버섯의 조건에

따른 Vitamin D_2와 B_2 함량 변화)
75) 배만종, 김광중, 김수정, 예은주, **식품영양과학회지,** 2007, 36(1), 8 (황기에 표고버섯 균사체를 배양한 추출물이 항암 효과 및 알레르기 억제 효과에 미치는 영향)
76) 배만종, 예은주, **식품영양과학회지,** 2007, 36(4), 424 (인동초로 배양한 표고버섯 균사체 추출물의 항암 및 알레르기 억제 효과 검증)
77) 배은아, 김동균, 한명주, **식품과학회지**, 2001, 155, 142 (표고버섯 추출물이 생쥐 장내세균 효소에 미치는 영향)
78) 서재신, 강성구, 최병민, **식품저장유통학회지,** 1997, 4(3), 279 (표고 버섯의 건조 특성 및 주요 성분의 변화, 2) 건조 온도에 따른 표고 버섯의 주요 성분 변화)
79) 손동원, 오정수, **동국대 지역발전연구논문집,** 1994, 11, 65 (수피 온수추출물이 표고버섯 및 그 해균의 균사 생육에 미치는 효과)
80) 손미희, 김소영, 하정욱, 이승철, **식품영양과학회지,** 2003, 32(6), 859 (표고버섯 함유 어묵의 물성 특성)
81) 송지영, 윤기주, 윤혜경, 구성자, **식품과학회지,** 2001, 33(6), 802 (표고버섯과 보리에서 추출한 β-Glucan이 Alloxan 유발 당뇨 마우스의 혈당 및 지질 성분에 미치는 영향)
82) 심상국, **동남보전 논문집,** 1995, 12, 161 (항종양 다당체 Lentinan)
83) 안미란, 정도연, 홍선표, 송근섭, 김영수, **응용생명화학회지,** 2003, 46(3), 229 (버섯을 첨가한 전통 고추장의 품질 특성–느타리, 표고버섯)
84) 안장수, **단국대학교 박사학위논문,** 1987 (한국산 식용 버섯의 향기 및 영양 성분에 관한 연구)
85) 안장수, 김을상, 박은숙, **식품영양과학회지,** 1987, 16(4), 4328 〔한국산 식용 버섯의 향기 성분에 관한 연구 (III),–표고 버섯의 향기 성분〕
86) 안장수, 이규환, **식품위생안전성학회지,** 1986, 1(2), 177 (한국산 식용 버섯의 무기 성분에 관한 연구–능이, 양송이, 밤버섯, 표고, 느타리, 송이, 싸리버섯)
87) 양병근, 김동현, 송치현, **균학회지,** 2002, 30(2), 131 (표고버섯 균사체의

생산과 당뇨 유발 흰쥐에 대한 혈당 강하 효과)
88) 연미영, 현태선, **영양학회지,** 2005, 38(7), 586 (한국인 상용식품의 엽산 함량 분석에 의한 식품 영양가표의 보완)
89) 이가순, 이주찬, 한규홍, 황용수, 송진, **식품저장유통학회지,** 1997, 4(2), 115 (생표고의 저온 및 냉동 저장시 선도 유지의 최적화)
90) 이기순, 이주찬, 송진, 오만진, **식품저장유통학회지,** 1998, 5(2), 154 (표고버섯 저장 중의 유리당과 당알코올 성분의 변화)
91) 李大鎭, **蓮庵畜産園藝專門大論文集,** 1994, 13, 77 〔표고버섯 (*Lentinus edodes*)의 菌床 재배 기술 개발에 관한 연구 1), 配合基質의 조성 재료를 중심으로〕
92) 이민정, 정규항, 장학길, **식품과학회지,** 2004, 36(1), 32 〔버섯(*Lentinus tuber-Rejium*)분말 첨가가 제빵 특성에 미치는 영향〕
93) 이병우, **경북대학교 박사학위논문,** 1993 (표고 버섯 균사체 배양 및 그 추출물의 생리학적 특성)
94) 이병우, 김태종, 최수현, 임근형, 유무형, **식품과학회지,** 1995, 27(2), 147 (표고버섯 균사체 식이섬유의 물리적 특성)
95) 이병우, 박기문, **식품과학회지,** 1998, 30, 665 (균사체 추출한 단백 다당체의 항암 효과)
96) 이병우, 임근형, 김동욱, 박기문, 손세형, 손태화, **산업미생물학회지,** 1993, 21, 609 (표고 버섯 균사체의 배양 특성 및 Pilot scale 생산)
97) 이선주, **생약학회지,** 1975, 6(2), 75 〔한국 향토민속약 규명에 관한 연구(1) —송이, 표고, 간버섯, 능이, 볼령, 석이〕
98) 이성현, 박홍주, 조소영, 정현진, **영양학회지,** 2004, 37(7), 509 (표고버섯의 급여가 SHR흰쥐의 혈압 및 혈청지질수준에 미치는 영향)
99) 이성현, 박홍주, 조용식, 정인경, 송경식, **식품영양과학회지,** 2003, 32(7), 971 (천연식품 자원으로부터 Prolyl Endopeptidase의 저해 효과 탐색—표고, 영지, 다시마, 도토리, 양파 등)
100) 이세은, 김동만, 김길환, **영양식량학회지,** 1991, 20(2), 133 (MA저장중 표고버섯의 품질변화)

101) 이수진, 이경임, 이숙희, 박건영, **조리과학회지,** 2004, 20(4), 365 (버섯 첨가 된장의 생리 활성 작용 – 영지, 상황, 표고)
102) 이은, 김완재, 이영주, 이미경, 김판구, 박연정, 김수경, **식품영양과학회지,** 2003, 32(2), 256〔지방간 환자를 위한 생식용 천연복합 식품이 고지방 식이를 급여한 흰쥐의 혈청, 간장의 효소 및 간조직 구조에 미치는 영향 – 채소류, 버섯류(표고, 영지), 곡류, 해조류(다시마), 기타〕
103) 이응래, **균학회지,** 1978, 6(2), 31〔인도산 참나무(*Quercus incana*)를 이용한 표고 재배의 가능성에 관한 연구〕
104) 이준우, 정천희, 정훈, 이권행, **산업미생물학회지,** 1990, 18(6), 571 (*Letinus edodes* IY105 알칼리 추출물의 보체계 활성 및 항 종양 효과)
105) 이준우, 정천희, 정훈, 이권행, 이재윤, 안원근, 이재동, **균학회지,** 1994, 22(3), 266 (맥주 효모 추출물을 이용한 표고버섯 균사체의 심부 배양에 관한 연구)
106) 이종미, 오상석, 한대석, 손은심, **식생활문화학회지,** 2001, 16(5), 504 (식물성 식품 중 총 플라보노이드 함량과 생리 활성 탐색 – 영지, 표고, 느타리, 팽이버섯)
107) 이재윤, 안원근, 이재동, **균학회지,** 1995, 23(3), 325 (맥주 효모 추출물을 이용한 표고 버섯 균사체의 심부 배양에 관한 연구)
108) 이창호, 이주백, 장상문, **농화학회지**, 2000, 43(4), 277 (표고버섯 첨가 재래식 된장 발효 과정중의 미생물, 효소 활성 및 기능성의 변화)
109) 이창환, 양민호, 박승림, 강영주, **식품과학회지,** 2007, 39(2), 128 (감귤주스 착즙박을 이용하여 재배된 버섯 균사체의 성분 – 영지, 표고, 간버섯)
110) 이태수, 강호덕, 박원철, 이창근, **산림과학논문집**, 1996, 54, 207 (Electrophoretic Profiles of Proteins from the Mycelia and Fruiting-Bodies of *Lentinus edodes* Strains in Korea)
111) 이태수, 박원철, 강호석, 김세권, 변병호, 이창근, 이원규, 민두식, **균학회지,** 1997, 25(3), 219〔RAPD(Random Amplified Polymorphic DNA) 검정을 이용한 한국 표고 균주의 계통 분류〕
112) 이학주, **임업정보**, 2002, 132, 18 (표고에서 단리된 추출 성분)

113) 장영상, 이호봉, 이승렬, 신재익, **식품과학회지,** 1990, 22(7), 828 (표고버섯 Extract 제조에 대한 연구)

114) 정경수, **균학회지,** 1982, 10(1), 33 〔한국산 고등 균류의 성분 및 배양에 관한 연구, (2) 표고 버섯의 항암 성분 및 배양〕

115) 정경수, 최응칠, 김병각, **균학회지,** 1984, 12(4), 133 〔한국산 고등 균류의 성분 연구(제41보), *Lentinus edodes* DMC$_7$ 균주의 배양 여액의 항암 성분〕

116) 정덕규, 우강융, 이승철, **응용생명화학회지,** 2003, 46(3), 220 (표고버섯이 함유된 간장의 발효 중 품질 특성)

117) 정수자, 최미연, **부산여전 논문집,** 1997, 18, 289 (표고버섯 열수 추출 다당체와 비타민 A가 발암원을 첨가식이한 흰쥐의 간 기능 관련물질에 미치는 영향)

118) 정영화, 조덕봉, 최춘순, **광주보전 논문집,** 1984, 9, 93 (한국산 표고버섯 음료의 품질)

119) 정인범, 윤홍덕, 맹진수, 강사욱, **서울대학교 자연과학종합연구소 연구논문집,** 1992, 618 (*Lentinus edodes*에서 분비되는 Laccase의 특성)

120) 정훈, 이준우, 이권행, **균학회지,** 1990, 18(3), 145 (한국산 고등균류의 항보체활성에 관한 연구—영지, 동충하초, 표고, 주름버섯)

121) 조덕봉, 김동필, 최춘순, **식품영양과학회지,** 1981, 10(1), 53 (표고버섯의 열풍 건조 속도론에 관한 연구)

122) 조덕봉, 현규환, 나광출, 최지호, **자원식물학회,** 2002, 15(2), 128 (표고버섯의 생육시기별 성분분석 활용방안)

123) 조성환, 김지철, 김성완, **식품영양과학회지,** 2001, 30(4), 649 〔알코올 투여한 흰쥐 간 세포내 알코올 탈수소효소의 활성과 항산화에 미치는 식물 추출물(콩나물, 솔잎, 표고, 오갈피)의 영향〕

124) 조영자, 김현아, 방미애, 김은희, **영양학회지,** 2002, 35(2), 183 (표고버섯의 섭취가 당뇨유발쥐의 혈당과 지질농도 및 Glutathione 효소계에 미치는 영향)

125) 조정순, 최미용, 장윤희, **동아시아식생활학회지,** 2002, 12(1), 55 (표고버섯 함량에 따른 설기떡의 품질 특성)

126) 진미림, 복진우, 심미자, **서울대 약학논문집,** 1991, 16, 66 (Studies on Constituents of the Higher Fungi of Korea Antitumor Components of the Cultured Mycelia of *Lentinus edodes*)

127) 채정기, **균학회지,** 1993, 21(3), 217 〔표고버섯 재배에 관한 자원학적 연구, (1) 생리 활성화 물질의 효과〕

128) 최미연, 임상선, 정태영, **식품영양과학회지,** 2000, 29(2), 294 (표고 열수 추출 다당체가 발암원을 첨가급여한 흰쥐의 지질 대사)

129) 최병민, 서재신, 최주호, **식품저장유통학회지,** 1997, 4(3), 271 〔표고 버섯의 건조 특성 및 주요 성분의 변화, 1) 건조특성 및 건조 모델〕

130) 최병민, 한웅정, 홍지형, 최주호, 서재신, **식품저장유통학회지,** 1999, 6(1), 37 (표고 버섯의 평형 함수율에 관한 연구)

131) 최춘순, 장인애, 조덕봉, **광주보전논문집,** 1981, 6, 59 (표고버섯의 건조 조건에 따른 GMP와 Lenthionine함량의 변화)

132) 표명윤, 노일협, **영양학회지,** 1975, 8(1), 47 (식용 버섯류의 아미노산에 관한 연구)

133) 한대석, 안병학, 신현경, **식품과학회지,** 1992, 24(4), 376 (환경가스조절 방법을 이용한 느타리와 표고버섯의 유통기간 연장)

134) 한혜경, 임숙자, **덕성여대 논문집,** 1996, 26, 225 (표고버섯 섭취가 Streptozotocin 유발당뇨 흰쥐의 혈당수준과 에너지원 조성에 미치는 영향)

135) 함영국, 김성완, **식품영양과학회지,** 2004, 33(8), 1246 (사염화탄소를 투여한 흰쥐의 간 세포에 대한 식물 추출물들의 보호 효과—솔잎, 콩나물, 인진쑥, 표고)

136) 許俊, **東醫寶鑑,** 東醫寶鑑國譯委員會編譯, 南山堂, 서울, 1968, 1176 (표고버섯)

137) 홍기성, 김선철, **산림조합중앙회,** 2001, 428, 100 〔표고버섯 재배시 발생하는 주홍꼬리버섯에 대한 살균력 검정 1〕

138) 홍순우, **균학회지,** 1986, 38, 189 (Extracellular Wood-degradative Enzymes from *Lentinus edodes* JAOI)

139) 홍순우, 신광수, 윤엽, 이원규, **균학회지,** 1986, 14(3), 189 (표고 균주 JA

01에서 분비되는 세포외 목재 성분 분해 효소에 관하여)
140) 홍재식, 김영희, 이극로, 김명곤, 조정익, 박건호, 최윤희, 이종배, **식품과학회지,** 1988, 20(1), 100 (느타리, 표고와 양송이 버섯의 유기산 및 지방산 조성)
141) 홍재식, 김영희, 김명곤, 김태영, 김금재, **식문화학회지,** 1990, 5, 437 (한국산 식용 버섯의 지방질 성분에 관한 연구)
142) 홍재식, 김영희, 김명곤, 김영수, 손희숙, **식품과학회지,** 1989, 21(1), 58 (양송이, 느타리, 표고 버섯의 유리 아미노산 및 전 아미노산 조성)
143) 홍재식, 김태영, **식품과학회지,** 1988, 20(4), 459 (느타리, 표고, 양송이의 유리당과 당 알코올 조성)
144) 홍재식, **식품공업,** 1980, 53, 79 (버섯의 영양가 및 약효)
145) 홍재식, **식품과학회지,** 1988, 20, 606 (한국산 표고의 휘발성 향기 성분)
146) 황규선, 정형섭, 백종엽, 이상무, **한의학회지,** 2001, 18(6), 141 (표고버섯 약침의 퇴행성 슬관절염 치료 효과, 임상연구)
147) 황금희, 김현구, 한용남, **식품과학회지,** 1997, 29(1), 156 〔모노아민 산화효소에 대한 식용 버섯(양송이, 표고, 영지)의 저해 활성〕
148) 황금희, 김현구, 한용남, **식품과학회지,** 1997, 29(1), 161 〔조직 혈액 응고 인자에 대한 식용 버섯류(표고, 영지, 양송이)의 저해 활성〕
149) 황용주, 남혜경, 장문정, 노건웅, 김선희, **식품영양과학회지,** 2003, 32(2), 217 (표고와 새송이 버섯이 대장암 세포 증식 및 세포 사멸에 미치는 영향)
150) Adesogan, E. K., **J. Chem. Soc., Chem. Commun.,** 1974, 906 (isol, prism, 1,2,4-Trithiolaniacin)
151) Aoyaki, Y., Sugahar, T., **J. Food Sci. Techol.,** 1986, 33, 244 (Studies on the rehydration of dried Shiitake mushroom)
152) Bae, M. J., Yee, S. T., Ye, E. J., **J. East Asian Soc. Dietary Life,** 2007, 17, 43 (Anticancer and anti-allergy activities of mycelia extracts of *Lentinus edodes* mushroom-cultured *Glycyrrhiza radix*)
153) Back, H. H., Kim, D. M., Kim, K. H., **Kor. J. Food Sic. Technol.,** 1989, 21(1), 145 〔Changes in Quality of shiitake mushroom (*Lentinus edodes*)

by different drying methods〕

154) Bew, R. E. et al., **J. Chem. Soc.**, 1966, 129 (isol, 2,3-Octadiene-5,7-diyn-1-ol)

155) Birch, G., **Adv. Carbohydr. Chem.**, 1963, 18, 201 (rev, Trehalose)

156) Brimacombe, J. S. et al., **The Carbohydrate**, Academic Press, 1972, 1A, 479 (Needles, Mannitol)

157) Bowden, C. G., Royse, D. J., May, B., **Genome**, 1991, 34, 652 (Linkage relationships of allozyme encoding loci in *Lentinula edodes*)

158) Chai, J. K., Lee, S. J., Kim, Y. J., Wi, K. M., **Plant Res.**, 2000, 3(3), 226 (Reutilization of enokitake cultural waste as *Lentinus edodes* cultivation substrate)

159) Chang, S. T., **Mushroom J. Tropics**, 1992, 7, 117 (The world production of cultivated edible mushroom in 1991)

160) Chang, C. H., Chyau, C. C., Wu, C. M., **Food Sci.** (in Chinese), 1991, 18, 199 (Volatile components of various Shiitake products)

161) Chang, R., **Nutr. Rev.**, 1996, 54, 591 (Functional properties of edible mushroom)

162) Chang, S. T., John, A. B., Chiu, S. W., **Mushroom Biology and Mushroom Products**, World Scientific, Washington, D. C., USA, 1993

163) Chang, S. T., Miles, P. G., **Edible mushrooms and their cultivation**, CRS Press, London, 1989, p27-30

164) Chen, C. C., Wu, C. M., **Food Industry Research and Development Institute**, Hsinchu, Taiwan, Chinese 337 〔Studies on the volatiles of shiitake (*Lentinus edodes*)〕

165) Chen, C. C., Ho, C. T., **J. Agric. Food Chem.**, 1986, 34, 830 〔Identification of sulfurous comopounds of shiitake mushroom (*Lentinus edodes*)〕

166) Chihara, I., Okamura, T., Takeyama, S., Kotera, A., **Experienta**, 1969, 25, 1237 (Lentinacin, a new hypocholestrolemic substance in *Lentinus edodes*)

167) Chihara, G., Hamuro, J., Maeda, Y., Arai, Y., Fukuoka, F., **Cancer Res.**, 1970, 30, 2776 〔Fractionation and purification of the polysaccharides with marked antitumor activity especially lentinan from *Lentinus edodes* (an edible mushroom)〕

168) Chihara, G., Maeda, Y., Suga, T., Hamuro, J., **Int. J. Immunother.**, 1989, 5, 145 (Lentian as a host defence potentiator(HDP)〕

169) Chihara, G., Maeda, Y., Hamuro, T., Sasaki, T., Fukuoka, F., **Nature,** 1969, 222, 687 (Inhibition of mouse Sarcoma 180 by polysaccharides from *Lentinus edodes*)

170) Cho, D. B., Seo, H. Y., Kim, K. S., **J. Food Sci. Nutr.**, 2003, 8(4), 306 〔Analysis of the Volatile Flavor compounds produced during the Growth Stage of the Shiitake mushrooms (*Lentinus edodes*)〕

171) Choi, M. S., Yang, J. K., **Kor. J. Medical Crop. Sci.**, 2005, 13(2), 110 (Negative effects of water extracts from *Pinus densiflora* sawdust on mycelium growth of the shiitake mushroom *Lentinula edodes*)

172) Choi, M. Y., Lim. S. S., Chung, T. Y., **J. Kor. Soc. Food Sci. Nutr.**, 2000, 29, 294 (The effects of hot water soluble polysaccharides from *Lentinus edodes* on lipid metabolism in the rats fed butter yellow)

173) Chu, C. C., Chi, T. H., **J. Agric. Food Chem.**, 1986, 34, 630 (Identification of sulfurous compounds of *Lentinus edodes* Sing.)

174) Chung, K. S., Choi, E. C., Kim, B. K., **Kor. J. Mycol.**, 1984, 12(4), 129 〔Studies on the Constituents of Higher Fungi of Korea(XLI). An Antitumor from the culture filtrate of *Lentiuns edodes*〕

175) Chyan, C. C., Wu, C. M., **Food Industry Reserch and Development Institute,** Hsimshu, Taiwan (Study of generation of Volatile compounds from Shiitake)

176) Crisan, ELIV., Sands, A., **Nutritional Value in the Biology Cultivation of Edible Mushrooms,** Academic press., 1978, 99, 137

177) Dennert, G., Tucker, D., **J. Natl. Cancer Inst.**, 1973, 51, 1727 (Anti-

tumor polysaccharide lentinan a T-cell adjuvant)
178) Endo, H., Kajiwara, S., Tsunoka, O., Shishido, K., **Gene,** 1994, 139, 117 (A novel cDNA, PriBc, Encoding a protein with a Zn(II), 2Cys6 Zinc cluster DNA-binding motif derived from the basidiomycete *Lentinus edodes*)
179) Farrard, J. C. et al., **J. Org. Chem.**, 1971, 36, 3606 (Against Gram(+) bacteria, Fungi, Coprinin)
180) Fujii, T., Maeda, H., Suzuki, F., Ishida, N., **J. Antibiotics,** 1978, 31, 1079 (Isolation and characterization of a new antitumor polysaccharide, KS-2 extracted from culture mycelia of *Lentinus edodes*)
181) Fukuda, M., Nakai, Y. F., Hibbett., D. S., Matsumoto, T., Hayasi, Y., **Mycol. Res.**, 1994, 98, 169 (Mitochondrial DNA restriction fragment length polymorphism in natural populations of *Lentinus edodes*)
182) Fukuda, M., Tokimoto, K., **Proc. Jpn. Acad.**, 1991, 67, 43 (Variation of isoenzyme patterns in the natural population of *Lentinus edodes*)
183) Goro, C., Junji, H., Yukiko, Y., Yukiko, A., Fumoko, F., **Cancer Res.**, 1970, 30, 2776 (Fractionation and purification of the polysaccharides with masked antitumor activity, especially lentinan from *Lentinus edodes*)
184) Goro, C. et al., **Nature,** 1969, 222, 687 (Inhibition of mouse sarcoma 180 by polysaccharides from *Lentinus edodes*)
185) Gmelin, R. et al., **Phytochemistry**, 1981, 20, 2521 (props, isol, Lenthionine)
186) Hampton, A. et al., **J. Med. Chem.**, 1976, 19, 1029 (muscle, 5'-AMP)
187) Hamuro, J., Chihara, G., **Modulation Agents and Their Mechanisms,** Marcel Dekker, New York, Basel, 1984, 19, 409-436 (T-Cell oriented immuno-potentiator)
188) Hasebe, K., Murakami, S., Tsuneda, A., **Mycologia,** 1991, 83, 354 (Cytology and genetics of a sporeless mutant of *Lentinus edodes*)
189) Hasebe, K., Murakami, S., Tsuneda, A., **Can. J. Bot.,** 1992, 70, 601

(Cytology and genetics of a dikaryotic strain of *Lentinus edodes* carrying two haplolethal factors)

190) Hatvani, N., **Int. J. Antimicrobial Agents,** 2001, 17, 17 (Antibacterial effect of the culture fluid of *Lentinus edodes* mycelium grown in submerged liquid culture)

191) Hideo, T., **J. Kor. Soc. Food Sci. Nutr.,** 1985, 14, 419 (Studies on the lipids of shiitake mushroom, *Lentinus edodes*)

192) Hong, J. S., Lee, K. R., Kim, Y. H., Kim, D. H., Kim, M. K., Kim, Y. S., Yeo, K. Y., **Kor. J. Food Sci. Technol.,** 1998, 20, 606 〔Volatile flavor compounds of Korean Shiitake mushroom(*Lentinus edodes*)〕

193) Hwang, B. H., **J. Kor. Wood Sci. Technol.,** 1983, 11, 18 〔Analysis of Amino acid and Vitamin in Oak mushroom(*Lentinus edodes*)〕

194) Hwang, H., Lee, C. H., Han, J. H., **J. Bio-Environment Control,** 1994, 3(1), 42 〔Computer vision and neuro-net based automatic grading of a mushroom (*Lentinus edodes* L.)〕

195) Ikekawa, T., Uehara, N., Maeda, Y., Nakanishi, M., Fukoka, F., **Cancer Res.,** 1969, 29, 734 (Antitumor activity of aqueous extracts of some edible mushrooms－표고, 느타리, 나도팽나무버섯, 팽이, 목이, 송이)

196) Ishikawa, H., **J. Agric. Lab.,** 1967, 8(1), 1 〔Physiological and ecological studies on *Lentinus edodes* (Brek.) Sing.〕

197) Jeannin, J. E., Lagadec, P., Pelletier, H., Reisser, D., Olsson, N. O., Chihara, G., Martin, F., **Int. J. Immunopharmacol.,** 1988, 10, 855 (Regression induced by letinan, of peritoneal carcinomatoses in model of colon cancer in rat)

198) Jin, M. R., Bok, J. W., Shim, M. J., Choi, E. C., Kim, B. K., **Seoul National Univ. J. Pharm. Sci.,** 1991, 16 〔Studies on the Constituents of Higher Fungi of Korea (LXIX), Antitumor components of the cultured *Lentinus edodes*〕

199) Joseph, A. M., **J. Agric. Food Chem.,** 1981, 29(1), 1 (Mushroom flavour)

200) Jong, S. C., Birmingham, J. M., **Mokuzai Gakkaishi,** 1995, 41(6), 593 (Medicinal and therapeutic value of the shiitake mushroom)

201) Kabir, Y., Kimura, S., **J. Nutr. Sci. Vitaminol.,** 1989, 35, 91 (Dietary mushroom reduce blood pressure in spontaneously hypertensive rat)

202) Kabir, Y., Yamaguchi, M., Kimura, S., **J. Nutr. Sci. Vitaminol.,** 1987, 33, 341 〔Effects of Shiitake (*Lentinus edodes*) and maitake (*Grifola frondosa*) mushrooms on blood pressure and plasma lipids of spontaneously hypertensive rats〕

203) Kajiwara, S., Yamaoka, K., Hori, K., Miyazawa, H., Saito, T., Kanno, T., Shishido, K., **Gene,** 1992, 114, 173 (Isolation and Sequence of a developmental regulated putative novel gene, pri A, from the basidiomycete *Lentinus edodes*)

204) Kameoka, H., Higuchi, M., **Nippon Nogei Kagaku Kaishi.,** 1976, 50, 185 (1-Octen-3-ol)

205) Kamiya, T., Saito, Y., Hashimoto, M., Seki, H., **Tetrahedron,** 1972, 28(4), 899 (Hypocholesterolemic alkaloids of *Lentinus edodes* Ⅰ. Structure and Synthesis of eritadenine)

206) Katsura, M. et al., **Chem. Pharm. Bull.,** 1967, 15, 988 (isol, Hexathiopane)

207) Kawachi, S., Megruro, S., Inada, S., **Mokuzai Gakkaishi,** 1991, 37(10), 971 〔Cultivation of Shiitake (*Lentinus edodes*) on wood-meal medium of *Cryptomeria japonica* Inhibitiory effect of ferruginol on mycelial growth)

208) Kim, B. K., Park, E. K., Shim. M. J., **Arch. Pharm. Res.,** 1979, 2, 145 〔Studies on the constituent of higher fungi of Korea (XXIII). Antineoplastic activities of *Coriolus versicolor, Pleurotus ostreatus* and *Lentinus edodes*〕

209) Kim, C. K., **Arch. Pharm. Res.,** 2000, 23(1), 79 (Generation of Nuclear Hybrids over coming the Natural Barrier of Incompatibility : Transfer of

Nuclei from *Lentinus edodes* into protoplasts of *Coriolus versicolor*)
210) Kim, D. M., Back, H. H., Yoon, H. H., Kim, K. H., **Kor. J. Food Sci. Technol.**, 1989, 21(4), 461 (Effect of CO_2 concentration in CA conditions on the quality of shiitake mushroom (*Lentinus edodes*) drying storage)
211) Kim J. S., Chung H.Y., Na K., **Nutr. Res. Practice**, 2007, 1(3), 180 (Cytoprotective effect of polysaccharide isolated from different mushrooms against 7-Ketocholesterol induced damage in mouse liver cell line–동충하초, 신령버섯, 팽이, 느타리, 표고, 버들송이)
212) Kim, Y. S., **Kor. J. Food Sci. Technol.**, 1998, 30, 1373 (Quality of wet noodle prepared with wheat flour and mushroom powder)
213) Kitamura, M., **Jpn. J. Gastroenterol.**, 1986, 83, 1905 〔Effect of *Lentinus edodes* mycelia (LEM) on immunological liver cell injury and antibody production〕
214) Kondoh, O., Shishido, K., **FEMS Microbiol. Lett.**, 1995, 130, 189 (Characterization of the promoter region of a cell-adhesion protein gene derived from the basidiomycete *Lentinus edodes*)
215) Kurashige, S., Akuzawa, Y., Endo, F., **Immunopharmacol. Immunotoxicol.**, 1997, 19, 175 (Effect of *Lentinus edoeds, Grifola frondosa* and *Pleurotus osteatus* administration on cancer outbreak and activities of macrophage and lymphocytes in mice treated with a carcinogen, N-butyl-N-butanol nitrosamine)
216) Kwan, H. S., Xu, H. L., **J. Biochem. Mol. Biol.**, 2002, 35(5), 465 (Construction of a Genetic Linkage map of shiitake mushroom *Lentinula edodes* strain L-54)
217) Lai, C. L., Yang, J. S., Hiu, M. S., **J. Sci. Food Agric.**, 1994, 64, 19 〔Effects of R- irradiation on the flavor of dry shiitake (*Leutinus edodes*)〕
218) Leatham, G. F., **Mycologia**, 1983, 75(5), 905 (A chemically defined medium for the fruiting of *Lentinus edodes*)

219) Leatham, G. F., Stahmann, M. A., **Trans. Br. Mycol.**, 1987, 88, 9 (Effect of light and aeration on fruiting of *Lentinus edodes*)

220) Lee, Y. -T., Kim, Y. -S., **J. Food Sci. Nutr.**, 2005, 10(3), 294 (Water solubility of β-Glucan in Various Edible Mushroom－표고, 양송이, 신령, 팽이, 운지, 새송이, 느타리, 목질진흙버섯)

221) Lee, G. D., Chang, H. G., Kim, H. K., **Kor. J. Food Sci. Technol.**, 1997, 29, 432 (Antioxidative and nitrite-scavenging activities of edible mushrooms)

222) Lee, S. S., Hong, S. W., Kim, S. H., Kim, B. C., **Mycobiol.**, 2001, 29(3), 135 〔Several Genes Expressed During Morphogenesis of *Lentinus edodes* (ImHyup-1)〕

223) Lelik, L., Vitanyl, G., Lefler, J., Hegoczky, J., Nagy-Gasztonyi, M., Vereczkey, G., **Acta Alimentaria**, 1997, 26(3), 271 〔Production of the mycelium of shiitake(*Lentinus edodes*)mushroom and investigation of its bioactive compounds〕

224) Lindberg, B. et al., **Acta Chem. Scand.**, 1953, 7, 591 (occur, Arabitol)

225) Ma, S. J., **Kor. J. Food Sci. Technol.**, 1983, 15, 150 〔Effects of the Substances extracted from dried mushroom(*Lentinus edodes*) by several organic solvents on the stability of fat〕

226) Maeda, Y. Y., Chihara, G., **Gann**, 1973, 64, 351 (Periodical consideration on the establishment of antitumor action in host and activation of peritoneal exudate cells by lentinan)

227) Maeda, Y. Y., Chihara, H., **Nature**, 1971, 229, 634 (Lentinan, a new immuno-accelerator of cell mediated responses)

228) Manzi, P., Gambelli, L., Marconi, S., Vivanti, V., Laura Pizzoferrato, L., **Food Chem.**, 1999, 65, 477 (Nutrients in edible mushrooms: an inter-species comparative study－표고, 느타리, 새송이, 산느타리).

229) McCue, P., Horii, A., Shetty, K., **Inovative Food Sci. Emerging Technol.**, 2004, 5, 385 (Mobilization of phenolic antioxidants from defatted

soybean powders by *L. edodes* during solid-state bioprocessing is associated with enhanced production of laccase)

230) Miles, P. G., Chang, S. T., **Mushroom News Letter for the Tropics,** 1985, 6(2), 2 (*Lentinus* and the future)

231) Minamida, T., Tsurata, M., Ogata, K., **J. Food Sci. Technol.,**. 1980, 27, 26 〔Studies on keeping freshness of shiitake mushroom (*Lentinus edodes*) after harvest〕

232) Minato, K., Mizuno, M., Terai, H., Tsuchida, H., **J. Agric. Food Chem.,** 1999, 47(4), 1530 (Autolysis of letinan, Antitumor polysaccharide, during storage of *Lentinus edodes,* Shiitake mushroom)

233) Mizuno, T., **Food Res. Int.,** 1995, 11, 111 (Shiitake, *Lentinus edodes* Functional properties for medicinal and food purposes)

234) Molina, F. I., Shen. P., Jong, S. C., Orikono, K., **Can. J. Bot.,** 1992, 70, 2446 (Molecular evidence supports the separation of *Lentinus edodes* from *Lentinus* related genera)

235) Mori, K., Toyomasu, T., Namba, H., Kuroda, H., **Proc. Int. Sym. Scientific and Technical Aspects of Cultivation Edible Fungi,** 1986, 1 (Antitumor Activities of edible mushrooms by oral administration)

236) Morita, K., Kobayashi, S., **Tetrahedron Lett.,** 1966, 6, 573 (Odorous substances, Lenthionine, 1,2,4-Trithiolane)

237) Murahashi, S., **Sci. Papers Inst. Phys. Chem. Res.,** 1938, 34, 155 (1-Octen-3-ol, Mutsutake alcohol)

238) Nakajima, K., Yoshimato, T., Fukuzumi, T., **Mokuzai Gakkaishi,** 1980, 26(10), 698 〔Substance inhibiting growth of shiitake mycelium in sugi wood (*Cryptomeria japonica*)〕

239) Ng, M. L., Yap, A. T., **J. Alern. Complement Med.,** 2002, 8, 581 〔Inhibition of human colon carcinoma development by lentinan from Shiitake mushroom (*Lentinus edodes*)〕

240) Nixon, L. N. et al., **J. Agric. Food Chem.,** 1979, 27, 355 (isol, Len-

thionine)

241) Ohmasa, M., Furukawa, H., **Trans. Mycol. Japan,** 1986, 27, 79 (Analysis of esterase and malate dehydrogenese isoenzymes of *Lentinus edodes* by isoelectric focusing for the identification and discrimination of stocks)

242) Ohno, R., Imai, K., Yokomaku, S., Yamada, K., **Gann,** 1975, 66, 679 (Antitumor effect of protein-bound polysaccharide preparation, PS-K, against 3-methyl-cholanthrene-induced fibrosarcoma in C_{57} BL/6 mice)

243) Oki, T., Watanabe, H., Ishikawa, H., **Mokuzai Gakkaishi,** 1981, 27, 696 〔The biodegradation of lignin by shiitake *Lentinus edodes* (Berk.) Sing.〕

244) Oki, T., Senba, Y., Ishikawa, H., **Mokuzai Gakkaishi,** 1982, 28, 800 〔The biodegradation of soft wood lignin and guaiacylglycerol-β-guaiacyl ether by extracellular enzyme in shiitake *Lentinus edodes* (Berk.)Sing.〕

245) Okumura, K. et al., **J. Med. Chem.,** 1974, 17, 846 (Anticholesterolemic, 6-Amino-9H-purine-9-propanoic acid)

246) Omura, H., Tomita, Y., Murakami, H., Nakamura, Y., **J. Fac. Agr. Kyushu Univ.,** 1974, 18, 191 (Antitumoric potentially of enzyme preparations of pumkin ascorbate oxidase and shiitake mushroom polyphenol oxidase)

247) Ono, T., Arimoto, K., Kano, K., Matsuaka, K., Sugiura, W., Sadone, J., Mori, K., **Mushroom Sci.,** 1976, 9, 435 (Vitamin D_2 formation in *Letinus edodos* (Shiitake)by irradiation with a fluorescent sunlamp)

248) Ota, S. S., **New Food Industry,** 1984, 26, 49 (*Lentinus edodes*)

249) Pankratov, A. N., Tsivileva, O, M., Nikitina, V. E., **J. Biochem. Molecular Biol.,** 2000, 33(1), 37 (Laccase of *Lentinus edodes* Catalyzed Oxidation of Amines and Phenolic Compounds : A Semiempirical Quantum Chemical Consideration)

250) Park, J. S., Na, H. S., **Kor. J. Food Sci. Technol.,** 2005, 37, 768 (Quality

Characteristics of Jochung Containing various level of *Lentinus edodes* powder)

251) Park, M. H., Oh, K. Y., Lee, B. W., **Kor. J. Food Sci. Technol.**, 1998, 30, 702 (Anticancer activity of *Lentinus edodes* and *Pleurotus*)

252) Pegler, D. N., **Kavaka,** 1975, 35, 36 (A classification of the genus *Lentinus* Fr.)

253) Pyysalo, H., **Acta Chem. Scand.**, 1976, B30, 235 (Identification of volatile compounds in seven edible fresh mushrooms)

254) Rokujo, T. et al., **Life Sci.**, 1970, 9, 379 (pharmacol, Hypocholesterolemic, Antiviral, Eritadenine, Lentysine)

255) Royse, D. J., Spear, M. C., Mays, B., **J. Gen. App. Microbiol.**, 1983a, 29, 217 (Single and joint segregation of marker loci in the Shiitake mushroom, *Lentinus edodes*)

256) Royse, D. J., Spear, M. C., Mays, B., **J. Gen. App. Microbiol.**, 1983b, 29, 205 (Cell line authentication and genetic relatedness of lines of the shiitake mushroom, *Lentinus edodes*)

257) Sasaki, T. et al., **Carbohydr. Res.**, 1976, 47, 99 (Antitumor, Sarcoma 180, Lentinan)

258) Shida, M., Ushioda, Y., Nakajima, T., Matsuma, K., **J. Biochem.**, 1981, 90, 1093 (Structure of the alkali insoluble skeletal glucan of *Lentinus edodes*)

259) Sugiyama, K., Akachi, T., Yamakawa, A., **J. Nutr.**, 1995, 125, 2134 (Hypocholesterolemic action of eritadenine is mediate by modification of hepatic phospholipid metabolism in rat)

260) Sunugawa, M., Neda, H., Miyazaki, K., **Mokuzai Gakkaishi,** 1995, 41(10), 949 (Application of random amplified polymorphic DNA (RAPD) markers II, Rapid identification of *Lentinula edodes*)

261) Suzuki, H., Iiyama, K., Yoshida, O., Yamazaki, S., Yamamoto, N., Toda, S., **Agric. Biol. Chem.**, 1990, 54, 479 [Structural characterization of the

immuno-active and antiviral water-solubilized lignin in an extract of the culture medium of *Lentinus edodes* mycelia(LEM)〕

262) Suzuki, S., Oshima, S., **Mushroom Sci.**, 1976, 9, 463 (Influence of shiitake (*Lentinus edodes*)on human serum cholesterol〕

263) Takamura, K., Hoshino, H., Sugahara, T., Amano, H., **J. Chromatogr.**, 1991, 545, 201 (Determination of Vitamin D_2 in Shiitake mushroom by HPLC)

264) Takuma, S., Nobuo, T., **Carbohydr. Res.**, 1976, 47, 99 (Further study of the structure of Lentinan, antitumor Polysaccharides from *L. edodes*)

265) Takehara, M., Kuida, K., Mori, K., **Arch. Virol.**, 1979, 59, 269 〔Antiviral activity of Virus-like particles from *Lentinus edodes* (Shiitake)〕

266) Takehara, M., Mori, K., Kuida, K., Hanawa, M. A., **Arch. Virol.**, 1981, 68, 297 〔Antitumor effect of Virus-like particles from *Lentinus edodes* (Shiitake) on Ehrlich ascites carcinoma in mice〕

267) Tamura, R., Tanabe, K., Kawanishi, C., Torii, K., Ono, T., **Physiol. Behavior.**, 1997, 61, 399 (Effects of lentinan on abnormal ingestive behaviors induced by tumor necrosis factor)

268) Tener, G. M., **J. Am. Chem. Soc.**, 1961, 83, 159 (5'-GMP)

269) Tensho, A. et al., **Yakugaku Zasshi,** 1974, 94, 708; **CA**, 82, 327e (Weak Hypocholesterolemic, Deoxyeritadenine)

270) Terashita, T., Oda, K., Kono, M., Murao, S., **Agric. Biol. Chem.**, 1985, 49(8), 2293 (Purification and some properties of metal proteinases from *Lentinus edodes*)

271) Tokimoto, K., Komatsu, M., **The Biology and Cultivation of Edible Fungi 21.**, Academic press, New York, San Francisco , London 1978, pp.445~459 (Biological nature of *Lentinus edodes*, Edible Mushroom)

272) Tokimoto, K. et al., **Proc. Jpn. Acad.**, **Ser. B**, 1987, 63, 277 (isol, Lentialexin, 3,5,7-Octatriyn-1-ol)

273) Tokimoto, K., Kawai, A., **Rept. Tottori Mycol. Inst.**(Japan), 1975, 12, 25

[Nutritional aspects of fruit-body development in replacement culture of *Lentinus edodes* (Berk.) Sing.)]

274) Tokimoto, K., Fukuda, N., Kishimoto, H., **Rept. Tottori Mycol. Inst.**, 1988, 25, 24 (Activities of enzymes in bedlogs of *Lentinus edodes* during fruit body development)

275) Tokuda, S., Kaneda, T., **Mushroom Sci.**, 1979, 10, 793 (Effect of shiitake mushroom, on plasma cholesterol levels in rats)

276) Toyomasu, T., Zennyozi, A., **Mushroom Sci.**, 1981, 11, 675 [On the application of isozyme electrophoresis to identification of strains in *Lentinus edodes* (Shiitake)]

277) Tsukagoshi, S., Ohashi, F., **Gann**, 1974, 65, 557 (Protein-bound polysaccharide preparation, PS-K effective against mouse sarcoma 180 and rat ascites hepatoma AH-13 by oral use)

278) Tsunoda, A., **Ann. N. Y. Acad. Sci.**, 1969, 173, 719 (A mushroom extract as an interferon inducer)

279) Tsuyuki, H., **J. Kor. Soc. Food. Nutr.**, 1985, 14(4), 419 (Studies on the lipids of shiitake mushroom, *Lentinus edodes*)

280) Ushiyama, R., **Rept. Tottori Mycol. Inst.**, 1975, 12, 191 [Virus-like particles associated with *Lentinus edodes* (Berk.) Sing.]

281) Ushiyama, R., Nakai, Y., **Rep. Tottri. Mycol. Inst.** (Japan), 1977, 15, 1 [Protoplasts of shiitake, *Lentinus edodes* (Berk.) Sing.]

282) Ushiyama, R., **Rept. Tottori Mycol. Inst.**, 1983, 21, 1 [Studies on a virus associated with shiitake mushroom, *Lentinus edodes* (Berk.) Sing.]

283) Ushiyama, R., **Rept. Tottori Mycol. Inst.**, 1984, 22, 58 [Characterization of polyhedral virus-like particles associated with shiitake mushroom, *L. edodes*]

284) Wada, S. H., Nakatani, H., Morita, K., **J. Food. Sci.**, 1967, 32, 559 (volatile, S-compound)

285) Ward, K. Jr. et al., **The Carbohydrate,** Academic Press, 1970, 2A, 413 (β-

Glucan)

286) Wratten, S. J. et al., **J. Org. Chem.**, 1976, 41, 2465 (isol, Against Gram±, *Candida albicans*, 1,2,4,6-Tetrathiopane)

287) Yamaguchi, M., Yearul, K. A., **J. Nutr. Sci. Vitaminol.**, 1987, 33, 341 (Effect of shiitake and maitake mushroom on blood pressure and plasma lipids of spontaneously hypertensive rats)

288) Yamamura, Y., Cochrane, K. W., **Mushroom Sci.**, 1976, 9, 495 [A selective inhibitor of myxoviruses from shiitake(*Lentinus edodes*)]

289) Yamashita, I. K., Takahashi, T., Shimoda, T., Kikuchi, K., Shibata, S., **J. Food Sci. Technol.**, 1987, 34, 834 (Changes in some chemical characteristics in shiitake mushroom during modified atmosphere packaging storage and on exposure to air)

290) Yang, B. K., Kim, D. H., Jeong, S. C., Das, S., Choi, Y. S., Shin, J. S., Lee, S. C., Song, C. H., **Biosci. Biotechnol. Biochem.**, 2002, 66, 937 (Hypoglycemic effect of a *Lentinus edodes* exopolymer produced from a submerged mycelial culture)

291) Yasumoto, K. et al., **Agric. Biol. Chem.**, 1971, 35, 2059 (isol, Lentinic acid)

292) Yasumoto, K., Iwami, K., Mitsuda, H., **Agric. Biol. Chem.**, 1971, 35, 2070 (Enzyme catalysed evolution of lentihionine from lentinic acid)

293) Yasuo, A., **Agric. Biol. Chem.**, 1988, 44, 2667 (Sulfur containing peptides in *Lentinus edodes* Sing.)

294) Yoo, Y. B., Shin, P. G., **Kor. J. Mycol.**, 1996, 24(2), 111 (Intergeneric transfer of isolated nuclei from *Lentinus edodes* into protoplasts of *Pleurotus florida*)

295) Yoon, K. S., Kim, M. H., Han, C. S., Cho, S. C., Kang, C. T., Lee, H. C., Kim, C. B., Kim, J. K., **J. Biosystems Engineering**, 2004, 29, 37 (Drying characteristics of oak mushroom using conveyer for infrared dryer)

296) Yoshida, T., Taguchi, H., Teramoto, S., **J. Ferment. Technol.**, 1965, 43,

325 〔Studies on submerged culture of basidiomycetes 1, Some factors affecting the growth of shiitake (*L. edodes*)〕

297) Zakany, J., Chihara, G., Fachet, J., **Int. J. Cancer,** 1980, 25, 371 (Effect of lentinan on tumor growth in murine allogeneic and syngeneic hosts)

298) Zhang, Y., Molina, F. I., **Acta Edulis Fungi,** 1994, 1(1), 22 (Studies on the differentiation of *Lentinus edodes* Strains by RAPD assay)

299) Zheng, R., Jie, S., Hanchuan, D., Moucheng. W., **Int. Immunopharmacol.**, 2005, 5, 811 (Characterization and immunomodulating activities of polysaccharide from *Lentinus edodes*)

풀버섯

Volvariella volvacea (Bull. et Fr.) Sing.
Volvaria volvacea (Bull. et Fr.) Quél.

풀버섯 42

난버섯과 (Pluteaceae)

- 영명 | Padistraw mushroom
- 중국명 | 草菇
- 분포 | 한국, 중국, 일본, 북아메리카, 유럽
- 용도 | 자실체 (식용)

❊ 식물학적 특성

봄~가을에 썩은 볏짚 더미, 퇴비더미 위나 그 주위 땅 위에 다수 군생. 갓 지름 5~10㎝, 초기에 종형~반구형. 차차 편평형. 갓 표면은 회색~회갈색의 섬유로 덮여 있음. 조직은 백색. 주름살은 끝붙은형, 빽빽. 초기에 백색 후에 담홍색, 대의 기부는 굵고, 표면은 백색~담황갈색. 평활. 백색 섬유로 덮여 있음. 백색의 대주머니는 크고 두꺼우며 막질. 상부 끝이 갈라짐. 포자는 타원형. 표면은 평활, 포자문은 담홍색이다.

❊ 성분

1) 특수 성분

풀버섯에서 Emitanins(E-00220), Volvtoxin, Chitin(C-00924), $\beta(1\rightarrow3)$-Glucan(L-00533), α-Manno-β-glucan(항종양, P-02216), 효소 Mannase 등이 분리되었다.

✻ 생리 활성

생리 활성 : 풀버섯은 sarcoma 180(IRC-JCL mouse)과 fibrosarcoma(mouse)에 antitumor activity가 있고, hypotensive effect와 immunostimulating effect (complement activate, macrophage activate)도 있다. β-glucan, α-manno-β-glucan은 antitumor 성분이고, lectin은 혈액형 특이성 혈구응집 및 항암 효과 물질이며, volvatoxin은 용혈성 단백질이다.

항암 성분① : 배양 균사체 *V. bombycina*의 항암 성분 sepharose 4B를 분리한 Fr. B는 ICR mice의 sarcoma 180을 71.1%(20㎎/kg/day) 억제시켰고, 이 물질은 58% polysaccharide와 19% protein을 함유하며, 다당체는 glucose, mannose, galactose를 함유하였다. Fr. B는 복강 세포를 증가시켰고, NSE-positive macrophage를 증가시켰으며, plaque-forming cell도 증가시켰다.

항암 성분② : 동속 버섯 *Volvariella bombycina* (흰비단털버섯)을 진탕 배양한 후, 열수로 추출한 protein-polysaccharide 분획에 대하여 고형 암 sarcoma 180 (ICR mice)에 20㎎/kg/day씩 10일간 투여한 결과, 60.3% 억제 효과를 보였다. 또 항암 성분의 면역 기능을 실험한 결과, 복강 내 macrophage와 항체 생산이 증가되었다.

풀버섯속 버섯 : 1983~85년에 오대산, 경기도 광릉, 신갈 등지에서 국내 자생하는 풀버섯속의 분포 상태를 조사한 결과, 한국 미기록 동속 버섯인 *Volvariella bombycina, V. hypopithys, V. pusilla, V. taylori* 4종을 발견하였다.

β-Glucan 파운드 케이크 특성 : β-glucan은 곡류(보리, 귀리, 호밀), 버섯 균사체와 자실체에 존재하며 생리 활성은 혈당 강하, 담즙산과 지질 흡수 제한, cholesterol 합성 제한, 체지방 축적 억제, 면역 세포의 기능 활성화로 암 세포 증식억제 항균성, 항virus성, 항염증, 피부 노화 방지 등이 있다. β-glucan 0, 3, 6, 9% 첨가 파운드 케이크를 만들어 품질 특성을 조사한 결과, β-glucan 첨가 농도 의존적으로 부드러움 유지가 길어 보존성이 증가하였고, L값, b(황색도)는 차이가 없었으나, 적색도는 저장 기간이 증가에 따라 증가, TPA 조직감 중 경도는 저장 6일에 대조군은 제조직 후 165%까지 증가, β-glucan

6과 9%구는 경도가 유지, β-glucan 첨가 케이크 노화가 지연되었고, 전체적 기호도는 6%구가 가장 우수하였으며, 저장 7일째 β-glucan 첨가구가 기호도가 높았고, 특히 3과 6%첨가구가 높았다.

일반 성분 : 풀버섯에서 vitamin B_1, B_2, C 및 niacin 등도 검출되었다.

✲ 효능과 이용

1) **효능** : 소식거열(消食去熱), 건강 증진.
2) **식용** : 인공 재배가 가능한 식용 버섯, 중국과 서양에서 애용되고 있다.
3) **약용** : 괴혈병, 점성 피부 습진, 치은염, 장막강출혈, 창상 등에 응용.

※ 날것으로 먹으면 중독될 수 있어 반드시 익혀 먹는다.

참고문헌

1) 김지현, 김옥남, 최응철, 김병각, **생약학회지,** 1985, 16(1), 53 (흰 비단 털버섯의 항암 성분－*Volvariella bombycina*)
2) 김양섭, 차동열, 이경준, Miller, K., **균학회지,** 1985, 3(4), 272 (한국산 풀비섯속에 관한 보고)
3) 박용환, 장학길, 정청삼, 김동수, **균학회지,** 1974, 2(1), 21 (한국에 있어서 풀버섯 재배에 관한 몇 가지 시험)
4) 박완희, 이호득, **한국약용버섯도감,** 교학사, 서울, 1999, 424 (풀버섯)
5) 신유미, 양윤형, 김미경, 조한영, 김미리, **조리과학회지**, 2005, 21 (6), 950 (β-Glucan 첨가 파운드 케이크의 저장 중 품질 특성)
6) 應建浙, 卯曉嵐, 馬啓明, 宗毓臣, 文華安, **中國藥用眞菌圖鑑,** 科學出版社, 1987 (생리 활성)
7) 이지열, **균학회지,** 2005, 33(1), 54 〔한국 기록종 버섯 추가 목록(2001-2004)〕
8) 이태수, 이지열, **한국기록종 버섯 재정리 목록,** 임업연구원, 2000
9) 장학길, **균학회지,** 1977, 5(2), 34 (풀버섯의 생활환에 대한 세포학적 및 유

전학적 분석)

10) 차동열, 유창현, 김광포, **최신 버섯 재배기술**, 농진회, 1989

11) 한국 균학회, **버섯 이름, 한국명 통일안**, 2000, 176

12) Antonio, J. P., Fordyce, C. Jr., **Hort. Sci.**, 1972, 7(5), 461 (Cultivation of paddy straw mushroom, *Volvariella*)

13) Austin, P. R. et al., **Science** (Washington. D.C.), 1981, 212, 749 (rev, Chitin)

14) Chang, S. T., Miles, P.G., **Edible Mushroom and their Cultivation,** CRC Press, New York, USA, 1989

15) Chang, S. T., **Biology and Cultivation Technology of *Volvariella volvacea,*** The Chinese University Press, Hong Kong, 1993a

16) Cheung, L. M., Cheung Peter, C. K., Ooi Vincent, E. C., **Food Chem.**, 2003, 81, 249 (Antioxidant activity and total phenolics of edible mushroom extracts)

16) Go, L. K., **Philip. Agric.**, 1959, 43(7), 446 〔Experimental cultivation of *Volvariella volvacea*(Bulliard) Quelet.〕

17) Gupta, C. D., Majumdar, S. K., **J. Fd. Sci. Technol.**, 1991, 28, 46 (Mineral requirments for growth of *Volvariella volvacea* mycelium by submerged fermentation)

18) Hui, Y. F., Den, E. S., Chi, T. H., **J. Food Lipids,** 2002, 9, 35 (Antioxidant and free radical scavenging activities of edible mushrooms)

19) **Japan Pat.** 8068, 293(1980); **CA**, 93, 148116 (Antitumor, Emitanins)

20) Kabir, Y., Kimura, S., **J. Nutr. Sci. Vitaminol.**, 1989, 35,91 (Dietary mushrooms reduce blood pressure in spontaneously hypertensive rats)

21) Kim, B. K., Kim, J. H., Kim, H. W., Choi, E. C., **Kor. J. Pharmacogn.**, 1986, 17(1), 39 (Antitumor Components of Korean Basidiomycetes : *Volvariella bombycina*)

22) Khowala, S., Senqupta, S., **Can. J. Microbiol.**, 1984, 30, 657 (The production of extracellular endo-α-mannosidase by the mushroom *Volvariella*

volvacea)

23) Kishida, E., Sone, Y., Shibata, S., Misaki, A., **Agric. Biol. Chem.**, 1989, 53, 1849 (Preparation and immunochemical characterization of antibody of branched β-(1→3)-D-glucan of *Volvariella volvacea,* and its use in studies of antitumor actions)

24) Lee, G. D., Chang, H. G., Kim, H. K., **Kor. J. Food Sci. Technol.**, 1997, 29, 432 (Antioxidative and nitric-scavenging activities of edible mushrooms)

25) Mau, J. L., Lin, H. C., Song, S. F., **Food Res. Int.**, 2002, 35, 519 (Antioxidant properties of several specialty mushrooms)

26) McDonnell, J. E. W., Esselen, W. B. Jr., **Food Res.**, 1947, 12, 118 (Carbohydrates in Cultivated mushrooms)

27) Santiago, C. M. Jr., **Ph.D. Thesis**, Univ. Nottingham, U. K., 1982 [Studies on the Physiology and Gentetics of *Volvariella volvacea* (Bull. ex Fr.) Singer]

28) Stamets, P., **Growing Gourmet and Medicinal Mushroom**, Ten Speed Press, Berkeley, CA, USA, 1983, 246~253

29) Suzuki, W., Ikegawa, T., **J. Kokai, Tokyo, Koho**, 1978, 78, 106 (Anticancer substances and emitanin)

할미송이

Tricholoma saponaceum (Fr.) Kummer
Tricholoma atrovirescens Kawam.
(nom. nud.)

할미송이 43

송이과 (Tricholomataceae)

• 중국명 | 皀味口蘑
• 분포 | 한국, 중국, 일본 등 북반구 온대 이북
• 용도 | 자실제(식용)

✲ 식물학적 특성

가을에 침엽수림, 활엽수림, 혼합림 내 땅 위에 단생 또는 군생하는 외생균근성 버섯. 갓지름 3.5~7㎝, 초기에 반구형. 후에 볼록 편평형, 갓 표면은 황록색. 분말상의 회갈색 인편이 빽빽. 초기에 작은 털이 벨벳상을 이루며, 조직은 백색. 주름살은 홈형. 빽빽. 초기에 백색 후에 적색 얼룩, 대의 하부는 방추형으로 굵어지며, 표면은 백색~황록색. 평활. 회색인편, 포자는 타원형. 표면은 평활. 포자문은 백색이다.

동속 식용 버섯에는 송이(*T. matsutake*)와 쓴송이(*T. sejunctum*) 등이 있다.

✲ 성분

1) 특수 성분

할미송이에서 Saponaceolide A(S-00171), B(S-00172), C(S-00172), D(S-00172) 등이 분리되었다.

송이버섯에서 Borneol acetate(B-00691), **p*-Cymene(I-00717), Limonene (L-00581), Linalool oxide(D-03196), *α*-Pinene(P-01320), *α*-Terpineol (M-

00566), δ-Cadinene(C-00034), *Cinnamaldehyde(P-01015), Cinnamic acid ethyl ester(P-00016), *Coumarin(B-00246), Ornithine(O-00509), Emitanin A, B, C, D, M-A(E-00220), Emitannin(E-00220), *Methylcinnamate (P-01016), 1-Octene-3-ol(O-00217) 등이 분리되었다.

동속 식물에서 Emitanins(E-00220)과 Tricholidic acid(T-01719)도 확인되었다.

✲ 생리 활성

혈전 용해 효소의 특성 : 할미송이에서 3단계를 거쳐 분자량이 각각 18KDa (FE-1)과 18.2KDA(FE-2)의 혈전 용해 효소를 분리 정제하였다. 이 효소들은 지금까지 알려진 혈전 용해 효소의 질량에 비해 작았고, FE-1과 FE-2로 두 효소의 15번째까지의 N-terminal amino acid 서열은 A-L-Y-V-G-X-S-P-Q-Q-S-L-L-V로 같았다. FE-1은 ICP-MS의 결과, Zn^{2+}가 0.98 ㏖/㏖이었고, metalloprotease로 pH 7.5와 55℃에서 가장 큰 활성을 보였고, 1, 10-phenanthroline 첨가 시 저하된 활성은 Zn^{2+}나 Co^{2+}의 첨가로 재생되었다.

항균 활성 : 자실체는 antibacterial activity가 있다.

✲ 효능과 이용

1) 효능 : 항암, 항균.
2) 식용 : 비누 향기가 있고, 약간 쓴맛이 있는 식용 버섯.
3) 약용 : 항균.
※ 과식 또는 생식하면 중독되므로 주의.

참고문헌

1) 金三純, 金養燮, **韓國産 버섯 圖鑑**, 裕豐出版社, 서울, 1990

2) 김준호, **균학회지,** 2000, 28(1), 60 (할미송이로부터 혈전용해효소의 정제 및 특성)
3) 農村振興廳 農業技術硏究所編, **韓國産 버섯類 原色圖鑑**(I), 1987
4) 卯曉嵐, 莊長坪, 歐株次旺, **西藏大型經濟眞菌,** 北京科學技術出版社, 1991
5) 朴婉熙, 李虎得, **한국의 버섯,** 교학사, 서울, 1991, 65 (할미송이)
6) 應建浙, 卯曉嵐, 馬啓明, 宗毓臣, 文華安, **中國藥用眞菌圖鑑,** 科學出版社, 1987
7) 李址烈, **韓國 버섯 圖鑑,** 아카데미서적, 서울, 1988, 90 (할미송이)
8) 이지열, **균학회지,** 2005, 33(1), 54 〔한국 기록종 버섯 추가 목록(2001-2004)〕
9) 이태수, 이지열, **한국기록종 버섯 재정리 목록,** 임업연구원, 2000
10) 한국 균학회, **버섯 이름, 한국명 통일안,** 2000, 176
11) Chang, S. T., Miles, P.G., **Edible Mushroom and their Cultivation,** CRC Press, New York, USA, 1989
12) Cheung, L. M., Cheung Peter, C. K., Ooi Vincent, E. C., **Food Chem.,** 2003, 81, 249 (Antioxidant activity and total phenolics of edible mushroom extracts)
13) David, G. S., Barry, H. R., **Mushroom Poisoning,** CRC Press, USA, 1994
14) De Bernardi, M. et al., **Tetrahedron,** 1988, 44, 235; 1991, 47, 7109 (cryst, struct, Saponaceolide A, B, C, D)
15) Dickinson, H., Lucas, J., **The Encyclopedia of Mushrooms,** Crescent Books, New York, USA, 1983
16) Gerhardt, E., **Pilze,** BLV Handbook, 1995
17) Hui, Y. F., Den, E. S., Chi, T. H., **J. Food Lipids,** 2002, 9, 35 (Antioxidant and free radical scavenging activities of edible mushrooms)
18) Ikekawa, T., Uehara, N., Maeda, Y., Nakanishi, M., Fukoka, F., **Cancer Res.,** 1969, 29, 734 (Antitumor activity of aqueous extracts of edible mushrooms－표고, 송이, 목이, 팽이, 느타리, 산느타리).
19) Imazeki, R., Otani, Y., Hongo, T., **Color Illustration Mushrooms of Japan,** Yama-Kei Publisher Co. Ltd., Tokyo, Japan, 1988
20) Kabir, Y., Kimura, S., **J. Nutr. Sci. Vitaminol.,** 1989, 35, 91 (Dietary

mushrooms reduce blood pressure in spontaneously hypertensive rats)

21) Lee, G. D., Chang, H. G., Kim, H. K., **Kor. J. Food Sci. Technol.**, 1997, 29, 432 (Antioxidative and nitric-scavenging activities of edible mushrooms)

22) Liu, F., Ooi, V. E. C., Chang, S. T., **Life Sci.**, 1997, 60, 763 (Free radical scavenging activities of mushroom polysaccharide extracts)

23) Manzi, P., Gambelli, L., Marconi, S., Vivanti, V., Laura Pizzoferrato, L., **Food Chem.**, 1999, 65, 477 (Nutrients in edible mushroom: an interspecies comparative study)

24) McDonnell, J. E.W., Esselen, W. B. Jr., **Food Res.**, 1947, 12, 118 (Carbohydrates in Cultivated mushrooms)

25) Mizuno, T., **Food Res. Int.**, 1995, 11, 7 (Bioactive biomolecules of mushrooms: Food function and medicinal effect of mushroom fungi)

26) Pegler, D. N., **The Concise Illustrated Book of Mushrooms and Other Fungi**, Gallery Books, New York, USA, 1989

27) Suzuki, W., Ikegawa, T., **J. Kokai, Tokyo Koho**, 1978, 78, 106 (Anticancer substance and emitanin)

28) Wasser, S. P., Weis, A. L., **Crit. Rev. Immunol.**, 1999, 19, 65 (Therapeutic effects of substances occurring in higher Basidiomycetes mushroom: a modern perspective)

Suillus bovinus (L. ex Fr.) O. Kuntze
Boletus bovinus L. ex Fr.

황소비단그물버섯 44

그물버섯과 (Boletaceae)

- 중국명 | 粘盖牛肝菌
- 일명 | Amitake
- 분포 | 한국, 중국, 일본, 북미, 유럽, 아프리카
- 용도 | 자실체(식용)

✻ 식물학적 특성

여름과 가을에 활엽수림, 침엽수림 특히 소나무 숲 내 땅 위에 군생하는 외생 균근성 버섯. 갓은 지름 3~10㎝로 평반구형, 표면은 갈황색~황토색 습하면 점성이 많다. 관공은 완전붙은형 또는 내린형, 크고 다각형, 약간 방사상으로 배열, 황록갈색, 황갈색. 대는 위아래 굵기가 비슷, 표면은 평활. 담갈황색, 턱받이는 없다. 포자는 7~11×3~5㎛로 방추형, 표면은 평활 포자문은 황록갈색이다.

동속 식용 버섯은 비단그물버섯(*S. luteus*), 녹슬은비단그물버섯(*S. laricinus*) 등이 있다.

✻ 성분

1) 특수 성분

황소비단그물버섯에서 Amitenone(A-01584), Bovinone(Boviquinone, B-00738), Diboviquinone-4,4'(D-00694) 및 Amitenone(methylenediboviquinone-44, 등색색소, A-01584), Glucose, Trehalose(T-01623, T-01624),

황소비단그물버섯

Cellulose, Hemicellulose, Pectin, Lignin, Glycerol(G-00542), Mannitol (M-00209), Arabitol(A-02631)이 분리되었다.

동속 식물에서 Suillin(S-01529), *S. piperatus*에서 Variegatorubin(V-00082), *S. tridentinus*에서 Tridentoquinone(T-01860), *S. variegatus*에서 Variegatic acid(V-00081) 등이 확인되었다.

✻ 생리 활성

항암 활성 : 황소비단그물버섯은 sarcoma 180(mouse)에 억제율이 90%, Ehrlich 복수암(mouse)에 억제율이 100%의 antitumor activity가 있고, gram 양성균에 antibacterial effect도 있다.

항돌연변이 원성 및 암 세포 성장 억제 : 13종의 야생 버섯 추출물을 항돌연변이 효과를 *S. typhymurium* TA98과 TA100으로 실험한 결과, 직접 변이원인 MNNG에 대해 산속그물버섯아재비, 구름버섯의 MeOH ex가 TA 100에 90~94%의 강한 항변이 원성을, 갓버섯과 구름버섯의 열수 추출물도 58~61% 저해 효과를 보였다. 간접 변이원인 B(α)p에 대해서 TA98과 TA100에서 구름버섯과 턱받이금버섯 MeOH ex가 가장 강한 저해 효과를, 열수 추출물 중 잔피막흑주름버섯과 수원무당버섯은 TA98에서 60~70% 저해 활성을, 갓 버섯은 TA100에 45% 돌연변이 억제를 보였으나, 그 외에는 없었다. 또 야생버섯 MeOH ex 0.5㎎/㎖ 투여 시 결장암 세포 HT29에 대해 그물버섯, 산속그물버섯아재비, 방패외대버섯, 황소비단그물버섯, 구름버섯, 턱받이금버섯, 덕다리버섯에서 55~78% 이상 저해를 보였고, 1㎎/㎖에서 11종의 버섯에서 50% 이상 억제 효과를 보였다. 간암 세포 $HepG_2$에는 방패 외대버섯 MeOH ex 1㎎/㎖에서만 58.4% 저해능을, 나머지 시료에서는 45% 낮은 저해를 보였다. 혈액 암 세포주인 U937에는 그물버섯, 산속그물버섯아재비, 수원무당버섯, 황소비단그물버섯, 밀버섯, 잔피막흑주름버섯, MeOH ex에서 60% 이상 저해 활성을, 구름버섯 열수 추출물은 $HepG_2$와 U937에 53~65% 저해를, 대부분의 버섯 열수 추출물은 40% 이하의 저해 활성을 보였다.

정상 임파구에서 야생 버섯 추출물 0.5~1㎎/㎖에서 75~80% 이상의 생존율을 보여 야생 버섯 추출물 1㎎/㎖에서 암 세포에 높은 억제 효과를 보였으며, 정상 세포에는 비교적 독성이 낮았다.

송이 발생림 주변 외생 균류 : 송이 발생림(홍천)에서 외생균근성 버섯을 조사(1995~97)에서, 송이 균환은 자실체 발생 위치에 다른 외생 근성 버섯을 조사한 결과, 무당버섯, 회갈색무당버섯, 푸른주름무당버섯, 애기꾀꼬리버섯이 각각 16.0%, 12.8%, 12.4%, 7.0%의 발생 빈도를 보였고, 연구 대상 지역이 송이 생산량 감소 지역이며, 또한 마귀광대버섯, 황소비단그물버섯, 다박싸리버섯 및 졸각버섯은 송이 균환 주변에 많이 출현하여, 송이 생산성 감소 상태에 있음을 나타내고 있다.

일반 성분 : 황소비단그물버섯의 성분을 분석한 결과, 유리 아미노산 29종, 지방산 10종, 미량 무기질 12종, glucose, trehalose, cellulose, hemicellulose, pectin, lignin, glycerol, mannitol, arabitol 등이 분리되었다.

기타 연구 : mannitol은 antiglaucomic, anthelmintic, antioxidant 등의 활성이 있다.

✲ 효능과 이용

1) 식용 : 여름~가을이 제철. 작고 맛있는 버섯, 점액이 있으므로 건조하여 보관. 특이한 향이 없다. 된장국, 식초요리, 무침, 그라탕, 피자, 중국풍의 스프에 이용되며, 소금 절임이나 피클로 장기 보존이 가능하다.

2) 약용 : 항종양, 항 그람 양성균에 응용한다.

참고문헌

1) 金三純, 金養燮, **韓國産 버섯 圖鑑**, 裕豊出版社, 서울, 1990

2) 김현정, 이인선, **식품과학회지**, 2004, 36(4), 662 (한국산 야생 버섯 추출물

의 항 돌연변이 원성 및 암 세포 성장 억제 효과－갓버섯, 구름버섯, 밀버섯, 황소비단그물버섯, 덕다리버섯, 그물버섯, 수원무당버섯, 털받이버섯, 방패외대버섯, 잔피막흑주름 버섯)

3) 農村振興廳 農業技術硏究所編, **韓國産 버섯類 原色圖鑑**(Ⅰ), 1987

4) 卯曉嵐, 莊長坪, 歐株次旺, **西藏大型經濟眞菌**, 北京科學技術出版社, 1991

5) 朴婉熙, 李虎得, **한국약용버섯도감**, 교학사, 서울, 1999, 287 (황소비단그물버섯)

6) 박현, 가강현, 류천인, 김교수, 김현중, **균학회지**, 1998, 26(3), 306 (송이 발생림의 송이 균환주변에 출현하는 외생균 근성 균류－송이, 황소비단그물버섯, 졸각버섯, 무당버섯)

7) 應建浙, 卵曉嵐, 馬啓明, 宗毓臣, 文華安, **中國藥用眞菌圖鑑**, 科學出版社, 1987

8) 이지열, **균학회지**, 2005, 33(1),54 〔한국 기록종 버섯 추가 목록(2001-2004)

9) 李址烈, **韓國 버섯 圖鑑**, 아카데미서적, 서울, 1988, 161 (황소비단그물버섯)

10) 이태수, 이지열, **한국기록종 버섯 재정리 목록**, 임업연구원, 2000

11) 한국 균학회, **버섯 이름, 한국명 통일안**, 2000, 176

12) Beaumont, P. C. et al., **J. Chem. Soc. C.**, 1969, 2398 (yellow cryst, Boviquinone)

13) Beaumont, P. C. et al., **J. Chem. Soc. C.**, 1971, 2582 (isol, orange-red cryst, Diboviquinone-4,4')

14) Beaumont, P. C. et al., **J. Chem. Soc. C.**, 1968, 2968 (isol, red needles, Variegatic acid)

15) Besl, H. et al., **Chem. Ber.**, 1975, 108, 3675 (isol, struct, red cryst, Tridentoquinone)

16) Birch, G., **Adv. Carbohydr. Chem.**, 1963, 18, 201 (rev, Trehalose)

17) Brimacombe, J. S. et al., **The Carbohydrate,** Academic Press, 1972, 1A, 479 (Needles, Mannitol)

18) Chang, S.T., Miles, P.G., **Edible Mushroom and their Cultivation,** CRC Press, New York, USA, 1989

19) Cheung, L. M., Cheung Peter, C. K., Ooi Vincent, E. C., **Food Chem.**,

2003, 81, 249 (Antioxidant activity and total phenolics of edible mushroom extracts)

20) David, G. S., Barry, H. R., **Mushroom Poisoning,** CRC Press, USA, 1994
21) Dickinson, H., Lucas, J., **The Encyclopedia of Mushrooms,** Crescent Books, New York, USA, 1983
22) Gerhardt, E., **Pilze,** BLV Handbook, 1995
23) Gregory, F. J., Healy, E. M., Agerborg, H. P. K. Jr., Warren, G. H., **Mycologia,** 1966, 58, 80 (Studies on antitumor substances produces by Basidiomycetes)
24) Hui, Y. F., Den, E. S., Chi, T. H., **J. Food Lipids,** 2002, 9, 35 (Antioxidant and free radical scavenging activities of edible mushrooms)
25) Ikekawa, T., Uehara, N., Maeda, Y., Nakanishi, M., Fukoka, F., **Cancer Res.,** 1969, 29, 734 (Antitumor activity of aqueous extracts of edible mushrooms)
26) Imazeki, R., Otani, Y., Hongo, T., **Color Illustration Mushrooms of Japan,** Yama-Kei Publisher Co. Ltd., Tokyo, Japan, 1988
27) Jägers, E. et al., **Z. Naturforsch., B,** 1986, 41, 645 (cryst, Suillin)
28) Kabir, Y., Kimura, S., **J. Nutr. Sci. Vitaminol.,** 1989, 35, 91 (Dietary mushrooms reduce blood pressure in spontaneously hypertensive rats)
29) Lee, G. D., Chang, H. G., Kim, H. K., **Kor. J. Food Sci. Technol.,** 1997, 29, 432 (Antioxidative and nitric-scavenging activities of edible mushrooms)
30) Lindberg, B. et al., **Acta Chem. Scand.,** 1953, 7, 591 (occur, Arabitol)
31) McDonnell, J. E. W., Esselen, W. B. Jr., **Food Res.,** 1947, 12, 118 (Carbohydrates in Cultivated mushrooms)
32) Minami, K. et al., **Tetrahedron Lett.,** 1968, 5067 (isol, struct, yellow orange, cryst, Amitenone)
33) Niini, S. S., Tarkka, M. T., Raudaskoski, M., **Physiol. Plantarum,** 1996, 96, 186 〔Tubulin and actin protein patterns in Scots pine(*Pinus sylvestris*)

roots and developing ectomycorrhiza with *Suillus bovinus*]

34) Park, H., Ka, K. H., Ryoo, C. I., Kim, K. S., Kim. H. J., **Kor. J. Mycol.**, 1998, 26(3), 306 (Ectomycorrhizal mushroom occurrence around the fairy ring of *Tricholoma matsutake* at a pine-mushroom forest)

35) Pegler, D. N., **The Concise Illustrated Book of Mushrooms and Other Fungi,** Gallery Books, New York, USA, 1989

36) Steglich, W. et al., **Z. Naturforsch., B,** 1970, 25, 557; 1971, 26, 376 (isol, struct, Brown-violet, needles, Variegatorubin)

37) Wasser, S. P., Weis, A. L., **Crit. Rev. Immunol.**, 1999, 19, 65 (Therapeutic effects of substances occurring in higher Basidiomycetes mushroom: a modern perspective)

흰목이

Tremella fuciformis Berk.

흰목이 45

흰목이과 (Tremellaceae)

- 영명 | White jelly-leaf mushroom
- 중국명, 생약명 | 銀耳
- 분포 | 한국, 일본, 중국, 대만, 열대
- 용도 | 자실체(식용, 약용)

✲ 식물학적 특성

봄~가을에 죽은 활엽수, 부러진 가지 위에 발생하는 목재 부후성 버섯. 자실체는 3~8×2~5㎝, 겹꽃모양, 반투명의 아교질. 표면은 평활. 백색. 자실체 끝은 물결 모양. 양측 표면에 자실층이 발달. 담자기는 지름 10~15×8~11.5㎛ 난구형. 세로의 격벽에 의해 2~4실을 이루고, 담자기 정부에 담자 경자(梗子)가 생기고, 그 위에 포자를 형성. 포자는 10~16×10~11㎛의 구형, 표면은 평활, 포자문은 백색이다.

동속 식용 버섯에는 꽃흰목이(*Tremella foliacea*)와 황금목이(*T. mesenterica*) 등이 있다.

✲ 성분

1) 특수 성분

흰목이에서 Mannitol(M-00209), Threhalose(T-01623), Hemicellulose, 5'-AMP, Glycerol(G-00542), Chitin(C-00924), Gluconoxylomannan, 5'-GMP,

Glucose(G-00494), Pectin, lignin 등이 분리되었고, 흰목이에는 산성 다당체 β-D-Xylose, β-D-Glucuronic acid의 고점성 다당체가 있다. *T. mesenterica* (황금목이)에서 Tremerogen A10(T-01627), Tremerogen A13(T-01628), 5'-AMP (A-00446), 5'-GMP(G-00873), 효소 β-*N*-acetyl-D-glucosaminidase, β-*D*-Mannosidase 등이 분리.

✻ 생리 활성

생리 활성 : 흰목이는 sarcoma 180(mouse)에 대하여 antitumor activity가 있고, 재배 원산지에 따라 37~64% 활성을 나타내는 산성 성분은 다당체인 glucuronoxylomannan은 면역 촉진, glucurnoxylomannan을 경구 투여한 결과, antidiabetic 및 antiinflammatory, blood cholesterol lowering effect 그 외에 방사선 방어능력 향상 효과가 있었다.

흰목이의 대장암 세포에 대한 세포 독성① : 흰목이버섯 추출물의 인체 대장암 세포 adenocarcinoma에 대한 세포독성을 알고자, 흰목이의 polyphenol 물질을 분석하였다. 시료의 hexane, $CHCl_3$, EtOAc 분획은 colon adenocarcinoma DLD-1에 대하여 각 분획의 IC_{50}은 350, 400 및 450ppm이었다. 흰목이를 EtOAc, $CHCl_3$, EtOH 순으로 추출하여 세포 독성을 실함한 결과, IC_{50}에서 150ppm이었고, 다음은 EtOAc, $CHCl_3$ 순이었다. 먼저 Et_2O 대신 $CHCl_3$로 추출하였다면 암 세포에 $CHCl_3$에, 다음 EtOAc에 노출되었고, Et_2O 추출물 1,000ppm에서 세포는 죽었다. 고농도의 phenol성 물질들은 소수성이었고, 세포독성을 나타내었다.

조 다당체와 면역 활성 및 항암 효과② : 흰목이 자실체에서 중성염 용액, 열수 및 메탄올로 조 다당체를 추출, 세포 독성을 실험한 결과, 열수 추출물은 2,000㎍/㎖에서 세포 독성은 없었고, 중성염 용액 추출물은 정상 세포에서 독성이 없었다. 중성염 용액 추출물을 sarcoma 180 복수암-생쥐에 투여한 결과, 53%의 수명 연장 효과를 보였고, 중성염 용액 추출물은 B-임파구의 alkaline phosphatase 활성을 3.0~8.1배 증가시켰으며, 총 복강 세포 수도 처리군이 대조군보다 7.4배 강하였으며, 혈액 중 처리군의 백혈구 수도 대조군보다 1.6배 증가하였다. 또 면역 기관인 간, 비장 및 흉선의 무게가 처리군이 대조군보다 증가하여 흰목이 중성염 용액 추출물은 면역을 활성화시켜 sarcoma 180에 항암성을 나타내는 것으로 사료되었다.

신경 성장 활성 : 최근 연구에서 흰목이를 열수 추출한 분획물에서 다당체를 얻어, 이를 실험동물에 1㎎/day 2주간 투여한 결과, 고형암에 40% 정도의 암증식 억제 효과를 보였다. Bio-LC로 다당체를 분석한 결과, mannose, xylose, glucose로 구성되었다. 또한 흰목이의 추출 분획에서 nerve growth factor에 활성이 있었다.

Xylanase 효소의 특성 : 흰목이균, 공생균, 혼합균(흰목이균과 공생균)의 xylanase 생성 최적 탄소원은 xylose, 흰목이균, 공생균의 질소원은 KNO_3, 혼합균의 질소원은 $(NH_4)SO_4$, xylanase 생산 최적 배양일은 흰목이균과 혼합균은 5일, 공생균은 6일, 최적 온도는 흰목이균과 공생균이 40℃, 혼합균이 45℃, 최적 pH는 흰목이균과 공생균이 pH 6.0, 혼합균이 pH 7.0, 금속이온은 흰목이균에서 Hg^{2+}, 혼합균 Pb^{2+}이 영향이 있었고, 타금속 ion에는 저해적이었다. xylanase 열 안전성은 50℃까지 80% 이상 안정하였고, 기질(Birchwood) 특이성은 xylan이 가장 활성이 높았다. 흰목이균, 공생균, 혼합균의 xylanase 기질 농도는 20㎎/㎖, 반응 시간은 45분까지 급속히 상승, 그 후 완만하였고, Km값은 흰목이균 6.25×10^5M, 혼합균 5.2×10^2, 공생균 5.6×10^{-2}M로 흰목이균, 혼합균, 공생균 순으로 기질과의 친화력이 약하였다.

식용 야생 버섯 : 식용 야생 버섯을 조사한 결과, 송이, 목이, 팽나무버섯, 노루궁뎅이버섯, 꽃잎버섯, 그물버섯, 비단그물버섯, 구름버섯, 애기무당버섯, 기와 버섯, 국수버섯, 나팔버섯, 젖버섯, 굴털이, 향버섯(능이), 갓버섯, 들버섯, 주름버섯, 싸리버섯, 붉은싸리버섯, 말뚝버섯, 알버섯, 긴대안장버섯, 말불버섯, 곰보버섯, 망태버섯, 덕다리버섯, 흰가시버섯 등이 있었다.

일반 성분 : 흰목이를 분석한 결과, 유리 아미노산 21종, 지방산 10종, 미량 무기질 13종, vitamin B_1, B_2, D 및 niacin, 당류 glucose, trehalose, hemicellulose, pectin, glucuronoxylomannan 등이 분리되었다.

아미노산[1] : 흰목이버섯의 아미노산을 TLC로 분석한 결과, glycine, alanine, valine, isoleucine, leucine, proline, phenylalanine, tyrosine, serine, threonine, methionine, glutamic acid, aspartic acid, lysine, arginine, histidine 등이 분리되었다.

Amino acids[2] : 흰목이버섯의 유리 아미노산을 정량 분석한 결과, aspartic acid(0.01㎎), threonine(0.01㎎), serine(0.02㎎), glutamic acid(0.02㎎), proline (0.02㎎), glycine(0.01㎎), alanine(0.03㎎), valine(0.02㎎), isoleucine (0.01㎎), leucine(0.01㎎), tyrosine(0.01㎎), phenylalanine(0.02㎎), lysine (0.02㎎), histidine(0.01㎎), arginine(0.12㎎)이었다.

기타 연구 : 만성 기관지염 환자에 흰목이버섯 시럽을 투여한 결과, 85%의 치료 효과가 있었고, 만성 심장병 환자에도 80~90%의 치료 효과가 보고되었다 (Fujian, 중국).

✲ 효능과 이용

1) 효능 : 강정, 보신(補腎), 윤폐(潤肺). 거담, 강심, 청열(淸熱).
2) 식용 : 식용하며 중국에서는 귀한 보건 식품으로 취급, 목재 부후성 버섯으로 반투명의 아교질 형태로 옛부터 귀하게 여긴 보건 식품이다.
3) 약용 : 만성기관지염, 폐염, 폐결핵, 폐암 등 폐질환에, 위염, 이질, 혈변 등 소화기 질환에, 고혈압, 동맥경화 등 혈관계 질환에, 월경 불순, 산후 허약 등 부인과 질병에 응용된다.

참고문헌

1) 金三純, 金養燮, **韓國産 버섯 圖鑑**, 裕豊出版社, 서울, 1990
2) 農村振興廳 農業技術硏究所編, **韓國産 버섯類 原色圖鑑**(I), 1987
3) 卯曉嵐, 莊長坪, 歐株次旺, **西藏大型經濟眞菌**, 北京科學技術出版社, 1991
4) 朴婉熙, 李虎得, **한국약용버섯도감**, 교학사, 서울, 1999, 632 (흰목이)

5) 박완희, **생약학회지,** 1982, 13(1), 43 〔버섯의 성분연구(I), TLC에 의한 아미노산 분석－흰목이, 송이, 표고, 양송이, 목이, 느타리, 싸리〕
7) 應建浙, 卯曉嵐, 馬啓明, 宗毓臣, 文華安, **中國藥用眞菌圖鑑,** 科學出版社, 1987
8) 오윤희, 김상범, 이건우, 김혜영, 심미자, 노현수, 이현숙, 이민웅, 이우윤, 이태수, **균학회지,** 2006, 34(2), 105 〔흰목이(*Tremella fuciformis*)에서 추출한 조 다당체의 면역활성 및 항암 효과〕
9) 이지열, **균학회지,** 1975, 3(1), 40 (야생 버섯을 식용하자)
10) 이지열, **균학회지,** 2005, 33(1),54 〔한국 기록종 버섯 추가 목록(2001-2004)〕
11) 李址烈, **韓國 버섯 圖鑑,** 아카데미서적, 서울, 1988, 280 (흰목이)
12) 이태수, 이지열, **한국기록종 버섯 재정리 목록,** 임업연구원, 2000
13) 장현유, **균학회지,** 1998, 26(3), 321 (흰목이와 *Hypoxylon* sp. 균의 균사적 특징)
14) 장현유, 김광포, 홍인표, 김한경, 정종천, 성재모, **균학회지,** 1997, 25(4), 297 (흰목이버섯 및 공생균이 분비하는 Xylanse 효소적 특성)
15) 中國本草圖錄編輯委員會編, **中國 本草圖錄,** 鼎談出版社, 1992
16) 최수연, 김현수, **미생물학회지, 춘계 학술대회,** 2003, (Neuritogenic effects of *Tremella fuciformis* extract on PC 12h cells)
17) 표명윤, 노일협, **영양학회지**, 1975, 8(1), 47 (식용 버섯류의 아미노산에 관한 연구)
18) 하효철, 박금주, 김현표, 이상윤, 김현수, **균학회지,** 춘계학술대회, 2003, p.31 (Isolation and characterization of polysaccharides from *Tremella fuciformis*)
19) 한국 균학회, **버섯 이름, 한국명 통일안,** 2000, 176
20) Birch, G., **Adv. Carbohydr. Chem.,** 1963, 18, 201 (rev, Trehalose)
21) Chang, S.T., Miles, P.G., **Edible Mushroom and their Cultivation,** CRC Press, New York, USA, 1989
22) Chen, P. C., Han, H. H., **The Biology and Cultivating of Edible Mushroom,** Chang, S. T., Hays, W. A., Ed,. 1978, Academic press, New York, USA, (*Tremella fuciformis*)

23) Cheng, H, -H., Hou, W. -C., Lu, M, -L., **J. Agric. Food Chem.**, 2002, 50, 7438 (Interaction of lipid metabolism and intestinal physiology with *Tremella fuciformis* edible mushroom in rats fed a high-cholesterol diet with or without nebacitin)
24) Cheung, P. C. K., **Nutrition Res.**, 1996, 16(10), 1721 [The hypocholesterolemic effect of two edible mushroom *Tremella fuciformis*(white jelly-leaf)and *Auricularia auricular*(tree-ear)in hypercholesterolemic rats]
25) Cheung, P. C. K., **J. Sci. Food Agr.**, 1996, 44, 468 (Dietary fiber content and composition of some edible fungi determined by two methods of analysis)
26) Cheung, L. M., Cheung Peter, C. K., Ooi Vincent, E. C., **Food Chem.**, 2003, 81, 249 (Antioxidant activity and total phenolics of edible mushroom extracts)
27) David, G. S., Barry, H. R., **Mushroom Poisoning,** CRC Press, USA, 1994
28) Dickinson, H., Lucas, J., **The Encyclopedia of Mushrooms,** Crescent Books, New York, USA, 1983
29) Gao, Q., Killie, M. K., Chen, H., Jiang, K., Seljelid, R., **Planta Med.**, 1997, 5, 457 (Characterization and Cytokine-stimulating activities of acidic heteroglycans from *Tremulla fuciformis*)
30) Gerhardt, E., **Pilze,** BLV Handbook, 1995
31) Harborne, J. B., : **The Flavonoids,** Library of Congress Cataloging, 1994
32) Hui, Y. F., Den, E. S., Chi, T. H., **J. Food Lipids,** 2002, 9, 35 (Antioxidant and free radical scavenging activities of edible mushrooms)
34) Imazeki, R., Otani, Y., Hongo, T., **Color Illustration Mushrooms of Japan,** Yama-Kei Publisher Co. Ltd., Tokyo, Japan, 1988
35) Jong, S. C., Donovick, R., **Adv. Appl. Microbiol.**, 1989, 34, 183 (Antitumor substance from fungi)
36) Kabir, Y., Kimura, S., **J. Nutr. Sci. Vitaminol.**, 1989, 35, 91 (Dietary mushrooms reduce blood pressure in spontaneously hypertensive rats)

37) Kamiya, Y. et al., **Naturwissenschaften,** 1981, 68, 128 (mating Hormone, Tremerogen A10)

38) Kiho, T., Tsujimura, Y., Sakushima, M., Usui, S., Ukai, S., **Yakugaku Zasshi,** 1994, 114(5), 308 (Polysaccharides in fungi, XXXIII. Hypoglycemic activity of an acidic polysacchride (AC)from *Tremella fuciformis*)

39) Kim, H. W., Choi, E. C., Kim, B. K., **Kor. J. Mycol.**, 1986, 14(4), 265 (Studies on the Constituents of Higher Fungi of Korea(LIV). Studies on toxic component of *Auricularia polytricha*)

40) Kim, K. A., Chang, H. Y., Choi, S. W., Yoon, J. W., Lee, C., **Food Sci. Biotechnol,** 2006, 15(6), 889 (Cytotoxic Effects of Extracts from *Tremella fuciformis* strain FB001 on the Human Colon Adenocarcinoma Cell Line DLD-1)

41) Lee, G. D., Chang, H. G., Kim, H. K., **Kor. J. Food Sci. Technol.**, 1997, 29, 432 (Antioxidative and nitric-scavenging activities of edible mushrooms)

42) Lin, Z. B., Qin, Z. L., Xia, H. L., Guan, H. C., Jiao, K., **Acta Pharmacol. Sin.**, 1985, 6, 201 (Effects of *Tremella* polysaccharides on immunological status and content of cytochrome -P450 in mouse liver homogenates)

43) Ma, L., Lin, Z. B., **Yao Xue Xue Bao,** 1992, 27, 1 (Effect of *Tremella* polysaccharide on IL-2 production by mouse splenocytes)

44) Mau, J. L., Lin, H. C., Song, S. F., **Food Res. Int.**, 2002, 35, 519 (Antioxidant properties of several specialty mushrooms)

45) McDonnell, J. E. W., Esselen, W. B. Jr., **Food Res.**, 1947, 12, 118 (Carbohydrates in Cultivated mushrooms)

46) Olive, I. S., **Mycologia,** 1948, 40, 586 (Taxanomic notes on Louisiana fungi. II. Tremella)

48) Pegler, D. N., **The Concise Illustrated Book of Mushrooms and Other Fungi,** Gallery Books, New York, USA, 1989

49) Sakagami, Y. et al., **Agric. Biol. Chem.**, 1981, 45, 1043, 1045, 1049 (isol, Mating Hormone, Tremerogen A13)

50) Sone, Y., Misaki, A., **J. Biochem.** (Tokyo), 1978, 3, 1135 (Purification and Characterization of β-D-mannoidase and β-N-acetyl-D-hexosaminosidase of *Tremulla fuciformis*)

51) Ukai, S., Hirose, K., Kiho, T., Hara, C., **Chem. Pharm. Bull.**, 1974, 22(5), 1102 (Polysaccharides in fungi 1. Purification and characterization of acidic hetero-glycans from aqueous extract of *Tremella fuciformis* Berk.)

52) Ukai, S., Hirose, K., Kiho, T., Hara, C., Irikura, T., Kanechika, T., Hasegawa, Y., **Chem. Pharm. Bull.**, 1972, 20, 2293 (Antitumor activity on sarcoma 180 of the polysaccharides from *Tremella fuciformis* Berk.)

53) Wasser, S. P., Weiss, A. L., **Crit. Rev. Immunol.**, 1999, 19, 65 (Therapeutic effects of substances occurring in higher Basidiomycetes mushroom: a modern perspective)

54) Whelden, R. M., **Mycologia**, 1934, 26, 414 (Cytological studies in the Tremellaceae Ⅰ. *Tremella*)

55) Ying, I., Mao, X., Ma, Q., Zong, Y., Wen, H., **Icones of Medicinal Fungi from China**, Science Press, Beijing, China, 1989, 305

Agaricus arvensis Schaeff. ex Fr.
Psalliota arvensis (Schaeff. ex Fr.) Kummer

흰주름버섯 46

주름버섯과 (Agaricaceae)

- 중국명 | 野蘑菇
- 분포 | 전 세계
- 용도 | 자실체(식용)

✲ 식물학적 특성

봄부터 가을에 걸쳐 풀밭, 잔디, 삼림 근처 땅 위에 단생, 때때로 균륜을 형성, 갓은 지름 8~20㎝로 처음에는 난형 후에 편평형. 갓 표면은 평활, 백색~담황색, 상처가 나면 황변. 다소 인편이 있다. 갓끝에는 턱받이의 파편이 남고, 조직은 처음에는 백색 후에 황색. 주름살은 떨어진형 빽빽하고 처음에는 백색 차차 홍회색~흑갈색. 대는 속빔, 표면은 백황색 상처가 나면 황색. 대 위쪽에는 2중막의 백색의 턱받이가 있고 턱받이 아래쪽에는 방사상의 갈라진 솜털물질. 포자는 타원형, 표면은 평활, 포자문은 갈색~암갈색이다.

동속 식용 버섯은 양송이(*A. bisporus*)와 신령버섯(*A. blazei*), 붉은갓주름버섯(*A. subrufescens*), 담황색주름버섯(*A. silvicola*), 숲주름버섯(*A. silvaticus*), 주름버섯아재비(*A. placomyces*) 등이 있다.

✲ 성분

1) 특수 성분

흰주름버섯(*A. arvensis*)에서 Agaritine(S, A-0542), Ergosterol(E-01484),

흰주름버섯

숲주름버섯(*A. silvaticus*)에서 Agaritine(S. A-0542)이 분리되었다.

✲ 생리 활성

식물 병원성 곰팡이에 대한 항균 활성 : 한국산 흰주름버섯 외 50종 버섯을 채집, 석유 ether, 80% EtOH 및 멸균 증류수로 각각 추출, 153종의 추출물을 얻어 식물 병원성 곰팡이에 대한 항균 활성을 검색한 결과, *A. alternata*에 항균 활성은 독우산관대버섯(H_2O ex), MPC-3버섯(EtOH ex), 큰낙엽버섯과 *Xanthoconium affine*(석유 ether ex)활성을 보였고, 잔디탄저병균, *C. graminicola*에는 애광대버섯, 노란길민그물버섯, 흰둘레무당버섯(석유 ether ex), 해면버섯, MPC-3버섯, 주걱송편버섯(EtOH ex), 조개껍질버섯(H_2O ex)이 각각 항균 활성을 보였다. 인삼뿌리썩음병균, *C. destructans*에는 애광대버섯, 수원그물버섯, 해면버섯, MPC-3버섯, 주걱송편버섯, 띠미로버섯, 외대버섯(EtOH ex), 애광대버섯, 흰둘레무당버섯, 향버섯, 큰낙엽버섯(석유 ether ex)이 각각 항균성을 보였다. 오이덩굴쪼갬병균, *F. O. cucumerium*에는 MPC-3버섯(EtOH ex)이 항균성을, 감자시듦병균, $F_{1.}$ Solani에 진 갈색주름버섯(H_2O ex), 무변색무당버섯(EtOH ex)이 각각 항균성을 보였다. 잔디탄저병균, *I. bolleyie*에는 진갈색주름버섯(H_2O ex), MPC-3버섯(EtOH ex)이 항균 활성을 보였다.

항암 효과 : 흰주름버섯은 sarcoma 180(mouse)과 Ehrlich 복수암(mouse)에 억제율 100%의 antitumor activity가 있다.

식용 야생 버섯 : 식용 야생 버섯을 조사한 결과, 송이, 목이, 팽나무버섯, 노루궁뎅이버섯, 꽃잎버섯, 그물버섯, 비단그물버섯, 구름버섯, 애기무당버섯, 기와 버섯, 국수버섯, 나팔버섯, 젖버섯, 굴털이, 향버섯(능이), 갓버섯, 들버섯, 주름버섯, 싸리버섯, 붉은싸리버섯, 말뚝버섯, 알버섯, 긴대안장버섯, 말불버섯, 곰보버섯, 망태버섯, 덕다리버섯, 흰가시버섯 등이 있었다.

Amino acids : 흰주름버섯에서 아미노산 30종이 확인되었다.

기타 연구 : 흰주름버섯은 gram 음성과 양성균에 antibacterial activity가 있다.

agaritine은 mutagenic, cytotoxic effect 성분이다.

✳ 효능과 이용

1) 효능 : 허리 통증에 진통효과, 서근활락(舒筋活絡).

2) 식용 : almond 향기와 anis 향이 있어 애용되는 버섯이며 재배되기도 한다.

3) 약용 : 허리 통증, 수족 마비, 풍습성 관절염 등에 응용된다.

※ 위장 장애가 있을 수 있다.

참고문헌

1) 卯曉嵐, 莊長坪, 歐株次旺, **西藏大型經濟眞菌**, 北京科學技術出版社, 1991

2) 민지영, 김은미, 민태진, **균학회지**, 1997, 24(4), 354 〔버섯중 항균 활성물질 개발, 버섯 중의 식물병원성 곰팡이에 대한 항균 활성 물질 검색(1)－외대버섯, 흰주름버섯, 해면버섯, 수원그물버섯, 조개껍질버섯, 향버섯, 띠미로버섯 등 50종〕

3) 박상신, 이갑득, 민태진, **균학회지**, 1995, 23(1), 28 〔그람 양성균에 대한 항균물질 검색(1보)〕

4) 박완희, 이호득, **한국약용버섯도감**, 교학사, 서울, 1999, 14(흰주름버섯)

5) 應建浙, 卯曉嵐, 馬啓明, 宗毓臣, 文華安, **中國藥用眞菌圖鑑**, 科學出版社, 1987

6) 이지열, **균학회지**, 1975, 3(1), 40 (야생 버섯을 식용하자)

7) 이지열, **균학회지**, 2005, 33(1), 54 〔한국 기록종 버섯 추가 목록(2001-2004)〕

8) 이태수, 이지열, **한국기록종 버섯 재정리 목록**, 임업연구원, 2000

9) 日本 特許 公報 2(4)-19(202), 7161-17171-1976 (Antitumor)

10) 중국과학원 미생물 연구소, **眞菌 資源**, 1970, (I -15, Antibacterial)

11) 中國本草圖錄編輯委員會編, **中國本草圖錄**, 鼎談 出版社, 1992

12) 한국 균학회, **버섯 이름, 한국명 통일안**, 2000, 176

13) Chang, S. T., Miles, P. G., **Edible Mushroom and their Cultivation**, CRC

Press, New York, USA, 1989

14) Cheung, L. M., Cheung Peter, C. K., Ooi Vincent, E. C., **Food Chem.**, 2003, 81, 249 (Antioxidant activity and total phenolics of edible mushroom extracts)

15) Hui, Y. F., Den, E. S., Chi, T. H., **J. Food Lipids**, 2002, 9, 35 (Antioxidant and free radical scavenging activities of edible mushrooms)

16) Ikekawa, T., Uehara, N., Maeda, Y., Nakanishi, M., Fukoka, F., **Cancer Res.**, 1969, 29, 734 (Antitumor activity of aqueous extracts of edible mushrooms)

17) Kabir, Y., Kimura, S., **J. Nutr. Sci. Vitaminol.**, 1989, 35, 91 (Dietary mushrooms reduce blood pressure in spontaneously hypertensive rats)

18) Kennedy, T. et al., **J. Chem. Soc.**, 1939, 250 (struct, Ergosterol)

19) Levenberg, B., **J. Biol. Chem.**, 1964, 239, 2269 (isol, struct, Agaritine)

20) Lee, G. D., Chang, H. G., Kim, H. K., **Kor. J. Food Sci. Technol.**, 1997, 29, 432 (Antioxidative and nitric-scavenging activities of edible mushrooms)

21) Mau, J. L., Lin, H. C., Song, S. F., **Rood Res. Int.**, 2002, 35, 519 (Antioxidant properties of several specialty mushrooms)

22) McDonnell, J. E. W., Esselen, W. B. Jr., **Food Res.**, 1947, 12, 118 (Carbohydrates in Cultivated mushrooms)

23) Pegler, D. N., **The Concise Illustrated Book of Mushrooms and Other Fungi**, Gallery Books, New York, USA, 1989

24) Ying, I., Mao, X., Ma, Q., Zong, Y., Wen, H., **Icons of Medicinal Fungi from China**, Science Press, Beijing, China, 1989

식용버섯 II

초판발행 2009년 7월 20일
초판 1쇄 2009년 7월 20일
지은이 **한용봉**
펴낸곳 **고려대학교출판부**
www.kupress.com
kupress@korea.ac.kr
136-701 서울특별시 성북구 안암동
02-3290-4230, 4232
Fax 923-6311
찍은곳 한국컴퓨터인쇄정보

ISBN 978-89-7641-685-8 94480
ISBN 978-89-7641-683-4 (세트)

값 22,000원